21世纪高等院校计算机辅助设计规划教材

AutoCAD 2012室内装潢设计

段辉　周彦　汤爱君　等编著

机械工业出版社

本书以较新简体中文版 AutoCAD 2012 为设计软件，介绍使用 AutoCAD 2012 绘制二维工程图的详细方法以及绘制室内装潢设计图的方法与技巧。本书共分 12 章，内容包括室内装潢设计基础知识，AutoCAD 2012 基础知识，二维绘图命令，基本绘图命令，编辑命令，文本与尺寸标注，块及设计中心，室内设施的绘制，住宅室内装潢设计图，办公室室内装潢设计图，酒店室内装潢设计图，别墅室内装潢设计图。

本书配送学习光盘，包含全书实例的源文件素材，以及全程实例同步讲解动画文件，方便读者系统、全面地学习。

本书所论述的知识和案例内容既翔实、细致，又丰富、典型。本书还密切结合工程实际，具有很强的操作性和实用性。本书可作为高等院校相关专业的教材，也可作为 AutoCAD 初、中级学习人员、室内装潢设计人员的自学用书和参考用书。

图书在版编目（CIP）数据

AutoCAD 2012 室内装潢设计 / 段辉等编著. —北京：机械工业出版社，2012.12

21 世纪高等院校计算机辅助设计规划教材

ISBN 978-7-111-39683-3

Ⅰ. ①A… Ⅱ. ①段… Ⅲ. ①室内装饰设计－计算机辅助设计－AutoCAD 软件－高等学校－教材 Ⅳ. ①TU238-39

中国版本图书馆 CIP 数据核字（2012）第 211775 号

机械工业出版社（北京市百万庄大街 22 号　邮政编码 100037）

责任编辑：和庆娣

责任印制：张　楠

北京诚信伟业印刷有限公司印刷

2013 年 1 月 • 第 1 版第 1 次印刷

184mm×260mm • 18.25 印张 • 452 千字

0001－3000 册

标准书号：ISBN 978-7-111-39683-3

ISBN 978-7-89433-727-6（光盘）

定价：45.00 元（含 1DVD）

凡购本书，如有缺页、倒页、脱页，由本社发行部调换

电话服务	网络服务
社服务中心：（010）88361066	教 材 网：http://www.cmpedu.com
销 售 一 部：（010）68326294	机工官网：http://www.cmpbook.com
销 售 二 部：（010）88379649	机工官博：http://weibo.com/cmp1952
读者购书热线：（010）88379203	**封面无防伪标均为盗版**

前　言

室内装潢设计是建筑的内部空间环境设计，与人的生活关系最为密切。室内装潢设计水平的高低直接影响人们居住与工作环境的质量。现代室内装潢设计是根据建筑空间的使用性质和所处环境，运用物质技术手段和艺术处理手法，从内部对室内空间进行设计，以满足人们在室内环境中能舒适地生活和活动的需求。室内设计的根本目的，在于创造满足物质与精神两方面需要的空间环境。因此，室内设计具有物质功能和精神功能的两重性，设计在满足物质功能合理的基础上，更重要的是要满足精神功能的要求，要创造风格、意境和情趣来满足人的审美要求。

随着我国经济的快速发展和城市化进程的加快，房地产业获得了持续高速的发展。房地产业的发展极大地带动了装饰装修行业的发展，该行业的发展又对相关的技术人才带来了巨大的需求。室内装潢设计涉及很多方面的知识，要求设计人员既要熟悉室内设计的相关知识，又要能够熟练使用相关设计及绘图软件绘制相应的图纸。本书针对这方面的需求，详细介绍了使用 AutoCAD 绘制常用室内装潢设计图的方法，包括绘制建筑平面图、平面布置图、顶棚布置图、地面布置图及相关立面图。

AutoCAD 是美国 Autodesk 公司开发的通用计算机绘图软件。自 20 世纪 80 年代推出以来，由于其具有简便易学、精确高效等优点，一直深受广大工程设计人员的青睐。历经 30 余年的不断完善和发展，如今 AutoCAD 已成为世界上最流行的绘制二维工程图的绘图软件，在航空航天、造船、建筑、机械、电子、化工、美工、轻纺等很多领域均得到了广泛应用。

AutoCAD 2012 是目前的较新版本，该版本极大地提高了绘制二维工程图的易用性，动态块、注释缩放、几何约束与标注约束等功能的增加使设计人员可以更加高效率地绘制和编辑修改图样。

本书主要由段辉（山东建筑大学）、周彦（山东旅游职业学院）、汤爱君（山东建筑大学）编写，参与编写的还有管殿柱、李文秋、宋一兵、王献红、刘艳、刘娜、杨德平、褚忠。本书由宋琦主审。

由于编者水平有限，书中难免存在错误和不足之处，衷心地希望读者批评指正。

编　者

目　录

第 1 章　室内装潢设计基础知识

随着社会的发展，人们的物质生活水平越来越高，衣食住行中的“住”变得越来越重要，人们对生活和工作的室内环境的要求也越来越高，因此，房屋在建好以后、居住之前进行适当的装潢设计成为必不可少的一个重要环节。本章对室内装潢设计的相关基础知识进行简单介绍，以方便读者后续章节的学习。

【本章重点】

- 室内装潢设计的基本概念
- 室内装潢设计的基本过程
- 室内装潢设计制图的基础知识

1.1　关于室内装潢设计

本节简单介绍室内装潢设计的相关概念、目的和特点，以及室内装潢设计的大体过程。

1.1.1　室内装饰设计概述

1．室内装潢设计的相关概念

人们平时的大部分时间是在室内空间中活动的，室内环境空间的舒适与否，一定会直接影响到人们的生活质量、生产活动的效率，也必然关系到人们最基本的安全、健康，以及对于一定文化内涵环境的心理需要等。

（1）环境设计

自古至今，人类生活在大自然和人类自身所“设计”的世界中。随着人类社会的进步和科学技术的发展，大自然及人类社会的面貌得到了巨大的变化，人们越来越生活在“人为”设计的世界之中。设计是连接精神文明与物质文明的“桥梁”。

环境设计又被称为环境艺术，是把人们在环境中看得见的一切艺术化的过程，是人与周围环境相互作用的艺术，是一种关系艺术、对话艺术、生态艺术，又是一种生活艺术。环境设计的发展大致表现为两大趋势：场所环境的范围扩大和更注重环境审美的整体性及综合性。

（2）建筑环境设计

建筑环境主要包括建筑物所包括的内部空间（即室内空间）以及建筑物周围的空间（即室外空间）范围。空间范围的大小是由建筑物自身所具有的各种功能及特点所决定的。

建筑环境设计是指对建筑物的室内及周围环境的设计。

（3）室内装潢设计

室内装潢设计是根据建筑物的使用性质、所处环境和相应标准，运用现代物质技术手段和建筑美学原理，创造出功能合理、舒适美观、满足人们物质和精神生活需要的室内空间环境的一门实用艺术。

室内装潢设计既是建筑设计的有机组成部分，又是对建筑空间进行的第二次设计，还是建筑设计在细节上的深化。

室内装潢着重从外表的视觉艺术的角度来探讨、研究并解决问题。

室内装潢设计既与通常的整体建筑设计相区别，又与大众认可的装饰、装修等概念对空间所做的工作内容与设计改造不同。

2．室内装潢设计的目的和特点

（1）室内装潢设计的目的

室内装潢设计的目的是创造更好的生活环境条件，它通过运用现代的设计原理，使室内空间更加符合人们的生理和心理需求，同时也促进了人们在生活中审美意识的普遍提高。

室内装潢设计的目的首先是提高室内环境的艺术性，满足人们的审美需求；强化建筑空间的风格、意境和气氛，使不同类型的建筑空间更具性格特征、情感及艺术感染力。

其次是保护建筑主体结构的牢固性，延长建筑的使用寿命，弥补建筑空间的缺陷与不足。

总之，室内装潢设计是以人为中心的设计，其中心议题是如何通过对室内小空间进行艺术的、综合的、统一的设计，提升室内空间环境的形象，满足人们的生理及心理需求，更好地为人类的生活服务。

（2）室内装潢设计的特点

室内的空间存在形式主要依靠建筑物的围合性与控制性而形成，室内环境与任何环境一样，都是由环境的构成要素及环境设施所组成的空间系统。

环境设计是一门综合艺术，它将空间的组织手法、造型方式、材料等与社会文化和人们的情感、审美、价值趋向相结合，创造出具有艺术美感价值的环境空间。

室内装潢设计是整体环境设计的一部分，是环境空间艺术设计的细化与深入。这一切都更加明确了室内装潢设计是为了满足人们在社会环境中的某种需要，从而利用自然环境与人工环境共同创造出来的环境。

3．室内装潢设计的要素

室内装潢设计包括的要素很多，归纳起来可以分为以下几种。

（1）空间要素

空间合理化并给人们以美的感受是设计基本的任务。设计师要勇于探索时代、技术赋予空间的新形象，不要拘泥于过去形成的空间形象。

（2）色彩要素

室内色彩除对视觉环境产生影响外，还直接影响人们的情绪、心理。科学的用色有利于工作，有助于健康，色彩处理得当既能符合功能要求又能取得美的效果。室内色彩除了必须遵守一般的色彩规律外，还应随着时代审美观的变化而有所不同。

（3）光影要素

人类喜爱大自然的美景，常常把阳光直接引入室内，以消除室内的黑暗感和封闭感，特别是顶光与柔和的散射光，使室内空间更为亲切、自然。光影的变换，使室内更加丰富多彩，给人以多种感受。

（4）装饰要素

室内整体空间中不可缺少的建筑构件，如柱子、墙面等，需要结合功能加以装饰，共同构成完美的室内环境。利用不同装饰材料的质地特征，可以获得千变万化和不同风格的室内艺术效果，同时还能体现地区的历史文化特征。

（5）陈设要素

室内家具、地毯、窗帘等，均为生活必需品，其造型往往具有陈设特征，大多数起着装饰作用。实用和装饰应相互协调，求得功能和形式统一而有变化，使室内空间舒适得体、富有个性。

（6）绿化要素

室内设计中，绿化已成为改善室内环境的重要手段。在室内移花栽木，利用绿化沟通室内外环境，对扩大室内空间感及美化空间均起着积极作用。

1.1.2　室内装潢设计的过程

室内装潢设计的过程通常分为 4 个阶段：设计准备阶段、方案设计阶段、施工图设计阶段和设计实施阶段。

1．设计准备阶段

设计准备阶段主要是接受设计委托任务书，签订合同，或根据标书要求参加投标等。设计准备阶段的主要工作有：

- 了解建设方（业主）对设计的要求。
- 根据设计任务收集设计基础资料，包括项目所处的环境、自然条件、场地关系、土建施工图纸及土建施工情况等必要的信息。
- 熟悉设计有关的规范和定额标准，了解当地材料的行情、质量及价格，收集必要的信息，勘察现场，参观同类实例。在对建设方意向及设计基础资料做全面了解、分析之后确定设计计划。在签订合同或制订投标文件时，还包括设计进度安排和设计费率标准。

2．方案设计阶段

方案设计阶段主要包括方案构思、方案深化、绘制图纸和方案比较 4 个阶段。

方案设计阶段是在设计准备阶段的基础上，进一步收集、分析、运用与设计任务有关的资料信息，就平面布置的关系、空间处理及材料选用、家具、照明和色彩等做出进一步的考虑，以深化设计构思。

室内初步方案的文件通常包括如下内容。

- 平面图（包括家具布置）。
- 室内立面展开图。
- 平顶图或顶棚平面图（包括灯具、风口等）。
- 室内透视图（彩色效果图）。
- 室内装饰材料实样（墙纸、地毯、窗帘、室内纺织面料、墙地面砖及石材、木材等，以及家具、灯具、设备等实物照片）。
- 设计说明和造价概算。

3．施工图设计阶段

施工图设计阶段的主要工作由 3 部分组成，即修改完善设计方案、与各相关专业协调、完成装饰设计施工图。

施工图是设计人员施工时的依据，其绘制方法主要是采用“施工图法”。装饰设计施工图完成后，各专业需相互校对，经审查无误后，才能作为正式施工的依据。

4．设计实施阶段

设计人员向施工单位进行设计意图说明及图纸的技术交底。工程施工期间需按图纸要求核对施工实况，有时还需根据现场实况提出对图纸的局部修改或补充。大、中型工程需要进行监理，由监理机构进行施工的进度、质量和进度控制。施工结束后，会同质检部门和建设方进行工程验收。

1.2 室内装潢设计制图的基础知识

本节介绍室内装潢设计制图的基本知识，包括各种常用的图样类型和有关的国家标准以及 AutoCAD 软件在室内装潢设计图中的应用。

1.2.1 室内装潢设计制图概述

室内装潢设计实际上是建筑设计的一部分，是建筑设计中不可分割的组成部分。一座好的建筑物，必须包含内、外空间设计两个基本内容。室内装潢设计是将建筑设计的室内空间构思按需要加以调整、充实。

人们要表达设计思想，只有文字语言是远远不够的。图样是进行设计构思、反映设计内容、进行技术交流的技术文件，是工程界的技术语言。

建筑图样主要有建筑平面图、建筑立面图、建筑剖面图、建筑透视图和建筑表现图等几大类。

建筑平面图是按一定比例绘制的住宅建筑的水平剖面图。住宅的建筑平面图一般比较详细，通常采用较大的比例，如 1:100、1:50，并标出实际的详细尺寸，但有的小比例住宅平面图并不用专门的符号标出内部附属设备，这种图是供设计建设施工人员使用的。一些房地产开发和销售企业为了使购房者更全面地了解住宅基本情况，往往在平面图上还描绘室内应配置家具的尺寸和空间位置，有的还用颜色加以区分显示，而对家具的标识，并没有统一的符号，但画法上比较直观，便于人们联想和识别。平面图上窗的开启方式以及水、暖、煤气立管的位置一般不表示出来。

住宅建筑立面图是按照一定比例绘制的住宅建筑物的正面、背面和侧面的形状图，表示的是住宅建筑物的外部形式，说明建筑物的长、宽、高的尺寸，地面标高，屋顶的形式，阳台位置和形式，门窗洞口的位置和形式，外墙装饰的设计形式，材料及施工方法等。在绘制方法上一般用线条白墙，也可添加明暗线条以示一定的立体感。

住宅建筑剖面图，是指按一定比例绘制的建筑物竖直（纵向）的剖视图。即用一个假想的平面将住宅建筑物沿垂直方向像劈木柴一样纵向切开，切后的部分用图线和符号来表示住宅楼层的数量，室内立面的布置、楼板、地面、墙身等的位置和尺寸，有的还配有家具的纵剖面图示符号。

住宅建筑的透视图，表示建筑物内部空间或外部形体与实际所能看到的住宅建筑本身的相类似的主体图像，它具有强烈的三维空间透视感，非常直观地表现了住宅的造型、体量、空间布置、色彩和外部环境，一般在住宅设计和住宅销售时使用。从高处俯视的透视图又称为“鸟瞰图”或“俯视图”。住宅透视图一般要严格地按比例绘制。

有些透视图不一定严格按比例绘制，并进行绘制上的艺术加工，这种图通常被称为住宅建筑的表现图。一幅绘制精美的住宅建筑表现图，就是一件艺术作品，具有很强的艺术感染力。目前普遍采用计算机绘制的效果图，其特点是透视效果更逼真。

1.2.2 室内装潢设计制图的要求及规范

设计图纸不同于美术作品，为了保证技术交流的规范性、标准性和准确性，所有工程制图必须严格执行国家、行业及所在国或所在地区的有关规定。由于室内装潢设计目前我国还未出台相关的标准，因此，基本上还是沿用国家的《房屋建筑制图统一标准》（GB/T 50001—2010）和参照一些其他相关专业的标准，如家具、机械、电子等。装饰行业在其自身的发展过程中，经过不断的探索和总结，在工作实际中，室内设计工程制图正逐步形成一些约定俗成的方法。

室内装潢设计图应根据《房屋建筑制图统一标准》，对图标、图框、线形、字体及比例、剖切符号、索引符号与详图符号、引出线、定位轴线及尺寸标注等要求均按照该标准的规定。对楼梯、坡道、空洞等图例参照《建筑制图标准》（GB/T 50104—2010）绘制。有时候还可以结合实际情况，增加材料索引号、立面索引号等。各种常用的图框图标、文字、图例、符号均制作样图，并组织设计人员学习、熟悉使用各种符号，保证出图纸时图纸符号、文字统一，从最基础的方面开始图纸质量的控制。

1．图纸幅面

图纸幅面及图框尺寸应符合表 1-1 的规定。

表 1-1 图纸幅面

幅面代号 / 尺寸代号	A0	A1	A2	A3	A4
b×l	841×1189	594×841	420×594	297×420	210×297
c	10			5	
a	25				

图纸的短边尺寸不应加长，A0～A3 幅面长边尺寸可加长，但应符合表 1-2 的规定。

表 1-2 图纸加长幅面

幅 面 代 号	长 边 尺 寸	长边加长后的尺寸				
A0	1189	1486(A0+1/4 l) 2230(A0+7/8 l)	1635(A0+3/8 l) 2378(A0+1/1 l)	1783(A0+1/2 l)	1932(A0+5/8 l)	2080(A0+3/4 l)
A1	841	1051(A1+1/4 l) 2102(A1+3/2)	1261(A1+1/2 l)	1471(A1+3/4 l)	1682(A1+1 l)	1892(A1+5/4 l)
A2	594	743(A2+1/4 l) 1486(A2+3/2 l) 2080(A2+5/2 l)	891(A2+1/2 l) 1635(A2+7/4 l)	1041(A2+3/4 l) 1783(A2+2 l)	1189(A2+1 l)	1388(A2+5/4 l) 1932(A2+9/4 l)
A5	420	630(A3+1/2 l) 1682(A3+3 l)	841(A3+1 l) 1892(A3+7/2 l)	1051(A3+3/2 l)	1261(A3+2 l)	1471(A3+5/2 l)

注：有特殊需要的图纸，可采用 b×l 为 841×891 与 1189×1261 的幅面。

图纸以短边作为垂直边应为横式，以短边作为水平边应为立式。A0～A3 图纸宜横式使用，必要时，也可立式使用。

在一个工程设计中，每个专业所使用的图纸不宜多于两种幅面，不含目录及表格的一般采用 A4 幅面。

2．标题栏与会签栏

图纸中应有标题栏、图框线、幅面线、装订边线和对中标志。图纸的标题栏及装订边的位置应符合下列规定。

- A0～A3 幅面图纸可采用立式或者横式布置，A4 幅面图纸一般采用立式布置。
- 对于横式布置，标题栏一般在下方或者右侧，会签栏一般在左上侧竖置。
- 对于立式布置，标题栏一般在下方或者右侧，会签栏一般在右上侧横置。

会签栏应包括实名列和签名列，图 1-1 是推荐的横式会签栏格式。

涉外工程的标题栏内，各项主要内容的中文下方应附有译文，设计单位的上方或左方，应加“中华人民共和国”字样。

在计算机制图文件中使用电子签名与认证时，应符合国家有关电子签名法的规定。

30-50	设计单位名称	注册师签章	项目经理	修改记录	工程名称区	图号区	签字区	会签栏

图 1-1　会签栏格式

图 1-2 为推荐的两种图框格式。

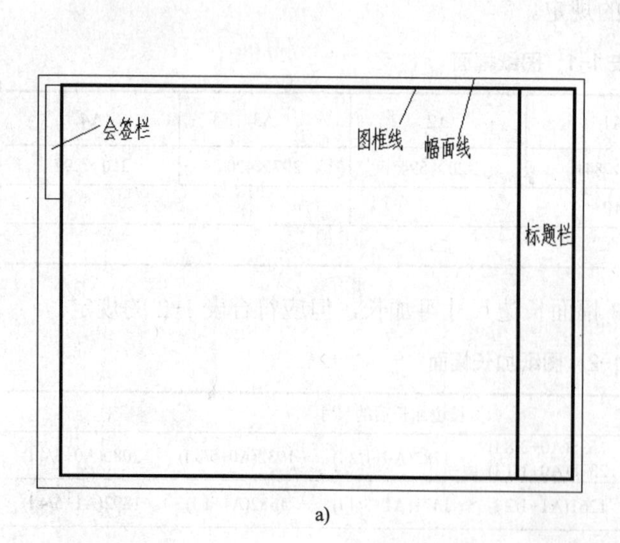

图 1-2　图框格式

a) 横式　b) 立式

3．图线

图线的宽度 b，宜从 1.4、1.0、0.7、0.5、0.35、0.25、0.18、0.13mm 线宽系列

中选取。图线宽度不应小于 0.1mm。每个图样，应根据复杂程度与比例大小，选定基本线宽 b。

建筑制图应选用表 1-3 所示的图线。

表 1-3 图线

名称		线型	线宽	一般用途
实线	粗	————	b	主要可见轮廓线
	中粗	————	0.7b	可见轮廓线
	中	————	0.5b	可见轮廓线、尺寸线、变更云线
	细	————	0.25b	图例填充线、家具线
虚线	粗	– – – – – –	b	见各有关专业制图标准
	中粗	– – – – – –	0.7b	不可见轮廓线
	中	– – – – – –	0.5b	不可见轮廓线、图例线
	细	– – – – – –	0.25b	图例填充线、家具线
单点长画线	粗	—— · —— · ——	b	见各有关专业制图标准
	中	—— · —— · ——	0.5b	见各有关专业制图标准
	细	—— · —— · ——	0.25b	中心线、对称线、轴线等
双点长画线	粗	—— ·· —— ·· ——	b	见各有关专业制图标准
	中	—— ·· —— ·· ——	0.5b	见各有关专业制图标准
	细	—— ·· —— ·· ——	0.25b	假想轮廓线、成型前原始轮廓线
折断线	细	——\/——	0.25b	断开界线
波浪线	细	～～～	0.25b	断开界线

同一张图纸内，相同比例的图样，应选用相同的线宽组。

相互平行的图例线，其净间隙或线中间隙不宜小于 0.2mm。

虚线、单点长画线或双点长画线的线段长度和间隔，宜各自相等。

单点长画线或双点长画线，当在较小图形中绘制有困难时，可用实线代替。

单点长画线或双点长画线的两端，不应是点。点画线与点画线交接点或点画线与其他图线交接时，应是线段交接。

虚线与虚线交接或虚线与其他图线交接时，应是线段交接。虚线为实线的延长线时，不得与实线相接。

图线不得与文字、数字或符号重叠、混淆，不可避免时，应首先保证文字的清晰。

4. 文字

图纸上所需书写的文字、数字或符号等，均应笔画清晰、字体端正、排列整齐；标点符号应清楚正确。

文字的字高，应从表 1-4 中选用。字高大于 10mm 的文字宜采用 TRUETYPE 字体，如需书写更大的字，其高度应按 $\sqrt{2}$ 的倍数递增。

表 1-4　字号

字体种类	中文矢量字体	TRUETYPE 字体及非中文矢量字体
字高	3.5、5、7、10、14、20	3、4、6、8、10、14、20

图样及说明中的汉字，宜采用长仿宋体（矢量字体）或黑体，同一图纸字体种类不应超过两种。大标题、图册封面、地形图等的汉字，也可书写成其他字体，但应易于辨认。

汉字的简化字书写应符合国家有关汉字简化方案的规定。

图样及说明中的拉丁字母、阿拉伯数字与罗马数字，宜采用单线简体或 ROMAN 字体。

拉丁字母、阿拉伯数字与罗马数字，如需写成斜体字，其斜度应从字的底线逆时针向上倾斜 75°。斜体字的高度和宽度应与相应的直体字相等。

拉丁字母、阿拉伯数字与罗马数字的字高，不应小于 2.5mm。

数量的数值注写，应采用正体阿拉伯数字。各种计量单位凡前面有量值的，均应采用国家颁布的单位符号注写，单位符号应采用正体字母。

分数、百分数和比例数的注写，应采用阿拉伯数字和数学符号。

当注写的数字小于 1 时，应写出各位的“0”，小数点应采用圆点，齐基准线书写。

长仿宋汉字、拉丁字母、阿拉伯数字与罗马数字示例应符合国家现行标准《技术制图——字体》（GB/T 14691—1993）的有关规定。

5．比例

图样的比例，应为图形与实物相对应的线性尺寸之比。

比例的符号为“:”，比例应以阿拉伯数字表示。

比例宜注写在图名的右侧，字的基准线应取平；比例的字高宜比图名的字高小一号或两号，如图 1-3 所示。

平面图　1:100　　⑥　1:20

图 1-3　比例的标注

绘图所用的比例应根据图样的用途与被绘对象的复杂程度，从表 1-5 中选用，并应优先采用表中的常用比例。

表 1-5　比例

常用比例	1:1、1:2、1:5、1:10、1:20、1:30、1:50、1:100、1:150、1:200、1:500、1:1000、1:2000
可用比例	1:3、1:4、1:6、1:15、1:25、1:40、1:60、1:80、1:250、1:300、1:400、1:600、1:5000、1:10000、1:20000、1:50000、1:100000、1:200000

一般情况下，一个图样应选用一种比例。根据专业制图需要，同一图样可选用两种比例。

特殊情况下也可自选比例，这时除应注出绘图比例外，还必须在适当位置绘制出相应的比例尺。

其他符号、定位轴线、图例等的规定请参照《房屋建筑制图统一标准》（GB/T 50001—2010）和《建筑制图标准》（GB/T 50104—2010）中的规定执行，这里不再赘述。

1.2.3 室内装潢设计制图的内容

室内装潢设计制图包括很多种类的图，如结构平面图、平面布置图、顶棚布置图、地面铺装图、排砖图、立面图、剖面图、局部放大图、节点详图、家具施工图、门窗大样图、电路改造施工图和水路改造施工图等。

下面对其中的平面布置图、顶棚布置图、地面铺装图、立面图、剖面图等几种比较重要的图进行简单介绍。

1．平面布置图

平面布置图中应表示的内容与要求如下。

- 墙体定位尺寸，有结构柱、门窗处应注明宽度尺寸。
- 各区域名称要注全，如客厅、餐厅、休闲区等，房间名称要注全，如主卧、次卧、书房、工人房等。
- 地面材料种类、地面拼花及不同材料分界线应予以表示。
- 楼梯平面位置的安排、上下方向示意及梯级计算。
- 有关节点详细或局部放大图的索引。
- 各房间门、窗、洞口的尺寸、位置，以及门、窗的开启方向。
- 家具布置及盆景、雕塑、工艺品等的配置。

2．顶棚布置图

顶棚布置图应表示的内容与要求如下。

- 顶棚布置形式、龙骨排列图、表面装饰材料的使用、详图索引必须明确。
- 灯具的布置和使用要按照电气图设计，注明灯具位置尺寸、灯具名称、规格及详图做法。
- 顶部吊顶及装饰物件的悬挂位置，要注明悬挂物件与建筑结构的关系、做法及节点详图。
- 房间名称应注全，并应标注顶棚各部分底面相对于本层地面的高度。
- 顶面设备（包括火灾或事故照明）、风口等的位置、尺寸。
- 如有新建室内加层应注明位置、尺寸及工艺做法，并增加室内加层施工详图。

3．地面铺装图

地面铺装图应表示的内容与要求如下。

- 各室内、外地面高差应注明。
- 各房间地面找坡、找平情况的做法、尺寸、标高。
- 各房间地面面积。
- 应明确标注地面材料和规格，如“铺≥600×600 地砖”或“实木地板”，并用适当图示填充。
- 地面材料种类、地面拼花及不同材料分界线应予以表示，并注明尺寸及做法。
- 可以同时表现地面排砖内容，但墙面排砖必须另行出图。

4．立面图

立面图应表示的内容与要求如下。

- 立面图包括外立面和室内立面，施工项目的外立面和室内房间或公用空间各方向的立面均应画全。
- 新建、拆除、改造墙体、门窗洞口等的立面定位尺寸。
- 各部位装饰墙面造型的立面图形、尺寸、构造材料、面层材料名称及节点索引。
- 各房间、各部位固定家具造型的立面图形、尺寸、构造材料、面层材料；各固定家具的剖面图形、尺寸；各固定家具的节点大样图形、细部材料、尺寸、构造做法。
- 墙柱面装饰造型、花台、栏杆、台阶、线角等的尺寸及其他尺寸的定位，节点详图索引等。
- 门窗标高和高度应分别注明。
- 室内立面应将相应部位的顶棚剖面一并画出，并标注顶棚造型部分的尺寸与标高。

5．剖面图

剖面图应表示的内容与要求如下。

- 为表达设计意图所需的局部剖面，吊顶、木器、背景墙等含有内部结构的施工项目必须出剖面图。
- 要按建筑标高绘制装修剖面图，注明所剖部分尺寸，尺寸总和与整体建筑标高相符。
- 表现所剖部位的做法、结构、材料、工艺。
- 楼板、梁等结构件的尺寸应严格按结构图或实际情况画出。
- 注明造型尺寸、构造材料、面层材料。

6．局部放大图和节点详图

局部放大图和节点详图应表示的内容与要求如下。

- 施工中的关键部位和需要重点表达的部位，均应绘制节点详图。
- 注明造型尺寸、构造材料、面层材料。

1.2.4 AutoCAD 在室内装潢设计制图中的应用

1．CAD 技术简介

CAD 是“Computer Aided Design”的缩写，即“计算机辅助设计”，是指利用计算机及其附属设备帮助设计人员进行设计工作。在工程设计中，计算机可以帮助设计人员担负科学计算、数据存储和二维绘图、三维建模等工作。

在设计中通常要用计算机对各种设计方案进行大量的计算、分析和比较，以决定最优方案；对于各种数据，例如数字、文字或图形，进行高效的存取与检索；利用人机交互软件绘制和编辑修改各种图形。

CAD 技术在机械、建筑、电子、化工、服装、水利、航空航天等各个领域都有广泛的应用。而相应的 CAD 软件也极为丰富，本书所介绍的 AutoCAD 软件是其中一个杰出的代表，它是目前世界上最流行的通用二维绘图软件。

2．AutoCAD 在建筑及室内装潢设计中的应用

建筑设计应用到的与 CAD 相关的软件很多，主要包括二维矢量图形绘制软件、方案设

计软件、建模及渲染软件、效果图软件、后期制作软件等。

AutoCAD 主要用于绘制建筑方面的二维矢量图形，包括总图、平/立/剖面图、大样图、节点详图等。

针对室内装潢设计的特点，AutoCAD 在这个领域主要用于绘制室内平面布置图、室内立面图、室内顶棚图、室内地面铺装图等图样。一般来说，利用 AutoCAD 软件绘制建筑图样偏重的是结构，绘制室内装潢图样偏重的是布置。

以室内平面布置图为例，利用 AutoCAD 软件绘制一张完整的室内平面布置图，应该包括墙体、门窗、室内设施、尺寸、文字说明，以及标题栏、会签栏等内容。

1.3 思考与练习

1. 什么是室内装潢设计？
2. 室内装潢设计和建筑环境设计的关系是什么？
3. 室内装潢设计的图纸主要有哪些？
4. 谈一谈 AutoCAD 在室内装潢设计中的作用。

第 2 章　AutoCAD 2012 基础知识

AutoCAD 是由美国 Autodesk 公司开发的通用计算机辅助设计软件，具有易于掌握、使用方便、体系结构开放等优点，能够绘制二维图形与三维图形、标注尺寸、渲染图形及打印输出图纸，目前已广泛应用于机械、建筑、电子、航天、造船、石油化工、土木工程、冶金、地质、气象、纺织、轻工、商业等领域。

AutoCAD 2012 是 AutoCAD 系列软件的较新版本，它在性能和功能方面都有较大的增强，同时保证与低版本完全兼容。

【本章重点】

- AutoCAD 的主要功能
- AutoCAD 的界面组成
- AutoCAD 的文件操作

2.1　了解 AutoCAD 2012

本节介绍 AutoCAD 的基本发展、主要功能，AutoCAD 2012 版本相对于以前版本的主要改进，以及 AutoCAD 2012 的启动与退出。

2.1.1　AutoCAD 概述

AutoCAD 是由美国 Autodesk 公司于 20 世纪 80 年代初为在计算机上应用 CAD 技术而开发的计算机绘图软件包，用于二维绘图、详细绘制、设计文档和基本三维设计，经过不断的完善，AutoCAD 现已成为国际上广为流行的绘图工具。

AutoCAD 具有良好的用户界面，通过交互菜单或命令行方式便可以进行各种操作。它的多文档设计环境，让非计算机专业人员也能很快地学会使用，在不断实践的过程中更好地掌握它的各种应用和开发技巧，从而不断提高工作效率。

AutoCAD 具有广泛的适应性，可以在各种操作系统支持的微型计算机和工作站上运行，支持分辨率 320×200 到 2048×1024 的图形显示设备 40 多种，以及数字化仪和鼠标 30 多种，绘图仪和打印机数十种，这就为 AutoCAD 的普及创造了条件。

AutoCAD 于 1982 年底推出 R1.0 版，现在较新的版本是 AutoCAD 2012。

AutoCAD 是一个辅助设计软件，可以满足通用设计和绘图的主要需求，并提供各种接口，可以和其他软件共享设计成果，并能十分方便地进行管理。该软件主要提供以下功能。

1）强大的图形绘制功能：AutoCAD 提供了创建直线、圆、圆弧、曲线、文本、表格和尺寸标注等多种图形对象的功能。

2）精确定位、定形功能：AutoCAD 提供了坐标输入、对象捕捉、栅格捕捉、追踪、动态输入等功能，利用这些功能可以精确地为图形对象定位和定形。

3）方便的图形编辑功能：AutoCAD 提供了复制、旋转、阵列、修剪、倒角、缩放、偏移等方便实用的编辑工具，大大提高了绘图效率。

4）图形输出功能：包括屏幕显示和打印出图，AutoCAD 提供了方便的缩放和平移等屏幕显示工具，模型空间、图纸空间、布局、图纸集、发布和打印等功能极大地丰富了出图选择。

5）三维造型功能：AutoCAD 三维建模可让用户使用实体、曲面和网格对象创建图形。

6）辅助设计功能：可以查询绘制好的图形的长度、面积、体积和力学特性等；提供了多种软件的接口，可方便地将设计数据和图形在多个软件中共享，进一步发挥各软件的特点和优势。

7）允许用户进行二次开发：AutoCAD 自带的 AutoLISP 语言让用户自行定义新命令和开发新功能。通过 DXF、IGES 等图形数据接口，可以实现 AutoCAD 与其他系统的集成。此外，AutoCAD 支持 Object、ARX、ActiveX、VBA 等技术，提供了与其他高级编程语言的接口，具有很强的开发性。

2.1.2 AutoCAD 2012 的新特性

1．可导入更多格式的外部数据

AutoCAD 2012 的模型文件相对于以前的版本更加完美了，其中，三维模型支持 UG、SolidWorks、IGES、CATIA、Rhino、Pro/E、STEP 等文件的导入。

2．UCS 坐标可进行更多的操作

在以前的 AutoCAD 版本中，UCS 坐标是不能被选取的，在 AutoCAD 2012 中 UCS 坐标系是能被选取的。

3．界面更加人性化

AutoCAD 2012 的界面与以前的版本相比发生了许多变化，新的界面更加人性化，这里简单介绍一下。

1）打开 AutoCAD 2012，首先看到的是在快速访问工具栏上多了“切换工作空间”选项。

2）打开功能区选项板，就会发现，功能区选项板比以前的版本更加优化与规范，并且在选项板上新增加了“插件”、“联机”选项。

3）在状态栏上新增加了“推断约束”、“三维对象捕捉”、“显示/隐藏透明度”、“选择循环”4 个选项。

4）当进行对象捕捉设置时就会发现，“草图设置”对话框也出现了变化，AutoCAD 2012 的“草图设置”对话框相对以前版本多出了“三维对象捕捉”和“选择循环”选项。

4．增加了命令的自动完成功能

AutoCAD 2012 提供自动完成选项，自动完成选项可以帮助用户更有效地访问命令。当输入命令时，系统自动提供一份清单，列出匹配的命令名称、系统变量和命令别名。

5．夹点编辑增加了更多选项和菜单

AutoCAD 2012 多功能夹点命令，支持直接操作，能够加速并简化编辑工作。其相对以前的版本有很多优化和改进的地方，经扩充后，功能强大、效率出众的多功能夹点命令得以广泛地应用于直线、弧线、椭圆弧、尺寸和多重引线上，另外还可以用于多段线上。在一个夹点上悬停即可查看相关命令和选项。

2.1.3 AutoCAD 2012 的启动与退出

1. AutoCAD 2012 的启动

首先在计算机中装载 AutoCAD 2012 应用程序，按照系统提示安装完软件后会在桌面上出现 AutoCAD 2012 快捷图标，双击此图标启动它，进入 AutoCAD 2012 的工作界面。

启动 AutoCAD 2012 还有一种方法，即通过单击“开始”按钮，选择“程序”→“Autodesk”→“AutoCAD 2012-Simplified Chinese”→“AutoCAD 2012-Simplified Chinese”命令。

2. AutoCAD 2012 的退出

AutoCAD 2012 支持多文档操作，也就是说，可以同时打开多个图形文件，同时在多张图纸上进行操作，这对提高工作效率是非常有帮助的。但是，为了节约系统资源，用户要学会有选择地关闭一些暂时不用的文件。当完成绘制或者修改工作，暂时用不到 AutoCAD 2012 时，最好先退出 AutoCAD 2012 系统，再进行其他操作。

退出 AutoCAD 2012 系统的方法，与关闭图形文件的方法类似。单击标题栏中的“关闭”按钮，如果当前的图形文件以前没有保存过，系统会给出是否存盘的提示。如果不想存盘，单击按钮 否(N)；如果要保存，单击按钮 是(Y) 即可。

也可以通过单击应用程序菜单中的退出命令按钮 退出 AutoCAD 2012 退出 AutoCAD 2012 系统。

2.2 AutoCAD 2012 工作界面

启动 AutoCAD 2012 后，打开如图 2-1 所示的工作界面，本节对其组成部分进行简单介绍。

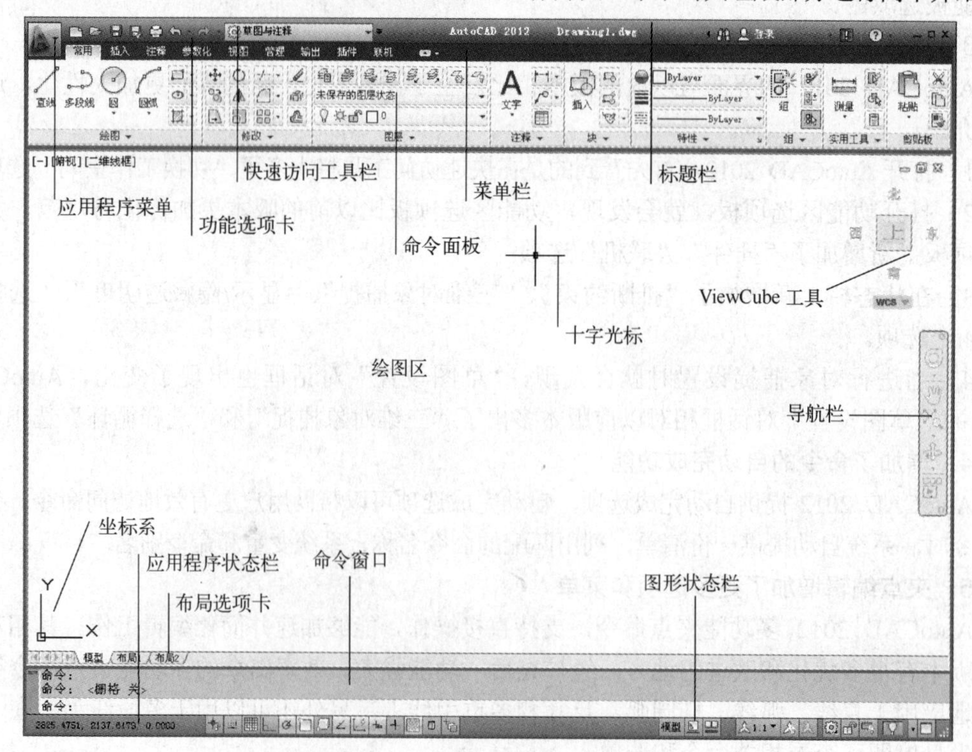

图 2-1 AutoCAD 2012 工作界面

2.2.1 应用程序菜单

单击菜单浏览器按钮，可以打开应用程序菜单，如图 2-2 所示。

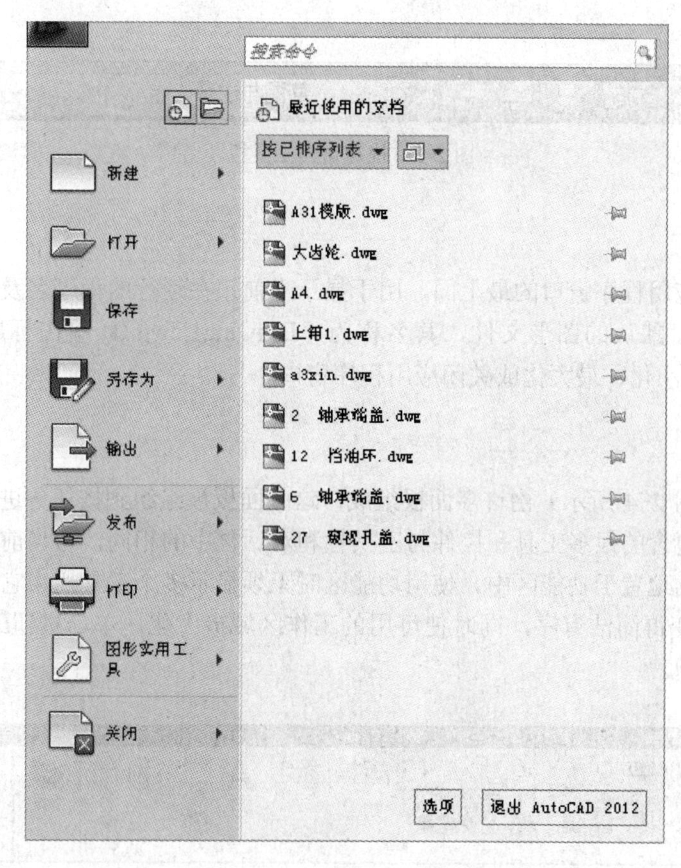

图 2-2 应用程序菜单

2.2.2 快速访问工具栏

快速访问工具栏（如图 2-3 所示）用于存储经常使用的命令。单击快速访问工具栏最后的按钮可以展开下拉菜单，定制快速访问工具栏中要显示的工具，也可以删除已经显示的工具，下拉菜单中被勾选的命令为在快速访问工具栏中显示的，单击已勾选的命令，可以取消勾选，此时快速访问工具栏中将不再显示该命令。反之，单击没有勾选的命令，可以将其勾选，在快速访问工具栏显示该命令。

快速访问工具栏默认放在功能区的上方，也可以选择自定义快速访问工具栏中的“在功能区下方显示”命令将其放在功能区的下方。

如果想往快速访问工具栏中添加工具面板中的工具，只需将鼠标指向要添加的工具，然后右击，在弹出的快捷菜单中选择“添加到快速访问工具栏”命令即可。如果想移除快速访问工具栏中已经添加的工具，只需右击该工具，在弹出的快捷菜单中选择“从快速访问工具栏中删除”命令即可。

快速访问工具栏的最后一个工具为工作空间列表工具，可以切换用户界面。

AutoCAD 2012 有 4 种工作界面，分别是“草图与注释”、“三维基础”、“三维建模”和“AutoCAD 经典”，这 4 种工作界面可以方便地进行切换。用户也可以在图形状态栏中进行选择和切换。

图 2-3　快速访问工具栏

2.2.3　标题栏

标题栏位于应用程序窗口的最上面，用于显示当前正在运行的程序名及文件名等信息，如果是 AutoCAD 默认的图形文件，其名称为“Drawing1.dwg”。单击标题栏右端的按钮，可以最小化、最大化或关闭应用程序窗口。

2.2.4　功能区

功能区（如图 2-4 所示）由许多面板组成，这些面板被组织到按任务进行标记的选项卡中。功能区面板包含的很多工具和控件与工具栏和对话框中的相同，与当前工作空间相关的操作都单一、简洁地置于功能区中。使用功能区时无须显示多个工具栏，它通过单一紧凑的界面使应用程序变得简洁有序，同时使可用的工作区域最大化。单击按钮可以使功能区最小化为面板标题。

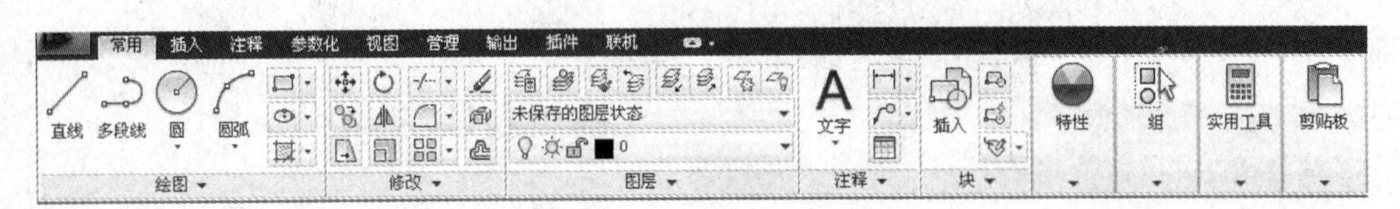

图 2-4　功能区

2.2.5　绘图区

在 AutoCAD 中，绘图区是用户绘图的工作区域，所有的绘图结果都反映在这个窗口中。用户可以根据需要关闭其周围和里面的各工具栏，以增大绘图空间。如果图纸较大，当需要查看未显示部分时，可以单击窗口右边与下边滚动条上的箭头，或拖动滚动条上的滑块来移动图纸。

在绘图区中除了显示当前的绘图结果外，还显示了当前使用的坐标系类型、坐标原点及 X 轴、Y 轴、Z 轴的方向等。默认情况下，坐标系为“世界坐标系（WCS）”，用户可以关闭它，让其不显示，也可以定义一个方便自己绘图的“用户坐标系”。

绘图窗口的下方有“模型”和“布局”选项卡 模型 / 布局1 / 布局2，单击其标签可以在模型空间或图纸空间之间切换。

2.2.6　状态栏

状态栏位于工作界面的最底部，如图 2-5 所示。状态栏分为应用程序状态栏和图形状态栏两种。

2558.3644, 18.8495 , 0.0000
模型
1:1

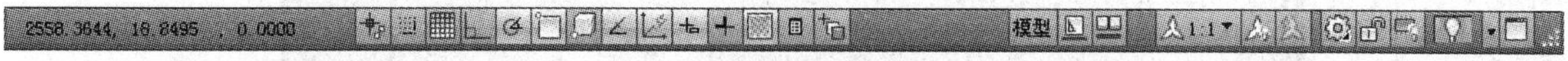

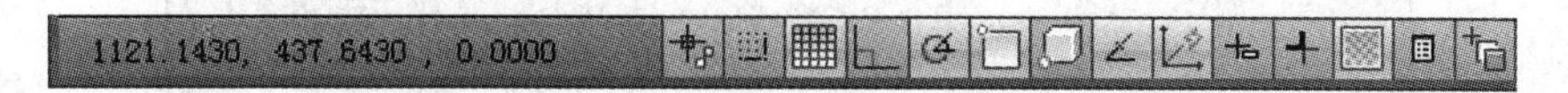

图 2-5　状态栏

应用程序状态栏在状态栏的左半部分，如图 2-6 所示。

1121.1430, 437.6430 , 0.0000

图 2-6　应用程序状态栏

应用程序状态栏显示了光标所在位置的坐标值以及辅助绘图工具的状态。当光标在绘图区域移动时，状态栏的左边区域可以实时显示当前光标的 X、Y、Z 三维坐标值，如果不想动态显示坐标，只需在显示坐标的区域单击即可。用户可以以图标或文字的形式查看辅助绘图工具按钮。通过右击捕捉工具、极轴工具、对象捕捉工具和对象追踪工具，在弹出的快捷菜单中，用户可以轻松更改辅助绘图工具的设置。

图形状态栏在状态栏的右半部分，如图 2-7 所示。

模型
1:1
切换图纸空间
注释比例
切换工作空间
锁定
全屏显示

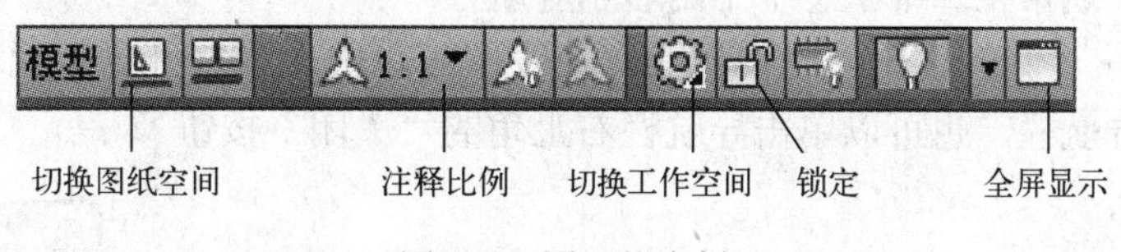

图 2-7　图形状态栏

使用图形状态栏，用户可以预览打开的图形和图形中的布局，并在其间进行切换。还可以显示用于缩放注释的工具。

通过“切换工作空间”按钮，用户可以切换工作空间。单击“锁定”按钮可锁定工具栏和窗口的当前位置。要展开图形显示区域，单击“全屏显示”按钮即可。

2.2.7　命令窗口与文本窗口

命令窗口位于绘图窗口的底部，用于接收用户输入的命令，并显示 AutoCAD 提示信息，如图 2-8 所示。在 AutoCAD 2012 中，命令窗口可以拖放为浮动窗口，双击命令窗口的标题栏可以使其回到原来位置。

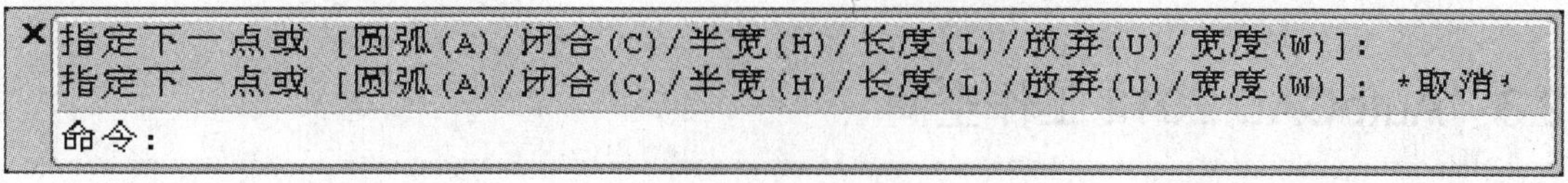

指定下一点或 [圆弧(A)/闭合(C)/半宽(H)/长度(L)/放弃(U)/宽度(W)]:
指定下一点或 [圆弧(A)/闭合(C)/半宽(H)/长度(L)/放弃(U)/宽度(W)]: *取消*
命令:

图 2-8　命令窗口

AutoCAD 文本窗口是记录 AutoCAD 命令的窗口，是放大的命令窗口，它记录了已执行的命令，也可以用来输入新命令。在 AutoCAD 2012 中，可以选择“视图”→“窗口”→“用户界面”→“文本窗口”命令、执行“TEXTSCR”命令或按〈F2〉键来打开 AutoCAD 文本窗口，它记录了用户对文档进行的所有操作，如图 2-9 所示。

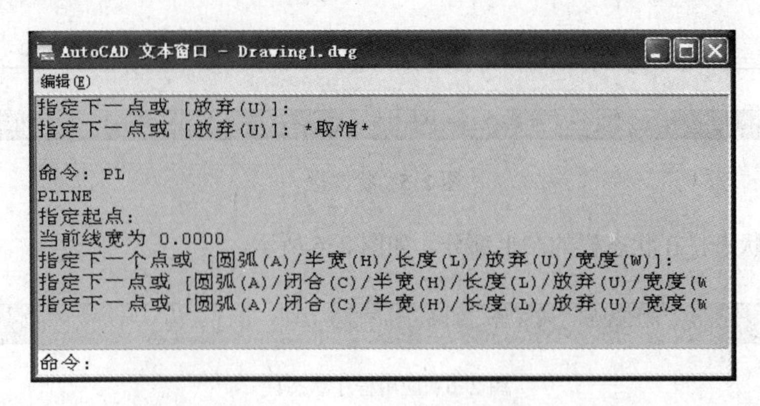

图 2-9　AutoCAD 文本窗口

2.2.8　导航栏和 ViewCube 工具

在绘图区的右上角会出现 ViewCube 工具，用于控制图形的显示和视角，如图 2-10 所示。通常，在二维状态下不用显示该工具。

导航栏位于绘图区的右侧，如图 2-11 所示。导航栏用于控制图形的缩放、平移、回放、动态观察等，通常在二维状态下不用显示导航栏。

在“视图”→“窗口”→“用户界面”命令中可以关闭或打开导航栏和 ViewCube 工具，如果要关闭导航栏，也可以单击导航栏右上角的“关闭”按钮☒。

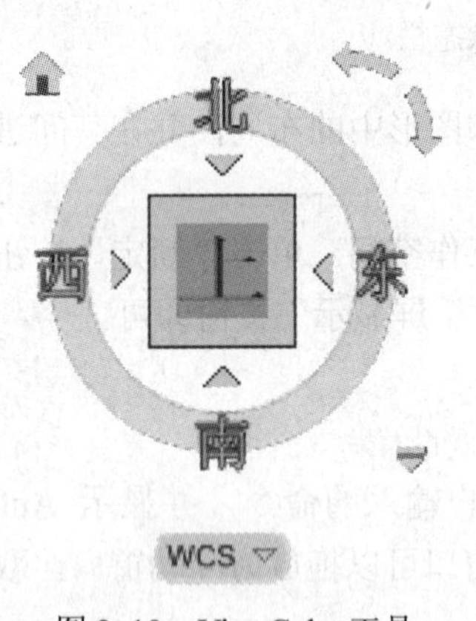

图 2-10　ViewCube 工具

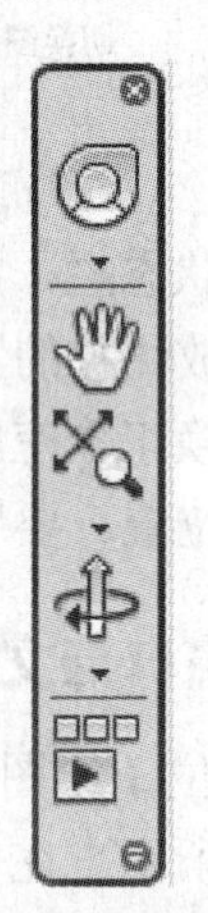

图 2-11　导航栏

2.3　AutoCAD 2012 工作空间

中文版 AutoCAD 2012 提供了“草图与注释”、“三维基础”、“三维建模”和“AutoCAD 经典”4 种工作空间模式。

2.3.1　选择工作空间

要在 4 种工作空间模式中进行切换，可通过“快速访问工具栏”右侧的工作空间列表工具来切换，如图 2-12 所示，或在状态栏中单击“切换工作空间”按钮，在弹出的菜单中选择相应的命令。

2.3.2 草图与注释空间

默认状态下，打开“草图与注释”空间，其界面主要由“菜单浏览器按钮”、“功能区选项板”、“快速访问工具栏”、“文本窗口与命令行”、“状态栏”等元素组成。在该空间中，可以使用“绘图”、“修改”、“图层”、“标注”、“文字”、“表格”等面板方便地绘制二维图形。

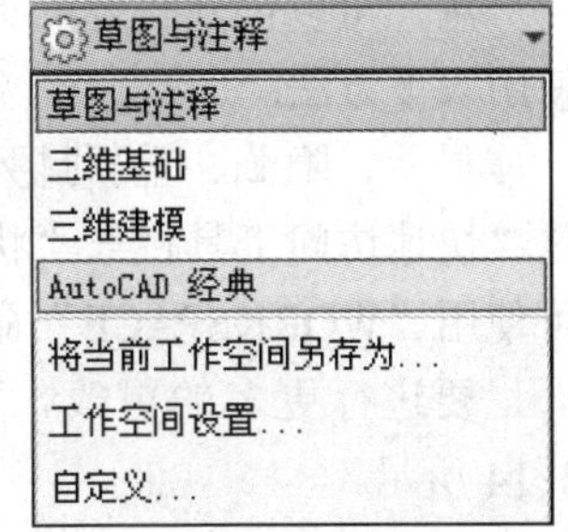

图 2-12 工作空间列表工具

2.3.3 三维基础空间和三维建模空间

“三维基础”空间，显示特定于三维建模的基础工具，用于绘制基础的三维模型。

“三维建模”空间，使用户可以更加方便地在三维空间中绘制图形。在“功能区”选项板中集成了“实体”、“曲面”、“网格”、“参数化”、“渲染”等面板，从而为绘制三维图形、编辑图形、观察图形、创建动画、设置光源、为三维对象附加材质等操作提供了非常便利的环境。

2.3.4 AutoCAD 经典空间

对于习惯于 AutoCAD 传统界面的用户来说，可以使用“AutoCAD 经典”空间，其界面主要由“菜单浏览器按钮”、“快速访问工具栏”、“菜单栏”、“工具栏”、“文本窗口与命令行”、“状态栏”等元素组成。“AutoCAD 经典”空间和早期的 AutoCAD 版本的界面类似，是多数 AutoCAD 软件用户所熟知的，这里不再做具体介绍，“AutoCAD 经典”空间如图 2-13 所示。

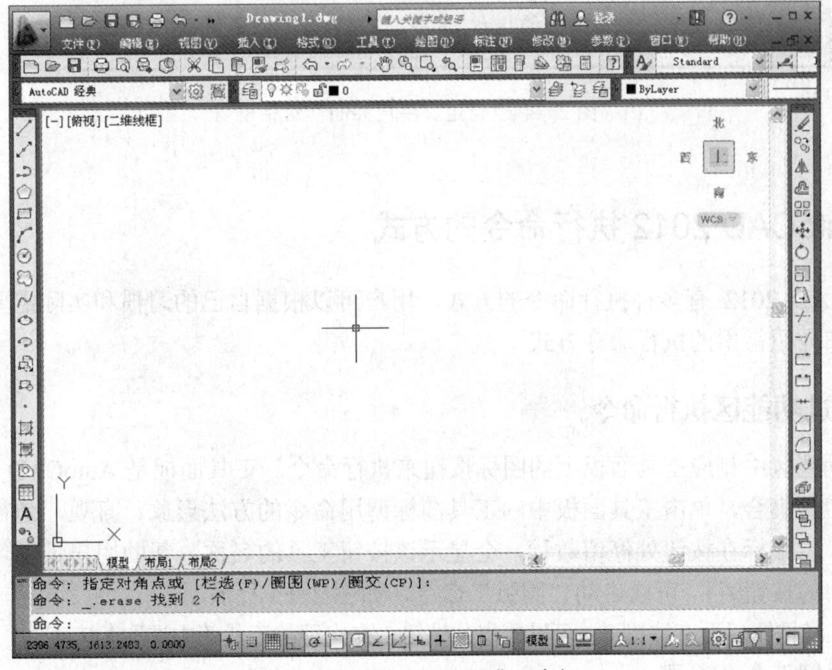

图 2-13 “AutoCAD 经典”空间

2.3.5 自定义工作空间

用户可以创建自己的工作空间，还可以修改默认工作空间。要创建或更改工作空间，可使用以下方法：

显示、隐藏、重新排列工具栏和窗口、修改功能区设置，然后保存当前工作空间，可通过“快速访问工具栏”、“状态栏”、“工作空间工具栏”或“窗口菜单”的工作空间图标，也可使用“WORKSPACE”命令。

要进行更多的更改，可以打开“自定义用户界面”对话框设置工作空间环境，如图2-14所示。

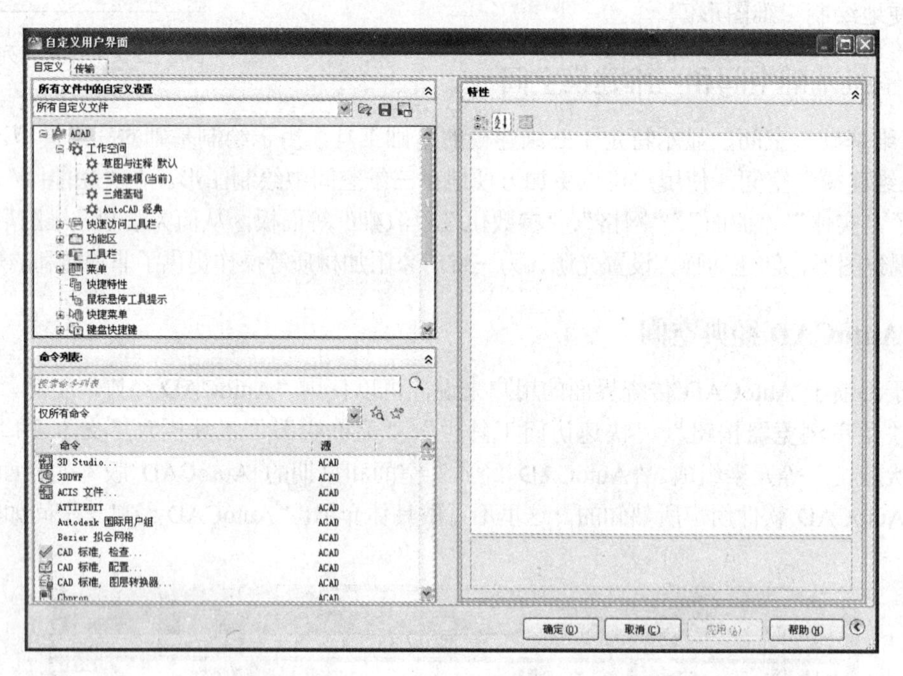

图 2-14 “自定义用户界面”对话框

2.4 AutoCAD 2012 执行命令的方式

AutoCAD 2012 有多种执行命令的方式，用户可以根据自己的习惯和实际需要灵活选择一种，本节介绍常用的执行命令方式。

2.4.1 通过功能区执行命令

单击功能区中相应工具面板上的图标按钮来执行命令。工具面板是 AutoCAD 2012 最富有特色的工具集合，单击工具面板中的工具图标调用命令的方法形象、直观，是初学者最常用的方法。将鼠标在按钮处停留数秒，会显示该按钮工具的名称，帮助用户识别。如单击绘图工具栏中的按钮，可以启动“圆弧”命令，如图 2-15 所示。

有的工具按钮后面有按钮，可以单击此按钮，在出现的工具箱中选取相应工具，如图 2-16 所示为“椭圆”命令工具。

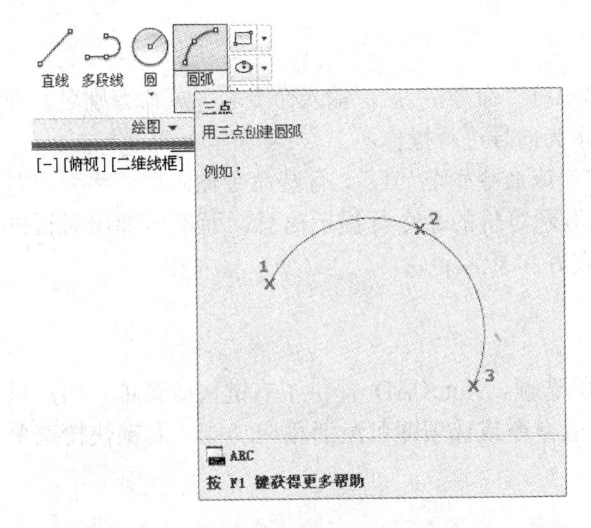

图 2-15　执行“圆弧”命令

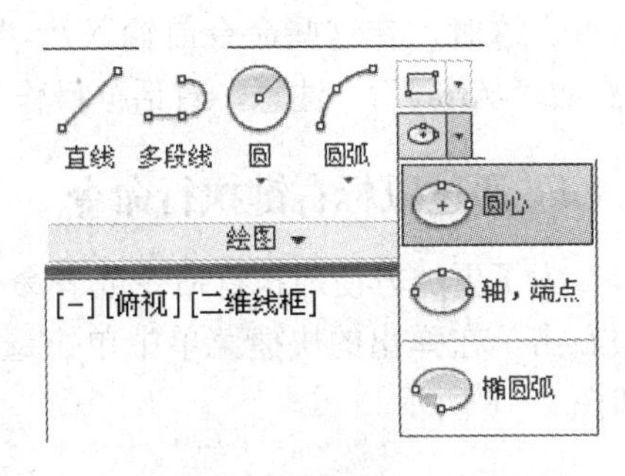

图 2-16　打开“椭圆”命令工具

2.4.2　通过菜单栏执行命令

AutoCAD 2012 默认状态下不显示菜单栏，单击“快速访问工具栏”最后的按钮，在出现的下拉菜单中选择“显示菜单栏”命令，即可显示菜单栏。

选择菜单中的相应命令：一般的命令都可以在下拉菜单中找到，它是一种较实用的命令执行方式。如果选择“绘图”→“圆”→“三点”命令则可以通过“起点、中间点和结束点”三点绘制圆，如图 2-17 所示。由于下拉菜单较多，又包含许多子菜单，所以准确地找到菜单命令需要熟练地记忆它们。由于使用下拉菜单单击的次数较多，降低了绘图效率，故而较少使用菜单栏方式绘图。

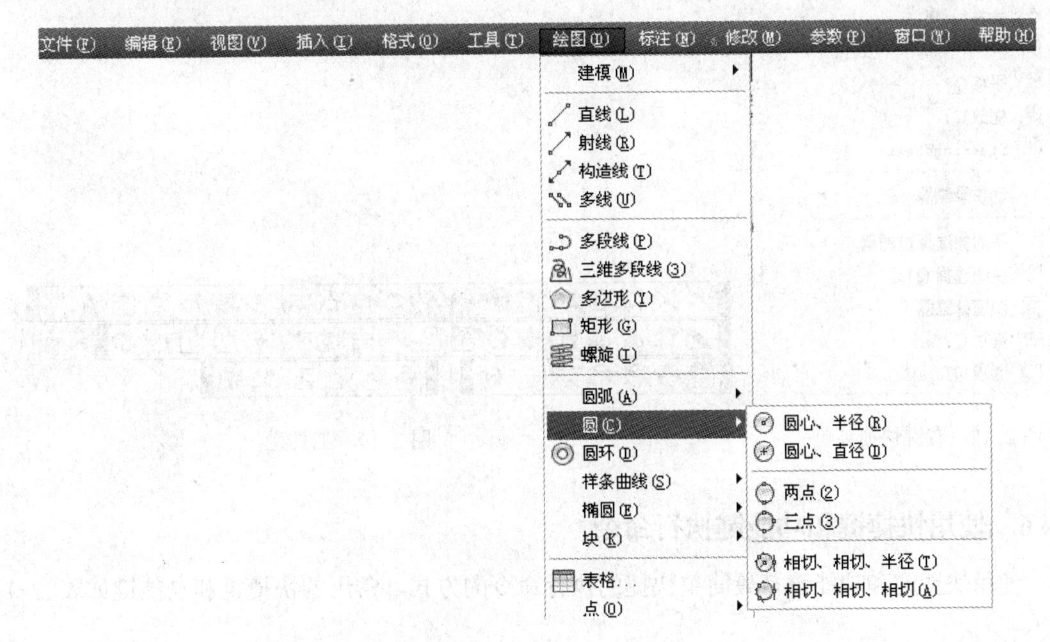

图 2-17　通过菜单栏执行命令

2.4.3 通过键盘输入执行命令

在 AutoCAD 2012 命令行中的命令提示符“命令:”后，输入命令名（或命令别名）并按〈Enter〉键或空格键。然后，以命令提示为向导进行操作。

例如“直线”命令，可以输入“LINE”或命令别名“L”。有些命令输入后，将弹出对话框。这时，在这些命令前输入“-”，则显示等价的命令行提示信息，而不再弹出对话框（例如“-Array”）。注意，对话框操作更加友好和灵活。

2.4.4 通过鼠标右键执行命令

为了更加方便地执行命令或者命令中的选项，AutoCAD 提供了右键快捷菜单，用户只须右击，在弹出的快捷菜单中单击选取相应命令或选项即可激活相应功能。右键快捷菜单如图 2-18 所示。

2.4.5 通过工具栏执行命令

在 AutoCAD 2012 中，通过工具栏是在“AutoCAD 经典”界面中使用率比较高的一种命令执行方式，这也是早期版本的 AutoCAD 软件中比较常用的一种命令输入方式。通过单击工具栏上的命令图标可以方便地执行一些常用的命令，工具栏中的命令图标是可以修改和增减的。工具栏如图 2-19 所示。

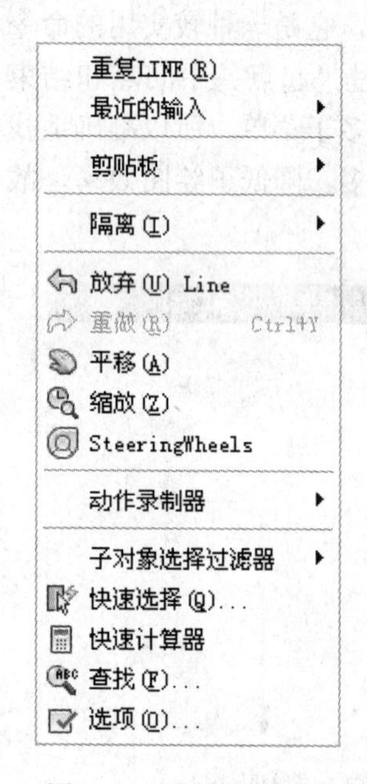

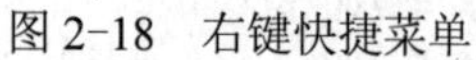

图 2-18　右键快捷菜单

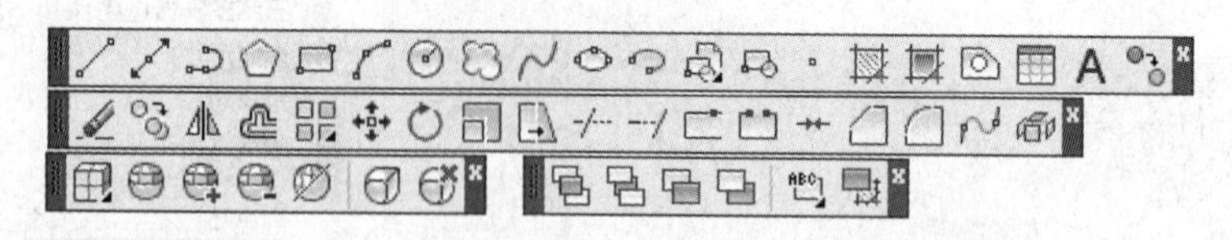

图 2-19　工具栏

2.4.6 使用快捷键和功能键执行命令

使用快捷键和功能键是最简单快捷的执行命令的方式，常用的快捷键和功能键如表 2-1 所示。

表 2-1　常用的快捷键和功能键

功能键或快捷键	功　能	快捷键或快捷键	功　能
F1	AutoCAD 帮助	Ctrl + N	新建文件
F2	文本窗口开→关	Ctrl + O	打开文件
F3 / Ctrl+F	对象捕捉开→关	Ctrl + S	保存文件
F4	三维对象捕捉开→关	Ctrl + Shift + S	另存文件
F5 / Ctrl+E	等轴测平面转换	Ctrl + P	打印文件
F6 /Ctrl+D	动态 UCS 开→关	Ctrl + A	全部选择图线
F7 / Ctrl+G	栅格显示开→关	Ctrl + Z	撤销上一步的操作
F8 / Ctrl+L	正交开→关	Ctrl + Y	重复撤销的操作
F9 /Ctrl+B	栅格捕捉开→关	Ctrl + X	剪切
F10 / Ctrl+U	极轴开→关	Ctrl + C	复制
F11 /Ctrl+W	对象追踪开→关	Ctrl + V	粘贴
F12	动态输入开→关	Ctrl + J	重复执行上一命令
Delete	删除选中的对象	Ctrl + K	超级链接
Ctrl + 1	对象特性管理器开→关	Ctrl + T	数字化仪开→关
Ctrl + 2	设计中心开→关	Ctrl + Q	退出 CAD

2.4.7　命令的重复与取消

按〈Enter〉键或空格键可以重复刚执行的命令。如刚执行了“直线”命令，按〈Enter〉键或空格键可以重复执行“直线”命令。或者在绘图区右击，在弹出的快捷菜单中选择“重复 XX”命令，则重复执行上一次执行的命令。因为绘图时会大量重复使用命令，所以该方式是 AutoCAD 中使用最广的一种调用命令的方式。

使用键盘上的〈↑〉键和〈↓〉键选择曾经使用过的命令：使用这种方式时，必须保证最近曾经执行过要调用的命令，此时可以使用〈↑〉键或〈↓〉键上翻或者下翻一个命令，直至所需命令出现，按空格键或者〈Enter〉键执行命令。

中途取消命令或取消选中目标的方法有两种。

（1）使用〈Esc〉键

〈Esc〉键功能非常强大，无论命令是否完成，都可通过按键盘上的〈Esc〉键取消命令，回到命令提示状态下。在编辑图形时，也可通过按键盘上的〈Esc〉键取消对已激活对象的选择。

（2）使用快捷菜单

在执行命令的过程中右击，在弹出的快捷菜单中选择“取消”即可结束命令。

2.4.8　命令的响应

在启动命令后，用户需要输入点的坐标值、选择对象以及选择相关的选项，来响应命令。在 AutoCAD 中，一类命令是通过对话框来执行的，另一类命令则是根据命令行提示来执行的。从 AutoCAD 2006 开始新增加了动态输入功能，可以实现在绘图区中操作，完全可以取代传统的命令行。在动态输入被激活时，在光标附近将显示工具栏提示。

通过命令行操作是 AutoCAD 最传统的方法。在启动命令后，根据命令行的提示，用键盘输入坐标值，再按〈Enter〉键或空格键即可。对“[ ]”中的选项的选择，可以通过用键盘输入“()”中的关键字母，然后按〈Enter〉键或空格键。

2.4.9 放弃与重做

放弃最近执行过的一次操作，回到未执行该命令前的状态，方法有：

- 单击“快速访问工具栏”中的按钮。
- 在命令行中输入“undo”或“u”命令，然后按空格键或〈Enter〉键。
- 使用快捷键〈Ctrl+Z〉。
- 选择“编辑”→“放弃”命令。

放弃近期执行过的一定数目操作的方法有：

- 单击“快速访问工具栏”按钮右侧的，在列表中选择一定数目要放弃的操作。
- 在命令行中输入“undo”命令后按〈Enter〉键，根据提示操作。

重做是指恢复“undo”命令刚刚放弃的操作。它必须紧跟在“u”或“undo”命令后执行，否则命令无效。

重做单个操作的方法有：

- 单击“快速访问工具栏”按钮。
- 在命令行中输入“redo”命令，然后按空格键或〈Enter〉键。
- 使用快捷键〈Ctrl+Y〉。
- 选择“编辑”→“重做”命令。

重做一定数目的操作的方法有：

- 单击“快速访问工具栏”按钮右侧的，在列表中选择一定数目要重做的操作。
- 在命令行中输入“mredo”命令后按〈Enter〉键，根据提示操作。

2.5 文件的基本操作

文件操作是所有绘图软件必备的功能，包括创建新文件、打开旧文件、保存文件和关闭文件等，本节对该类操作进行介绍。

2.5.1 创建新文件

选择“文件”→“新建”命令或者单击“快速访问工具栏”上的“新建”按钮，会弹出“选择样板”对话框，如图 2-20 所示。

在样板列表中选择合适的样板文件，然后单击按钮 打开(O)，就可以以选定样板新建一个图形文件，通常使用“acadiso.dwt”样板。

2.5.2 保存文件

1. 保存方式

计算机硬件故障、电压不稳、用户操作不当或软件问题都会导致错误，使用户无法编辑或打印图形，而经常保存文件可以确保系统发生故障时将数据丢失降到最低限度。常用的保存方式如下。

图 2-20 “选择样板”对话框

（1）保存

单击“保存”按钮，弹出“图形另存为”对话框，如图 2-21 所示。

图 2-21 “图形另存为”对话框

在“文件名”后面的文本框中输入要保存文件的名称，在“保存于”右边的下拉列表中选择要保存文件的路径，然后单击按钮 保存(S) ，图形文件就会存放在选择的目录下了，AutoCAD 图样默认的扩展名为“dwg”。

注意这时在标题栏上有变化，会显示当前文件的名字和路径。如果继续绘制，则在单击

“保存”按钮时就不会出现上述的对话框，系统会自动以原名、原目录保存修改后的文件。

保存操作还可以通过“文件”→“保存”命令来实现。如果在上次保存后所作的修改是错误的，可以在关闭文件时不保存，文件将仍保存着原来的结果。

（2）另存为

当需要把图形文件做备份时，或者放到另一条路径下时，用上面讲的“保存”方式是完成不了的。这时可以用另一种保存方式“另存为”。

选择“文件”→“另存为”命令，会弹出“图形另存为”对话框，其文件名称和路径的设置与“保存”相同，就不具体介绍了，参照上面讲的进行即可。

2．自动保存

自动保存图形的步骤如下：

1）选择“工具”→“选项”命令，弹出“选项”对话框。

2）在“选项”对话框中切换到“打开和保存”选项卡，选择“自动保存”复选框，并在“保存间隔分钟数”输入框内输入数值，如图 2-22 所示。

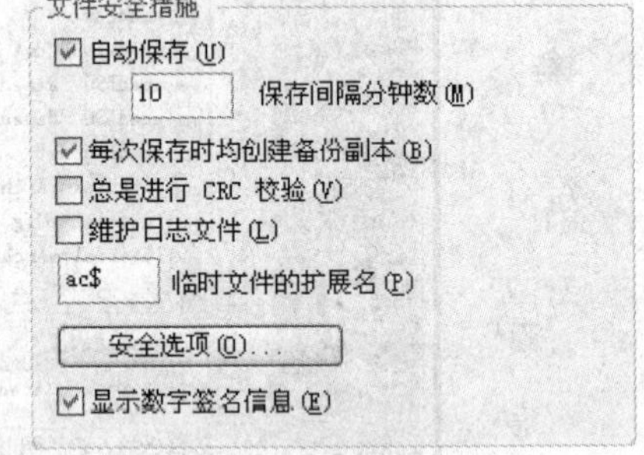

图 2-22　设置自动保存

3）单击按钮 确定 完成设置。

这是 AutoCAD 的一种安全措施，即每隔指定的间隔时间，系统就会自动地对文件进行一次保存。

2.5.3　关闭文件

在 AutoCAD 2012 中，要关闭图形文件，可以单击菜单栏右边的“关闭”按钮（如果不显示菜单栏，可以单击文件窗口右上角的“关闭”按钮，注意不是应用程序窗口），如果当前的图形文件还没保存过，则 AutoCAD 2012 会给出是否保存的提示，如图 2-23 所示。单击按钮 是(Y) ，会弹出“图形另存为”对话框，保存方法同前面讲过的，按照上面的步骤进行即可。保存后，文件即被关闭。如果单击按钮 否(N) ，则文件不保存退出，单击按钮 取消 ，会取消关闭文件操作。

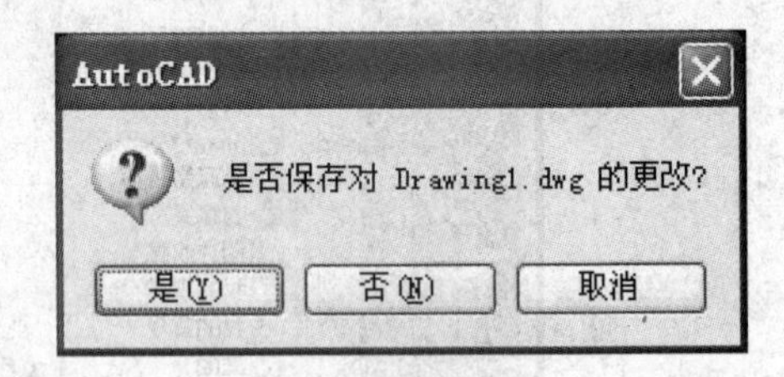

图 2-23　提示信息

2.5.4　打开旧文件

对于一张图，有可能一次完不成，以后要继续进行绘制，或者保存后发现文件中有错误与不足，要进行编辑修改，这时就要把旧文件打开，重新调出来。

要打开一个文件，可以单击“打开”按钮，弹出“选择文件”对话框，如图 2-24 所示，在对话框中选择要打开的文件。先找到存放文件的路径，单击要打开的图形文件，右边的预览窗口会显示该文件的图形（如果没有预览窗口，用户可以在“查看”下拉菜单中选择“预览”命令），单击按钮 打开(O) ，旧的文件就被打开了。在按钮 打开(O) 右面有一个倒黑三角，单击会打开一个下拉列表，用户可以选择“打开”、“以只读方式打开”、“局部打开”或“以只读方式局部打开”。

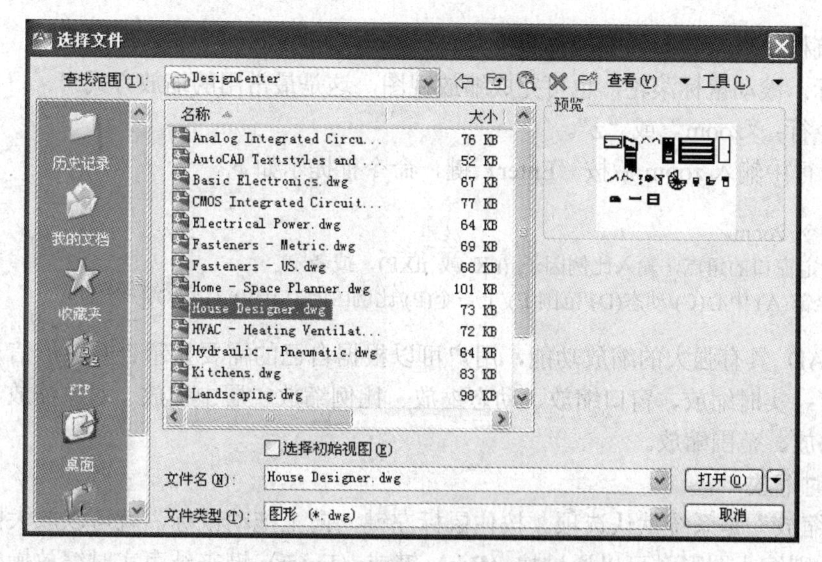

图 2-24 “选择文件”对话框

2.6 视图的控制

视图的控制是指视图的缩放、平移、命名、重画等功能，本节对这些功能进行简单介绍。

2.6.1 缩放视图

使用视图缩放命令可以放大或缩小图样在屏幕上的显示范围和大小。AutoCAD 2012 提供了多种视图缩放的方法，用户可以使用多种方法获得需要的缩放效果。

执行视图缩放命令的方法如下。

- 菜单：选择“视图”→“缩放”下的命令，如图 2-25 所示。
- 面板：切换到“功能区”的“视图”选项卡，使用“导航”面板中的各个工具，如图 2-26 所示。

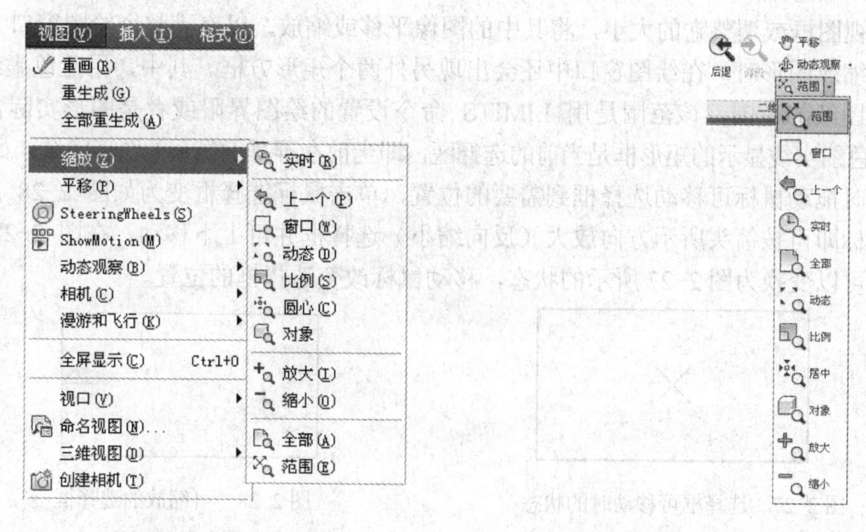

图 2-25 “缩放”菜单　　　　图 2-26 “导航”面板中的缩放工具

- 导航栏：使用导航栏中的缩放工具。
- 鼠标：滚动鼠标滚轮，也可完成缩放视图，这是最常用的缩放方式。
- 命令行：“zoom”或“z”。

在命令行中输入 zoom 后按〈Enter〉键，命令行提示如下。

```
命令: zoom↙
指定窗口的角点，输入比例因子 (nX 或 nXP)，或者
[全部(A)/中心(C)/动态(D)/范围(E)/上一个(P)/比例(S)/窗口(W)/对象(O)] <实时>:
```

AutoCAD 具有强大的缩放功能，用户可以根据自己的需要显示查看图形信息。常用的缩放工具有：实时缩放、窗口缩放、动态缩放、比例缩放、居中缩放、对象缩放、放大、缩小、全部缩放、范围缩放。

1．实时缩放

“实时缩放”是系统默认选项。按住鼠标左键，向上拖动鼠标，就可以放大图形，向下拖动鼠标，则缩小图形。可以通过按〈Esc〉键或〈Enter〉键来结束实时缩放操作，或者右击，在弹出的快捷菜单中选择“退出”命令结束当前的实时缩放操作。

实际操作时，一般滚动鼠标中键完成视图的实时缩放。当光标在图形区的时候，向上滚动鼠标滚轮为实时放大视图，向下滚动鼠标滚轮为实时缩小视图。

2．窗口缩放

“窗口缩放”通过指定要查看区域的两个对角，可以快速缩放图形中的某个矩形区域。确定要查看的区域后，该区域的中心成为新的屏幕显示中心，该区域内的图形被放大到整个显示屏幕。在使用窗口缩放后，图形中的所有对象均以尽可能大的尺寸显示，同时又能适应当前视口或当前绘图区域的大小。

在选择角点时，将图形要放大的部分全部包围在矩形框内。矩形框的范围越小，图形显示的越大。

3．动态缩放

使用“动态缩放”可以缩放显示在用户设定的视图框中的图形。视图框表示视口，用户可以移动视图框或调整它的大小，将其中的图像平移或缩放，以充满整个绘图窗口。

动态缩放图形时，在绘图窗口中还会出现另外两个矩形方框。其中，用蓝色虚线显示的方框表示图纸的范围，该范围是用 LIMITS 命令设置的绘图界限或者是图形实际占据的区域；用黑色细实线显示的矩形框是当前的选择区，即当前在屏幕上显示的图形区域，如图 2-27 所示，此时拖动鼠标可移动选择框到需要的位置，单击鼠标选择框变为如图 2-28 所示，此时拖动鼠标即可按箭头所示方向放大（反向缩小）选择框并可上下移动。在图 2-28 状态下单击光标可以变换为图 2-27 所示的状态，移动鼠标改变选择框的位置。

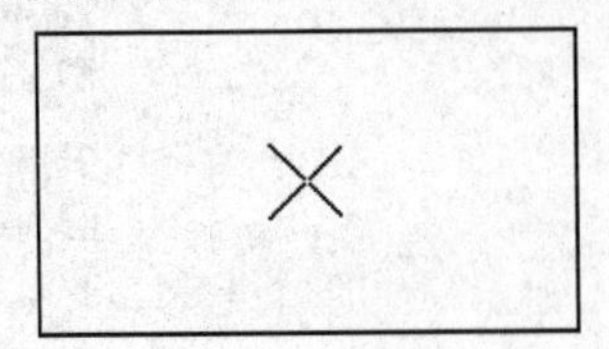

图 2-27　选择框可移动时的状态

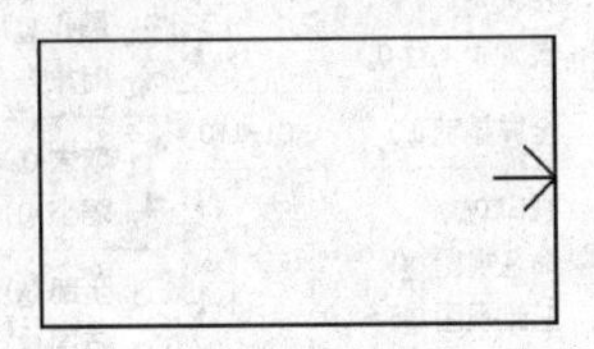

图 2-28　可缩放的选择框

4．范围缩放

“范围缩放”使用尽可能大的、可包含图形中所有对象的放大比例显示视图。此视图包含已关闭图层上的对象，但不包含冻结图层上的对象。图形中的所有对象均以尽可能大的尺寸显示，同时又能适应当前视口或当前绘图区域的大小。

5．对象缩放

“对象缩放”命令使用尽可能大的、可包含所有选定对象的放大比例显示视图。可以在启动 ZOOM 命令之前或之后选择对象。

6．全部缩放

“全部缩放”显示用户定义的绘图界限和图形范围，无论哪一个视图较大，都会在当前视口中缩放显示整个图形。在平面视图中，所有图形将被缩放到栅格界限和当前范围两者中较大的区域中。图形栅格的界限将填充当前视口或绘图区域，如果在栅格界限之外存在对象，则它们也被包括在内。

7．其他缩放

- 使用“比例缩放”命令以指定的比例因子缩放显示图形。
- 使用“上一个缩放”命令可以恢复上次的缩放状态。
- 使用“居中缩放”命令缩放显示由中心点和放大比例（或高度）所定义的窗口。

2.6.2 平移视图

平移视图可以使用下面几种方法。

1）单击“平移”按钮即可进入视图平移状态，此时鼠标指针形状变为，按住鼠标左键并拖动，视图的显示区域就会随着实时平移。按〈Esc〉键或者〈Enter〉键，可以退出该命令。

2）当光标位于绘图区的时候，按下鼠标滚轮，此时鼠标指针形状变为，按住鼠标滚轮拖动鼠标，视图的显示区域就会随着实时平移。松开鼠标滚轮，可以直接退出该命令。

3）单击“导航栏”中的“平移”按钮也可进入视图平移状态，此时鼠标指针形状变为，按住鼠标左键拖动鼠标，视图的显示区域就会随着实时平移。按〈Esc〉键或者〈Enter〉键，可以退出该命令。

2.6.3 使用导航栏

“导航栏”是 AutoCAD 2012 比较有特色的一个工具，“导航栏”上各按钮的名称及快捷菜单如图 2-29 所示。

1．控制盘

某些控制盘专用于二维导航，而某些控制盘更适用于三维导航，用户可以从多种不同的控制盘中进行选择。

- “二维控制盘”用于二维视图的基本导航。
- “查看对象控制盘”用于三维导航。使用此类控制盘可以查看模型中的单个对象或成组对象。
- “巡视建筑控制盘”用于三维导航。使用此类控制盘可以在模型内部导航。
- “全导航控制盘”将在二维导航控制盘、查看对象控制盘和巡视建筑控制盘上找到的二维和三维导航工具组合到一个控制盘上。

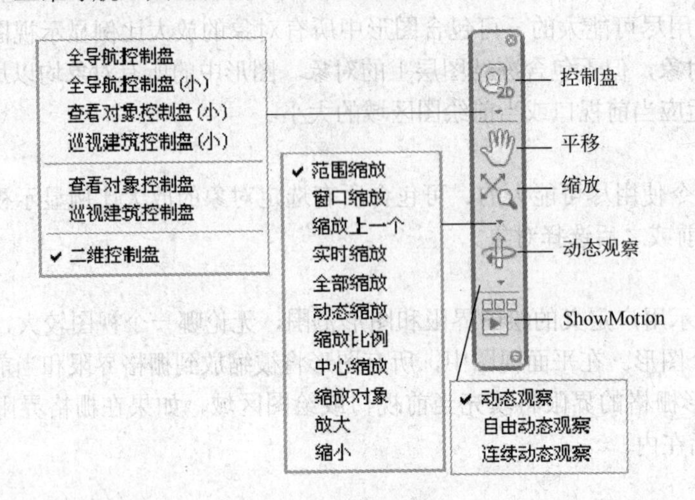

图 2-29　导航栏

2．平移

可以使用该命令沿屏幕方向平移视图，即将光标放在起始位置，然后按下鼠标左键，将光标拖动到新的位置。还可以按下鼠标滚轮，拖动鼠标平移视图。

3．缩放

详细介绍参见 2.6.1 节，此处略。

4．动态观察

在三维空间中旋转视图，但仅限于在水平和垂直方向上进行动态观察。启动此命令前选择多个对象中的一个可以限制为仅显示此对象。

5．ShowMotion

为出于设计检查、演示及书签样式导航目的而创建，并可以在屏幕上显式回放电影式相机动画。

2.6.4　命名视图

用户可以在一张工程图纸上创建多个视图。当要观看、修改图纸上的某一部分视图时，将该视图恢复出来即可。

选择“视图”→“命名视图”命令，或在“视图”面板中单击“视图管理器”按钮，可以打开“视图管理器”对话框，如图 2-30 所示。在该对话框中，用户可以创建、设置、重命名及删除视图。其中，“当前视图”选项后显示了当前视图的名称；“查看”选项组的列表框中列出了已命名的视图和可作为当前视图的类别。

单击按钮 新建(N)... ，弹出“新建视图/快照特性”对话框，如图 2-31 所示。在“视图名称”文本框中输入视图名称（如过程显示），在“边界”区中选择命名视图定义的范围，可以把当前显示定义为命名视图，也可以通过定义窗口的方法确定命名视图的显示。

单击按钮 确定 返回“视图管理器”对话框，新建的视图会显示在视图列表中，单击按钮 确定 退出。

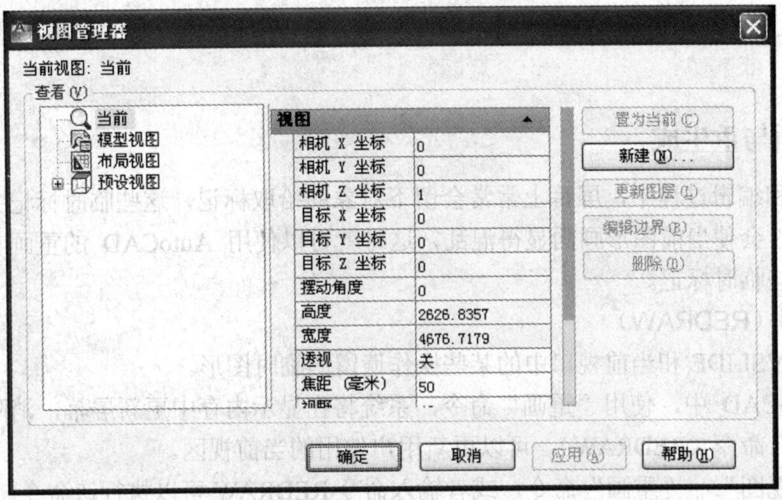

视图管理器

当前视图：当前

查看(V)

当前
模型视图
布局视图
预设视图

视图	
相机 X 坐标	0
相机 Y 坐标	0
相机 Z 坐标	1
目标 X 坐标	0
目标 Y 坐标	0
目标 Z 坐标	0
摆动角度	0
高度	2626.8357
宽度	4676.7179
透视	关
焦距（毫米）	50

置为当前(C)
新建(N)...
更新图层(L)
编辑边界(B)...
删除(D)

确定 取消 应用(A) 帮助(H)

图 2-30 “视图管理器”对话框

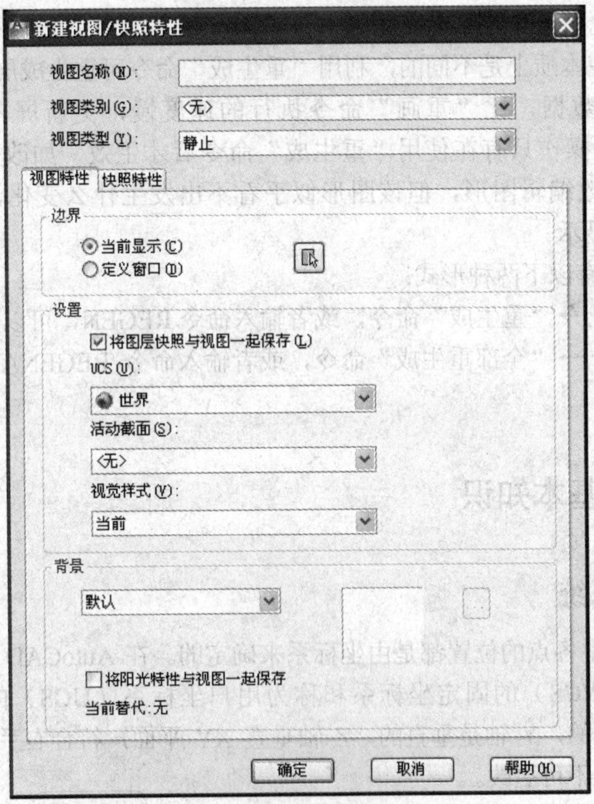

新建视图/快照特性

视图名称(N)：
视图类别(G)：<无>
视图类型(Y)：静止

视图特性 快照特性

边界
当前显示(C)
定义窗口(D)

设置
将图层快照与视图一起保存(L)
UCS(U)：
世界
活动截面(S)：
<无>
视觉样式(V)：
当前

背景
默认
将阳光特性与视图一起保存
当前替代：无

确定 取消 帮助(H)

图 2-31 “新建视图/快照特性”对话框

在 AutoCAD 中，可以一次命名多个视图，当需要重新使用一个已命名视图时，只需将该视图恢复到当前视口即可。如果绘图窗口中包含多个视口，用户也可以将视图恢复到活动视口中，或将不同的视图恢复到不同的视口中，以同时显示模型的多个视图。

恢复视图时可以恢复视口的中点、查看方向、缩放比例因子和透视图（镜头长度）等设置，如果在命名视图时将当前的 UCS 随视图一起保存起来，当恢复视图时也可以恢复 UCS。

2.6.5 重画与重生成

在绘图和编辑过程中，屏幕上常常会留下对象的拾取标记，这些临时标记并不是图形中的对象，有时会使当前图形画面显得混乱，这时就可以使用 AutoCAD 的重画与重生成图形功能清除这些临时标记。

1．重画（REDRAW）

删除由 VSLIDE 和当前视口中的某些操作遗留的临时图形。

在 AutoCAD 中，使用“重画”命令，系统将在显示内存中更新屏幕，消除临时标记。使用“重画”命令（REDRAW），可以更新用户使用的当前视区。

选择“视图”→“重画”命令，或者输入命令 REDRAW 可以执行该命令。

2．重生成（REGEN）

通过从数据库中重新计算屏幕坐标来更新图形的屏幕显示，同时还可以重新生成图形数据库的索引，以优化显示和对象选择性能。

重生成与重画在本质上是不同的，利用“重生成”命令可重生成屏幕，此时系统从磁盘中调用当前图形的数据，比“重画”命令执行的速度慢，更新屏幕花费时间较长。在 AutoCAD 中，某些操作只有在使用“重生成”命令后才生效，如改变点的格式。如果一直使用某个命令修改编辑图形，但该图形似乎看不出发生什么变化，此时可使用“重生成”命令更新屏幕显示。

“重生成”命令有以下两种形式：

- 选择“视图”→“重生成”命令，或者输入命令 REGEN，可以更新当前视区。
- 选择“视图”→“全部重生成”命令，或者输入命令 REGENALL，可以同时更新多重视口。

2.7 坐标系的基本知识

2.7.1 认识坐标系统

AutoCAD 图形中各点的位置都是由坐标系来确定的。在 AutoCAD 中，有两种坐标系：称为世界坐标系（WCS）的固定坐标系和称为用户坐标系（UCS）的可移动坐标系。在 WCS 中 X 轴是水平的，Y 轴是垂直的，Z 轴垂直 XY 平面，符合右手法则，该坐标系存在于任何一个图形中且不可更改。

当进入 AutoCAD 的界面时，系统默认的坐标系统是“世界坐标系”。坐标系图标中标明了 X 轴和 Y 轴的正方向，如图 2-32 所示，输入的点就是依据这两个正方向来进行定位的。一般用坐标来定位进行输入时，常使用绝对直角坐标、绝对极坐标、相对直角坐标和相对极坐标 4 种方法。

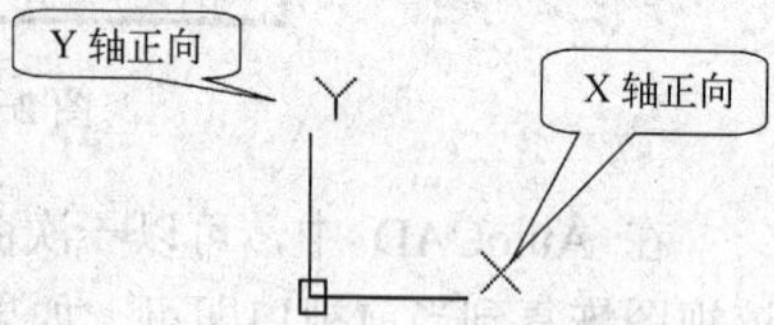

图 2-32 坐标系图标

2.7.2 坐标的表示方法

在 AutoCAD 中，点的坐标可以使用绝对直角坐标、绝对极坐标、相对直角坐标和相对极坐标 4 种方法表示。

1．绝对直角坐标

直角坐标系又称为笛卡儿坐标系，由一个原点（坐标为（0, 0））和两个通过原点的相互垂直的坐标轴构成。其中，水平方向的坐标轴为 X 轴，以向右为其正方向；垂直方向的坐标轴为 Y 轴，以向上为其正方向。平面上任何一点 P 都可以由 X 轴和 Y 轴的坐标所定义，即用一对坐标值（x, y）来定义一个点。

2．绝对极坐标

极坐标系由一个极点和一个极轴构成，极轴的方向为水平向右。平面上任何一点 P 都可以由该点到极点的连线长度 L（>0）和连线与极轴的交角 α（极角，逆时针方向为正）所定义，即用一对坐标值（L<a）来定义一个点，其中“<”表示角度。

3．相对坐标

在某些情况下，需要直接通过点与点之间的相对位移来绘制图形，而不是指定每个点的绝对坐标。为此，AutoCAD 提供了使用相对坐标的办法。所谓相对坐标，就是某点与相对点的相对位移值，在 AutoCAD 中相对坐标用“@”标识。使用相对坐标时可以使用直角坐标，也可以使用极坐标，可根据具体情况而定。

4．坐标值的显示

在屏幕底部状态栏左端显示了当前光标所处位置的坐标值，该坐标值有 3 种显示状态。

- 绝对坐标状态：显示光标所在位置的坐标。
- 相对极坐标状态：在相对于前一点来指定第二点时可使用此状态。
- 关闭状态：颜色变为灰色，并冻结关闭时所显示的坐标值。

用户可根据需要在这 3 种状态之间进行切换，其方法也有 3 种：

- 连续按〈F6〉键可在这 3 种状态之间相互切换。
- 在状态栏中显示坐标值的区域，双击也可以进行切换。
- 在状态栏中显示坐标值的区域右击可弹出快捷菜单，可在该菜单中选择所需状态。

在绘图过程中要精确定位某个对象时，必须以某个坐标系作为参照，以便精确确定点的位置。通过 AutoCAD 的坐标系可以提供精确绘制图形的方法，可以按照非常高的精度标准，准确地设计并绘制图形。

2.8 思考与练习

1．AutoCAD 2012 界面的各组成部分和主要功能是什么？

2．怎样新建、打开、关闭、保存一个文件？

3．“重画”和“重生成”命令有什么区别？

第 3 章　二维绘图命令

AutoCAD 是目前世界上最流行的二维绘图软件，因此，二维绘图是 AutoCAD 最根本、最重要的内容。

即使要进行三维模型的创建，也必须首先绘制准确的二维图形，然后才能在二维图形的基础上进行三维的操作，因此，学习 AutoCAD 首先要学习的是二维绘图命令。

本章主要学习几种基本几何形状的绘制，如直线、圆及圆弧、矩形、椭圆、正多边形的绘制，以及多线、点、多段线、样条曲线等。

【本章重点】

- 绘制直线
- 绘制圆、圆弧、椭圆和椭圆弧
- 绘制多段线
- 绘制平面图形（矩形与正多边形）
- 绘制点
- 绘制样条曲线

3.1　点和直线命令

点和直线是构成图形的最基本的几何图素，因此首先需要学习 AutoCAD 2012 中点和直线的绘制方法。

3.1.1　点

在 AutoCAD 2012 中，点对象有单点、多点、定数等分和定距等分 4 种，如图 3-1 所示为下拉菜单中的点命令；如图 3-2 所示为“绘图”面板中的点命令（框选部分）。

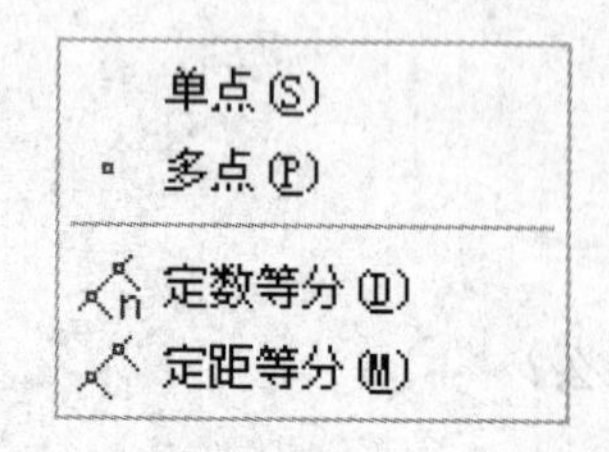

图 3-1　下拉菜单中的点命令

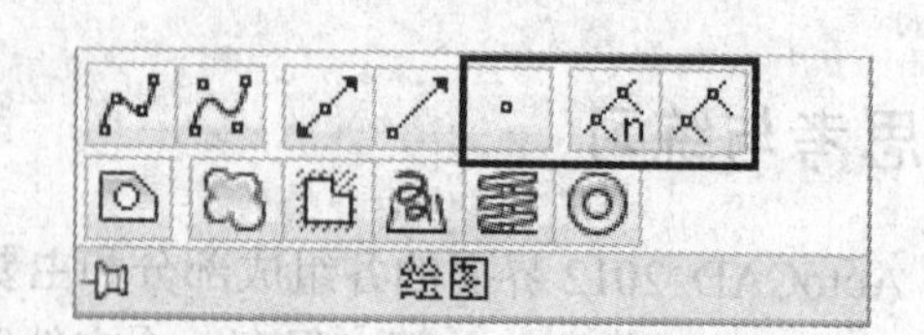

图 3-2　“绘图”面板中的点命令

- 选择“绘图”→“点”→“单点”命令，可以在绘图窗口中一次指定一个点。
- 选择“绘图”→“点”→“多点”命令，可以在绘图窗口中一次指定多个点，最后可按〈Esc〉键结束。

- 选择“绘图”→“点”→“定数等分”命令，可以在指定的对象上绘制等分点或者在等分点处插入块。
- 选择“绘图”→“点”→“定距等分”命令，可以在指定的对象上按指定的长度绘制点或者插入块。

在系统默认情况下，点的样式是不明显的，因此在绘制点之前应先给点定义一种比较明显的样式。选择“格式”→“点样式”命令，弹出如图 3-3 所示的“点样式”对话框，选择一种点的样式，如选择⊕样式，单击按钮 确定 保存退出。

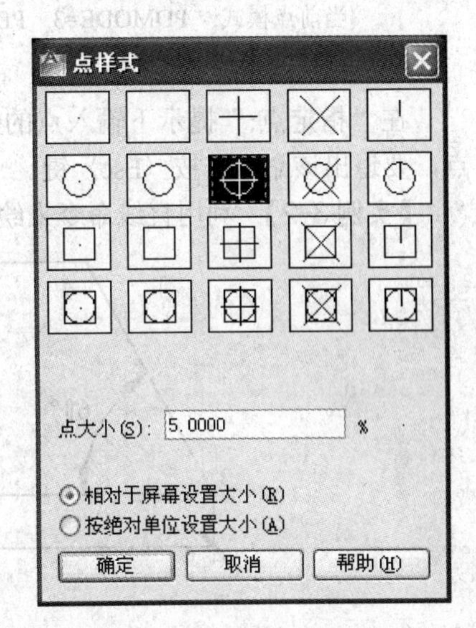

图 3-3 “点样式”对话框

3.1.2 直线

直线是各种绘图中最常用、最简单的图形对象，只要指定了起点和终点即可绘制一条直线。在 AutoCAD 2012 中，可以用二维坐标（x, y）或三维坐标（x, y, z）来指定端点，也可以混合使用二维坐标和三维坐标。如果输入二维坐标，AutoCAD 将会用当前的高度作为 Z 轴坐标值，默认值为 0。

单击“绘图”面板上的“直线”按钮，或者在命令提示行中输入“line”命令，即可绘制直线。图 3-4 所示为绘制直线时 AutoCAD 2012 的相应提示，由此可看出 AutoCAD 2012 对于命令的提示十分丰富，方便了用户绘图。

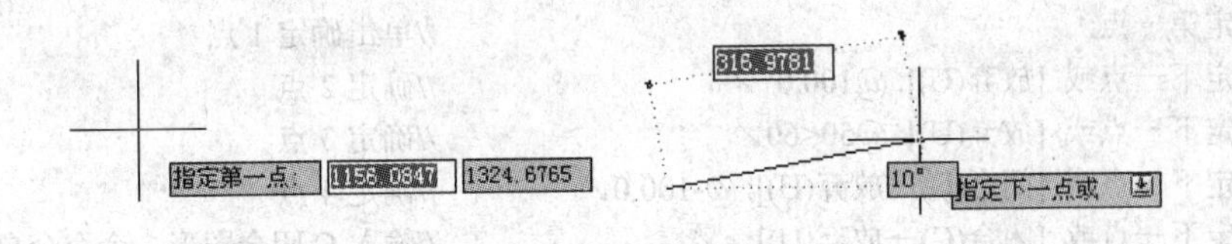

图 3-4 绘制直线

3.1.3 射线

射线为一端固定、另一端无限延伸的直线。单击“绘图”面板上的“射线”按钮，或者在命令提示行中输入“ray”命令，即可绘制射线。指定射线的起点和通过点即可绘制一条射线。在 AutoCAD 中，射线主要用于绘制辅助线。

指定射线的起点后，可在“指定通过点：”提示下指定多个通过点，绘制以起点为端点的多条射线，直到按〈Esc〉键或〈Enter〉键退出为止。

3.1.4 构造线

构造线为两端可以无限延伸的直线，没有起点和终点，可以放置在三维空间的任何地方，主要用于绘制辅助线。单击“绘图”面板上的“构造线”按钮，或者在命令提示行中输入“xline”命令，即可绘制构造线。

3.1.5 点和直线实例

【实例 3-1】 绘制坐标为（100, 100）的点。

选择“绘图”→“点”→“多点”命令，绘制点（100, 100），命令行提示如下。

```
命令: _point
当前点模式:  PDMODE=3  PDSIZE=0.0000
指定点: 100,100↙
```

在“指定点:”提示下输入点的坐标，或者直接在屏幕上拾取点，系统提示输入下一个点，要退出该命令需按〈Esc〉键。

【实例 3-2】 利用直线命令来绘制如图 3-5 所示的图形（平行四边形）。

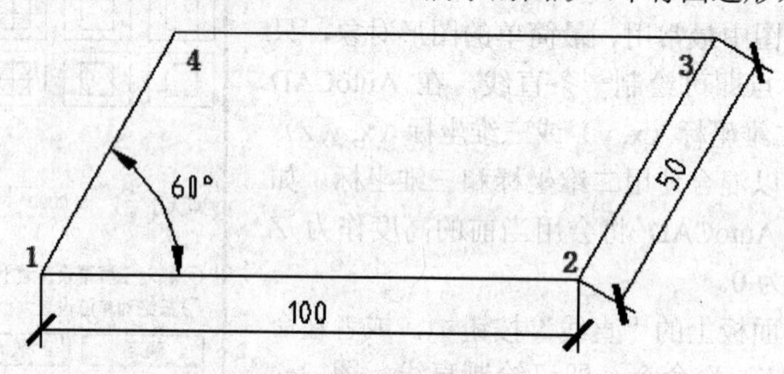

图 3-5　平行四边形

单击“绘图”面板上的“直线”按钮，命令行提示如下。

```
命令: line
指定第一点:                                          //单击确定 1 点
指定下一点或 [放弃(U)]: @100,0 ↙                      //确定 2 点
指定下一点或 [放弃(U)]: @50<60↙                       //确定 3 点
指定下一点或 [闭合(C)→放弃(U)]: @-100,0↙              //确定 4 点
指定下一点或 [闭合(C)→放弃(U)]: c↙                    //输入 C 闭合图形，命令会自动结束。
```

如果要绘制水平或垂直线，可以单击状态栏上的按钮，使正交状态开启，在确定了直线的起始点后，用光标控制直线的绘制方向，直接输入直线的长度即可。利用正交方式可以方便地绘制如图 3-6 所示的图样。

打开正交工具：在状态栏上的按钮处单击或者使用功能键〈F8〉都可以开启正交状态，这时鼠标只能在水平或竖直方向上移动，向右拖动光标，可确定直线的走向沿 X 轴正向，如图 3-6 所示，输入长度值“77”并按〈Enter〉键。用同样方法确定其余直线的方向，并输入长度值。

【实例 3-3】 利用直线命令来绘制如图 3-7 所示的图形。

单击“直线”按钮，命令行提示如下。

```
命令: _line 指定第一点:
指定下一点或 [放弃(U)]: 77↙
指定下一点或 [放弃(U)]: 28↙
指定下一点或 [闭合(C)/放弃(U)]: 33↙
指定下一点或 [闭合(C)/放弃(U)]: 31↙
```

指定下一点或 [闭合(C)/放弃(U)]: 44↙
指定下一点或 [闭合(C)/放弃(U)]: c↙

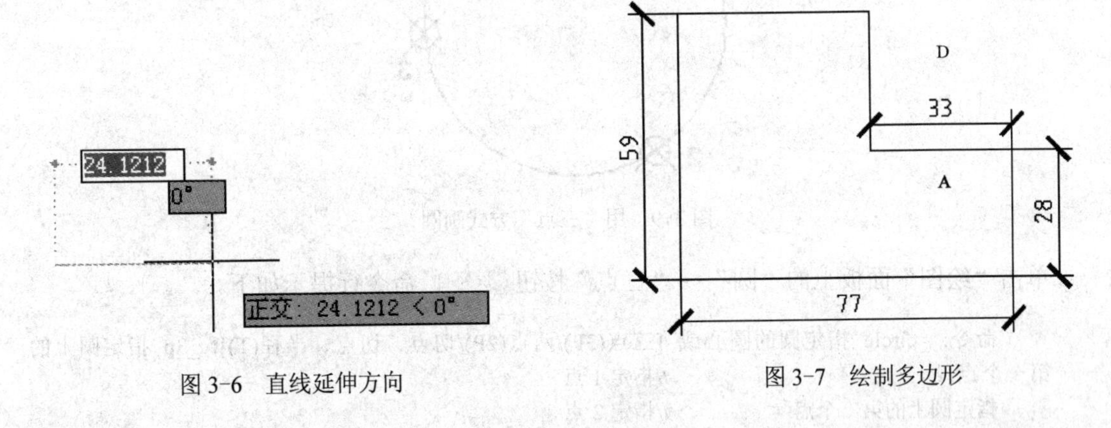

图 3-6　直线延伸方向　　　　图 3-7　绘制多边形

提示：要画的线向哪个方向延伸，就把鼠标向哪个方向拖动，然后输入正的长度值。

3.2　圆命令

本节主要介绍圆、圆弧、圆环、椭圆与椭圆弧的绘制。

3.2.1　圆

单击“绘图”面板上的“圆”按钮，或者在命令提示行中输入“circle”命令，即可绘制圆。在 Auto CAD 2012 中，可以使用 6 种方法绘制圆，如图 3-8 所示。

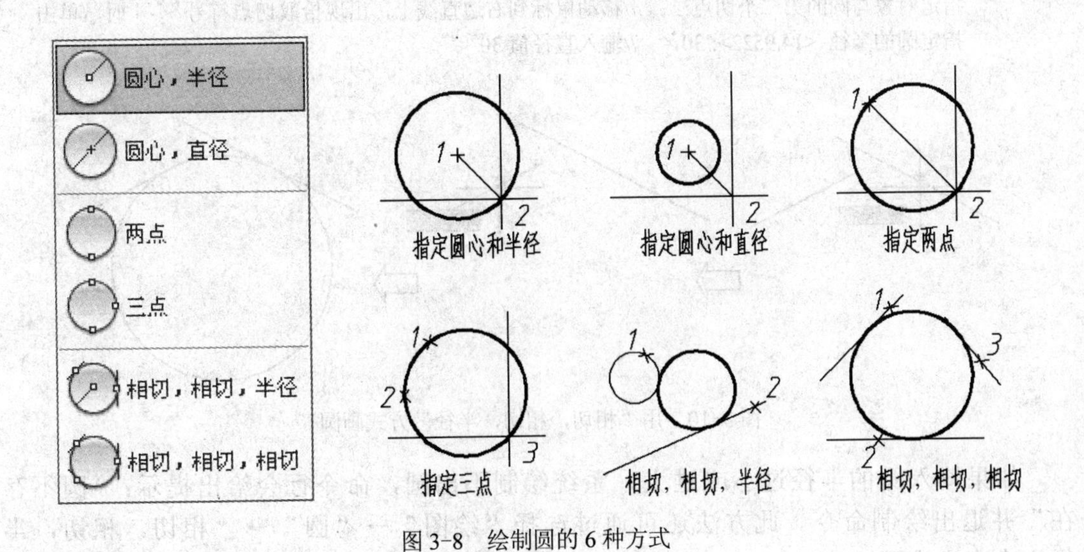

图 3-8　绘制圆的 6 种方式

【实例 3-4】 用“三点”方式绘制如图 3-9 所示的圆。

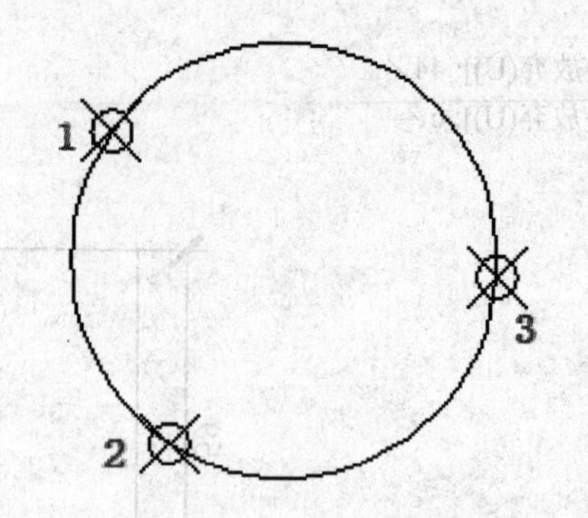

图 3-9　用“三点”方式画圆

单击“绘图”面板上的“圆”→“三点”按钮，命令行提示如下。

命令: _circle 指定圆的圆心或 [三点(3P)/两点(2P)/切点、切点、半径(T)]: _3p 指定圆上的第一个点:　　　　//指定 1 点
指定圆上的第二个点:　　　　//指定 2 点
指定圆上的第三个点:　　　　//指定 3 点

提示：3 个点的顺序可以任意调整。

还可通过“绘图”→“圆”→“三点”命令来实现。在确定圆周上的 3 个点时，除了用坐标定位外，还可以用鼠标左键拾取点，这种方法若结合后面讲到的捕捉命令，绘制圆很方便。

【实例 3-5】 用“相切，相切，半径”方式绘制如图 3-10 所示的圆，已知半径为 30。

单击“相切，相切，半径”按钮，命令行提示如下。

命令: _circle 指定圆的圆心或 [三点(3P)/两点(2P)/切点、切点、半径(T)]: _ttr
指定对象与圆的第一个切点:　　//移动鼠标到左边直线上，出现拾取切点符号…时，单击
指定对象与圆的第二个切点:　　//移动鼠标到右边直线上，出现拾取切点符号…时，单击
指定圆的半径 <14.9522>: 30↙　//输入直径值 30

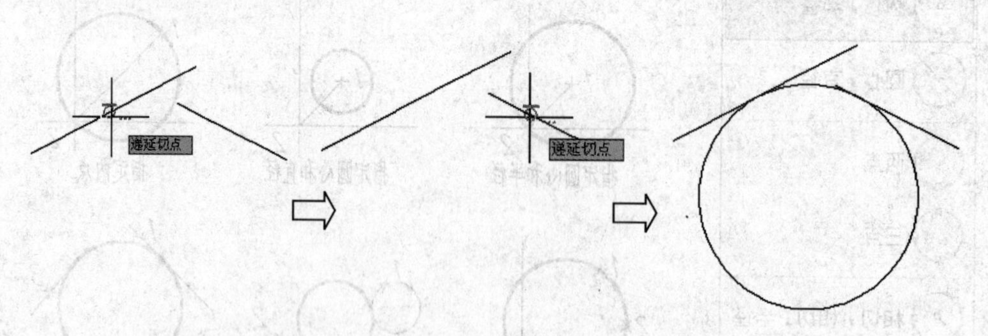

图 3-10　用“相切，相切，半径”方式画圆

如果输入圆的半径过小或过大，系统绘制不出圆，命令行会给出提示：“圆不存在”并退出绘制命令。此方法还可通过选择“绘图”→“圆”→“相切，相切，半径”命令来实现。

3.2.2 圆弧

单击“绘图”面板上的“圆弧”按钮，或者在命令提示行中输入“arc”命令，即可绘制圆弧。Auto CAD 2012 提供了 11 种绘制圆弧的方式，如图 3-11 所示。

图 3-11 圆弧的绘制方式

虽然 AutoCAD 提供了这么多绘制圆弧的方法，但经常用到的仅是其中的几种而已，在以后的章节中，将学习用“倒圆角”和“修剪”命令来间接生成圆弧。

【实例 3-6】 用“圆心、起点、端点”方式绘制圆弧，已知 1 点为圆心，1、2 点之间距离为半径，如图 3-12 所示。

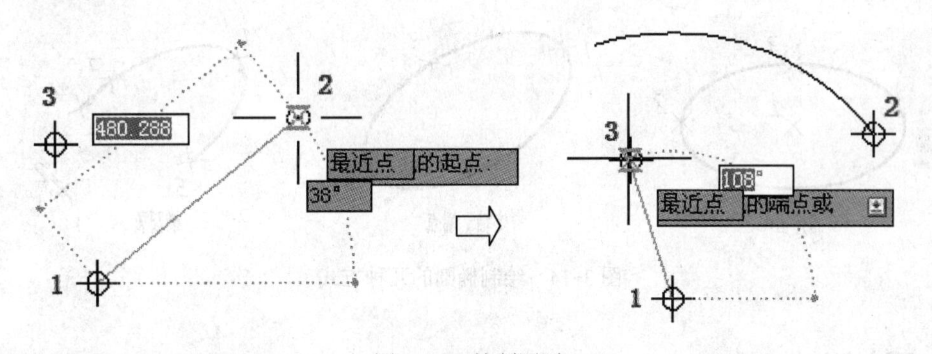

图 3-12 绘制圆弧

选择“圆心、起点、端点”命令，命令行提示如下。

```
命令: _arc 指定圆弧的起点或 [圆心(C)]: _c 指定圆弧的圆心:        //选择 1 点作为圆心
指定圆弧的起点:                                                  //选择 2 点作为起点
指定圆弧的端点或 [角度(A)/弦长(L)]:                               //选择 3 点作为端点
```

提示：3 点只是用来确定圆弧的最终角度，不需要位于圆弧上面。圆弧是逆时针绘制。

3.2.3 圆环

单击“绘图”面板上的“圆环”按钮，或者选择“绘图”→“圆环”命令，可以绘制圆环。该命令用于创建实心圆或较宽的环。

圆环由两条圆弧多段线组成，这两条圆弧多段线首尾相接形成圆形。多段线的宽度由指定的内直径和外直径决定。要创建实心的圆，请将内径值指定为零。

3.2.4 椭圆与椭圆弧

单击“绘图”面板上的“椭圆”按钮，或者在命令提示行中输入“ellipse”命令，即可绘制椭圆或者椭圆弧。如图 3-13 所示分别为“绘图”面板上和下拉菜单中的椭圆命令。

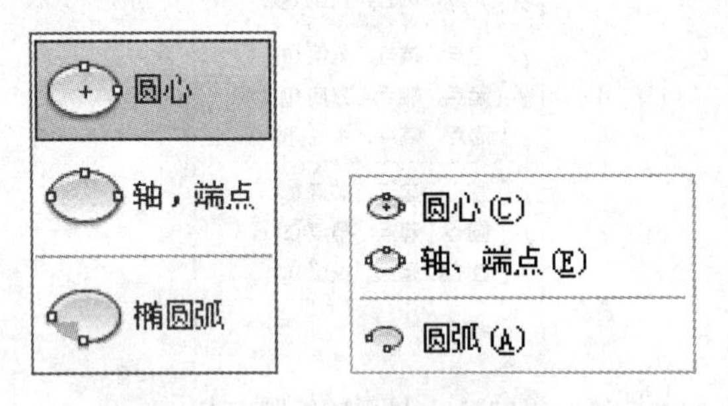

图 3-13 椭圆命令

可以选择“绘图”→“椭圆”→“圆心”命令，指定椭圆中心、一个轴的端点（主轴）以及另一个轴的半轴长度绘制椭圆；也可以选择“绘图”→“椭圆”→“轴，端点”命令，指定一个轴的两个端点（主轴）和另一个轴的半轴长度绘制椭圆；或者选择“绘图”→“椭圆”→“椭圆弧”命令，绘制椭圆弧，如图 3-14 所示。

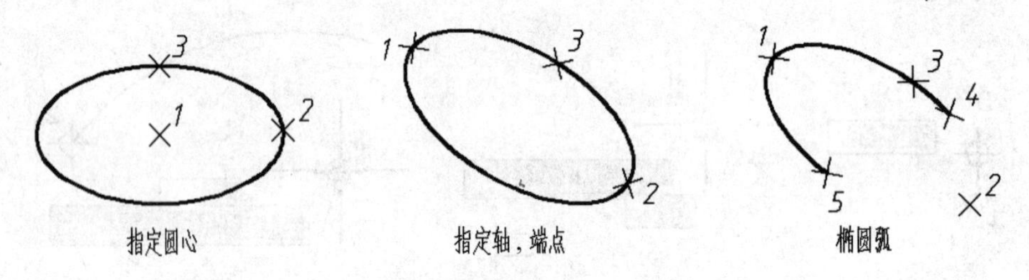

图 3-14 绘制椭圆的几种方式

3.2.5 圆实例

【实例 3-7】 已知一等边三角形，完成如图 3-15 所示的图形。

分别调用圆、圆弧、椭圆命令可以完成该图形，具体操作步骤如下。

```
命令: _circle 指定圆的圆心或 [三点(3P)/两点(2P)/切点、切点、半径(T)]:
指定圆的半径或 [直径(D)] <20.0000>: 20↙
命令:
命令: _arc 指定圆弧的起点或 [圆心(C)]: _c 指定圆弧的圆心:
指定圆弧的起点:
指定圆弧的端点或 [角度(A)/弦长(L)]:
命令:
命令: _ellipse
```

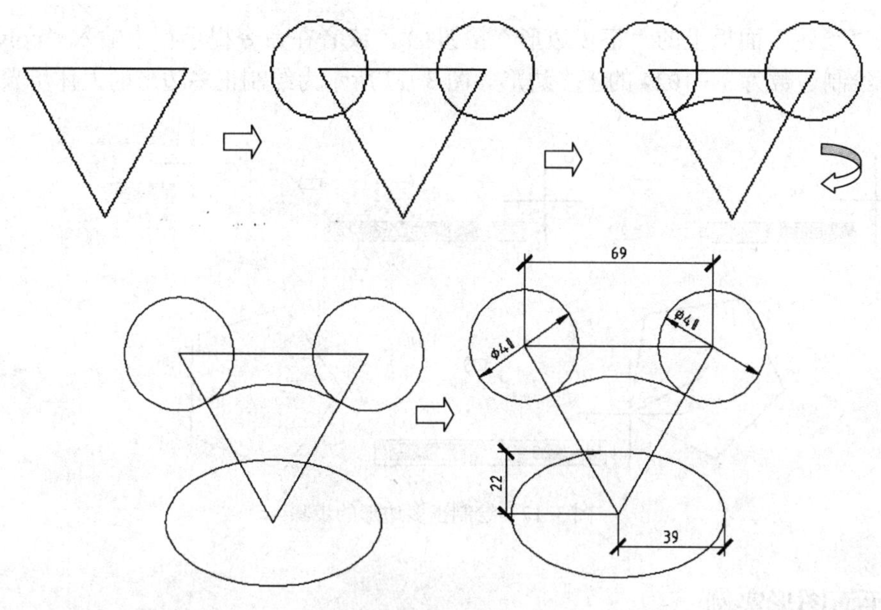

图 3-15　圆实例

指定椭圆的轴端点或 [圆弧(A)/中心点(C)]: _c↙
指定椭圆的中心点:
指定轴的端点: @39,0↙
指定另一条半轴长度或 [旋转(R)]: 22↙

3.3　平面图形命令

本节主要介绍平面图形中矩形和正多边形的绘制。

3.3.1　矩形

单击“绘图”面板上的“矩形”按钮，或者在命令提示行中输入“rectang”命令，即可绘制倒角矩形、圆角矩形、有厚度的矩形等多种矩形，如图 3-16 所示。

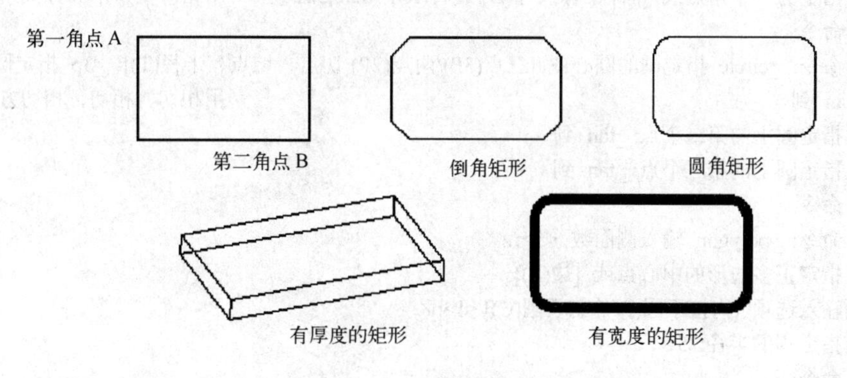

图 3-16　多种矩形

3.3.2 正多边形

单击“绘图”面板上的“正多边形”按钮，或者在命令提示行中输入“polygon”命令，即可绘制边数为3～1024的正多边形。图3-17所示为绘制正多边形的大体步骤。

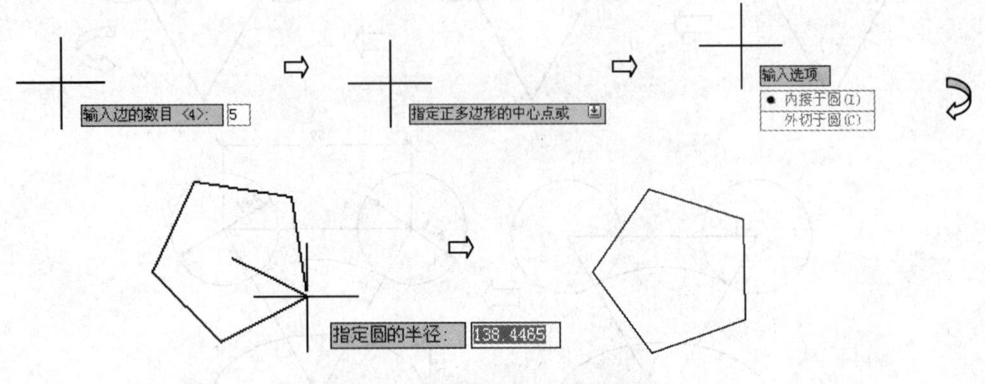

图3-17 绘制正多边形的步骤

3.3.3 平面图形实例

【实例3-8】 绘制如图3-18所示的图形。

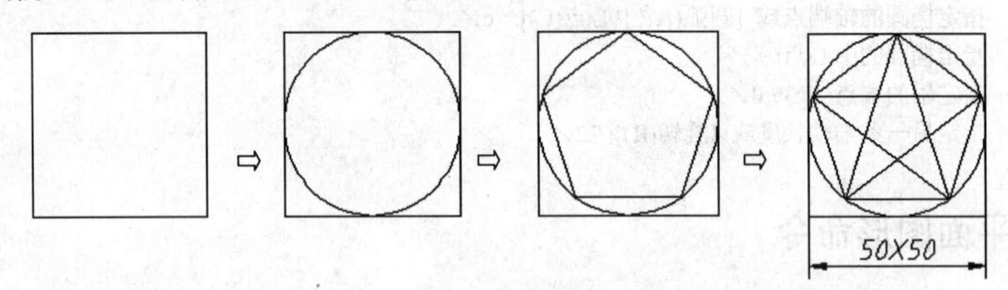

图3-18 绘制平面图形

分别调用矩形、圆、多边形和直线命令可以完成该图形，具体步骤如下。

命令: _rectang

指定第一个角点或 [倒角(C)/标高(E)/圆角(F)/厚度(T)/宽度(W)]:

指定另一个角点或 [面积(A)/尺寸(D)/旋转(R)]: @50,50↙ //用相对直角坐标方式给定另一点

命令:

命令: _circle 指定圆的圆心或 [三点(3P)/两点(2P)/切点、切点、半径(T)]: _3p 指定圆上的第一个点: _tan 到 //用相切、相切、相切方式绘制圆

指定圆上的第二个点: _tan 到

指定圆上的第三个点: _tan 到

命令:

命令: _polygon 输入侧面数 <5>:↙

指定正多边形的中心点或 [边(E)]:

输入选项 [内接于圆(I)/外切于圆(C)] <I>:↙

指定圆的半径:25↙

命令:

命令: _line 指定第一点:

指定下一点或 [放弃(U)]:　　　　　　　　//依次捕捉 5 个交点（捕捉方式后面章节讲述）
指定下一点或 [放弃(U)]:
指定下一点或 [闭合(C)/放弃(U)]:
指定下一点或 [闭合(C)/放弃(U)]:
指定下一点或 [闭合(C)/放弃(U)]:

3.4 图案填充

在 AutoCAD 中，图案填充是一种使用指定线条图案来充满指定区域的图形对象，常用于表达剖切面和不同类型物体对象的外观纹理。

3.4.1 基本概念

国家标准《房屋建筑制图统一标准》（GB/T 50001—2010）中对图案填充的类型做了统一规定，如表 3-1 所示。在建筑工程图样上绘制图案填充时应该按照国家标准规定的图例绘制。

表 3-1 常用建筑材料图例

序 号	名 称	图 例	备 注
1	自然土壤		包括各种自然土壤
2	夯实土壤		
3	沙、灰土		
4	砂砾石、碎砖三合土		
5	石材		
6	毛石		
7	普通砖		包括实心砖、多孔砖、砌块等砌体。断面较窄不易绘出图例线时，可涂红，并在图纸备注中加注说明，画出该材料图例
8	耐火砖		包括耐酸砖等砌体
9	空心砖		指非承重砖砌体
10	饰面砖		包括铺地砖、马赛克、陶瓷锦砖、人造大理石等
11	焦渣、矿渣		包括与水泥、石灰等混合而成的材料
12	混凝土		1）本图例指能承重的混凝土 2）包括各种强度等级、骨料、添加剂的混凝土 3）在剖面图上画出钢筋时，不画图例线 4）断面图形小，不易画出图例线时，可涂黑
13	钢筋混凝土		
14	多孔材料		包括水泥珍珠岩、沥青珍珠岩、泡沫混凝土、非承重加气混凝土、软木、蛭石制品等

（续）

序 号	名 称	图 例	备 注
15	纤维材料		包括矿棉、岩棉、玻璃棉、麻丝、木丝板、纤维板等
16	泡沫塑料材料		包括聚苯乙烯、聚乙烯、聚氨酯等多孔聚合物类材料
17	木材		1）上图为横断面，左上图为垫木、木砖或木龙骨 2）下图为纵断面
18	胶合板		应注明为 X 层胶合板
19	石膏板		包括圆孔、方孔石膏板、防水石膏板硅钙板、防火板等
20	金属		1）包括各种金属 2）图形小时，可涂黑
21	网状材料		1）包括金属、塑料网状材料 2）应注明具体材料名称
22	液体		应注明具体液体名称
23	玻璃		包括平板玻璃、磨砂玻璃、夹丝玻璃、钢化玻璃、中空玻璃、夹层玻璃、镀膜玻璃等
24	橡胶		
25	塑料		包括各种软、硬塑料及有机玻璃等
26	防水材料		构造层次多或比例大时，采用上面图例
27	粉刷		本图例采用较稀的点

注：图例中的斜线、短斜线、交叉斜线等均为 45°。

3.4.2 设置图案填充

要重复绘制某些图案以填充图形中的一个区域，从而表达该区域的特征，这种填充操作称为图案填充。图案填充的应用非常广泛，例如，在机械或建筑工程图中，可以用图案填充表达一个剖切的区域，也可以用不同的图案填充来表达不同的零部件或者材料。

选择“绘图”→“图案填充”命令（BHATCH），或在“绘图”面板中单击“图案填充”按钮，切换到“图案填充和渐变色”对话框的“图案填充”选项卡，可以设置图案填充时的类型和图案、角度和比例等特性，如图 3-19 所示。本节以“AutoCAD 经典”界面为例进行介绍。

1．类型和图案

在“类型和图案”选项组中，可以设置图案填充的类型和图案。

例如在建筑图样中，一般选择预定义里的 ANSI32 图案作为砖墙的剖面图。需要其他图案时，用户可在“预定义”、“用户定义”和“自定义”3 个选项中根据需要设定。

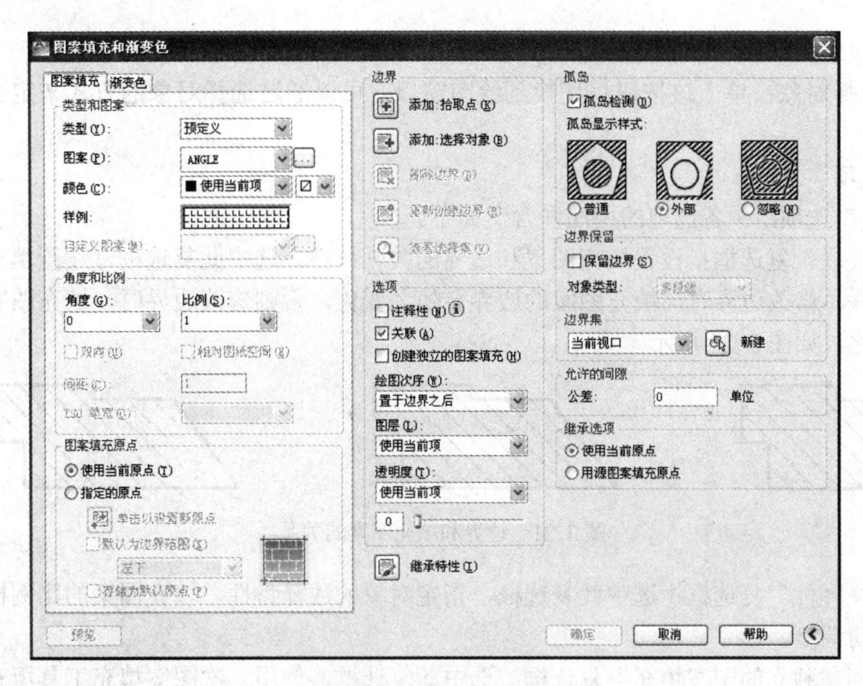

图 3-19 “图案填充”选项卡

2．角度和比例

在“角度和比例”选项组中，可以设置用户定义类型的图案填充的角度和比例等参数。在机械图样中，如果剖面线不同方向和间隔，可以在此设定。

3．图案填充原点

“图案填充原点”选项组控制填充图案生成的起始位置。某些图案填充（例如砖块图案）需要与图案填充边界上的一点对齐。默认情况下，所有图案填充原点都对应于当前的 UCS 原点。使用该选项组中的工具，可以调整填充图案原点的位置，如图 3-20 所示。

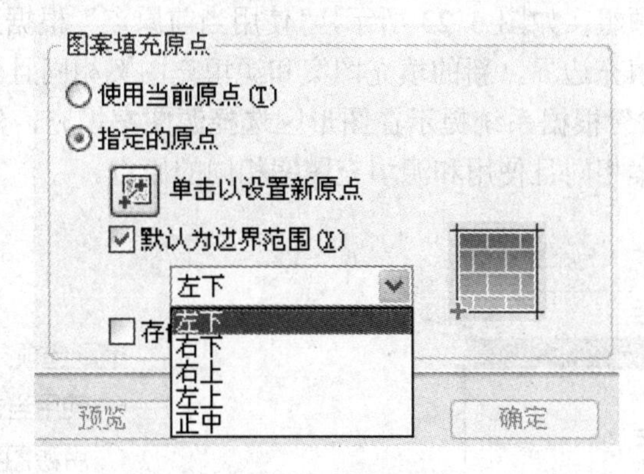

图 3-20 设置填充原点

4．边界

在“边界”选项组中包括“拾取点”、“选择对象”等按钮，其功能如下。

1）拾取点：以拾取点的形式来指定填充区域的边界。单击该按钮切换到绘图窗口，可在需要填充的区域内任意指定一点，系统会自动计算出包围该点的封闭填充边界，同时亮显该边界。如果在拾取点后系统不能形成封闭的填充边界，则会显示错误提示信息。

2）选择对象：单击该按钮将切换到绘图窗口，可以通过选择对象的方式来定义填充区域的边界。

5．选项

“选项”选项组中各选项的用法和含义如下。

1）“关联”复选框：设置填充图案和边界的关联特性。选中此复选框，设置填充图案和边界有关联，修改边界时，填充图案的边界会随之变化，否则修改边界时，填充图案的边界不随之变化，如图 3-21 所示。

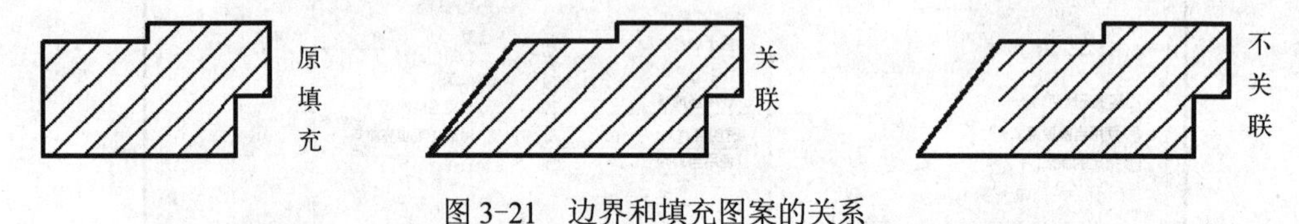

图 3-21　边界和填充图案的关系

2）“注释性”复选框：选中此复选框，指定对象的注释特性，填充图案的比例根据视口的比例自动调整。

3）“创建独立的图案填充”复选框：选中此复选框，使用一次图案填充工具填充的多个独立区域内的填充图案相互独立。否则，使用一次图案填充工具填充的多个独立区域内的填充图案是一个关联的对象。

4）“绘图次序”下拉列表：单击其后的▾，出现一个下拉列表，如图 3-22 所示，从中选择相应方式可设置填充图案和其他图形对象的绘图次序。如果将图案填充置于边界之后，可以更容易地选择图案填充边界。

6．其他选项

1）“继承特性”按钮：单击该按钮，根据系统提示在图形区中选择源图案填充，然后选择填充边界，新的填充图案和源填充图案相同。

2）“继承选项”选项组：如图 3-23 所示，“使用当前原点”根据系统提示在图形区选择源图案填充，然后选择填充边界，新的填充图案和源填充图案相同且使用当前填充边界的原点；“用源图案填充原点”根据系统提示在图形区选择源图案填充，然后选择填充边界，新的填充图案和源填充图案相同且使用和源填充图案相同的原点。

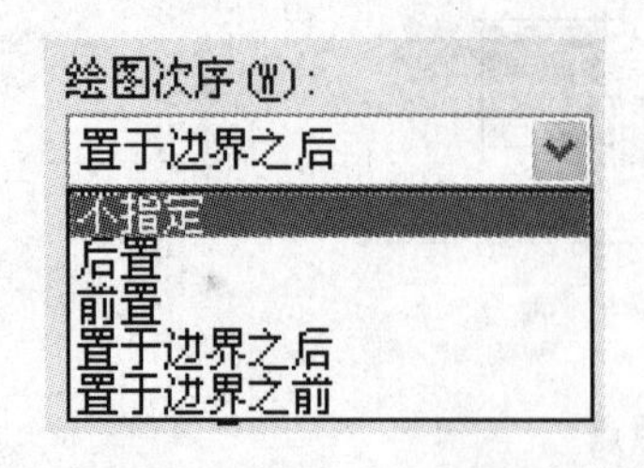

图 3-22　“绘图次序”下拉列表

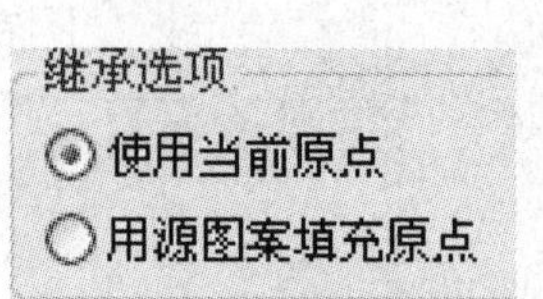

图 3-23　继承选项

3）“允许的间隙”选项组：设定将对象用做图案填充边界时可以忽略的最大间隙。默认值为 0，此值指定对象必须封闭区域而没有间隙。任何小于或等于允许间隙中指定值的间隙都将被忽略，并将边界视为封闭。

4）“孤岛”选项组：从中选择相应方式设置最外层边界内部图案填充或填充边界的定义方法，对于如图 3-24 所示的图形，在“ ⊠ ”标志处拾取点。

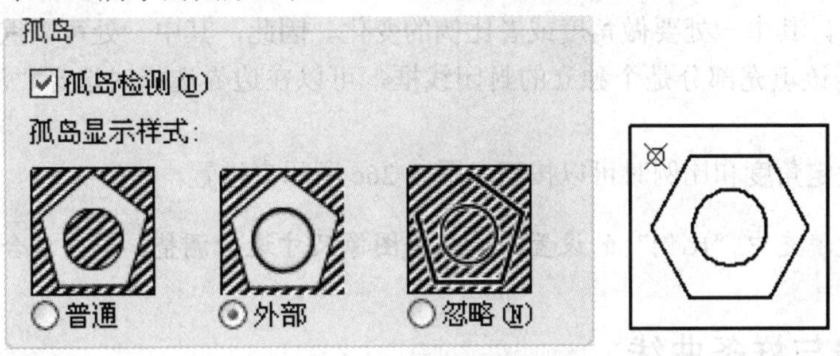

图 3-24　孤岛检测

3.4.3　图案填充实例

【实例 3-8】 绘制如图 3-25a 所示的图形。

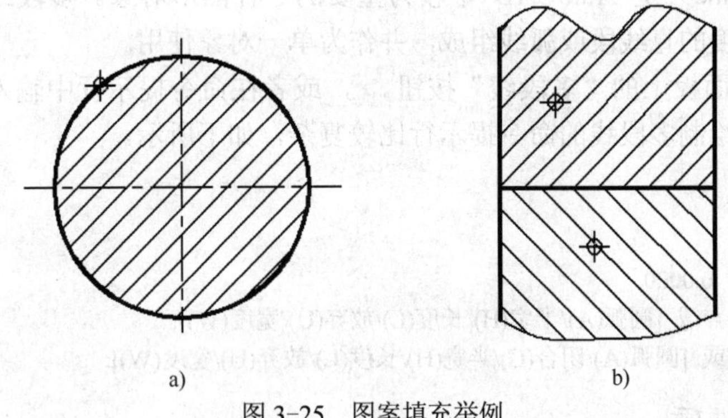

图 3-25　图案填充举例

a) 一部分图形　b) 两部分图形

由于该图被中心线分割成 4 个封闭线框，因此选择边界时用“选择对象”比较合适。

1）选择“绘图”→“图案填充”命令。

2）在“图案填充和渐变色”对话框中设置如图 3-26a 中所示的选项。

3）在“边界”选择组中单击“添加:选择对象”按钮，如图 3-26b 所示。

4）在图 3-25a 中所示的点位置选择圆边界，然后右击，在弹出的快捷菜单中选择“确认”命令。

5）单击“图案填充和渐变色”对话框中的按钮 确定 。

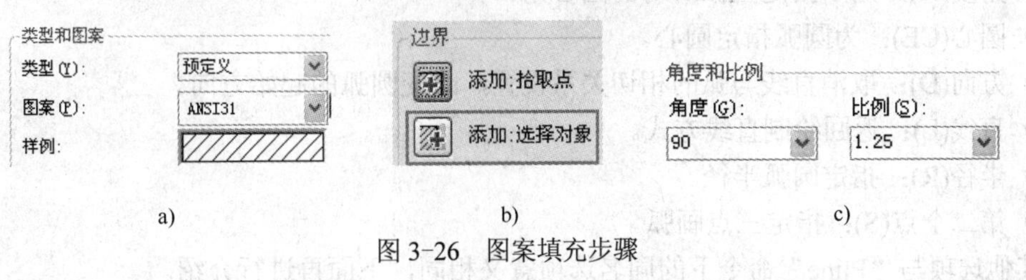

图 3-26　图案填充步骤

a)“类型和图案”选项　b)“边界”选项　c)“角度和比例”选项

【实例 3-9】 绘制如图 3-25b 所示的图形。

该图图案填充由两部分组成，国家标准规定，相邻的剖面线方向或者间隔要有区别，因此做图案填充时，其中一处要做角度或者比例的变化。因此，其中一处可以重复上面的操作过程，只是由于该填充部分是个独立的封闭线框，可以在边界选择时选择“添加:拾取点”的方式。

另一处在设定角度和比例时可以按照如图 3-26c 所示来设置。

说明：图案填充中“比例”的设置，要根据图像尺寸进行调整，以得到合适的间隔。

3.5 多段线与样条曲线

本节主要介绍多段线与样条曲线的绘制。

3.5.1 多段线

多段线（Polyline）是 AutoCAD 中较为重要的一种图形对象。多段线由彼此首尾相连的、可具有不同宽度的直线段或弧线组成，并作为单一对象使用。

单击“绘图”面板上的“多段线”按钮，或者在命令提示行中输入“pline”命令，即可绘制多段线。绘制多段线的命令提示行比较复杂，如下所示。

```
命令: _pline
指定起点:
当前线宽为 0.0000
指定下一个点或 [圆弧(A)/半宽(H)/长度(L)/放弃(U)/宽度(W)]:
指定下一点或 [圆弧(A)/闭合(C)/半宽(H)/长度(L)/放弃(U)/宽度(W)]:
```

现分别介绍其选项。

1．圆弧(A)

输入“A”，可以画圆弧方式的多段线。按〈Enter〉键后重新出现一组命令选项，用于生成圆弧方式的多段线。输入“A”以后，命令行提示。

```
指定圆弧的端点或
[角度(A)/圆心(CE)/方向(D)/半宽(H)/直线(L)/半径(R)/第二个点(S)/放弃(U)/宽度(W)]:
```

在该提示下，可以直接确定圆弧终点，拖动十字光标，屏幕上会出现预显线条。选项序列中各项的意义如下。

- 角度(A)：用于指定圆弧所对的圆心角。
- 圆心(CE)：为圆弧指定圆心。
- 方向(D)：取消直线与弧的相切关系设置，改变圆弧的起始方向。
- 直线(L)：返回绘制直线方式。
- 半径(R)：指定圆弧半径。
- 第二个点(S)：指定三点画弧。

其他选项与“Pline”命令下的同名选项意义相同，下面再进行介绍。

2. 闭合(C)

该选项自动将多段线闭合，即将选定的最后一点与多段线的起点连起来，并结束命令。

3. 半宽(H)

该选项用于指定多段线的半宽值，AutoCAD 将提示用户输入多段线段的起点半宽值与终点半宽值。在绘制多段线的过程中，宽线线段的起点和端点位于宽线的中心。

4. 长度(L)

定义下一段多段线的长度，AutoCAD 将按照上一线段的方向绘制这一段多段线。若上一段是圆弧，将绘制出与圆弧相切的线段。

5. 放弃(U)

取消刚刚绘制的那一段多段线。

6. 宽度(W)

该选项用来设定多段线的宽度值。选择该选项后，将出现如下提示。

```
指定起点宽度 <0.0000>: 5↙          //起点宽度
指定端点宽度 <5.0000>: 0↙          //终点宽度
```

起点宽度值均以上一次输入值为默认值，而终点宽度值则以起点宽度为默认值。

用户可以通过不同参数的设定绘制出各种丰富的多段线形式，如图 3-27 所示。

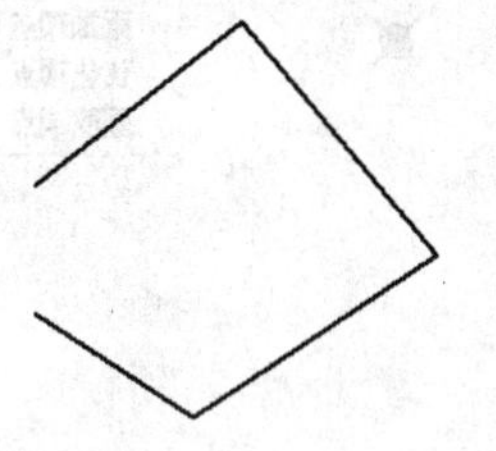
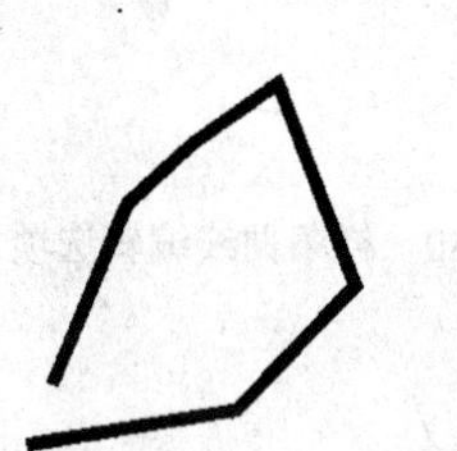

图 3-27 绘制多段线

3.5.2 样条曲线

在 AutoCAD 的二维绘图中，绘制样条曲线必须给定 3 个以上的点，要想画出的样条曲线具有更多的波浪，就要给定更多的点。样条曲线是由用户给定若干点，AutoCAD 自动生成的一条光滑曲线。

在 AutoCAD 2012 中，提供了两种样条曲线的绘制方式："拟合点"方式和"控制点"方式。

1. "拟合点"方式

通过指定样条曲线必须经过的拟合点来创建三阶 B 样条曲线。在公差值大于 0 时，样条曲线必须在各个点的指定公差距离内。

单击"绘图"面板上的"样条曲线拟合点"按钮，或者选择"绘图"→"样条曲线"→"拟合点"命令，可以绘制如图 3-28 所示的"拟合点"样条曲线。

2. "控制点"方式

通过指定控制点来创建样条曲线。使用此方法创建一阶（线性）、二阶、三阶直到最高为十阶的样条曲线。通过移动控制点调整样条曲线的形状，通常可以提供比移动拟合点更好的效果。

单击“绘图”面板上的“样条曲线控制点”按钮，或者选择“绘图”→“样条曲线”→“控制点”命令，可以绘制如图 3-29 所示的“控制点”样条曲线。

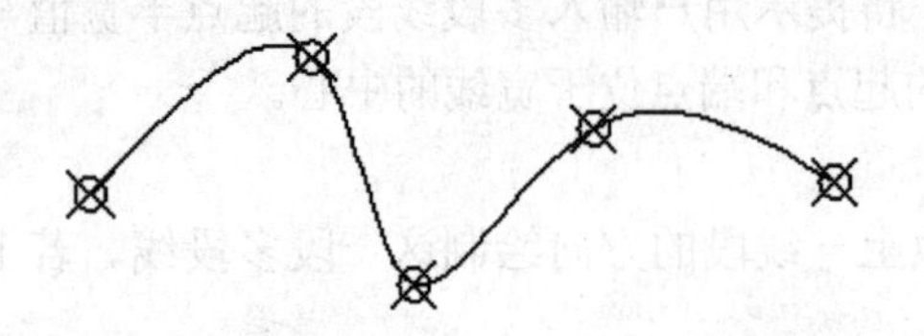

图 3-28 “拟合点”方式绘制的样条曲线

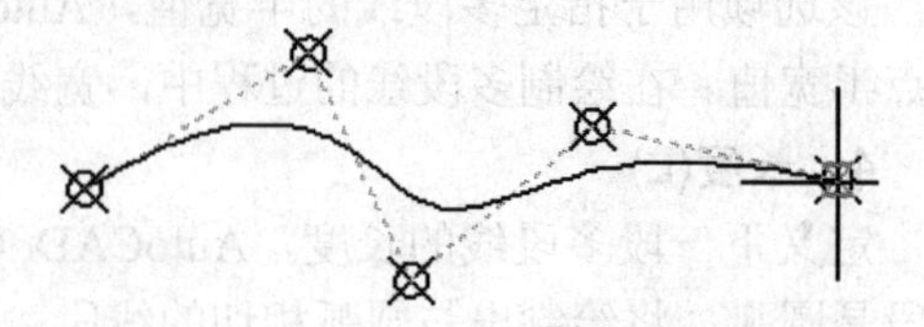

图 3-29 “控制点”方式绘制的样条曲线

3. 编辑样条曲线

选择绘制好的样条曲线，其上会出现控制句柄，移动鼠标到上面，会出现编辑选项，可以选择不同选项对曲线进行编辑。

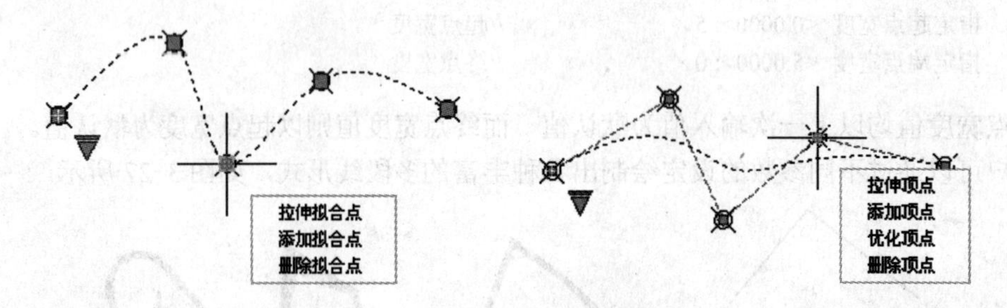

图 3-30 样条曲线编辑选项

3.5.3 多段线实例

【实例 3-10】 使用“多段线”命令绘制如图 3-31 所示的图形。

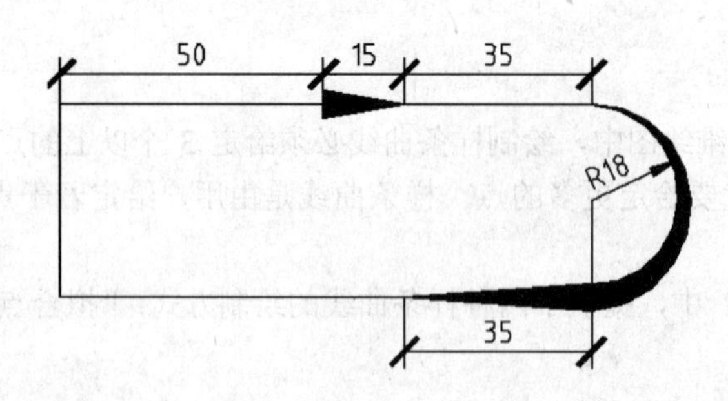

图 3-31 绘制多段线

在“绘图”面板上单击“多段线”按钮，命令行提示如下。

```
命令: _pline
指定起点:                                                    //指定起点
当前线宽为 0.0000
指定下一个点或 [圆弧(A)/半宽(H)/长度(L)/放弃(U)/宽度(W)]: @50,0↙    //指定第二点坐标值
```

指定下一点或 [圆弧(A)/闭合(C)/半宽(H)/长度(L)/放弃(U)/宽度(W)]: w↙ //选择宽度
指定起点宽度 <0.0000>: 5↙ //起点宽度 5
指定端点宽度 <5.0000>: 0↙ //端点宽度 0
指定下一点或 [圆弧(A)/闭合(C)/半宽(H)/长度(L)/放弃(U)/宽度(W)]: @15,0↙ //下一点坐标
指定下一点或 [圆弧(A)/闭合(C)/半宽(H)/长度(L)/放弃(U)/宽度(W)]: @35,0↙ //下一点坐标
指定下一点或 [圆弧(A)/闭合(C)/半宽(H)/长度(L)/放弃(U)/宽度(W)]: a↙ //选择圆弧
指定圆弧的端点或
[角度(A)/圆心(CE)/闭合(CL)/方向(D)/半宽(H)/直线(L)/半径(R)/第二个点(S)/放弃(U)/宽度(W)]: w↙
//选择宽度
指定起点宽度 <0.0000>:↙ //起点宽度 0
指定端点宽度 <0.0000>: 5↙ //端点宽度 5
指定圆弧的端点或
[角度(A)/圆心(CE)/闭合(CL)/方向(D)/半宽(H)/直线(L)/半径(R)/第二个点(S)/放弃(U)/宽度(W)]:
@0,-35↙ //圆弧端点坐标
指定圆弧的端点或
[角度(A)/圆心(CE)/闭合(CL)/方向(D)/半宽(H)/直线(L)/半径(R)/第二个点(S)/放弃(U)/宽度(W)]: l↙
//选择直线
指定下一点或 [圆弧(A)/闭合(C)/半宽(H)/长度(L)/放弃(U)/宽度(W)]: w↙
指定起点宽度 <5.0000>:↙ //起点宽度 5
指定端点宽度 <5.0000>: 0↙ //端点宽度 0
指定下一点或 [圆弧(A)/闭合(C)/半宽(H)/长度(L)/放弃(U)/宽度(W)]: @-35,0↙
端点坐标;
指定下一点或 [圆弧(A)/闭合(C)/半宽(H)/长度(L)/放弃(U)/宽度(W)]: @-65,0↙
端点坐标;
指定下一点或 [圆弧(A)/闭合(C)/半宽(H)/长度(L)/放弃(U)/宽度(W)]: c↙ //选择闭合

3.6 多线

本节主要介绍多线的绘制和编辑。

3.6.1 绘制多线

“多线”命令用于创建多条平行线。

选择“绘图”→“多线”命令，或者在命令提示行中输入“mline”命令，即可绘制多线。

【实例 3-11】 使用“多线”命令绘制如图 3-32 所示的图形。

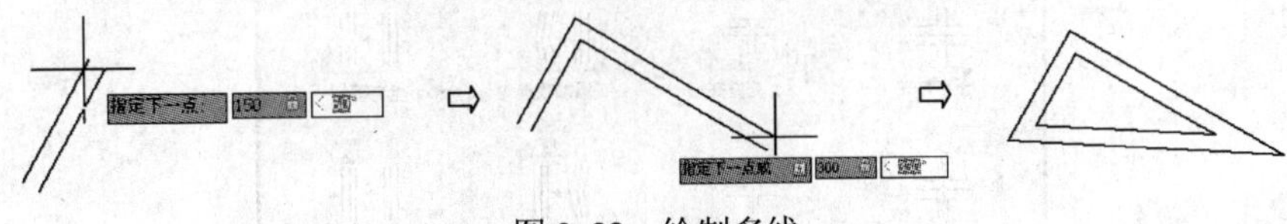

图 3-32 绘制多线

命令: mline
当前设置: 对正 = 上，比例 = 20.00，样式 = STANDARD
指定起点或 [对正(J)/比例(S)/样式(ST)]:

指定下一点：@150<60↙
指定下一点或 [放弃(U)]：@300<330↙
指定下一点或 [闭合(C)/放弃(U)]：c↙

下面将“多线”命令中的 3 个选项介绍一下。

1）对正(J)：用于设定光标相对于多线的位置，有“上”、“无”、“下”3 种选择，如图 3-33 所示。

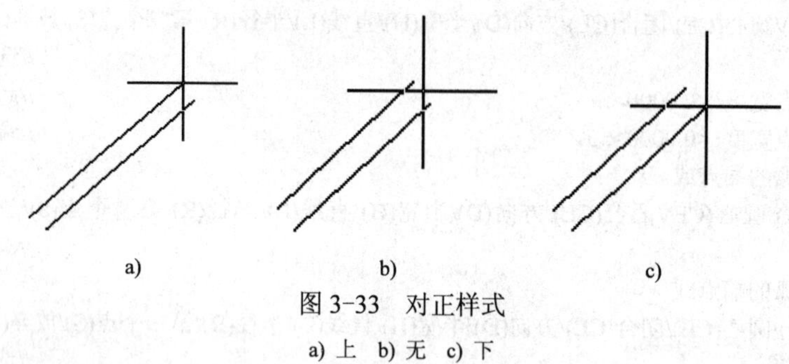

图 3-33　对正样式
a) 上　b) 无　c) 下

2）比例(S)：控制多线的全局宽度。该比例不影响线型比例，基于在多线样式定义中建立的宽度。当比例因子为 2 绘制多线时，其宽度是样式定义的宽度的两倍。负比例因子将翻转偏移线的次序：当从左至右绘制多线时，偏移最小的多线绘制在顶部。负比例因子的绝对值也会影响比例。比例因子为 0 将使多线变为单一的直线。

3）样式(ST)：指定多线的样式。指定已加载的样式名或创建的多线库（MLN）文件中已定义的样式名。

3.6.2　编辑多线

多线编辑命令用于编辑多线交点、打断点和顶点。

双击一条已绘制的多线，或者在命令提示行中输入“mledit”命令，可弹出如图 3-34 所示的“多线编辑工具”对话框。

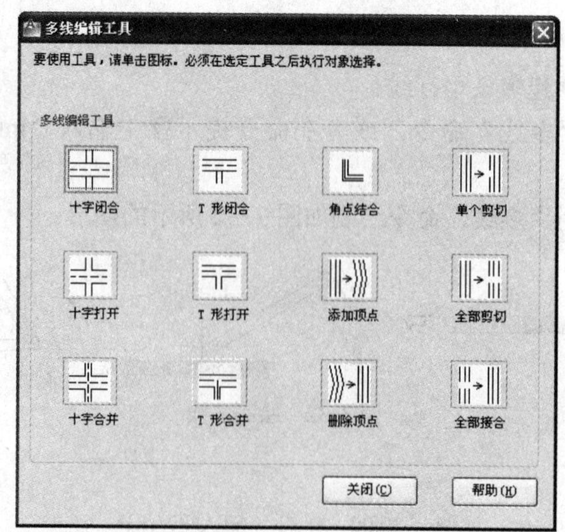

图 3-34 “多线编辑工具”对话框

单击“十字闭合”，然后依次选择水平多线和垂直多线，结果如图 3-35b 所示。
单击“十字打开”，然后依次选择水平多线和垂直多线，结果如图 3-35c 所示。
单击“T 形闭合”，然后依次选择水平多线和垂直多线，结果如图 3-35d 所示。
其他选项用户可自行尝试，这里不再赘述。

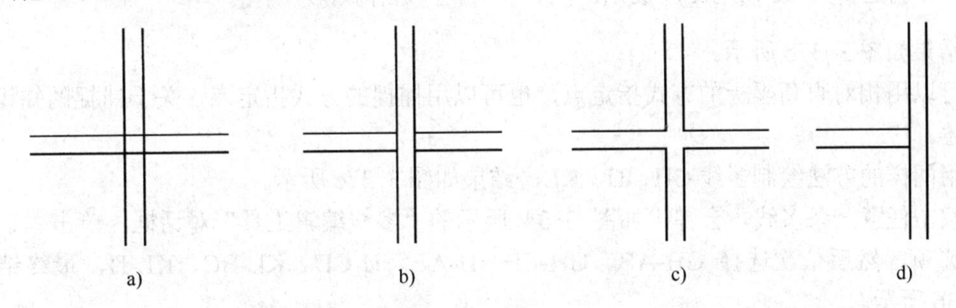

图 3-35　多线编辑示例

a) 未编辑　b) 十字闭合　c) 十字打开　d) T 形闭合

3.6.3　绘制墙体实例

【实例 3-12】 使用“多线”命令绘制如图 3-36 所示的墙体，已知墙体厚度为 240。

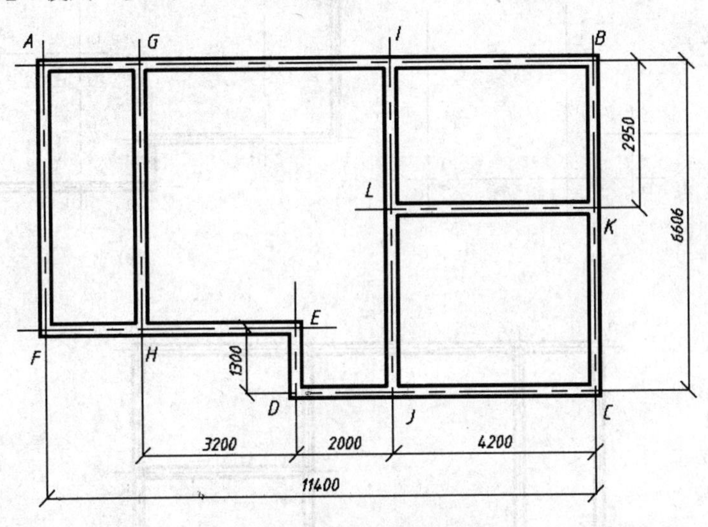

图 3-36　多线绘制墙体

按照图中给定的尺寸绘制中心线（线型设置后面章节讲述），结果如图 3-37a 所示。
选择“绘图”→“多线”命令。

命令: _mline
当前设置: 对正 = 无，比例 = 240.00，样式 = STANDARD
指定起点或 [对正(J)/比例(S)/样式(ST)]:　s↙
输入多线比例 <240.00>:　240↙
当前设置: 对正 = 无，比例 = 240.00，样式 = STANDARD
指定起点或 [对正(J)/比例(S)/样式(ST)]:　　　　//指定如图 3-37a 中所示的 A 点
指定下一点:　　　　//指定如图 3-37a 中所示的 B 点

指定下一点或 [放弃(U)]: //指定如图 3-37a 中所示的 C 点
指定下一点或 [闭合(C)→放弃(U)]: //指定如图 3-37a 中所示的 D 点
指定下一点或 [闭合(C)→放弃(U)]: //指定如图 3-37a 中所示的 E 点
指定下一点或 [闭合(C)→放弃(U)]: //指定如图 3-37a 中所示的 F 点
指定下一点或 [闭合(C)→放弃(U)]: c↙ //封闭图形

结果如图 3-37b 所示。

可以用相对直角坐标的方式指定点，也可以用捕捉的方式指定点，关于捕捉的知识第 4 章讲述。

用同样的方法绘制多线 GH、IJ、KL，结果如图 3-37c 所示。

双击任意一条多线，会弹出如图 3-34 所示的“多线编辑工具”对话框，单击“T 形合并”选项，然后依次选择 GH-AB、GH-EF、IJ-AB、IJ-CD、KL-BC、KL-IJ，最终结果如图 3-36 所示。

注意：由于 ABCDEFA 是封闭线框，在“T 形合并”操作中，只能作为第二条图线选择。

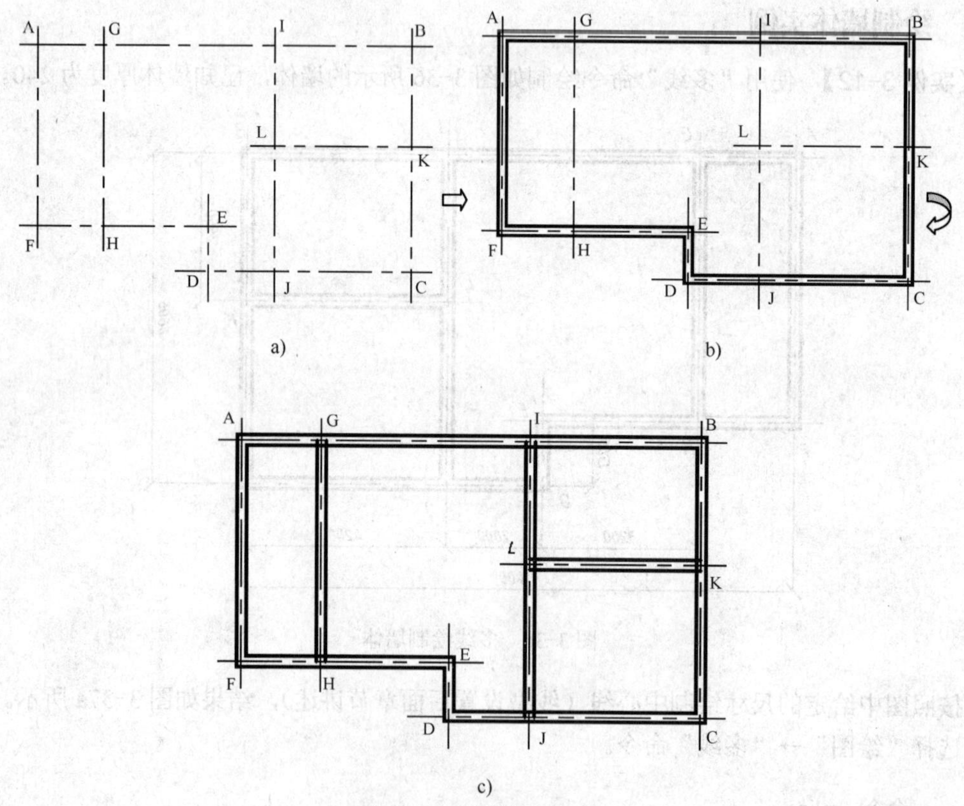

图 3-37 绘制墙体过程
a) 绘制中心线 b) 绘制外墙 c) 绘制内墙

3.7 综合实例——室内门立面图

【实例 3-13】 绘制如图 3-38 所示的室内门立面图。

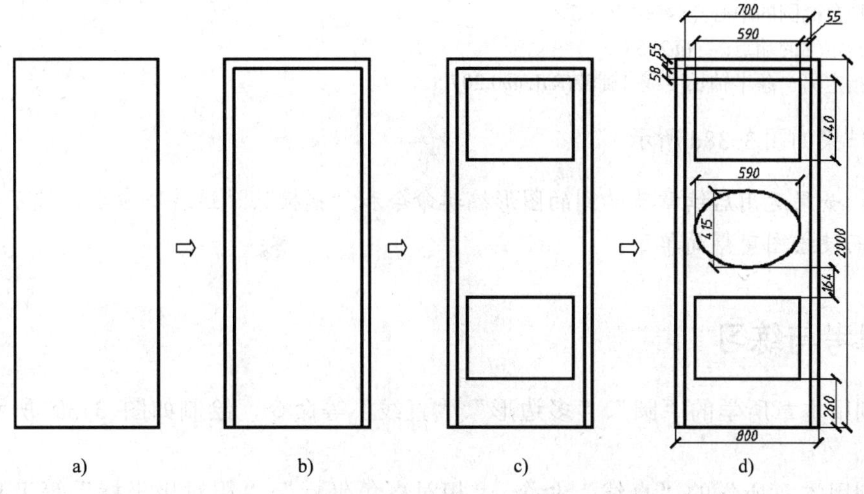

图 3-38 绘制门立面图

由于本章还未学习图形编辑命令以及“捕捉”、“追踪”等功能的用法，因此使用“坐标”的方法来绘制该图形。

1）选择“矩形”命令，系统提示如下。

命令: _rectang
指定第一个角点或 [倒角(C)/标高(E)/圆角(F)/厚度(T)/宽度(W)]: 0,0↙
指定另一个角点或 [面积(A)/尺寸(D)/旋转(R)]: 800,2000↙

结果如图 3-38a 所示。

2）按〈Enter〉键，即重复“矩形”命令，系统提示如下。

命令: ↙
RECTANG
指定第一个角点或 [倒角(C)/标高(E)/圆角(F)/厚度(T)/宽度(W)]: 50,0↙
指定另一个角点或 [面积(A)/尺寸(D)/旋转(R)]: 750,1945↙

结果如图 3-38b 所示。

3）按〈Enter〉键，即重复“矩形”命令，系统提示如下。

命令: ↙
RECTANG
指定第一个角点或 [倒角(C)/标高(E)/圆角(F)/厚度(T)/宽度(W)]: 105,260
指定另一个角点或 [面积(A)/尺寸(D)/旋转(R)]: @590,440
命令: ↙
RECTANG
指定第一个角点或 [倒角(C)/标高(E)/圆角(F)/厚度(T)/宽度(W)]: 105,1887
指定另一个角点或 [面积(A)/尺寸(D)/旋转(R)]: @590,-440↙

结果如图 3-38c 所示。

4）选择“椭圆”命令，系统提示如下。

命令: _ellipse
指定椭圆的轴端点或 [圆弧(A)/中心点(C)]: c↙

指定椭圆的中心点: 400,1071.5↙
指定轴的端点:　　@295,0↙
指定另一条半轴长度或 [旋转(R)]: @0,207.5↙

最终结果如图 3-38d 所示。

提示：如果运用后续章节学到的图形编辑命令和“捕捉”、“追踪”命令，就不需要进行坐标计算而使绘图变得简单了。

3.8　思考与练习

1．利用本章所学的“圆”、“多边形”、“直线”等命令，绘制如图 3-39 所示的几何图形。

2．利用本章所学的“直线”命令、“相对直角坐标”、“相对极坐标”等工具，绘制如图 3-40 所示的几何图形。

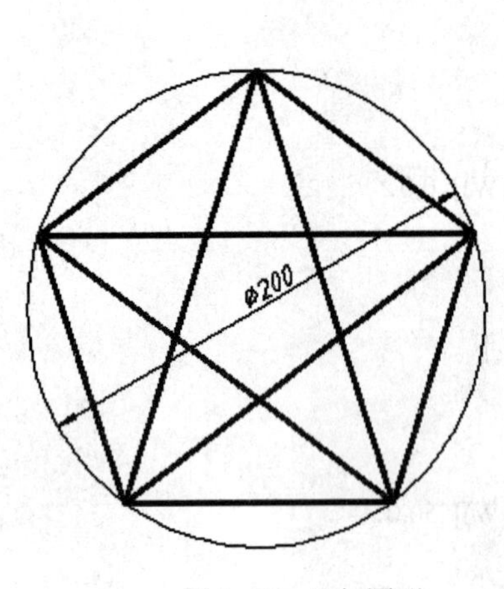

图 3-39　几何图形一

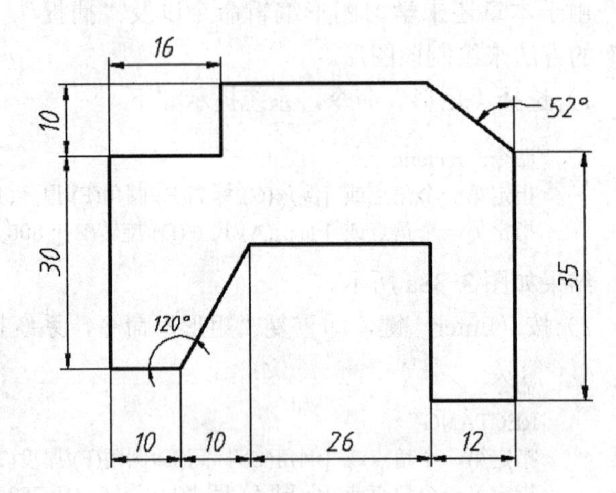

图 3-40　几何图形二

3．综合利用本章所学的各种工具，绘制如图 3-41 所示的几何图形。

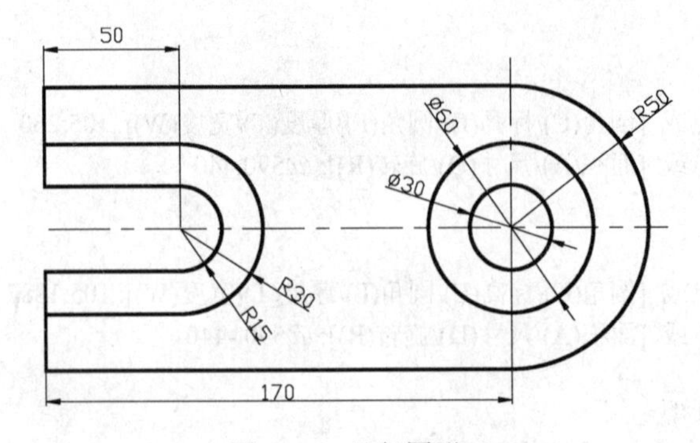

图 3-41　几何图形三

第 4 章　基本绘图命令

AutoCAD 除了二维绘图命令以外，还有一些常用的基本绘图命令，比如图层的设置及使用、精确绘图及捕捉、约束命令（2010 以后的版本才有）等。

图层是 AutoCAD 提供的管理图形对象的工具，用户可以根据图层对图形几何对象、文字、标注等进行归类处理；精确绘图及捕捉功能主要用于准确捕捉绘图点；约束命令是应用于二维几何图形的关联和限制，包括几何约束和尺寸约束。

【本章重点】

- 图层的设置
- 精确绘图工具
- 几何约束
- 尺寸约束

4.1　图层命令

图层是二维绘图软件中非常重要的一种功能，分层管理几何图素可以大大方便图形的绘制及编辑修改，本节介绍 AutoCAD 2012 中图层的相关知识。

4.1.1　新建图层

使用“图层特性管理器”可以很方便地创建图层以及设置其基本属性。在 AutoCAD 2012 中单击“图层”面板上的“图层特性”按钮，或者选择“格式”→“图层”命令，即可打开“图层特性管理器”选项板，如图 4-1 所示。

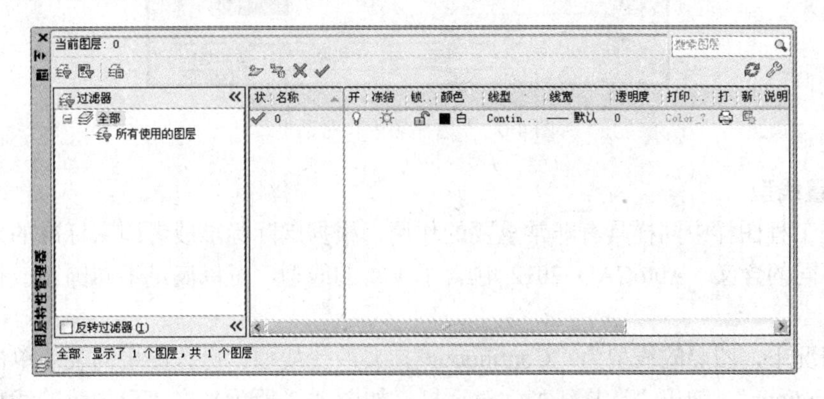

图 4-1　“图层特性管理器”选项板

开始绘制新图形时，AutoCAD 将自动创建一个名为“0”的图层。默认情况下，该图层将被指定使用 7 号颜色（白色或黑色，由背景色决定）、“Continuous”线型、“默认”线宽及

"normal"打印样式，用户不能删除或重命名该图层。在绘图过程中，如果用户要使用更多的图层来组织图形，就需要先创建新图层。

在"图层特性管理器"选项板中单击"新建图层"按钮，可以创建一个名称为"图层 1"的新图层。默认情况下，新建图层与当前图层的状态、颜色、线型、线宽等设置相同。

当创建了图层后，图层的名称将显示在图层列表框中，如果要更改图层名称，可单击该图层名，然后输入一个新的图层名并按〈Enter〉键。

4.1.2 图层中颜色及线型的设置

1. 设置颜色

颜色在图形中具有非常重要的作用，每个图层都有自己的颜色，对于不同的图层可以设置相同的颜色，也可以设置不同的颜色，这样在绘制复杂图形时就可以很容易地区分图形的各部分。

新建图层后，要改变图层的颜色，在"图层特性管理器"选项板中单击图层的"颜色"对应的图标，弹出"选择颜色"对话框，可以在该对话框中设置颜色，如图 4-2 所示。

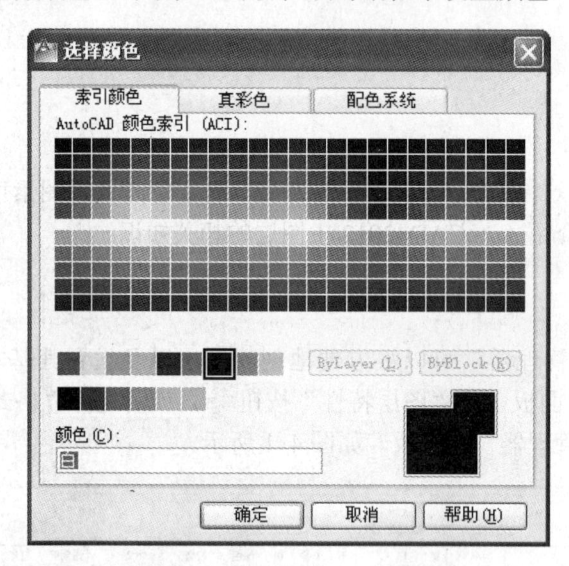

图 4-2 "选择颜色"对话框

2. 设置线型

线型在工程图样中同样具有非常重要的作用，根据国际标准或者国家标准的规定，不同线型具有不同的含义。AutoCAD 2012 包含了丰富的线型，可以满足不同国家或行业标准的要求。

默认情况下，图层的线型为"Continuous"，要改变线型，可在图层列表中单击"线型"列的"Continuous"，弹出"选择线型"对话框，如图 4-3 所示，在"已加载的线型"列表框中选择一种线型，然后单击按钮 确定 。

3. 加载线型

默认情况下，列表框中只有"Continuous"一种线型，要使用其他线型，可单击"加载”按钮[加载(L)...]打开“加载或重载线型”对话框，如图 4-4 所示，从当前线型库中选择需要加载的线型，然后单击按钮[确定]。

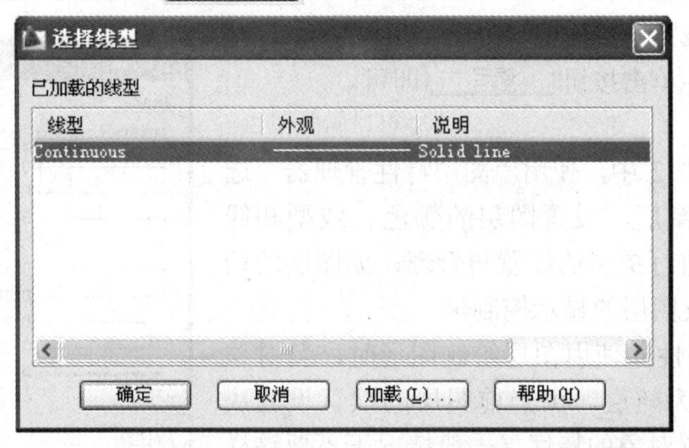

图 4-3 “选择线型”对话框

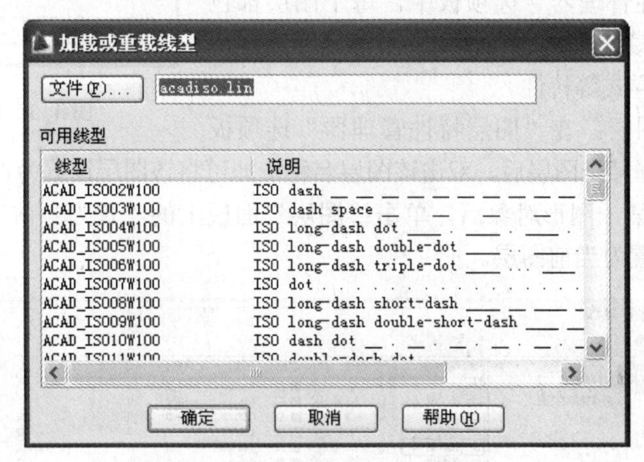

图 4-4 “加载或重载线型”对话框

4. 设置线型比例

选择“格式”→“线型”命令，弹出“线型管理器”对话框，如图 4-5 所示，可设置图形中的线型比例，从而改变非连续线型的外观。

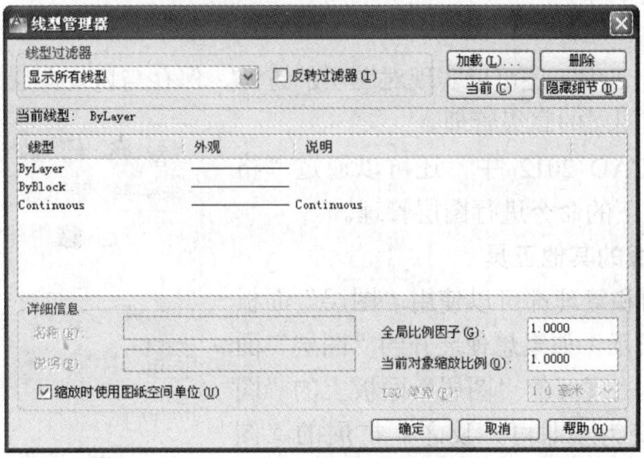

图 4-5 “线型管理器”对话框

5. 设置图层线宽

要设置图层的线宽，可以在“图层特性管理器”选项板的“线宽”列中单击该图层对应的线宽值，弹出“线宽”对话框（如图 4-6 所示）进行选择，选择完成后，单击按钮 确定 即可。

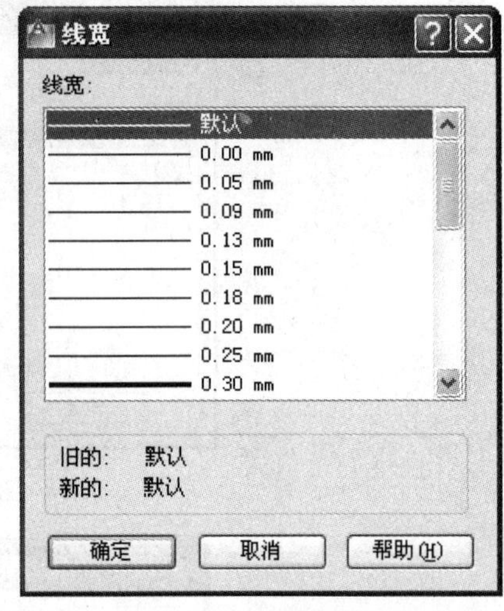

图 4-6　设置“线宽”

6. 管理图层

在 AutoCAD 2012 中，使用“图层特性管理器”选项板不仅可以创建图层，设置图层的颜色、线型和线宽，还可以对图层进行更多的设置与管理，如图层的切换、重命名、删除及图层的显示控制等。

1）设置图层特性：使用图层绘制图形时，新对象的各种特性将默认为随层，由当前图层的默认设置决定，也可以单独设置对象的特性（一般情况下不要这样做）。在“图层特性管理器”选项板中，每个图层都包含状态、名称、开/关、冻结/解冻、锁定/解锁、线型、颜色、线宽和打印样式等特性。

2）切换当前图层：在“图层特性管理器”选项板的图层列表中，选择某一图层后，双击该图层名称，即可将该图层设置为当前图层，如图 4-7 所示。或者在选择某一图形对象后，单击“图层”面板上的“置为当前”按钮，将所选择对象所在的图层置为当前图层。

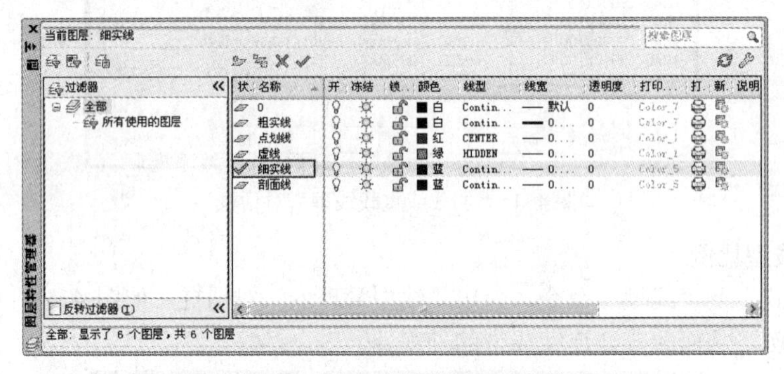

图 4-7　通过“图层特性管理器”切换图层

在 AutoCAD 2012 中，还可以实现对图层的过滤、保存与恢复图层状态、转换图层、改变当前对象所在层等图层的高级管理。

此外，在 AutoCAD 2012 中，还可以通过“格式”→“图层工具”下的命令进行图层管理。

7. “图层”面板的其他工具

对于图层的使用和管理都可以使用“图层”面板来完成，如图 4-8 所示。如果想使展开的“图层”面板一直显示，只需单击展开的“图层”面板上的“图钉”按钮，使其变为即可，反之，扩展的“图层”面板自动收缩。

图 4-8　扩展前后的“图层”面板

"图层"面板常用工具的功能如下。

- ：“匹配”按钮，可以将选定对象的图层更改为与目标图层相匹配。
- ：“隔离”按钮，根据提示选定对象，将除选定对象所在图层以外的所有图层都锁定。指定的对象可以是多个图层上的对象。
- ：“取消隔离”按钮，恢复使用“隔离”工具锁定的图层。
- ：“冻结”按钮，根据提示选定对象，将选定对象所在的图层冻结。
- ：“关闭”按钮，根据提示选定对象，将选定对象所在的图层关闭。
- 未保存的图层状态：“图层状态”列表，可以在其中选择已经保存的图层状态以加载，或者新建、管理图层状态。
- ：“打开所有图层”按钮，将所有图层设置为打开状态。
- ：“解冻所有图层”按钮，将所有图层设置为解冻状态。
- ：“锁定”按钮，根据提示选定对象，将选定对象所在的图层锁定。
- ：“解锁”按钮，根据提示选定对象，将选定对象所在的图层解锁。
- ：“更改为当前图层”按钮，根据提示选定对象，将选定对象所在的图层更改为当前图层。
- ：“图层漫游”按钮，弹出“图层漫游”对话框，在列表中选择图层，将只显示选定图层上的图形，其余图层上的图形被隐藏。
- ：“视口冻结当前视口以外的所有视口”按钮，冻结除当前视口以外的所有布局视口中的选定图层。
- ：“删除”按钮，根据提示选择图线，删除所选图线所在图层上的所有对象并清理该图层。但选定对象的图层不能是0层和当前层。
- 锁定的图层淡入 50%：“锁定的图层淡入”滑块，通过拖动滑块，可以调整锁定图层上对象的透明度。

4.1.3 图层实例

【实例 4-1】 新建一个图层，名称为“尺寸标注”，颜色为“黑”，线型为“实线”，线宽为“0.25”。

1）单击“图层特性管理器”选项板中的“新建图层”按钮，将在图层列表中自动生成一个新层，新的图层以临时名称“图层 1”显示在列表中，并采用默认设置的特性。此时“图层 1”反白显示，可以直接用键盘输入图层的新名称“尺寸标注”。

2）直接单击该层的“颜色”属性项，弹出“选择颜色”对话框，为图层选择黑色后，单击按钮 确定 退出“选择颜色”对话框。

3）单击该层的“线型”属性项，弹出“选择线型”对话框，选择线型为“Continuous”，单击按钮 确定 退出“选择线型”对话框。

4）单击该层的“线宽”属性项，弹出“线宽”对话框，选择线宽为“0.25”，单击按钮 确定，线宽属性就赋给了该图层。

5）单击“图层特性管理器”选项板左上角的按钮 × 可以退出此选项板。

4.2 精确绘图命令

AutoCAD 2012 为用户提供了多种绘图的辅助工具，如“栅格”、“捕捉”、“正交”、“极轴追踪”和“对象捕捉”等，这些辅助工具类似于手工绘图时使用的方格纸、三角板，可以更容易、更准确地创建和修改图形对象。用户可通过“草图设置”对话框对这些辅助工具进行设置，以便能更加灵活、方便地使用它们来绘图。

4.2.1 栅格与捕捉

1．栅格

“栅格”是绘图的辅助工具，虽然打开的栅格可以显示在屏幕上，但它并不是图形对象，因此不能从打印机中输出。AutoCAD 2012 的栅格有两种样式：“点栅格”和“线栅格”，如图 4-9 所示，系统默认的是“线栅格”。

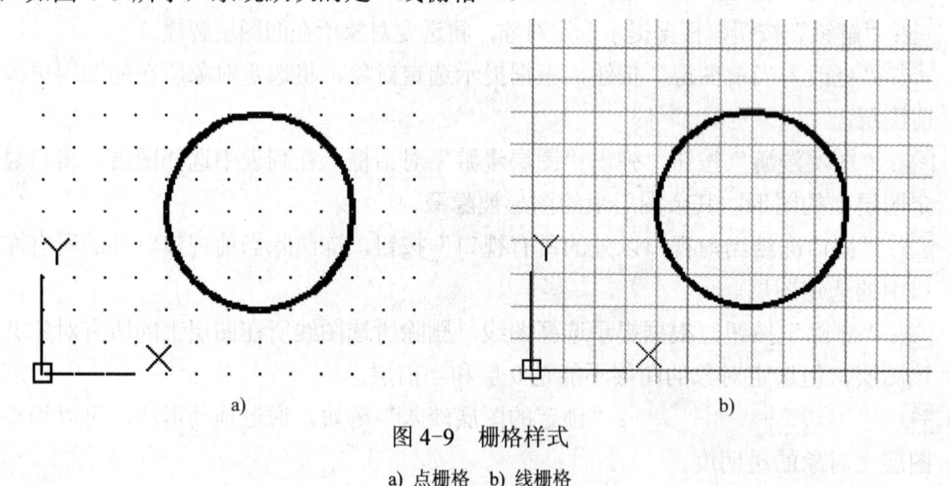

图 4-9 栅格样式

a) 点栅格 b) 线栅格

选择“工具”→“绘图设置”命令，或者右击状态栏中的“栅格显示”按钮▦，在弹出的快捷菜单中选择“设置”命令，都可以弹出“草图设置”对话框，切换到“捕捉和栅格”选项卡，如图 4-10 所示。

用户可以指定栅格在 X 轴方向和 Y 轴方向上的间距。在“草图设置”对话框中，“栅格 X 轴间距”编辑框和“栅格 Y 轴间距”编辑框分别用于指定栅格在 X 轴方向和 Y 轴方向上的间距。如果该值为 0，则栅格分别采用“捕捉 X 轴间距”和“捕捉 Y 轴间距”中的值，默认值为 10。如果勾选了“X 轴间距和 Y 轴间距相等”复选框，用户先设置了 X 轴间距值，则系统会自动将同样的值赋予 Y 轴间距，反之亦然。如果未勾选该复选框，则可以设置 X、Y 轴不相等的栅格间距。

在“栅格样式”选项组中勾选“二维模型空间”复选框，则默认的“线栅格”转换为“点栅格”样式。

打开或关闭栅格的方式如下：

- 在状态栏中单击“栅格显示”按钮▦。
- 使用功能键〈F7〉进行切换。

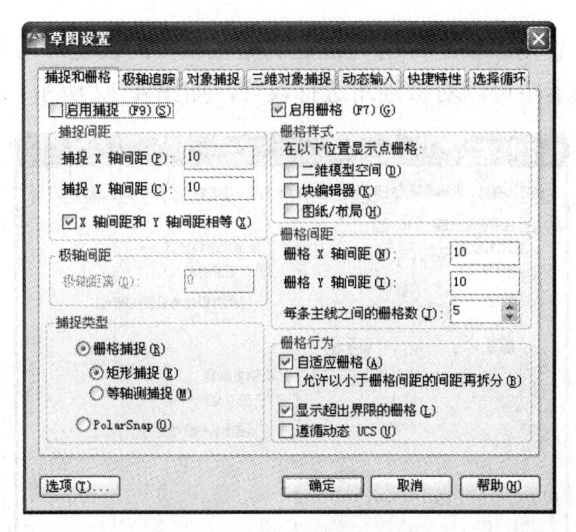

图 4-10 “草图设置”对话框

- 在状态栏中的“栅格显示”按钮▦上右击，使用右键快捷菜单。
- 在“草图设置”对话框中进行设置。
- 在命令行中使用“grid”命令。

2. 捕捉

“捕捉”可以使用户直接使用鼠标快捷准确地定位目标点。捕捉模式有两种不同的形式。

1）栅格捕捉：栅格捕捉又可分为“矩形捕捉”和“等轴测捕捉”两种类型。默认设置为“矩形捕捉”，用户可以指定捕捉模式在 X 轴方向和 Y 轴方向上的间距；选择“等轴测捕捉”时，只能设定“捕捉 Y 轴间距”，“捕捉 X 轴间距”的值系统会自动计算。

2）极轴捕捉：用于捕捉相对于初始点、且满足指定的极轴距离和极轴角的目标点。选中“PolarSnap”单选按钮，可以设置捕捉增量距离。

打开或关闭捕捉的方式如下：

- 在状态栏中单击“捕捉模式”按钮▦。
- 使用功能键〈F9〉进行切换。
- 在状态栏中的“捕捉”按钮▦上右击，使用右键快捷菜单。
- 在“草图设置”对话框中进行设置。
- 在命令行中使用“grid”命令。

4.2.2 极轴追踪

1. 极轴追踪简介

使用极轴追踪的功能可以用指定的角度来绘制对象。用户在极轴追踪模式下确定目标点时，系统会在光标接近指定的角度方向上显示临时的对齐路径，并自动地在对齐路径上捕捉距离光标最近的点（即极轴角固定、极轴距离可变），同时给出该点的信息提示，用户可据此准确地确定目标点，如图 4-11 所示。

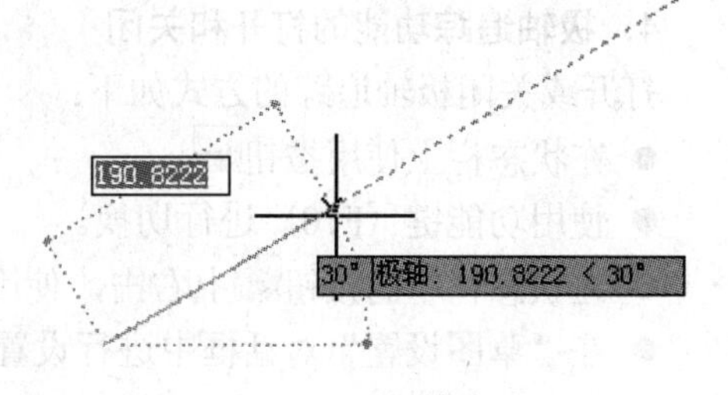

图 4-11 极轴追踪

从图中可以看到，使用极轴追踪的关键是确定极轴角的设置。用户在“草图设置”对话框的“极轴追踪”选项卡中可以对极轴角进行设置，如图 4-12 所示。

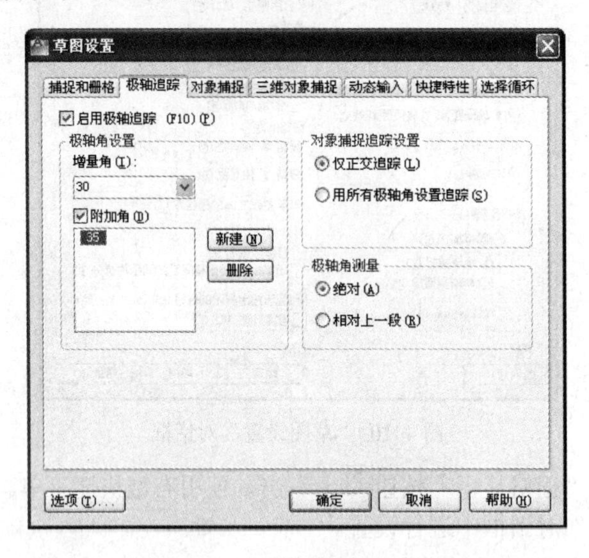

图 4-12 “极轴追踪”选项卡

2．极轴角的设置

1）增量角：在下拉列表框中选择或输入某一增量角后，系统将沿与增量角成整倍数的方向上指定点的位置。例如，增量角为 45 度，系统将沿着 0°、45°、90°、135°、180°、225°、270° 和 315° 方向指定目标点的位置。

2）附加角：除了增量角以外，用户还可以指定附加角来指定追踪方向。注意，附加角的整数倍方向并没有意义。如果用户需使用附加角，可单击按钮 新建(N) 在表中添加，最多可定义 10 个附加角。不需要的附加角可用按钮 删除 进行删除。

3）极轴角测量：极轴角的选择测量方法有两种。

- 绝对：以当前坐标系为基准计算极轴追踪角。
- 相对上一段：以最后创建的两个点之间的直线为基准计算极轴追踪角。如果一条直线以其他直线的端点、中点或最近点等为起点，极轴角将相对该直线进行计算。

3．极轴捕捉

在 4.2.1 节中已经给出了极轴捕捉设置。使用极轴捕捉可以在极轴追踪时，准确地捕捉临时对齐方向上指定间距的目标点。

4．极轴追踪功能的打开和关闭

打开或关闭极轴追踪的方式如下：

- 在状态栏上使用按钮。
- 使用功能键〈F10〉进行切换。
- 在状态栏中的按钮上右击，使用右键快捷菜单。
- 在“草图设置”对话框中进行设置。

注意：当“极轴追踪”模式设置为打开时，用户仍可以用光标在非对齐方向上指定目标点，这与捕捉模式不同。当这两种模式均处于打开状态时，只能以捕捉模式（包括栅格捕捉和极轴捕捉）为准。

4.2.3 对象捕捉

“对象捕捉”是 AutoCAD 中最为重要的工具之一，使用对象捕捉可以精确定位，使用户在绘图过程中可直接利用光标来准确地确定目标点，如圆心、端点、垂足等。

在 AutoCAD 中，用户可随时通过以下方式使用对象捕捉模式：

- 使用“对象捕捉”工具栏，如图 4-13 所示。
- 按〈Shift〉键的同时右击，弹出快捷菜单，如图 4-14 所示。

图 4-13 “对象捕捉”工具栏

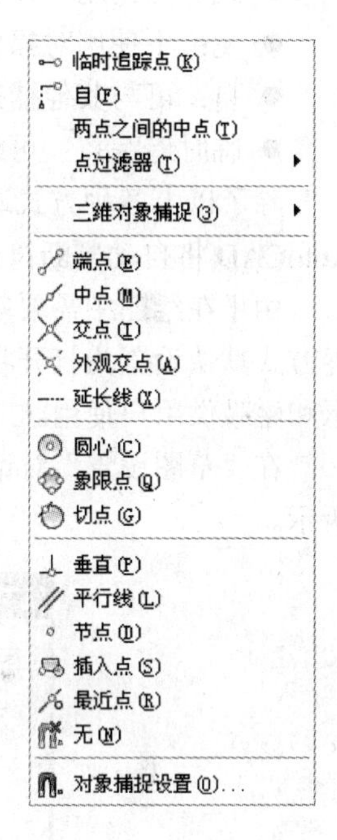

图 4-14 快捷菜单

- 在命令提示行中输入相应的缩写。

下面分别介绍各种捕捉类型，如图 4-14 所示。

- 端点：用于捕捉对象（如圆弧或直线等）的端点。
- 中点：用于捕捉对象的中间点（等分点）。
- 交点：用于捕捉两个对象的交点。
- 外观交点：用于捕捉两个对象延长或投影后的交点。即两个对象没有直接相交时，系统可自动计算其延长后的交点，或者空间异面直线在投影方向上的交点。
- 延长线：用于捕捉某个对象及其延长路径上的一点。在这种捕捉方式下，将光标移到某条直线或圆弧上时，将沿直线或圆弧路径方向上显示一条虚线，用户可在此虚线上选择一点。
- 圆心：用于捕捉圆或圆弧的圆心。
- 象限点：用于捕捉圆或圆弧上的象限点。圆上的象限点是在 0°、90°、180° 和 270° 方向上的点。

● 切点：用于捕捉对象之间相切的点。
● 垂直：用于捕捉某指定点到另一个对象的垂点。
● 平行线：用于捕捉与指定直线平行方向上的一点。创建直线并确定第一个端点后，可在此捕捉方式下将光标移到一条已有的直线对象上，该对象上将显示平行捕捉标记，然后移动光标到指定位置，屏幕上将显示一条与原直线相平行的虚线，用户可在此虚线上选择一点。
● 节点：用于捕捉点对象。
● 插入点：捕捉到块、形、文字、属性或属性定义等对象的插入点。
● 最近点：用于捕捉对象上距指定点最近的一点。
● 无：不使用对象捕捉。
● 自：可与其他捕捉方式配合使用，用于指定捕捉的基点。
● 临时追踪点：可通过指定的基点进行极轴追踪。

除了以上各种方式进行对象捕捉以外，用户还可将某些捕捉方式设置为自动捕捉状态，AutoCAD 将自动判断符合捕捉设置的目标点并显示捕捉标记。

由于在绘图中需要频繁地使用对象捕捉功能，因此 AutoCAD 中允许用户将某些对象捕捉方式默认设置为打开状态，这样当光标接近捕捉点时，系统会产生自动捕捉标记、捕捉提示和磁吸供用户使用。

在"草图设置"对话框的"对象捕捉"选项卡中可以看到各种对象捕捉模式，如图 4-15 所示。

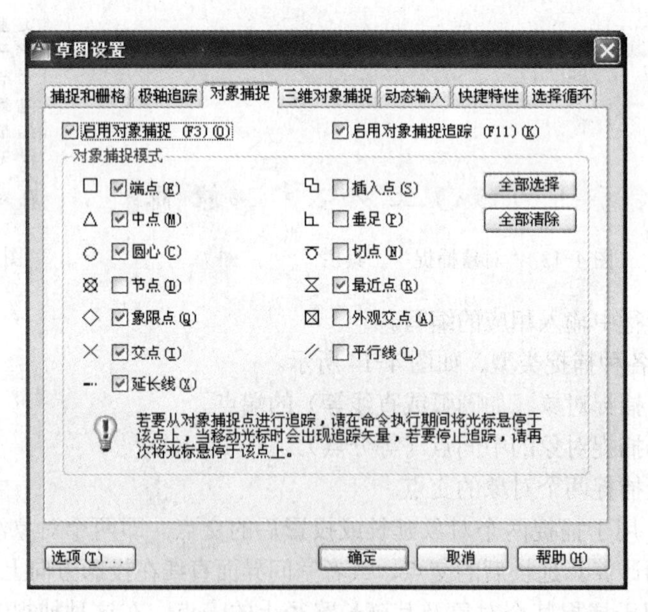

图 4-15 "对象捕捉"选项卡

图中被选中的对象捕捉模式将会在绘图中默认使用。用户可以单击按钮[全部选择]选中全部捕捉模式，或单击按钮[全部清除]取消所有已选中的捕捉模式。

打开或关闭默认对象捕捉的方式如下：
● 在状态栏上单击按钮。

● 使用功能键〈F3〉进行切换。

● 在状态栏中的按钮上右击，使用右键快捷菜单。

● 在“草图设置”对话框中进行设置。

建议尽量只打开几个常用的捕捉模式，如端点、交点等。如果打开的捕捉模式过多，则图形较复杂时有可能会产生干扰。

4.2.4 对象捕捉追踪

在 AutoCAD 中还提供了“对象捕捉追踪”功能，该功能可以看做是“对象捕捉”和“极轴追踪”功能的联合应用。即用户先根据“对象捕捉”功能确定对象的某一特征点（只需将光标在该点上停留片刻并稍微移动，当自动捕捉标记中出现带虚线框的“+”标记时即可），然后以该点为基准点进行追踪，来得到准确的目标点，如图 4-16 所示。

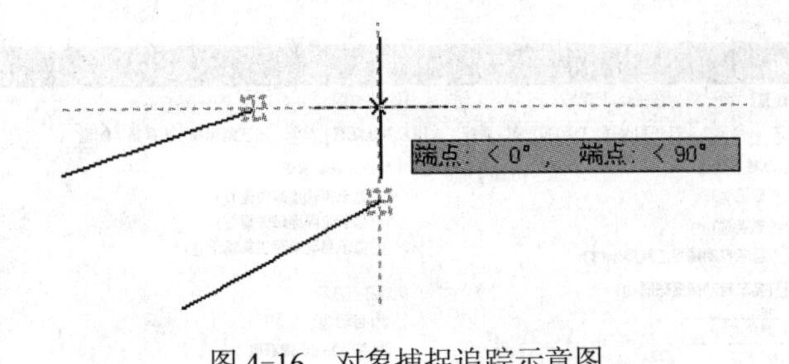

图 4-16　对象捕捉追踪示意图

在“草图设置”对话框的“极轴追踪”选项卡中包含有“对象捕捉追踪设置”栏，其中提供了两种选择。

● 仅正交追踪：只显示通过基点的水平和垂直方向上的追踪路径。

● 用所有极轴角设置追踪：将极轴追踪设置应用到对象捕捉追踪，即使用增量角、附加角等方向显示追踪路径。

打开或关闭对象捕捉追踪的方式如下。

● 在状态栏上单击按钮。

● 使用功能键〈F11〉进行切换。

● 在状态栏中的按钮上右击，使用右键快捷菜单。

● 在“草图设置”对话框中进行设置。

注意：对象捕捉追踪应与对象捕捉配合使用。使用对象捕捉追踪时必须打开一个或多个对象捕捉，同时启用对象捕捉。但极轴追踪的状态不影响对象捕捉追踪的使用，即使极轴追踪处于关闭状态，用户仍可在对象捕捉追踪中使用极轴角进行追踪。

4.2.5 正交

正交模式用于约束光标在水平或垂直方向上的移动。如果打开正交模式，则使用光标所确定的相邻两点的连线必须垂直或平行于坐标轴。因此，当要绘制的图形完全由水平或垂直的直线组成时，那么使用这种模式是非常方便的。

打开或关闭正交模式的方式如下：

- 在状态栏上单击按钮。
- 使用功能键〈F8〉进行切换。
- 在状态栏中的按钮上右击，使用右键快捷菜单。
- 在命令行中使用 ortho 命令。

注意：正交模式受当前栅格的旋转角影响。正交模式并不影响从键盘上输入点。另外，不能同时打开极轴追踪模式和正交模式，但可同时关闭或者只打开其中的一个模式。

4.2.6 草图设置选项

对于上述各种绘图辅助工具，AutoCAD 可根据草图设置选项进行控制。草图设置包含在“选项”对话框中，用户可选择“工具”→“选项”命令显示该对话框，如图 4-17 所示。

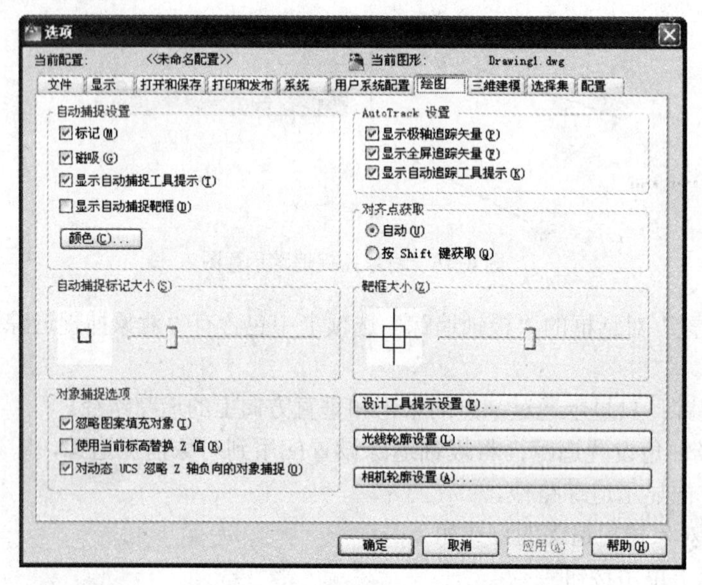

图 4-17 “选项”对话框

在“绘图”选项卡中，可以控制多个 AutoCAD 绘图辅助工具。例如，自动捕捉可精确定位对象上的点；自动追踪可以以特定的角度或与其他对象的特定关系来绘制图形对象。

下面将该选项卡中较为重要的设置介绍一下。

1. “自动捕捉设置”栏

控制与对象捕捉相关的设置。

- 标记：控制标记的显示。
- 磁吸：打开或关闭自动捕捉磁吸。磁吸将十字光标的移动自动锁定到最近的捕捉点上。
- 显示自动捕捉工具提示：控制“自动捕捉”工具栏提示的显示。
- 显示自动捕捉靶框：控制自动捕捉靶框的显示。当捕捉对象时，在十字光标内部将出现一个方框，这就是靶框。
- 颜色：指定自动捕捉标记的颜色。

2. “自动捕捉标记大小”栏

设置自动捕捉标记的显示尺寸，取值范围为 1～20 像素。

3. “AutoTrack 设置”栏

控制与自动追踪方式有关的设置。

- 显示极轴追踪矢量：将极轴追踪方式设置为开或关。
- 显示全屏追踪矢量：控制追踪矢量的显示。追踪矢量是辅助用户以特定角度或根据与其他对象的特定关系来绘制对象的构造线。如果选择此复选框，AutoCAD 将以无限长直线显示对齐矢量。
- 显示自动追踪工具提示：控制“自动追踪”工具栏提示的显示。

4. “对齐点获取”栏

控制在图形中显示对齐矢量的方法。

- 自动：当靶框移到对象捕捉上时，自动显示追踪矢量。
- 按 Shift 键获取：当按〈Shift〉键并将靶框移到对象捕捉上时，显示追踪矢量。

5. “靶框大小”栏

设置自动捕捉靶框的显示尺寸，取值范围为 1～50 像素。

4.2.7 精确绘图实例

【实例 4-2】 以矩形的中心为圆心绘制一个圆，绘制过程如图 4-18 所示。

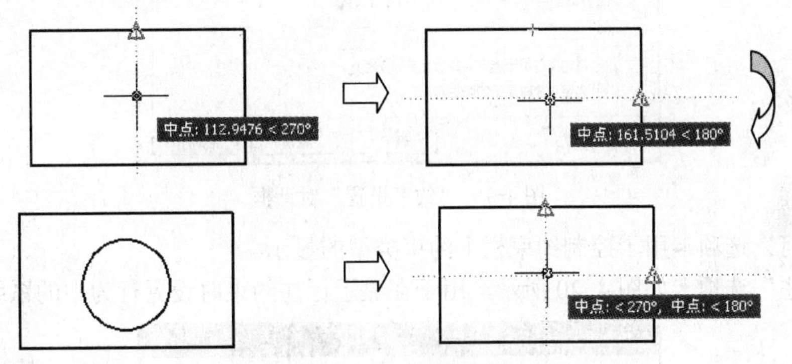

图 4-18 绘制过程

1）首先绘制矩形，然后执行绘圆命令，这时系统提示输入圆心坐标，移动鼠标指针到矩形长边的中点位置，待出现中点捕捉符号和一个“＋”号后，上下移动鼠标会出现一条追踪线。

2）按同样的方法移动鼠标到短边的中点处，出现另一条追踪线。

3）移动鼠标到矩形的中心位置，会发现有两条相交的追踪线。

4）单击则圆心就确定了，然后输入半径就可以绘制出圆了。

4.3 约束命令

约束命令是 AutoCAD 2010 及以后版本才具有的功能，包括几何约束和标注约束。该功能使得 AutoCAD 软件的绘图功能进一步增强。

4.3.1 几何约束

几何约束用于控制对象相对于彼此的几何关系。

1. 约束命令的设置

约束设置的启动方式如下。

- 菜单：选择“参数”→“约束设置”命令。
- 工具栏：在“参数化”工具栏上单击“约束设置”按钮。
- 输入命令名：在命令行中输入或动态输入“CONSTRAINTSETTINGS”，并按〈Enter〉键。

启动命令后，弹出如图 4-19 所示的“约束设置”对话框。

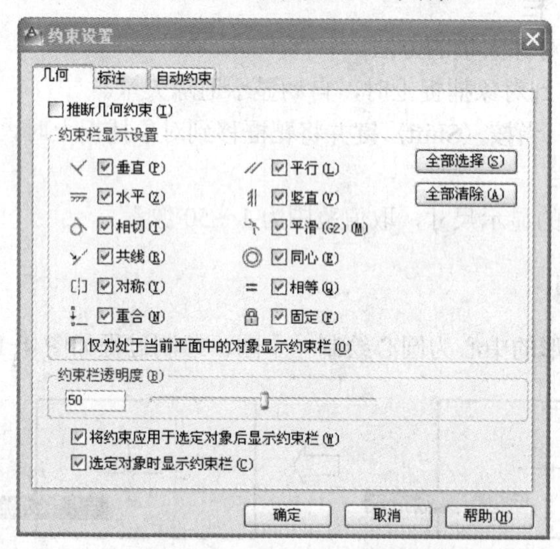

图 4-19 “约束设置”对话框

- “几何”选项卡用于控制约束栏上约束类型的显示。
- “标注”选项卡如图 4-20 所示，用于在显示标注约束时设置行为中的系统配置。

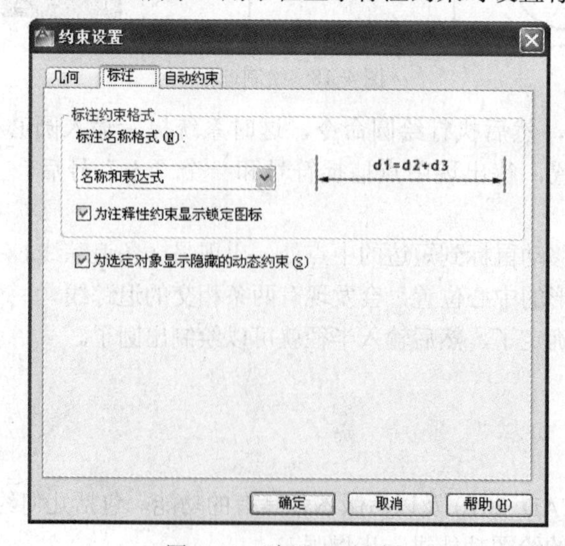

图 4-20 “标注”选项卡

● “自动约束”选项卡如图 4-21 所示，用于控制应用于选择集的约束，以及使用自动约束命令时约束的应用顺序。

图 4-21 “自动约束”选项卡

2. 几何约束命令的使用

几何约束相关命令的启动方法如下。

● 参数化面板：在“参数化”→“几何”面板中选择，如图 4-22 所示。
● 菜单：选择“参数”→“几何约束”菜单中的命令，如图 4-23 所示。
● 工具栏：在如图 4-24 所示的“几何约束”工具栏上单击相应的约束按钮。

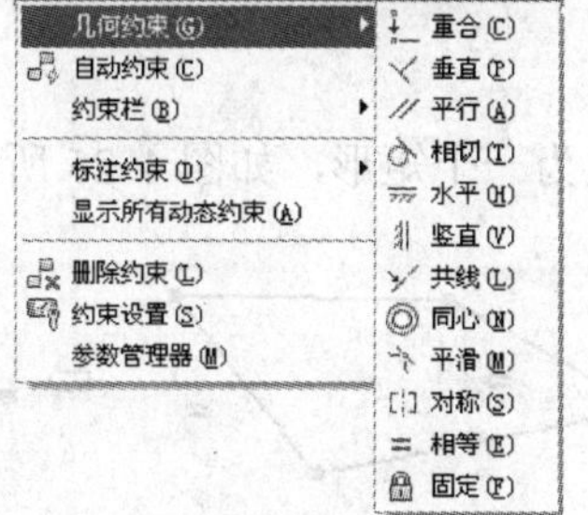

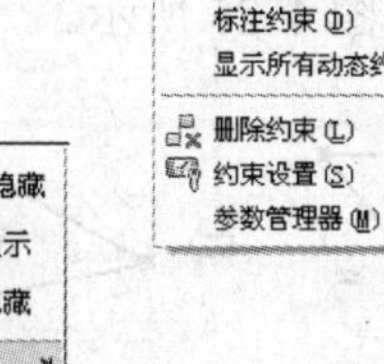

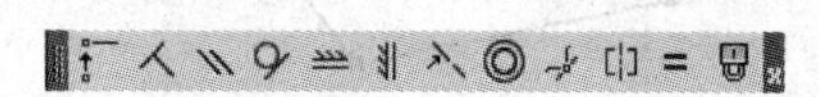

图 4-22 “几何”面板　　图 4-23 “几何约束”菜单　　图 4-24 “几何约束”工具栏

● 输入命令名：在命令行中输入或动态输入“GEOMCONSTRAINT”，并按〈Enter〉键，然后选择所需命令即可。

下面把各种几何约束类型的含义简单介绍一下。

● “重合”约束用于约束两个点使其重合，或者约束一个点使其位于对象或对象延长部分上。
● “共线”约束用于约束两条直线，使其位于同一无限长的线上。
● “同心”约束用于约束选定的圆、圆弧或者椭圆，使其具有相同的圆心点。
● “固定”约束用于约束一个点或一条曲线，使其固定在相对于世界坐标系的特定位置和方向上。

- “平行”约束用于约束两条直线，使其具有相同的角度。
- “垂直”约束用于约束两条直线，使其夹角始终保持在 90°。
- “水平”约束用于约束一条直线或者一对点，使其与当前 UCS 的 X 轴平行。
- “竖直”约束用于约束一条直线或者一对点，使其与当前 UCS 的 Y 轴平行。
- “相切”约束用于约束两条曲线，使其彼此相切或者其延长线彼此相切。
- “平滑”约束用于约束一条样条曲线，使其与其他样条曲线、直线、圆弧或多线段彼此相连并保持 G2 连续。
- “对称”约束用于约束对象上的两条曲线或者两个点，使其以选定直线为对称轴彼此对称。
- “相等”约束用于约束两条直线或多线段，使其具有相同长度，或约束圆弧和圆，使其具有相同半径值。

3. 推断几何约束

可以在创建和编辑几何对象时自动应用几何约束。启用“推断几何约束”模式会自动在正在创建或编辑的对象与对象捕捉的关联对象或点之间应用约束。

启用了“推断几何约束”，用户在创建几何图形时指定的对象捕捉将用于推断几何约束。但是，不支持下列对象捕捉：交点、外观交点、延长线和象限点。

无法推断下列约束：固定、平滑、对称、同心、等于、共线。

启用和关闭推断约束的方法如下：

- 在“约束设置”对话框的“几何”选项卡上，选中或取消选中“推断几何约束”复选框。
- 单击状态栏上的“推断几何约束”按钮 。

4.3.2 几何约束实例

【实例 4-3】 将任意四边形约束为一个矩形，如图 4-25 所示。

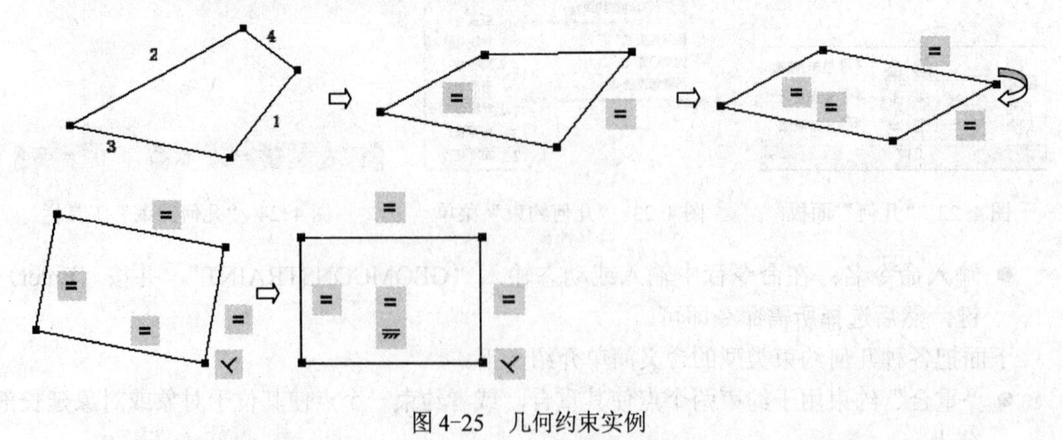

图 4-25 几何约束实例

```
命令: _GcEqual                    //单击工具栏上的“相等”按钮
选择第一个对象或 [多个(M)]:        //选择直线 1
选择第二个对象:                    //选择直线 2
```

```
命令:
命令: _GcEqual                          //单击工具栏上的"相等"按钮
选择第一个对象或 [多个(M)]:              //选择直线 3
选择第二个对象:                          //选择直线 4
命令:
命令: _GcPerpendicular                  //单击工具栏上的"垂直"按钮
选择第一个对象:                          //选择直线 3
选择第二个对象:                          //选择直线 1
命令:
命令: _GcHorizontal                     //单击工具栏上的"水平"按钮
选择对象或 [两点(2P)] <两点>:             //选择直线 4
```

说明：在执行几何约束命令的时候，一般是先选择的图素不变，后选择的图素根据约束要求进行调整。

4.3.3 标注约束

标注约束会使几何对象之间或对象上的点之间保持指定的距离和角度，分为动态约束和注释性约束两种。

1．标注约束命令的使用

标注约束相关命令的启动方法如下。

- 参数化面板：在"参数化"→"标注"面板中选择，如图 4-26 所示。
- 菜单：选择"参数"→"标注约束"菜单中的命令，如图 4-27 所示。
- 工具栏：在如图 4-28 所示的"标注约束"工具栏上单击相应的约束按钮。

线性
对齐
显示/隐藏
全部显示
全部隐藏
标注

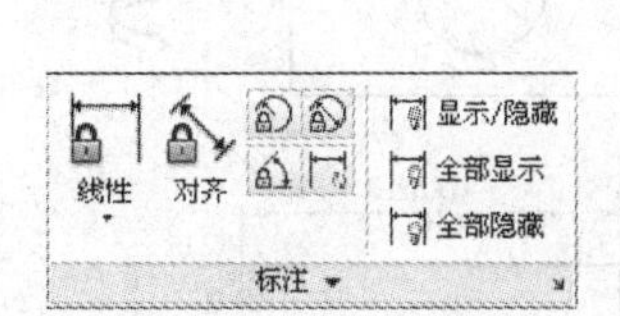

图 4-26 "标注"面板

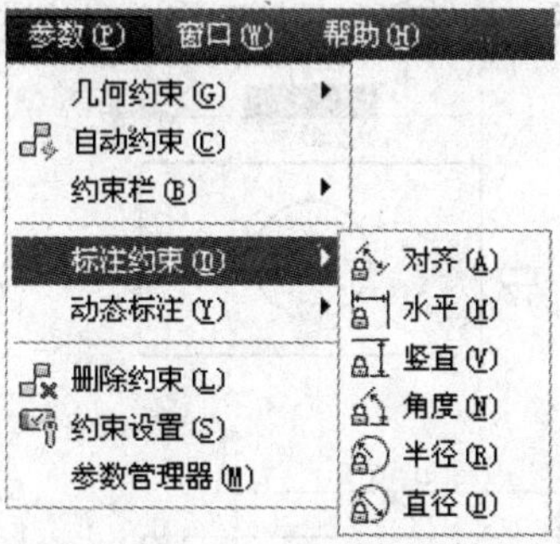

参数(P)
窗口(W)
帮助(H)
几何约束(G)
自动约束(C)
约束栏(B)
标注约束(D)
动态标注(Y)
删除约束(L)
约束设置(S)
参数管理器(M)
对齐(A)
水平(H)
竖直(V)
角度(N)
半径(R)
直径(D)

图 4-27 "标注约束"菜单

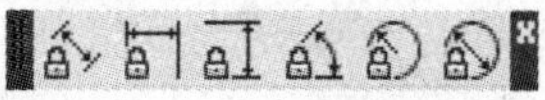

图 4-28 "标注约束"工具栏

- 输入命令名：在命令行中输入或动态输入"DIMCONSTRAINT"，并按〈Enter〉键，然后选择所需命令即可。

各种标注约束类型的含义和相应的尺寸标注命令的含义相同，这里不再赘述。

2．动态约束

默认情况下，标注约束是动态的，它们对于常规参数化图形和设计任务来说非常理想。动态约束具有以下特征。

- 缩小或放大时保持大小相同。
- 可以在图形中轻松地全局打开或关闭。

● 使用固定的预定义标注样式进行显示。

● 自动放置文字信息，并提供三角形夹点，可以使用这些夹点更改标注约束的值。

● 打印图形时不显示。

当需要控制动态约束的标注样式时，或者需要打印标注约束时，可以使用“特性”选项板将动态约束更改为注释性约束。

3．注释性约束

当希望标注约束具有以下特征时，注释性约束会非常有用。

● 缩小或放大时大小发生变化。

● 随图层单独显示。

● 使用当前标注样式显示。

● 提供与标注上的夹点具有类似功能的夹点功能。

● 打印图形时显示。

可以使用“特性”选项板将注释性约束更改为动态约束。

4．参照参数

参照参数是一种从动标注约束（动态或注释性）。这表示，它并不控制关联的几何图形，但是会将类似的测量报告给标注对象。

可将“特性”选项板中的“参照”特性设定为将动态或注释性约束转换为参照参数。

提示： 无法将参照参数更改回标注约束（如果执行此操作会过约束几何图形）。

4.3.4 标注约束实例

【实例 4-4】 将带几何约束的一个矩形和圆按照指定尺寸进行标注约束，如图 4-29 所示。

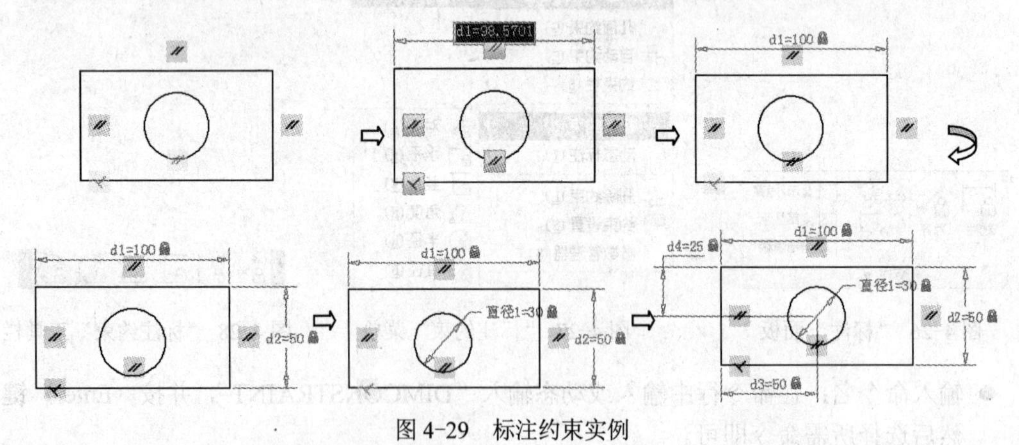

图 4-29 标注约束实例

```
命令: _DcHorizontal                          //单击工具栏上的“水平”按钮
指定第一个约束点或 [对象(O)] <对象>:
指定第二个约束点:
指定尺寸线位置:
标注文字 = 99                                //此时修改尺寸数值为 100
命令:
命令: _DcVertical                            //单击工具栏上的“竖直”按钮
```

指定第一个约束点或 [对象(O)] <对象>:
指定第二个约束点:
指定尺寸线位置:
标注文字 = 54　　　　//此时修改尺寸数值为 50
命令:
命令: _DcDiameter　　　　//单击工具栏上的“直径”按钮
选择圆弧或圆:
标注文字 = 33　　　　//此时修改尺寸数值为 30
指定尺寸线位置:
命令:
命令: _DcHorizontal　　　　//单击工具栏上的“水平”按钮
指定第一个约束点或 [对象(O)] <对象>:
指定第二个约束点:
指定尺寸线位置:
标注文字 = 49　　　　//此时修改尺寸数值为 50
命令:
命令: _DcVertical　　　　//单击工具栏上的“竖直”按钮
指定第一个约束点或 [对象(O)] <对象>:
指定第二个约束点:
指定尺寸线位置:
标注文字 = 27　　　　//此时修改尺寸数值为 25

4.4 综合实例——餐桌餐椅

【实例 4-5】 按照如图 4-30 给定的尺寸绘制餐桌餐椅的平面图。

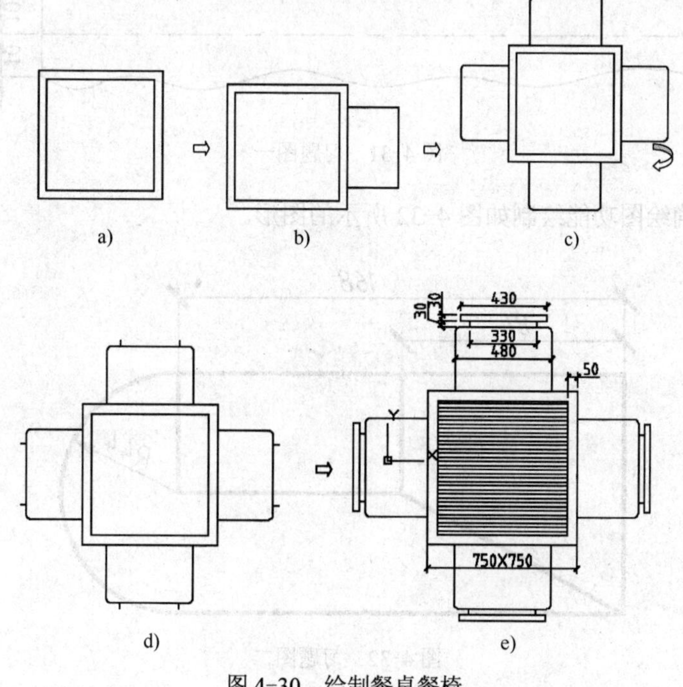

图 4-30 绘制餐桌餐椅

1）根据已知尺寸用“矩形”命令或者“多段线”命令绘制一个750×750的正方形。

2）使用“偏移”命令向内偏移50绘制第二个正方形，如图4-30a所示。

3）使用“多段线”命令结合捕捉和追踪功能按照已知尺寸绘制代表餐椅的矩形，如图4-30b所示。

4）依次绘制4个方向的餐椅轮廓线，并以半径25倒角，如图4-30c所示。

5）绘制4个方向的8条短线，尺寸为两两相距330，长度为30，如图4-30d所示。

6）结合捕捉和追踪功能绘制代表靠背的4个矩形，尺寸为30×430。

7）使用图案填充命令，将餐桌的小正方形填充代表玻璃的图案，如图4-30e所示。

4.5 思考与练习

1．概念题

（1）AutoCAD图层的特点。

（2）怎样设置需要的图层？

（3）怎样设置栅格的间隔？

（4）几何约束和标注约束的好处是什么？

2．绘图题

（1）首先进行图层设置，然后根据不同线型分层绘制如图4-31所示的图形。

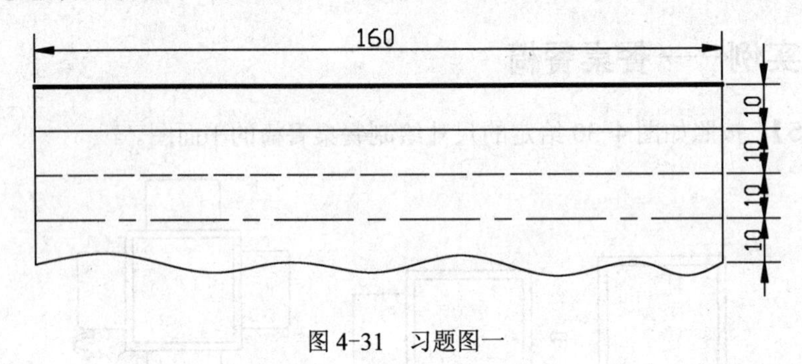

图4-31　习题图一

（2）使用精确绘图功能绘制如图4-32所示的图形。

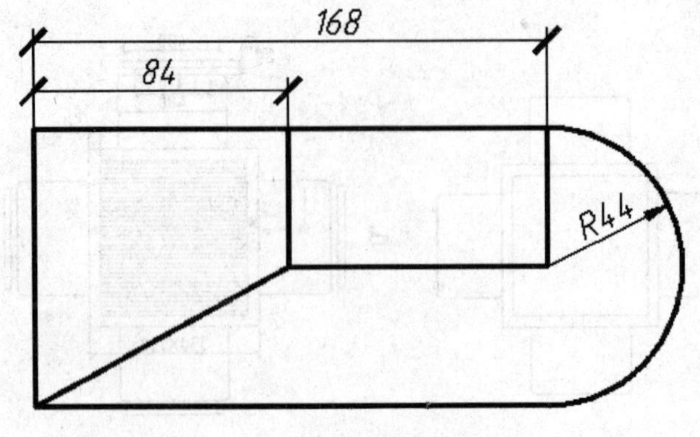

图4-32　习题图二

（3）使用约束功能将任意四边形修改成如图 4-33 所示的平行四边形。

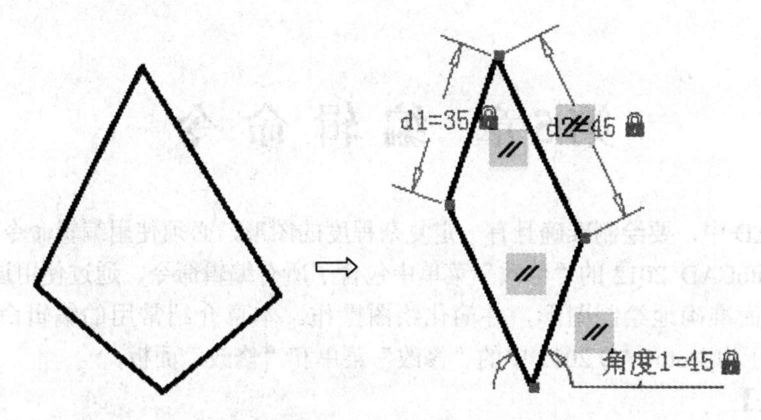

图 4-33　平行四边形

第5章　编 辑 命 令

在 AutoCAD 中，要绘制准确且有一定复杂程度的图形，必须使用编辑命令。

中文版 AutoCAD 2012 的“修改”菜单中包含了所有编辑命令，通过使用这些命令可以帮助用户合理而准确地绘制图形，并简化绘图操作。本章介绍常用的编辑命令的使用方法。图 5-1 所示为 AutoCAD 2012 中的“修改”菜单和“修改”面板。

【本章重点】

- 对象的选择
- 删除、移动、旋转和对齐对象
- 复制、阵列、偏移和镜像对象
- 修改对象的形状和大小
- 倒角、圆角和打断操作

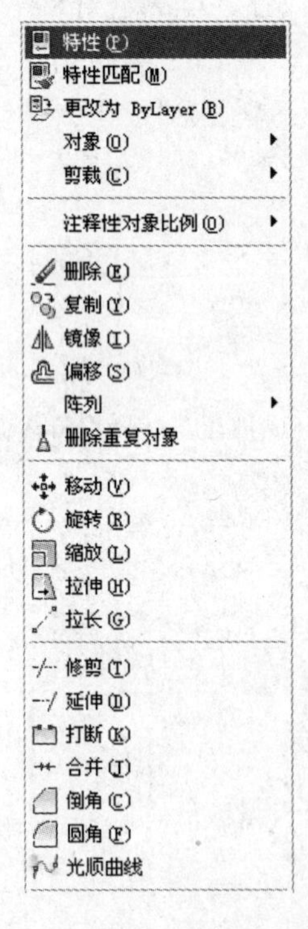

图 5-1　“修改”菜单和“修改”面板

5.1　对象的选择

在对图形进行编辑操作之前，首先需要选择要编辑的对象。在 AutoCAD 中，选择对象的方法很多。用户可以先执行编辑命令后选择，也可以先选择后执行编辑命令。

编辑命令执行之后，一般会出现“选择对象:”提示，十字光标会变为小方框（称之为拾取框），系统要求用户选择要进行操作的对象。选择对象后，AutoCAD 会亮显选中的对象（即用虚线显示），表示对象已被选择。

用鼠标拾取对象，或在对象周围使用选择窗口，或使用下列选择对象的方式，都可以选择对象。下面具体讲解一下常用的选择方法。

1．直接方式

这是一种默认的选择对象方法。选择过程：通过鼠标移动拾取框，使其压住要选择的对象，单击鼠标，该对象就会虚显，表明已被选中。用此方法可以连续选择多个对象。

2．默认窗口方式

当出现“选择对象:”提示时，如果将拾取框移到图中的空白区域单击，AutoCAD 会提示“指定对角点”。移动鼠标到另一个位置再单击，AutoCAD 将自动以两个拾取点为对角点确定一矩形拾取窗口。共有矩形窗口选择或交叉窗口选择两种方式（所谓矩形窗口选择是指从左向右拉窗口，矩形窗口是实线，要把对象全部框选才可以选中，如图 5-2a 所示；交叉窗口选择是指从右向左拉窗口，交叉窗口是虚线，只要框选对象一部分就可以将其选中，如图 5-2b 所示）。

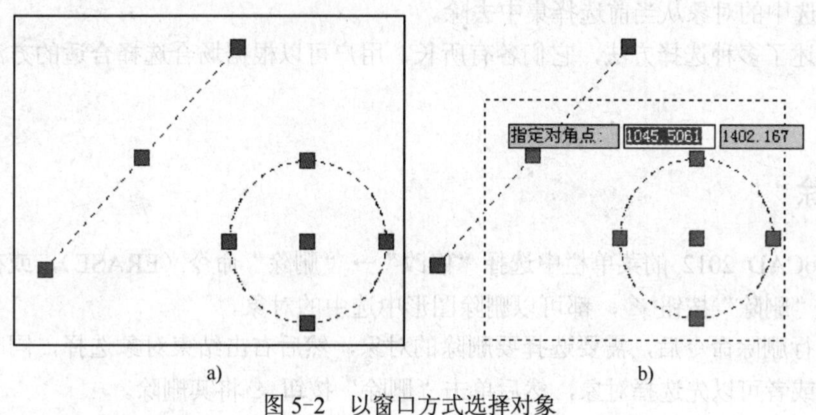

图 5-2　以窗口方式选择对象

a) 矩形窗口　b) 交叉窗口

3．窗口(W)

选择矩形窗口（由两个角点定义）中的所有对象。在“选择对象:”提示下输入“w”并按〈Enter〉键，AutoCAD 会依次提示用户确定矩形窗口的两个对角点。此方式与默认窗口方式的区别是可以压住对象拾取角点。

4．窗交(C)

与窗口(W)选择的区别在于：除选择位于矩形窗口内的所有对象外，还包括与窗口 4 条边相交的对象。在“选择对象:”提示下输入“c”并按〈Enter〉键，AutoCAD 会依次提示用户确定矩形窗口的两个对角点。

5．全部(ALL)

选择非冻结图层上的所有对象。

6．栏选(F)

栏选(F)方式是绘制一条多段折线，所有与多段折线相交的对象都将被选中。如图 5-3 所示为选择对角线上的 4 个小圆。在“选择对象:”提示下输入“f”并按〈Enter〉键，系统提示如下：

第一栏选点:　　　　　　　　　　　　//指定一点
指定直线的端点或 [放弃(U)]:　　　　　//指定下一点或输入 u 放弃上一个指定点

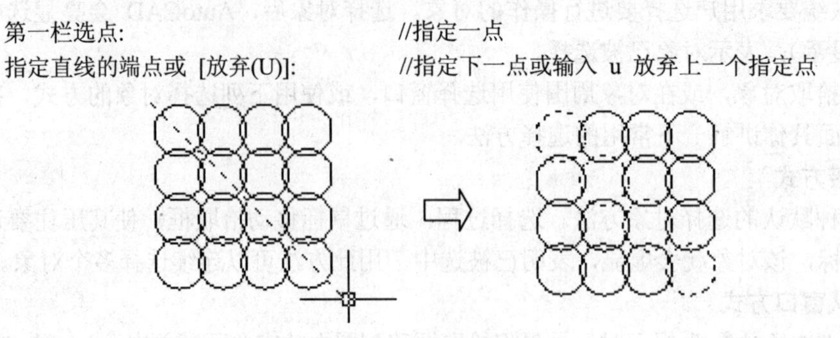

图 5-3　栏选举例

7．删除(R)

在“选择对象:”提示下输入“r”并按〈Enter〉键，切换到“删除”模式，可以使用任何对象选择方式将对象从当前选择集中去除。还有一种方法，即按住〈Shift〉键选择对象，同样可以将选中的对象从当前选择集中去除。

上面讲述了多种选择方法，它们各有所长，用户可以根据场合选择合适的方法快速地确定选择集。

5.2　删除

在 AutoCAD 2012 的菜单栏中选择“修改”→“删除”命令（ERASE），或在“修改”面板中单击“删除”按钮，都可以删除图形中选中的对象。

通常执行删除命令后，需要选择要删除的对象，然后右击结束对象选择，同时删除已选择的对象；或者可以先选择对象，然后单击“删除”按钮将其删除。

提示：选中对象，然后按〈Delete〉键也可以删除选择的对象。注意被锁定层上的对象不能删除。

5.3　复制类命令

复制类命令的作用是创建一个或多个重复的图素，包括“复制”、“偏移”、“镜像”、“阵列”等命令。

5.3.1　复制

使用“复制”（COPY）命令，可以创建与原有对象相同的图形。

在 AutoCAD 2012 的菜单栏中选择“修改”→“复制”命令，或单击“修改”面板中的“复制”按钮，即可复制已有对象的副本，并放置到指定的位置。执行该命令时，首先需要选择对象，然后指定位移的基点和位移（相对于基点的方向和大小）。

复制命令既可以创建一个副本，也可以同时创建多个副本。在“指定第二个点或退出（E）/放弃（U）<退出>:”提示下，通过连续指定位移的第二点来创建该对象的其他副本，直到按〈Enter〉键结束。复制对象如图 5-4 所示。

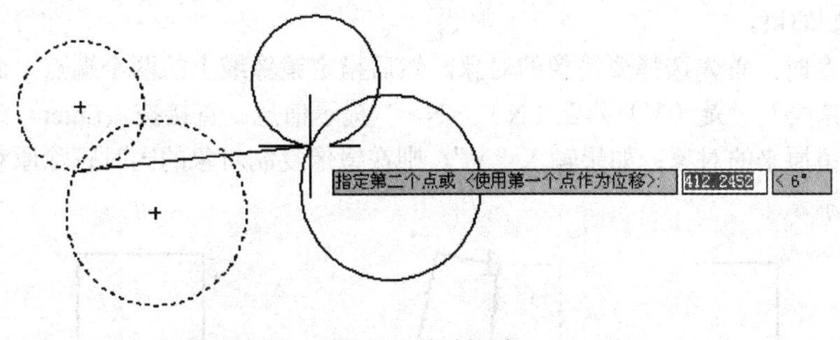

图 5-4　复制对象

5.3.2　偏移

“偏移”（OFFSET）命令用于对指定的对象进行偏移复制。在实际应用中，常用偏移命令创建平行线或等距离分布图形。

在 AutoCAD 2012 的菜单栏中选择“修改”→“偏移”命令，或在“修改”面板中单击“偏移”按钮，执行偏移命令，其命令行中显示如下提示：

指定偏移距离或“通过（T）/删除（E）/图层（L）”<通过>:

默认情况下，需要指定偏移距离，再选择要偏移复制的对象，然后指定偏移方向，以复制出对象。偏移对象如图 5-5 和图 5-6 所示。

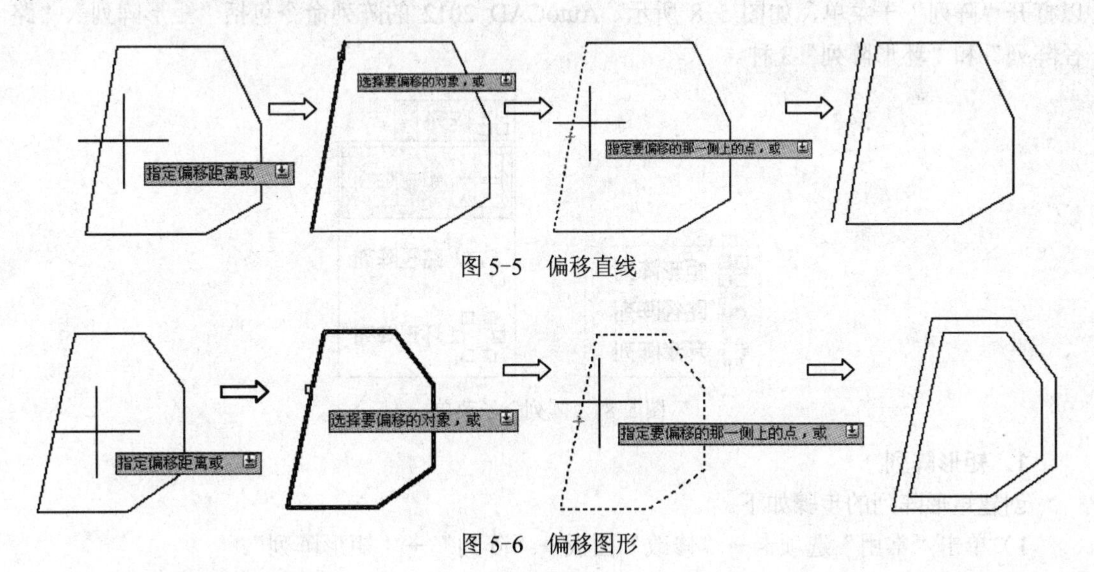

图 5-5　偏移直线

图 5-6　偏移图形

说明：“偏移”命令通常只能选择一个图形要素，图 5-5 中的六边形是用“LINE”命令绘制而成的，故由 6 条直线组成；图 5-6 中的六边形是用“PLINE”命令绘制而成的，故只有一个图形对象。

5.3.3 镜像

使用“镜像”(MIRROR)命令，可以将对象以镜像线对称复制。

在 AutoCAD 2012 的菜单栏中选择“修改”→“镜像”命令，或在“修改”面板中单击“镜像”按钮即可。

执行该命令时，首先选择要镜像的对象，然后指定镜像线上的两个端点，命令行中将显示“删除源对象吗？“是（Y）/否（N）” <N>:”提示信息。直接按〈Enter〉键，则镜像复制对象，并保留原来的对象；如果输入“Y”，则在镜像复制对象的同时删除原对象。镜像操作如图 5-7 所示。

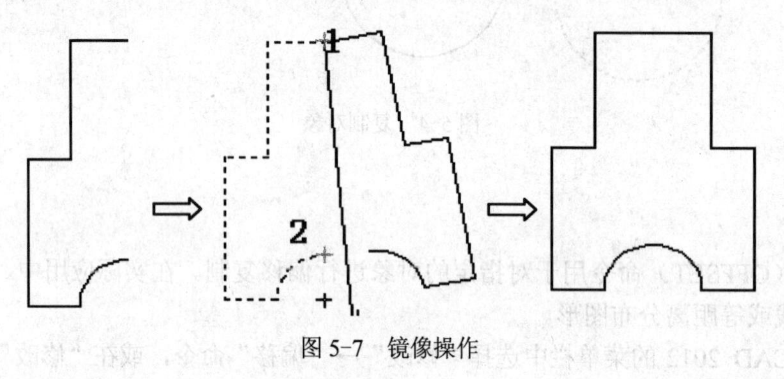

图 5-7 镜像操作

5.3.4 阵列

“阵列”(ARRAY)命令用于规则地多重复制对象。在 AutoCAD 2012 的菜单栏中选择“修改”→“阵列”命令，或在“修改”面板中单击“阵列”按钮阵列右面的箭头，都可以打开“阵列”子菜单，如图 5-8 所示。AutoCAD 2012 的阵列命令包括“矩形阵列”、“路径阵列”和“环形阵列”3 种。

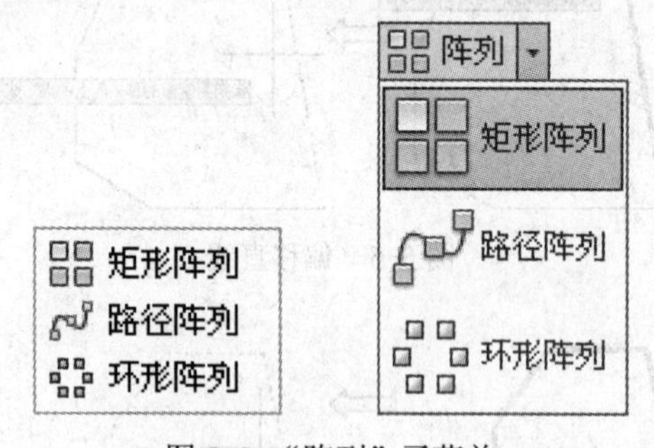

图 5-8 “阵列”子菜单

1. 矩形阵列

创建矩形阵列的步骤如下。

1）单击“常用”选项卡→“修改”面板→“阵列”→“矩形阵列”。

2）选择要阵列的对象，并按〈Enter〉键。

3）指定栅格的对角点，以设置行数和列数。

4）在定义阵列时会显示预览栅格，指定栅格的对角点或者输入数值，以设置行间距和列间距。

5）按〈Enter〉键。

AutoCAD 2012 将显示以下提示。

```
命令: _arrayrect
选择对象: 找到 1 个
选择对象:
类型 = 矩形  关联 = 是
为项目数指定对角点或 [基点(B)/角度(A)/计数(C)] <计数>:
指定对角点以间隔项目或 [间距(S)] <间距>:
按 〈Enter〉 键接受或 [关联(AS)/基点(B)/行(R)/列(C)/层(L)/退出(X)] <退出>:项目
```

对相关参数介绍如下。

- 项目：指定阵列中的项目数。使用预览网格可以指定反映所需配置的点。
- 计数：分别指定行和列的值。
- 间隔项目：指定行间距和列间距。
- 间距：分别指定行间距和列间距。
- 基点：指定阵列的基点。对于关联阵列，在源对象上指定有效的约束（或关键点）作为基点。如果编辑生成的阵列的源对象，阵列的基点保持与源对象的关键点重合。
- 角度：指定行轴的旋转角度。行轴和列轴保持相互正交。对于关联阵列，可以稍后编辑各个行和列的角度。
- 关联：指定是否在阵列中创建项目作为关联阵列对象，或作为独立对象。
- 行：编辑阵列中的行数和行间距，以及它们之间的增量标高。
- 列：编辑列数和列间距。
- 层：指定层数和层间距。

AutoCAD 2012 中的“矩形阵列”命令具有以下特点。

- 动态预览可允许用户快速地获得行和列的数量和间距。
- 在移动光标时，可增加或减少阵列中的列数和行数，以及行间距和列间距。默认情况下，阵列的层数为 1。
- 可以围绕 XY 平面中的基点旋转阵列。在创建时，行和列的轴相互垂直。对于关联阵列，可以在以后编辑轴的角度。

如图 5-9 所示为矩形阵列生成的图形。

2．环形阵列

创建环形阵列的步骤如下。

1）单击“常用”选项卡 →“修改”面板 →“阵列”→“环形阵列”。

2）选择要排列的对象。

3）指定中心点，或者先指定基点再指定中心点。

4）在定义阵列时显示预览。

5）指定项目数。

6）指定要填充的角度。

7）按〈Enter〉键。

AutoCAD 2012 将显示以下提示。

命令: _arraypolar
选择对象: 找到 1 个
选择对象:
类型 = 极轴 关联 = 是
指定阵列的中心点或 [基点(B)→旋转轴(A)]:
输入项目数或 [项目间角度(A)/表达式(E)] <4>:
指定填充角度(+=逆时针、-=顺时针)或 [表达式(EX)] <360>:
按 Enter 键接受或 [关联(AS)/基点(B)/项目(I)/项目间角度(A)/填充角度(F)/行(ROW)/层(L)/旋转项目(ROT)/退出(X)]
<退出>: X

对相关参数介绍如下。

- 中心点：指定分布阵列项目所围绕的点。旋转轴是当前 UCS 的 Z 轴。
- 基点：指定阵列的基点。对于关联阵列，在源对象上指定有效的约束（或关键点）作为基点。如果编辑生成的阵列的源对象，阵列的基点保持与源对象的关键点重合。
- 旋转轴：指定由两个指定点定义的自定义旋转轴。
- 项目：指定阵列中的项目数。
- 表达式：使用数学公式或方程式获取值。
- 项目间角度：指定项目之间的角度。
- 填充角度：指定阵列中第一个和最后一个项目之间的角度。
- 关联：指定是否在阵列中创建项目作为关联阵列对象，或作为独立对象。
- 行：编辑阵列中的行数和行间距，以及它们之间的增量标高。
- 层：指定阵列中的层数和层间距。
- 旋转项目：控制在排列项目时是否旋转项目。

如图 5-10 所示为环形阵列生成的图形。

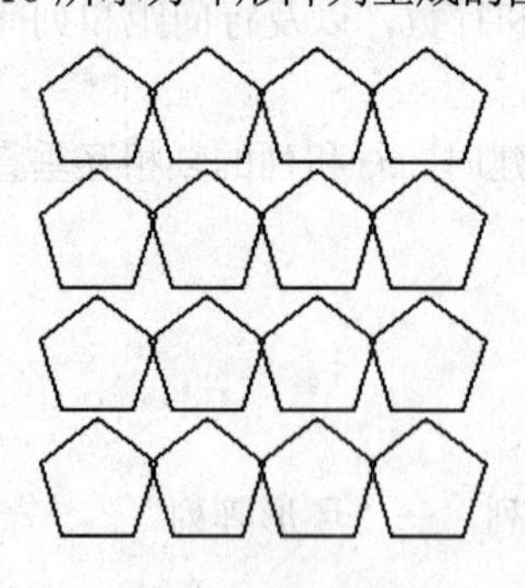
图 5-9 矩形阵列

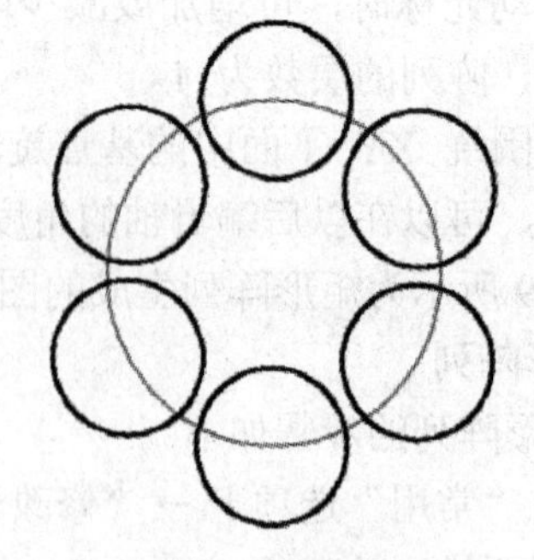
图 5-10 环形阵列

3. 路径阵列

路径阵列是 AutoCAD 2012 新增加的一种阵列形式，在路径阵列中，项目将均匀地沿路径或部分路径分布。

创建路径阵列的步骤如下。

1）单击“常用”选项卡→“修改”面板→“阵列”→“路径阵列”。

2）选择要阵列的对象，并按〈Enter〉键。

3）选择路径曲线。

4）指定阵列数目，或者先指定方向然后指定基点，或按〈Enter〉键将选定路径的端点作为基点。

执行以下操作之一。

- 指定项目的间距。
- 输入 d（分割）以沿整个路径长度均匀地分布项目。
- 输入 t（全部）并指定第一个和最后一个项目之间的总距离。
- 输入 e（表达式），并定义表达式。

5）按〈Enter〉键。

AutoCAD 2012 将显示以下提示。

```
命令: _arraypath
选择对象: 找到 1 个
选择对象:
类型 = 路径  关联 = 是
选择路径曲线:
输入沿路径的项数或 [方向(O)/表达式(E)] <方向>:
指定沿路径的项目之间的距离或 [定数等分(D)/总距离(T)/表达式(E)] <沿路径平均定数等分(D)>:
按〈Enter〉键接受或 [关联(AS)/基点(B)/项目(I)/行(R)/层(L)/对齐项目(A)/Z 方向(Z)/退出(X)] <退出>:
```

对相关参数介绍如下。

- 路径曲线：指定用于阵列路径的对象，可选择直线、多段线、三维多段线、样条曲线、螺旋、圆弧、圆或椭圆。
- 项数：指定阵列中的项目数。
- 方向：控制选定对象是否将相对于路径的起始方向重定向（旋转），然后再移动到路径的起点。
- 表达式：使用数学公式或方程式获取值。
- 基点：指定阵列的基点。对于关联阵列，在源对象上指定有效的约束点（或关键点）作为基点。如果编辑生成的阵列的源对象，阵列的基点保持与源对象的关键点重合。
- 项目之间的距离：指定项目之间的距离。
- 定数等分：沿整个路径长度平均定数等分项目。
- 总距离：指定第一个和最后一个项目之间的总距离。
- 关联：指定是否在阵列中创建项目作为关联阵列对象，或作为独立对象。
- 项目：编辑阵列中的项目数。
- 行：指定阵列中的行数和行间距，以及它们之间的增量标高。
- 层：指定阵列中的层数和层间距。
- 对齐项目：指定是否对齐每个项目以与路径的方向相切。
- Z 方向：控制是否保持项目的原始 Z 方向或沿三维路径自然倾斜项目。

如图 5-11 所示为路径阵列生成的图形。

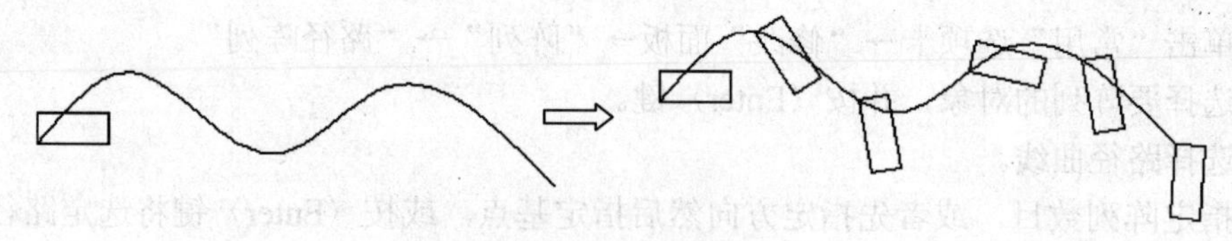

图 5-11　路径阵列

5.4　移动类命令

移动类命令的作用是改变图素的位置或缩放图素的大小，包括“移动”、“旋转”、“缩放”等命令。

5.4.1　移动

“移动”（MOVE）命令的作用是对对象的线性重定位。在 AutoCAD 2012 的菜单栏中选择“修改”→“移动”命令，或在“修改”面板中单击“移动”按钮，可以在指定方向上按指定距离移动对象，此时对象的位置发生了改变，但方向和大小不改变。

要移动对象，首先选择要移动的对象，然后指定位移的基点和位移矢量即可。移动操作如图 5-12 所示。

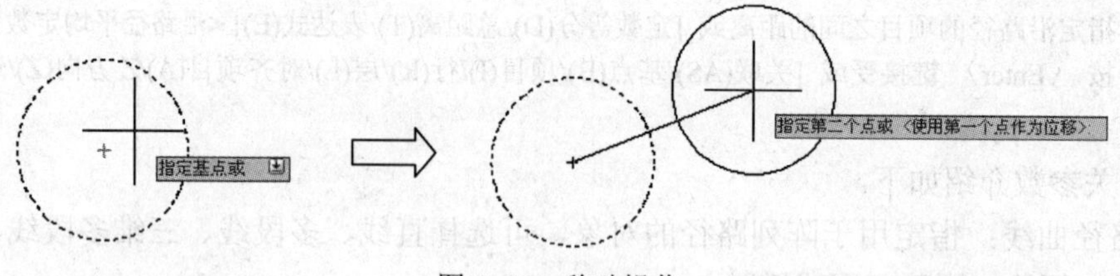

图 5-12　移动操作

5.4.2　旋转

在 AutoCAD 2012 的菜单栏中选择“修改”→“旋转”命令（ROTATE），或在“修改”面板中单击“旋转”按钮，可以将对象绕基点旋转指定的角度。注意，在 AutoCAD 中逆时针方向为角度的正方向。

选择要旋转的对象并指定旋转的基点，命令行将显示“指定旋转角度或“复制（C）参照（R）” <O>”提示信息。如果直接输入角度值，则可以将对象绕基点转动该角度。旋转操作如图 5-13 所示。

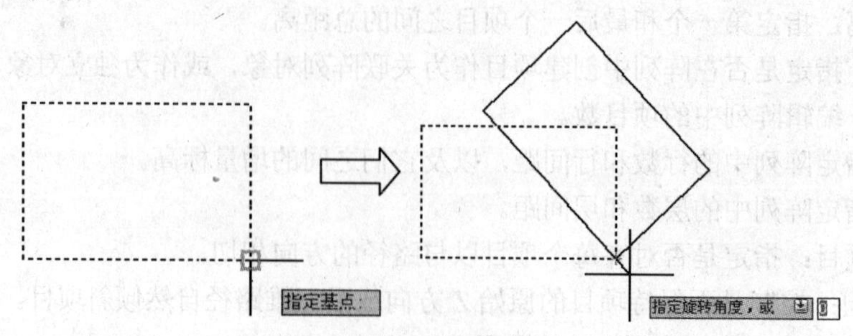

图 5-13　旋转操作

5.4.3 缩放

“缩放”（SCALE）命令可以按比例增大或缩小对象。在 AutoCAD 2012 的菜单栏中选择“修改”→“缩放”命令，或在“修改”面板中单击“缩放”按钮，可以将对象按指定的比例因子相对于基点进行缩放。

先选择对象，然后指定基点，命令行将显示“指定比例因子或“复制（C）/参照（R）” <1 .0000>:”提示信息。如果直接指定缩放的比例因子，对象将根据该比例因子相对于基点缩放，当比例因子大于 0 而小于 1 时缩小对象，当比例因子大于 1 时放大对象；如果选择“参照(R)”选项，对象将按参照的方式缩放，需要依次输入参照长度的值和新的长度值，（比例因子＝新长度值 / 参照长度值），然后进行缩放。图 5-14 所示为复制方式，以比例因子 1.2 缩放图形。

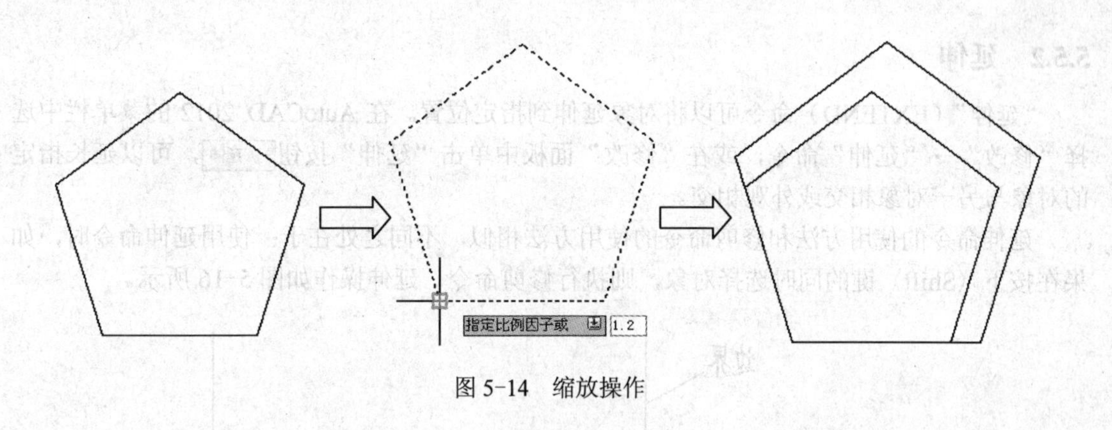

图 5-14　缩放操作

5.5　几何编辑命令

几何编辑命令是使用非常频繁的一组命令，包括“修剪”、“延伸”、“拉伸”、“拉长”、“倒角”、“圆角”、“打断”、“分解”、“合并”、“对齐”等命令。熟练使用这些命令，对于提高绘图效率有非常大的作用。

5.5.1 修剪

“修剪”（TRIM）命令可以将对象按指定的边界进行修剪。在 AutoCAD 2012 的菜单栏中选择“修改”→“修剪”命令，或在“修改”面板中单击“修剪”按钮，可以以某一对象为剪切边修剪其他对象。

执行命令的时候，首先要选择剪切边界，然后选择被修剪对象。默认情况下，选择要修剪的对象（即选择被剪边），系统将以剪切边为界，将被剪切对象上位于拾取点一侧的部分剪切掉。如果按下〈Shift〉键，同时选择与修剪边不相交的对象，修剪边将变为延伸边界，将选择的对象延伸至与修剪边界相交。修剪操作如图 5-15 所示。

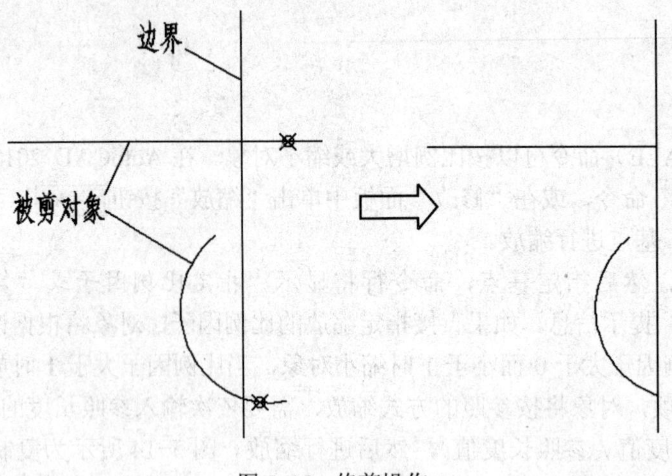

图 5-15　修剪操作

5.5.2　延伸

“延伸”（EXTEND）命令可以将对象延伸到指定位置。在 AutoCAD 2012 的菜单栏中选择“修改”→“延伸”命令，或在“修改”面板中单击“延伸”按钮，可以延长指定的对象与另一对象相交或外观相交。

延伸命令的使用方法和修剪命令的使用方法相似，不同之处在于：使用延伸命令时，如果在按下〈Shift〉键的同时选择对象，则执行修剪命令。延伸操作如图 5-16 所示。

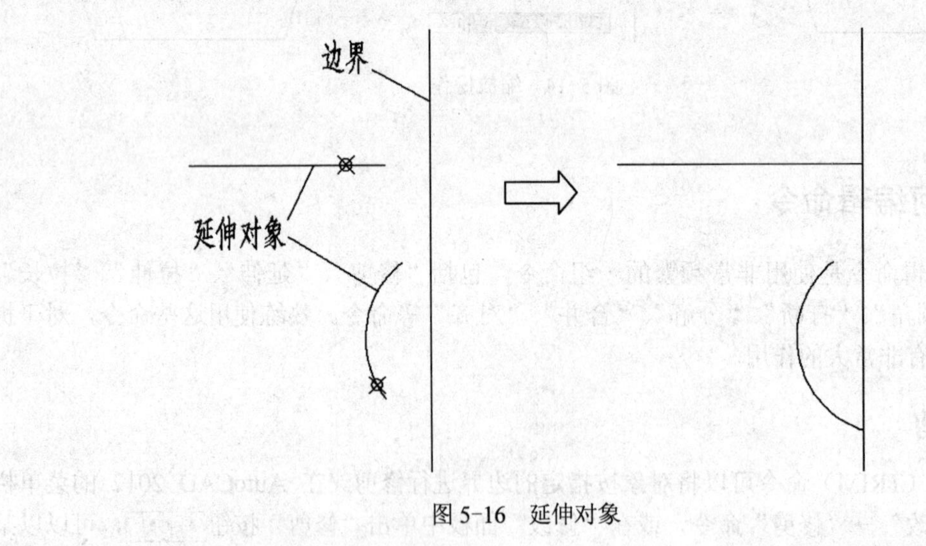

图 5-16　延伸对象

5.5.3　拉伸

在 AutoCAD 2012 的菜单栏中选择“修改”→“拉伸”命令（STRETCH），或在“修改”面板中单击“拉伸”按钮，就可以拉伸对象。执行该命令时，必须使用“交叉窗口”方式选择对象，然后依次指定位移基点和位移矢量，将会拉伸（或压缩）与选择窗口边界相交的对象，拉伸操作如图 5-17 所示。

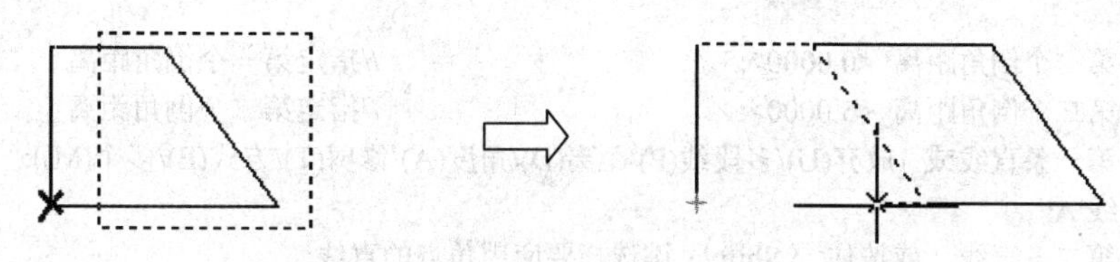

图 5-17　拉伸操作

5.5.4　拉长

使用“拉长”（LENGTHEN）命令，可以更改对象的长度和圆弧的包含角。在 AutoCAD 2012 的菜单栏中选择“修改”→“拉长”命令或者单击“修改”面板上的“拉长”按钮，命令行提示如下。

选择对象或 [增量(DE)/百分数(P)/全部(T)/动态(DY)]:

默认情况下，选择对象后，系统会显示出当前选中对象的长度和包含角等信息。对各选项的功能说明如下。

- “增量(DE)”选项：以增量方式修改圆弧（或直线）的长度。可以直接输入长度增量来拉长直线或者圆弧，长度增量为正值时拉长，长度增量为负值时缩短。也可以输入“A”切换到“角度”选项，通过指定圆弧的包含角增量来修改圆弧的长度。
- “百分数(P)”选项：以相对于原长度的百分比来修改直线或者圆弧的长度。
- “全部(T)”选项：以给定直线新的总长度或圆弧的新包含角来改变长度。
- “动态(D)”选项：允许动态地改变圆弧或者直线的长度。

如图 5-18 所示为将一条长为 4 的直线拉长为 6 的示意图。

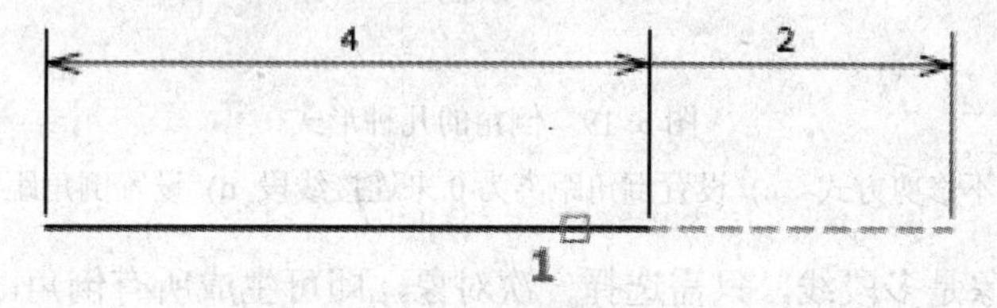

图 5-18　拉长操作

5.5.5　倒角

在 AutoCAD 2012 的菜单栏中选择“修改”→“倒角”（CHAMFER）命令，或在“修改”面板中单击“倒角”按钮，即可为对象绘制倒角。

用 AutoCAD 绘制倒角时，如两个倒角距离不相等，要特别注意倒角第一边与倒角第二边的区分。

执行倒角命令后，命令行提示如下。

命令: _chamfer
(“修剪”模式) 当前倒角距离 1 = 0.0000，距离 2 = 0.0000
选择第一条直线或 [放弃(U)/多段线(P)/距离(D)/角度(A)/修剪(T)/方式(E)/多个(M)]: d↙
设置倒角距离；

指定第一个倒角距离 <0.0000>:5↙　　　　　　　　　　//指定第一个倒角距离
指定第二个倒角距离 <5.0000>:↙　　　　　　　　　　//指定第二个倒角距离
选择第一条直线或 [放弃(U)/多段线(P)/距离(D)/角度(A)/修剪(T)/方式(E)/多个(M)]:
选择线 A;
选择第二条直线，或按住〈Shift〉键选择要应用角点的直线:
选择线 B。

执行倒角命令时，首先显示的是当前的倒角设置，如本例中显示的是“(“修剪”模式) 当前倒角距离 1 = 0.0000，距离 2 = 0.0000”，用户在操作过程中要注意这个信息。当前使用的是修剪模式，倒角后多余线自动修剪。

在“选择第一条直线或 [多段线(P)/距离(D)/角度(A)/修剪(T)/方式(M)/多个(U)]:”提示下输入“T”即可切换到修剪设置选项，如果选择“不修剪”，执行倒角命令后就不会自动修剪多余的线。

在倒角设置中，可设置距离，也可设置角度。这一个功能请用户根据设置距离的方式自己试一下，如图 5-19 所示为倒角的几种形式。

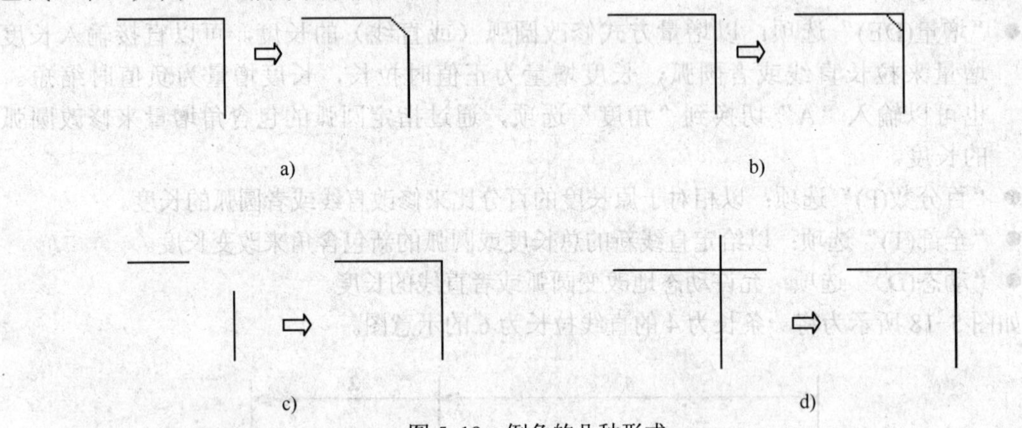

图 5-19　倒角的几种形式

a) 修剪方式　b) 不修剪方式　c) 设置倒角距离为 0 来连接线段　d) 设置倒角距离为 0 来修剪线段

如果被倒角对象是多段线，只需选择一次对象，即可生成所有倒角。

图 5-20 所示为普通直线图形和多段线图形的倒角。

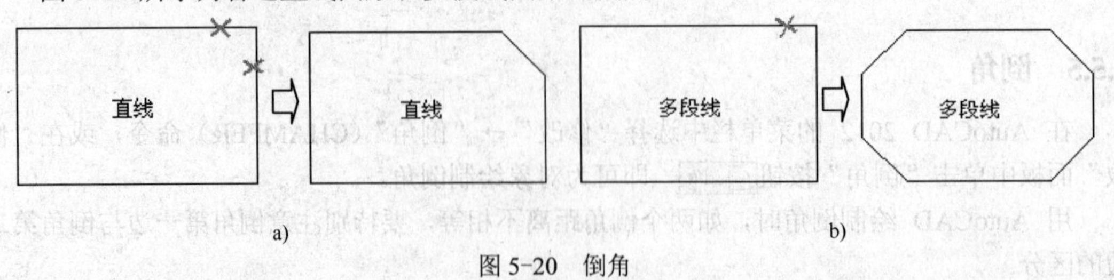

图 5-20　倒角

a) 直线倒角　b) 多段线倒角

5.5.6　圆角

“圆角”（FILLET）命令修改对象使其以圆角相接。在 AutoCAD 2012 的菜单栏中选择“修改”→“圆角”命令，或在“修改”面板中单击“圆角”按钮，即可对对象用圆弧倒圆角。

圆角命令的主要参数是圆角半径，操作与倒角类似。

执行圆角命令后，命令行提示如下。

```
命令: _fillet
当前设置: 模式 = 修剪，半径 = 0.0000
选择第一个对象或 [放弃(U)/多段线(P)/半径(R)/修剪(T)/多个(M)]: r↙
指定圆角半径 <0.0000>:                              //设置半径，其余与倒角一样
```

执行圆角命令时要注意命令的当前设置，“模式=修剪”表示在倒圆角的同时以圆角弧为边界修剪线条，如果被修剪线条是有用线条，这样会比较麻烦。要避免这种情况，可以在执行圆角命令时，将当前状态设为不修剪，在圆角命令结束后，使用修剪命令剪掉多余的线条。如图 5-21 所示为圆角的几种形式。

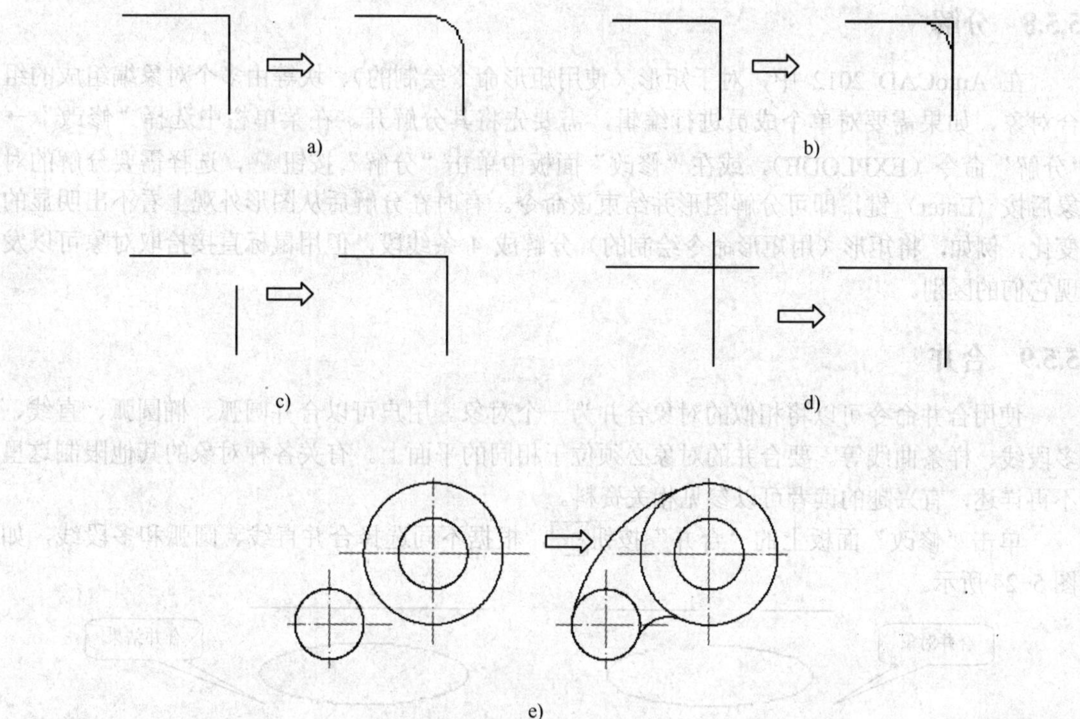

图 5-21 圆角几种形式

a) 修剪方式 b) 不修剪方式 c) 设置圆角半径为 0 来连接线段 d) 设置圆角半径为 0 来修剪线段 e) 用于圆弧连接

5.5.7 打断

“打断”（BREAK）命令可部分删除对象或将对象分解成两部分，还可以使用“打断于点”命令将对象在一点处断开成两个对象。

1. 打断

在 AutoCAD 2012 的菜单栏中选择“修改”→“打断”命令，或在“修改”面板中单击“打断”按钮，即可部分删除对象或把对象分解成两部分。执行该命令并选择需要打断的对象，如图 5-22 所示。

2．打断于点

在“修改”面板中单击“打断于点”按钮，可以将对象在一点处断开成两个对象。执行该命令时，选择要被打断的对象，然后指定打断点，即可从该点打断对象，如图 5-23 所示。

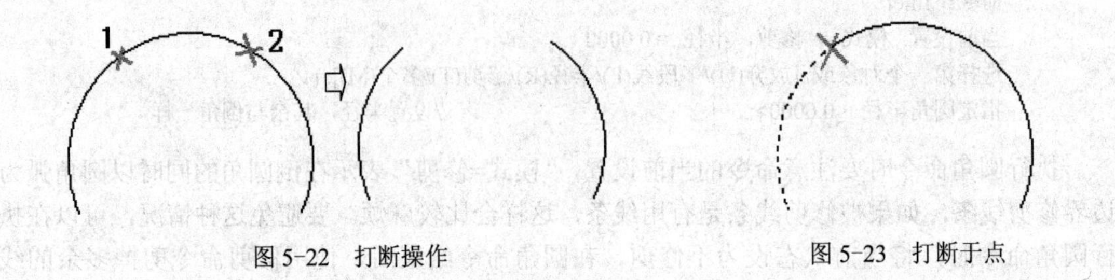

图 5-22　打断操作　　图 5-23　打断于点

5.5.8　分解

在 AutoCAD 2012 中，对于矩形（使用矩形命令绘制的）、块等由多个对象编组成的组合对象，如果需要对单个成员进行编辑，需要先将其分解开。在菜单栏中选择“修改”→“分解”命令（EXPLODE），或在“修改”面板中单击“分解”按钮，选择需要分解的对象后按〈Enter〉键，即可分解图形并结束该命令。有时在分解后从图形外观上看不出明显的变化，例如，将矩形（用矩形命令绘制的）分解成 4 条线段，但用鼠标直接拾取对象可以发现它们的区别。

5.5.9　合并

使用合并命令可以将相似的对象合并为一个对象。用户可以合并圆弧、椭圆弧、直线、多段线、样条曲线等。要合并的对象必须位于相同的平面上。有关各种对象的其他限制这里不再详述，有兴趣的读者可以参见相关资料。

单击“修改”面板上的“合并”按钮，根据不同选择合并直线、圆弧和多段线，如图 5-24 所示。

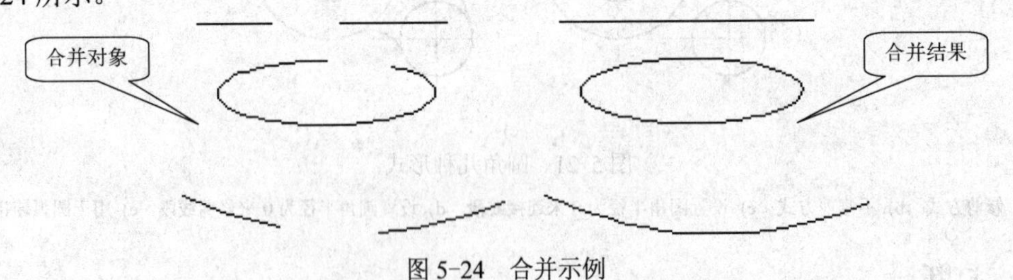

图 5-24　合并示例

（1）合并圆弧。执行合并命令后，命令行提示如下。

```
命令: _join 选择源对象:                          //选择圆弧对象
选择圆弧，以合并到源或进行 [闭合(L)]:            //选择要合并的圆弧或输入 L 圆弧闭合
```

（2）合并直线。执行合并命令后，命令行提示如下。

```
命令: _join 选择源对象:                          //选择直线对象
```

选择要合并到源的直线:　　　　　　　　　　　//选择要合并的直线

（3）与多段线合并。执行合并命令后，命令行提示如下。

命令: _join 选择源对象:　　　　　　　　　　//选择多段线
选择要合并到源的对象:　　　　　　　　　　　//选择与之相连的直线、圆弧或多段线

5.5.10　对齐

在绘图过程中，用户常常会遇到对齐对象的问题，如果没有学习对齐命令，可以使用移动、旋转和比例缩放来完成任务，但非常麻烦，有了对齐命令就可以一次完成，下面来介绍它的使用方法。

单击“修改”面板上的“对齐”按钮或者通过选择“修改”→“三维操作”→“对齐”命令来实现。对齐命令是移动、旋转、缩放 3 个命令的有机组合。

【实例 5-1】 如图 5-25 所示，将沙发放在指定位置。

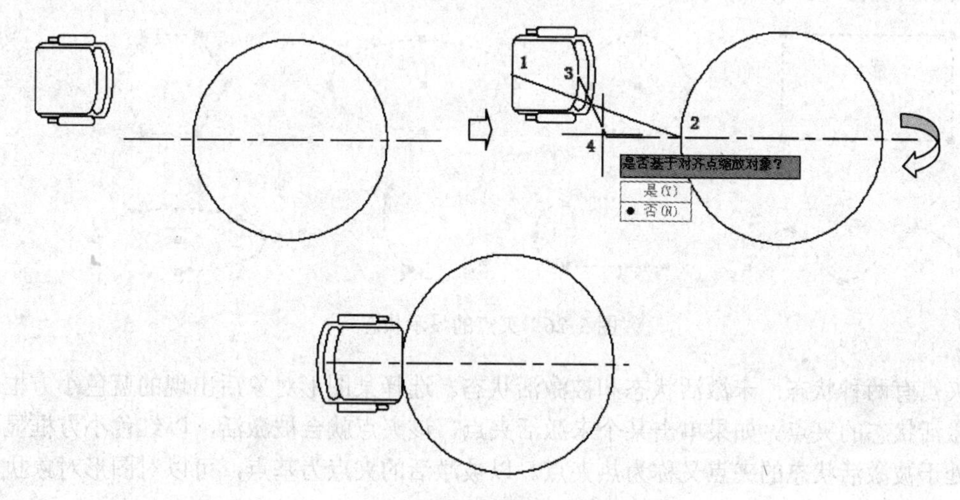

图 5-25　对齐过程

单击“修改”面板上的“对齐”按钮，命令行提示如下。

命令: _align
选择对象:　　　　　　　　　　　　　　　　//选择沙发
选择对象: ↙　　　　　　　　　　　　　　//按〈Enter〉键结束选择
指定第一个源点:　　　　　　　　　　　　　//捕捉 1 点
指定第一个目标点:　　　　　　　　　　　　//捕捉 2 点
指定第二个源点:　　　　　　　　　　　　　//捕捉 3 点
指定第二个目标点:　　　　　　　　　　　　//捕捉 4 点，系统自动在源点和目标点之间连线
指定第三个源点或 <继续>: ↙　　　　　　//按〈Enter〉键
是否基于对齐点缩放对象? [是(Y)→否(N)] <否>:↙　//按〈Enter〉键结束对齐

当选择两对点时，选定的对象可在二维或三维空间中移动、转动或按比例缩放，以便与其他对象对齐。第一组源点和目标点定义对齐的基点，第二组源点和目标点定义旋转角度。

在输入了第二对点后，AutoCAD 会给出缩放对象提示。AutoCAD 将以第一目标点和

第二目标点之间的距离作为按比例缩放对象的参考长度，只有使用两对点对齐对象时才能使用缩放。

5.6 对象编辑

对象编辑是指在未执行操作命令的时候选择图素，从而对其进行编辑修改，包括“夹点”、“特性修改”等操作。

5.6.1 夹点

在编辑图形之前，选择对象后，在对象上将显示出若干个小方框，这些小方框用来标记被选中对象的夹点，夹点就是对象上的控制点，如图 5-26 所示。夹点是一种集成的编辑模式，提供了一种方便快捷的编辑操作途径。例如，使用夹点可以对对象进行拉伸、移动、旋转、缩放及镜像等操作。

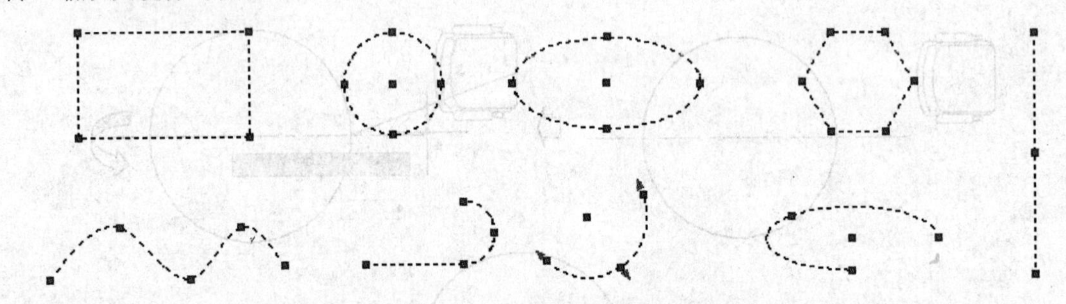

图 5-26 夹点的显示状态

夹点有两种状态：未激活状态和被激活状态。选择某图形对象后出现的蓝色小方框，就是未激活状态的夹点。如果单击某个未激活夹点，该夹点就会被激活，以红色小方框显示，这种处于被激活状态的夹点又称为热夹点。以被激活的夹点为基点，可以对图形对象执行拉伸、平移、复制、缩放和镜像等基本修改操作。

使用夹点编辑功能，可以对图形对象进行各种不同类型的修改操作。其基本的操作步骤是“先选择，后操作”，共分为三步：

1）在不输入命令的情况下，单击选择对象，使其出现夹点。

2）单击某个夹点，使其被激活，成为热夹点。

3）根据需要在命令行输入拉伸（ST）、移动（MO）、复制（CO）、缩放（SC）、镜像（MI）等基本操作命令的缩写，执行相应的操作。

5.6.2 对象特性编辑

运用 AutoCAD 2012 提供的绘图命令可以绘制出各种各样的图形，通常称这些图形为对象，它们所具有的属性被称为对象特性。对象所具有的图层、线型、线宽、颜色、坐标值等特性，可以通过“特性”面板或“特性”选项板进行修改。

1. “特性”面板

使用“特性”面板可以修改选中对象的特性，“特性”面板如图 5-27 所示。

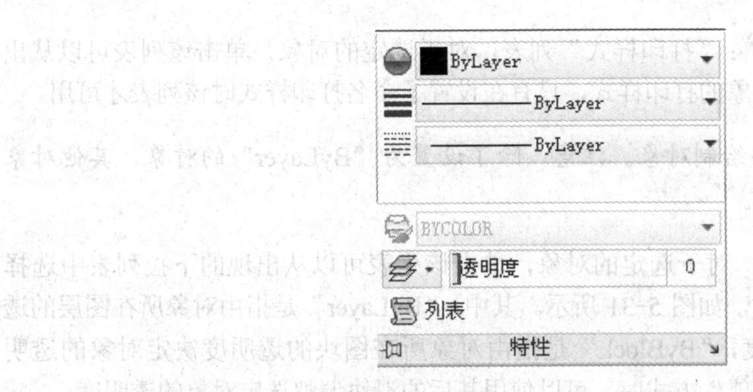

图 5-27 “特性”面板

- ByLayer：“对象颜色”列表，对于选定的对象，单击该列表可以从出现的下拉列表中选择某颜色，如图 5-28 所示，此时对象的颜色变为所选颜色。其中，“ByLayer”是指由对象所在图层的颜色决定对象的颜色，“ByBlock”是指由对象所在图块的颜色决定对象的颜色。如果在列表中选择“选择颜色”选项，则可打开“选择颜色”对话框在其中选择更多的颜色种类。
- ByLayer：“线宽”列表，对于选定的对象，单击该列表可以从出现的下拉列表中选择线宽来设置对象的线宽，如图 5-29 所示。其中，“ByLayer”是指由对象所在图层的线宽决定对象的线宽，“ByBlock”是指由对象所在图块的线宽决定对象的线宽。如果在列表中选择“线宽设置”选项，则可打开“线宽设置”对话框进行线宽设置，以定义默认的线宽和线宽的单位及线宽的显示。

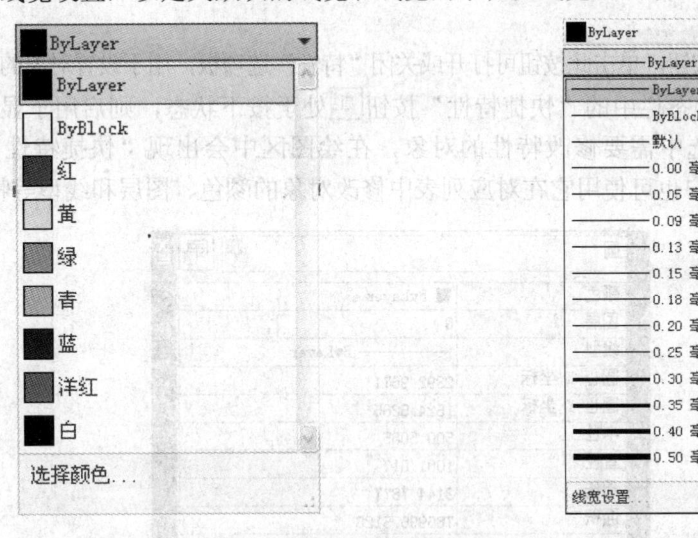

图 5-28 “对象颜色”列表　　　　图 5-29 “线宽”列表

- ByLayer：“线型”列表，对于选定的对象，单击该列表可以从出现的下拉列表中选择线型来设置对象的线型，如图 5-30 所示。其中，“ByLayer”是指由对象所在图层的线型决定对象的线型，“ByBlock”是指由对象所在图块的线型决定对象的线型。如果在列表中选择“其他”选项，则可打开“线型管理器”对话框加载列表中不显示的线型并设置线型的详细信息。

- ：“打印样式”列表，对于选定的对象，单击该列表可以从出现的下拉列表中选择对象的打印样式，只有在设置了命名打印样式时该列表才可用。

提示：可以先设置特性再绘制对象。注意，除了设置为“ByLayer”的对象，其他对象不受“图层特性管理器”管理。

- ：“透明度”列表，对于选定的对象，单击该列表可以从出现的下拉列表中选择对象的透明度显示样式，如图 5-31 所示。其中，“ByLayer”是指由对象所在图层的透明度决定对象的透明度，“ByBlock”是指由对象所在图块的透明度决定对象的透明度。当设置为“透明度值”方式时，可以使用其后的滑块调整选定对象的透明度。

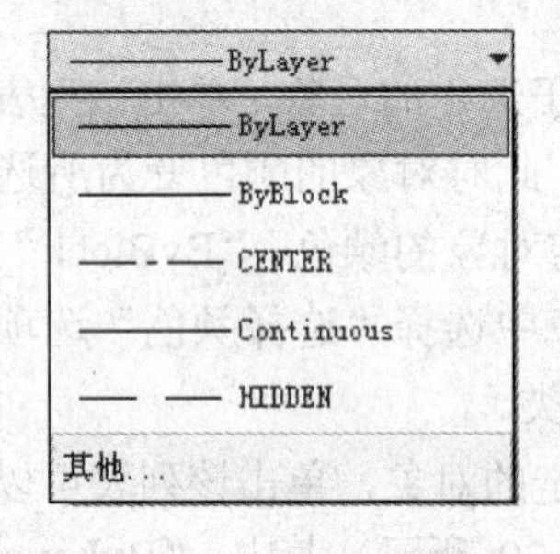

图 5-30 “线型”列表

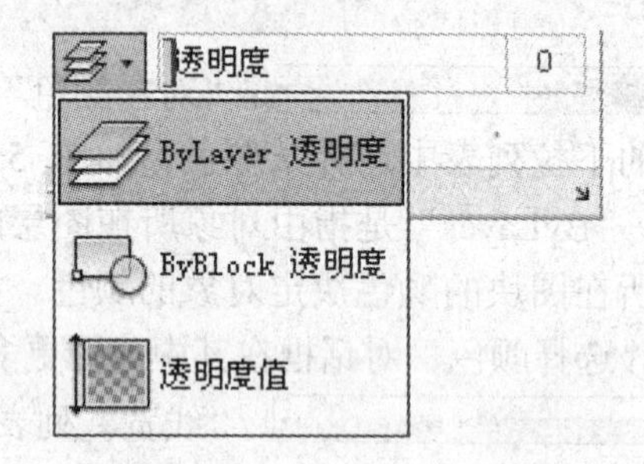

图 5-31 “透明度”列表

- 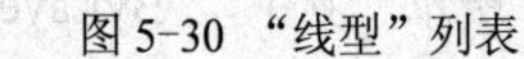

：“透明度”滑块，拖动滑块来设置所选对象的透明度值。
- ：“列表”按钮，选定对象后，单击此按钮，可在“文本窗口”中显示该对象的详细信息。
- ：“特性”按钮，单击此按钮可打开或关闭“特性”选项板，用于设置对象的详细特性。

如果应用程序状态栏中的“快捷特性”按钮处于按下状态，则启用了显示快捷特性模式。在命令行中选中需要修改特性的对象，在绘图区中会出现“快捷特性”选项板，如图 5-32 所示。用户也可使用它在对应列表中修改对象的颜色、图层和线型等特性。

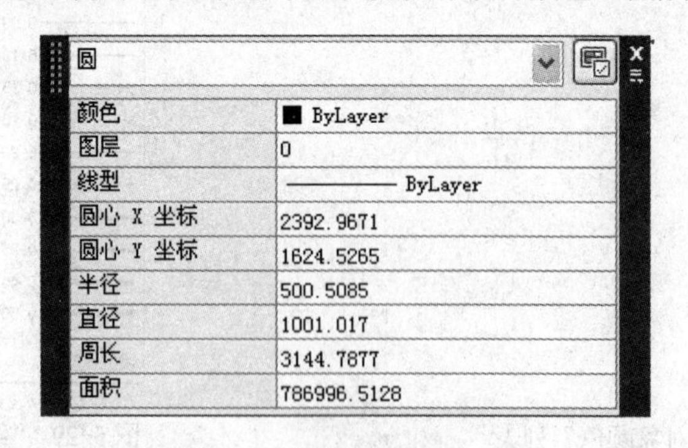

图 5-32 “快捷特性”选项板

2. 使用“特性”选项板

单击“特性”面板上的按钮，打开如图 5-33 所示的“特性”选项板，用于设置对象的详细特性。

- ：“切换 PICKADD 系统变量的值”按钮，默认状态下，将选择的对象添加到当前选择集中。单击此按钮，其变为[1]，此时选定对象将替换当前选择集。再次单击该按钮，回到默认状态。

- [选择对象图标]：“选择对象”按钮，单击此按钮，可以以任何选择对象的方法选择对象，“特性”选项板中将显示所有选中对象的共同特性。
- [快速选择图标]：“快速选择”按钮，单击此按钮，弹出“快速选择”对话框，如图 5-34 所示。选择时，可以根据具体的条件选择符合条件的对象，如果选中“附加到当前选择集”复选框，选择的对象将添加到原来的选择集中，否则，选择的对象将替换原来的选择集。

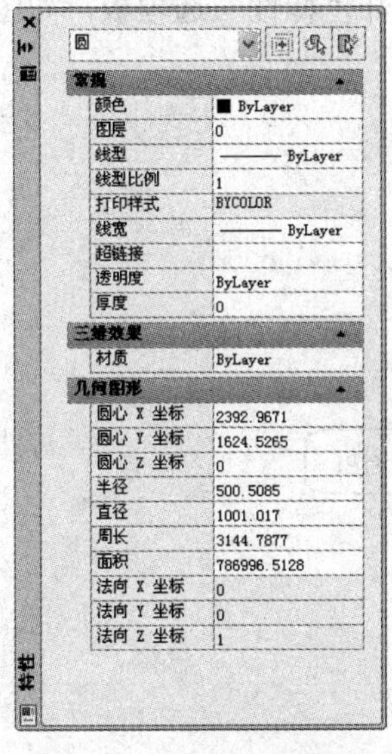

图 5-33 “特性”选项板

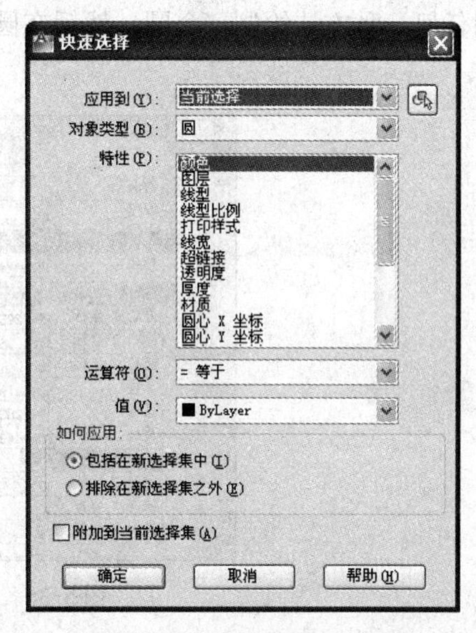

图 5-34 “快速选择”对话框

该选项板中显示的信息与图形文档所处的状态有关。若在打开选项板时，没有选择文档中的任何图形对象，显示的信息为当前所应用的特性。若选择某个图形对象，则显示该对象的特性信息。若选择了几个对象，则显示它们共有的特性信息，选项板中的文本框显示图形对象的名称。

若要修改该对象的特性，在“特性”选项板中选择要修改的特性项，特性项会显示相应的修改方法，提示如下：

- 下拉列表[下拉图标]提示，通过下拉列表来修改。
- 拾取点[拾取点图标]提示，可在绘图区用鼠标拾取所需点，也可直接输入坐标值。
- 对话框[…]提示，通过对话框来修改。

选择修改对象有以下几种方法：

（1）打开“特性”选项板前选取

先选取要修改的对象（可以为多个对象），再打开“特性”选项板，通过最上面的下拉列表来选择修改对象，通过上述方法修改其特性（按〈Esc〉键可以取消选择）。

（2）打开“特性”选项板后选取

- 直接选择对象。
- 单击“选择对象”按钮[选择对象图标]，根据提示选择对象。按〈Enter〉键结束选择，通过下拉列表来选择某个修改对象，如图 5-35 所示，然后修改其特性。

3．特性驱动

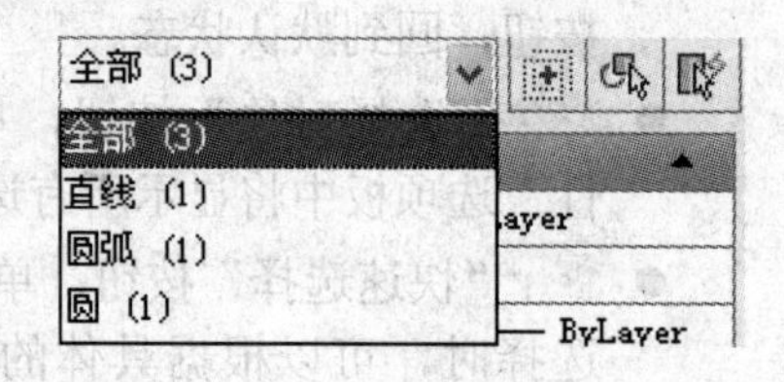

图 5-35　下拉列表

使用“特性”选项板，不仅可以查询对象的特性，还可以通过特性驱动来绘制图形，下面绘制一个面积为 100mm^2 的圆。大家知道，所有的绘制圆的命令都不能直接确定圆的面积，所以用绘制圆的命令不能直接绘制满足要求的圆。下面通过这个实例简单讲述一下特性驱动的步骤。

用任何一种方法绘制一个圆，然后在圆上双击就可以打开“特性”选项板，如图 5-36 所示。

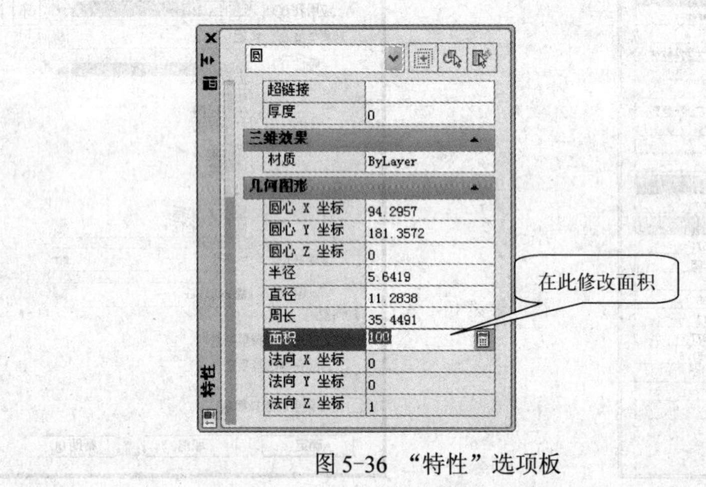

图 5-36　“特性”选项板

在“面积”右边的文本框中单击，文本框就会变为可编辑状态，将其数值修改为 100，然后按〈Enter〉键即可。这时圆的面积就会自动变为 100 mm^2。

5.7　综合实例——绘制办公室隔断

绘制如图 5-37 所示的办公室隔断。

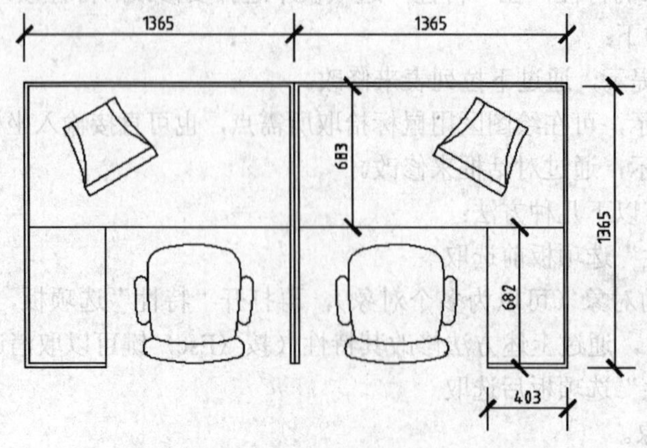

图 5-37　办公室隔断

1）选择“绘图”→“多线”命令，绘制多线。

命令: _mline
当前设置: 对正 = 上，比例 = 20.00，样式 = STANDARD
指定起点或 [对正(J)/例(S)/式(ST)]:
指定下一点: 403↙
指定下一点或 [放弃(U)]: 1365↙
指定下一点或 [闭合(C)/弃(U)]: 1365↙
指定下一点或 [闭合(C)/弃(U)]: 1365↙
指定下一点或 [闭合(C)/弃(U)]: ↙

2）执行“直线”命令封闭多线的端点，如图 5-38a 所示。

3）使用“直线”命令结合捕捉和追踪功能绘制表示办公桌的直线，如图 5-38b 所示。

4）选择“插入”→“块”命令，弹出“插入”对话框，找到图块文件“办公椅.dwg”，将其插入到合适的位置（图块的操作见第 7 章）。

5）选择“修改”→“镜像”命令，对所绘图形进行镜像复制。

命令: _mirror
选择对象: 指定对角点: 找到 6 个
选择对象:
指定镜像线的第一点: 指定镜像线的第二点: //指定隔断的最右侧直线为镜像线
要删除源对象吗？[是(Y)/(N)] <N>:

结果如图 5-38d 所示。

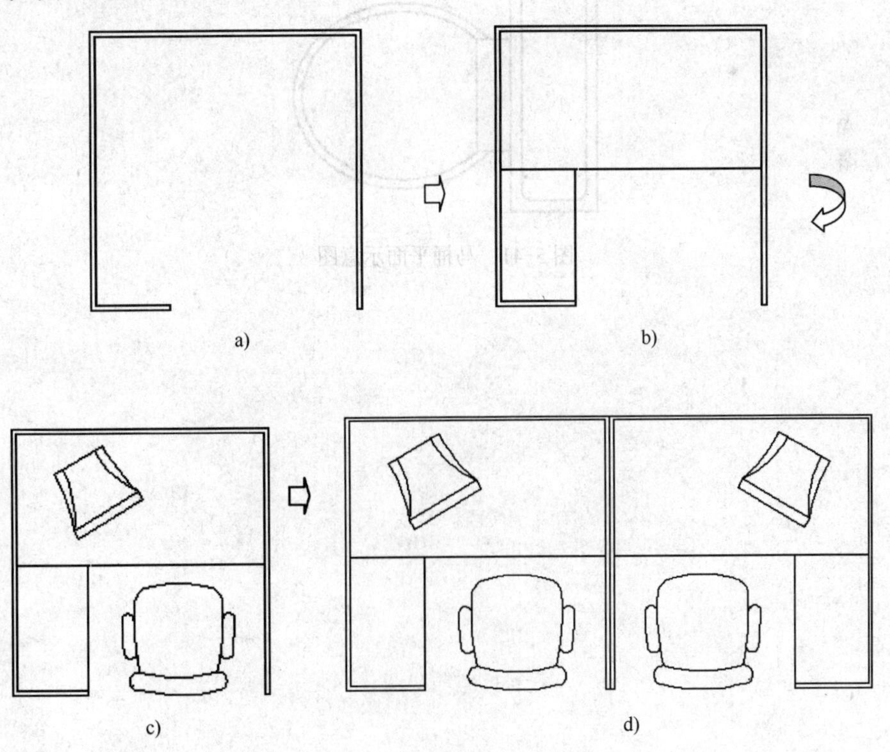

图 5-38　绘制办公室隔断步骤

5.8 思考与练习

1．利用本章所学的“矩形”、“圆形”、“直线”、“多段线”、“样条曲线”等工具，绘制如图 5-39 所示的双人床平面图并保存，双人床尺寸为 2000×1500，床头柜尺寸为 420×450，其余尺寸自定。

2．利用本章所学的“矩形”、“直线”、“圆弧”、“多段线”等工具，绘制如图 5-40 所示的厨房水槽平面图并保存，外轮廓尺寸为 960×540，其余尺寸自定。

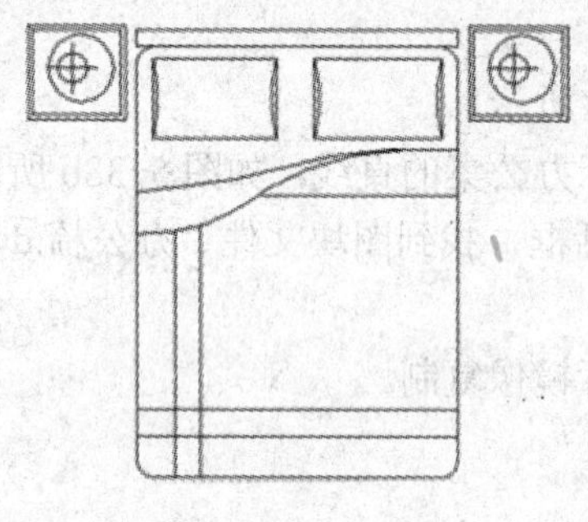

图 5-39 双人床平面图

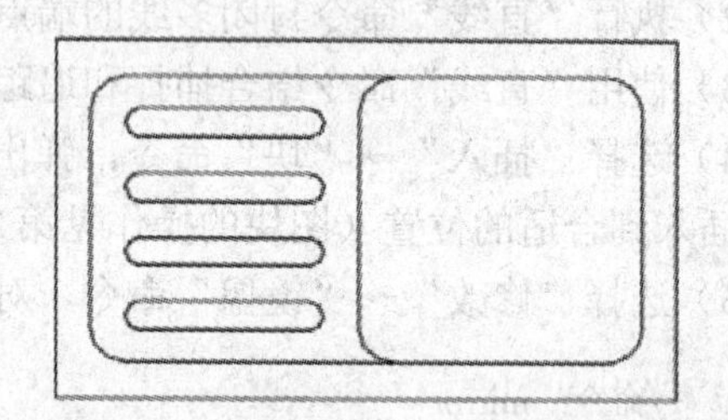

图 5-40 厨房水槽平面图

3．利用本章所学的 “直线”、“圆弧”、“矩形”、“多段线”等工具，绘制如图 5-41 所示的马桶平面示意图并保存，尺寸自定。

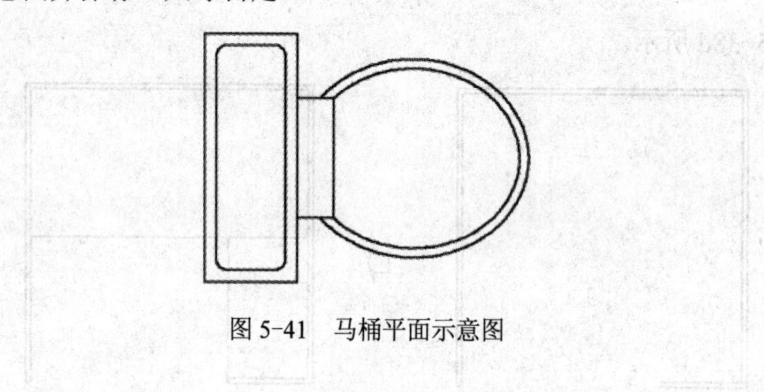

图 5-41 马桶平面示意图

第6章 文本与尺寸标注

在工程制图过程中，不仅要绘制图样，往往还需要书写文字，如书写技术要求、填写标题栏等，还必须进行尺寸标注。手工绘图时，书写的每一个文字、字母及符号，还有尺寸标注的尺寸线、箭头等，都是画出来的，画起来相当麻烦。而在 AutoCAD 中，可以直接利用文本工具输入文字、符号等。另外，AutoCAD 包含了一套完整的尺寸标注命令，用户使用它们足以完成图纸中要求的尺寸标注。

【本章重点】

- 文字样式的设定
- 文字的单行和多行输入
- 文字的编辑
- 尺寸样式的设置
- 各种具体尺寸的标注方法
- 尺寸标注的编辑修改
- 尺寸关联

6.1 文本标注

文本标注主要用于图纸上的技术要求、标题栏、会签栏及其他文字说明，本节介绍文本的样式设定及标注方法。

6.1.1 设置文字样式

国家标准《技术制图——字体》（GB/T 14691-1993）规定了技术图样中使用的汉字、字母和数字的结构形式及基本尺寸。

图样中的汉字应写成长仿宋体，采用国家正式公布执行的简化字。汉字字宽为其字高的 $1/\sqrt{2}$ 倍。汉字的高度不应小于 3.5mm。对于字母和数字，分为 A 形（斜体）和 B 形（直体）两种。A 形字体的笔画宽度为字高的 1/14；B 形字体的笔画宽度为字高的 1/10。斜体字字头向右倾斜，与水平线约成 75°。

字体有 8 种号数，其公称尺寸系列为 1.8、2.5、3.5、5、7、10、14、20。例如 3.5 号字，其高度为 3.5mm。

在用 AutoCAD 输入文字之前，应该先定义一个文字样式（系统有一个默认样式——Standard），然后再使用该样式输入文本。用户可以定义多个文字样式，不同的文字样式用于输入不同的字体。当修改文本格式时，不需要逐个文本修改，而只要对该文本的样式进行修改，就可以改变使用该样式书写的所有文本的格式。

AutoCAD 中文字样式的默认设置是：标准样式（Standard）。在使用过程中，用户也可以自定义文字样式，建立自己的样式用起来比较方便。创建文字样式的步骤如下。

1）选择“格式”→“文字样式”命令，如图 6-1 所示，弹出“文字样式”对话框，如图 6-2 所示。在“样式”列表框中显示的是当前所应用的文字样式。每次新建文档时，AutoCAD 默认的文字样式都是“Standard”，用户可以在此基础上修改新建的文字样式。

图 6-1 “格式”菜单

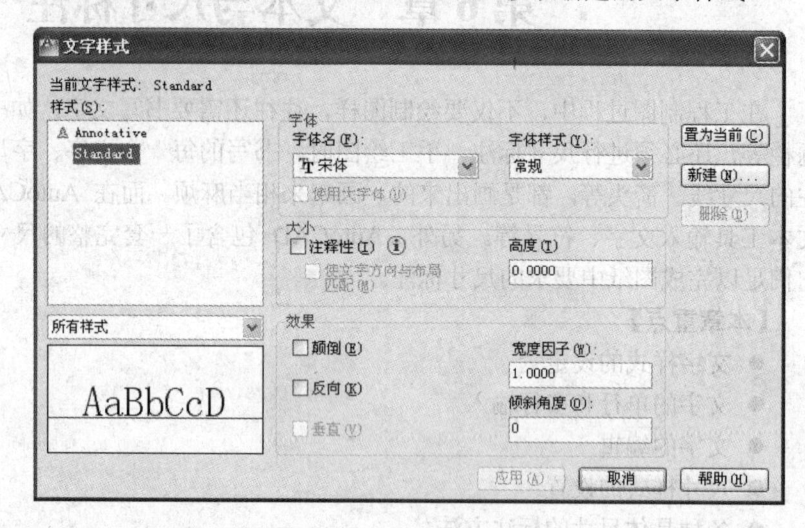

图 6-2 “文字样式”对话框

2）单击按钮新建(N)...，弹出“新建文字样式”的对话框，输入“工程字”，如图 6-3 所示，单击按钮确定，返回到“文字样式”对话框中。

3）在“字体名”下拉列表中选择字体。在 AutoCAD 中，存在着两类字体：shx 字体和 ttf 字体。这两种字体都可以显示英文，但用于显示中文时，可能会出现一些问题。

- shx 字体：在“字体名”下拉列表中字体名前面有符号的就是 shx 字体，shx 字体是 AutoCAD 自带的符合 AutoCAD 标准的字体。支持这种字体的字体文件的扩展名为“shx”。AutoCAD 的默认字体就是 shx 字体，字体文件名为 txt.shx。
- ttf 字体：在“字体名”下拉列表中字体名前面有符号的就是 ttf 字体，ttf 字体又称为 True Type 字体，是 Windows 自带的字体。中文版 Windows 都带有支持中文显示的 ttf 字体，用 ttf 字体标注中文，一般不会出现中文显示不正常的问题。

提示：选择“使用大字体”复选框指定亚洲语言的大字体文件。只有在“字体名”中指定 shx 文件，才能使用“大字体”。只有 shx 文件可以创建“大字体”。

4）在“高度”文本框中。设置字体高度为“0”，则在以后启动文本标注命令时，系统会提示输入字体高度。

5）在“效果”选项区中设置文本效果。

- 颠倒：倒置显示字符。
- 宽度因子：默认值是 1，如果输入值大于 1，则文本宽度加大。
- 反向：反向显示字符。
- 倾斜角度：字符向左右倾斜的角度，以 Y 轴正向为角度的 0 值，顺时针为正。可以输入-85～85 之间的一个值，使文本倾斜。

● 垂直：垂直对齐显示字符。该功能对 True Type 字体不可用。

这时可以在“预览”区中显示设置字体的效果。

6）自定义样式设置完成，单击按钮[应用(A)]，将对话框中所做的样式修改应用于图形中当前样式的文字，单击按钮[关闭(C)]关闭对话框。

这时定义的“工程学”文本样式就会显示在“注释”面板的文字样式列表中，以供用户方便地进行文字样式的切换，如图 6-4 所示。

图 6-3 “新建文字样式”对话框

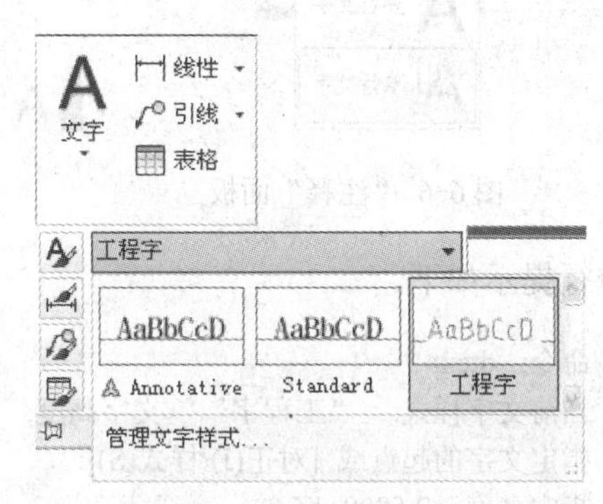

图 6-4 “文字”工具栏

以上介绍了文字样式的建立过程，实际上 AutoCAD 提供了符合我国国标输入的字体：gbeitc.shx（控制英文斜体）、gbenor.shx（控制英文直体）、gbcbig.shx（控制中文长仿宋），所以在建筑图样中建立一种如图 6-5 所示的“工程字”样式即可。

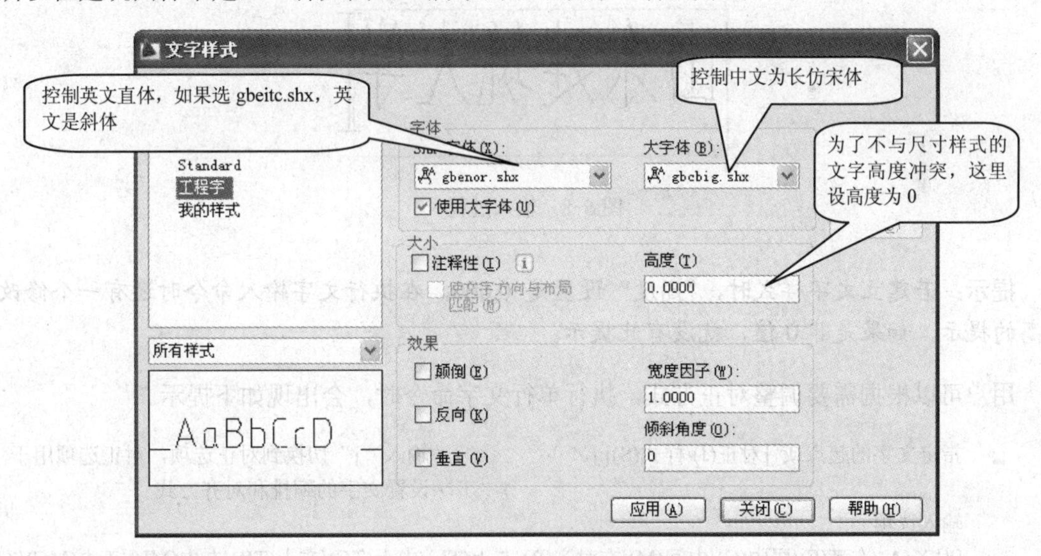

图 6-5 “工程字”样式设置

6.1.2 单行文本标注

AutoCAD 提供了两种文字输入方式，即单行输入与多行输入。单行输入是指每一行文字单独作为一个实体对象来处理。

要进行单行输入，单击“注释”面板上的“单行文字”按钮[A]，如图 6-6 所示，或选择

“绘图”→“文字”→“单行文字”命令即可。也可以调出“文字”工具栏，如图 6-7 所示，单击“单行文字”按钮A。

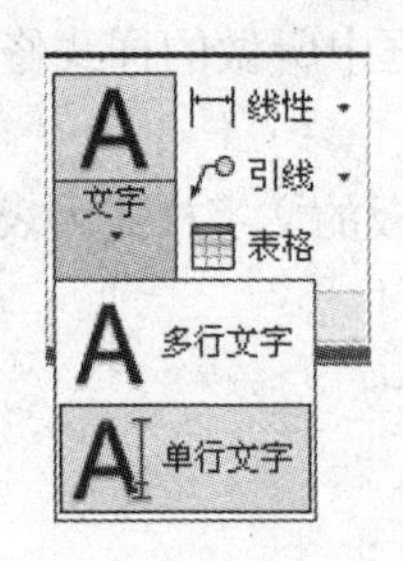

图 6-6 “注释”面板 　　　　图 6-7 “文字”工具栏

命令行提示如下。

命令: _dtext
当前文字样式: “工程字” 文字高度: 2.5000 注释性: 否
指定文字的起点或 [对正(J)/样式(S)]:
指定高度 <2.5000>: 5↙　　　　//指定文字字高
指定文字的旋转角度 <0>: ↙　　　　//指定文字行与水平方向的夹角

在如图 6-8 所示的输入框中输入文字，也可以在其他地方单击进行其他输入，两次按〈Enter〉键结束命令。

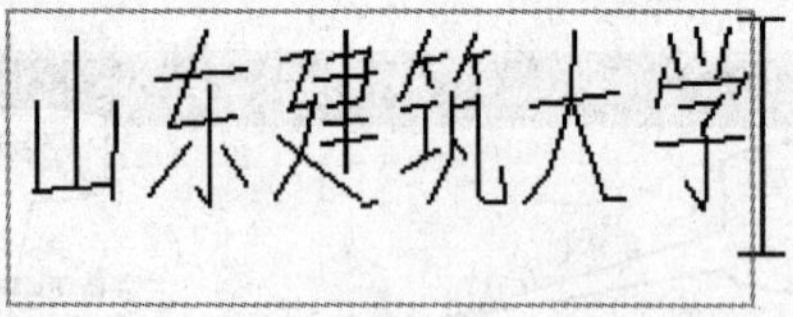

图 6-8 输入过程

提示：若建立文字样式时，“高度”设置是 0.000，在执行文字输入命令时还有一个修改字高的提示。如果是非 0 值，就没有此提示。

用户可以根据需要调整对正方式，执行单行文字命令时，会出现如下提示。

指定文字的起点或 [对正(J)/样式(S)]:j↙　　　　//输入“j”切换到对正选项，对正选项用于
　　　　//设置文字的缩排和对齐方式
输入选项
[对齐(A)/布满(F)/居中(C)/中间(M)/右对齐(R)/左上(TL)/中上(TC)/右上(TR)/左中(ML)/正中(MC)/右中(MR)/左下(BL)/中下(BC)/右下(BR)]:　　//AutoCAD 提供的对齐选项，用户根据自己的需要，输入括
　　//号内的字母

对于文本中的一些特殊符号，如直径符号“ϕ”、角度符号“°”等，除了使用相应输入法中的软键盘方式输入外，AutoCAD 还提供了用控制码的方式进行输入。

控制码由两个百分号“%%”后紧跟一个字符构成。表 6-1 中是 AutoCAD 中常用的控制码。

表 6-1　AutoCAD 中常用的控制码

控　制　码	功　　能
%%o	加上画线
%%u	加下画线
%%d	度符号
%%p	正/负符号
%%c	直径符号
%%%	百分号

要输入如图 6-9 所示的文字，命令行输入如下。

命令: _dtext
当前文字样式: “工程字　文字高度: 5.0000　注释性: 否
指定文字的起点或 [对正(J)/样式(S)]:
指定高度 <5.0000>:↙
指定文字的旋转角度 <0>:↙
键盘输入文字: %%p45%%d↙
键盘输入文字: %%c50↙

±45°

Ø50

图 6-9　特殊字符样例

6.1.3　多行文本标注

多行文本标注命令用于输入内部格式比较复杂的多行文字，与单行文字输入命令不同的是，输入的多行文字是一个整体，每一个单行不再是一个单独的文字对象。

单击“注释”面板上的“多行文字”按钮 A（或选择“绘图”→“文字”→“多行文字”命令，或者单击“文字”或“绘图”工具栏上的“多行文字”按钮 A），可以启动多行文字命令。

命令行提示如下。

命令: _mtext 当前文字样式: "工程字"　文字高度: 5　注释性: 否
指定第一角点:　　//指定第一角点
指定对角点或 [高度(H)/对正(J)/行距(L)/旋转(R)/样式(S)/宽度(W)/栏(C)]:　//指定第二角点

确定两个角点后，系统自动切换到多行文字编辑界面，如图 6-10 所示。该界面类似于写字板、Word 等文字编辑工具，比较适合文字的输入和编辑。如图 6-11 所示为经典界面内多行文字编辑界面。

图 6-10　默认的多行文字编辑界面

图 6-11　经典界面多行文字编辑界面

下面将“文字编辑器”中主要面板的用途介绍一下。

1．“样式”面板

（1）“样式”下拉列表

向多行文字对象应用文字样式。当前样式保存在 TEXTSTYLE 系统变量中。

如果将新样式应用到现有的多行文字对象中，用于字体、高度、粗体或斜体属性的字符格式将被替代。堆叠、下画线和颜色属性将保留在应用了新样式的字符中。

具有反向或倒置效果的样式不被应用。如果在 shx 字体中应用定义为垂直效果的样式，这些文字将在多行文字编辑器中水平显示。

（2）“文字高度”下拉列表

按图形单位设置新文字的字符高度或更改选定文字的高度。如果当前文字样式没有固定高度，则文字高度是 TEXTSIZE 系统变量中存储的值。多行文字对象可以包含不同高度的字符。

2．“格式”面板

（1）“字体”下拉列表

为新输入文字指定字体或改变选定文字的字体。

（2）粗体 **B**

为新输入文字或选定文字打开或关闭粗体格式。此按钮仅适用于使用 TrueType 字体的字符。

（3）斜体 *I*

为新输入文字或选定文字打开或关闭斜体格式。此按钮仅适用于使用 TrueType 字体的字符。

（4）下画线 U

为新输入文字或选定文字打开或关闭下画线格式。

（5）文字颜色

为新输入文字指定颜色或修改选定文字的颜色。可以为文字指定与所在图层关联的颜色（BYLAYER）或与所在块关联的颜色（BYBLOCK）。也可以从“颜色”列表中选择一种颜色，或单击“选择颜色”选项打开“选择颜色”对话框选择颜色。

（6）堆叠

当文字中包含“/”、“^”、“#”符号时，比如 12/34，如图 6-12

12/34　$\frac{12}{34}$

123^456　$\begin{matrix}123\\456\end{matrix}$

1#2　½

图 6-12　堆叠方式

所示，先选中这 4 个字符，然后单击“格式”面板上的“堆叠”按钮堆叠，就会变成分数形式：选中堆叠成分数形式的文字，然后再次单击“堆叠”按钮堆叠，可以取消堆叠。

3. “段落”面板

使用“段落”面板可以进行段落、制表位、项目符号和编号的设置，这与 Word 一样，在此不再讲述。

4. “插入”面板

单击“插入”面板上的“符号”按钮@，会出现如图 6-13 所示的菜单，可以插入制图过程中需要的特殊符号。

单击“其他”菜单项，可以打开“字符映射表”，如图 6-14 所示，其中提供了更多特殊符号。

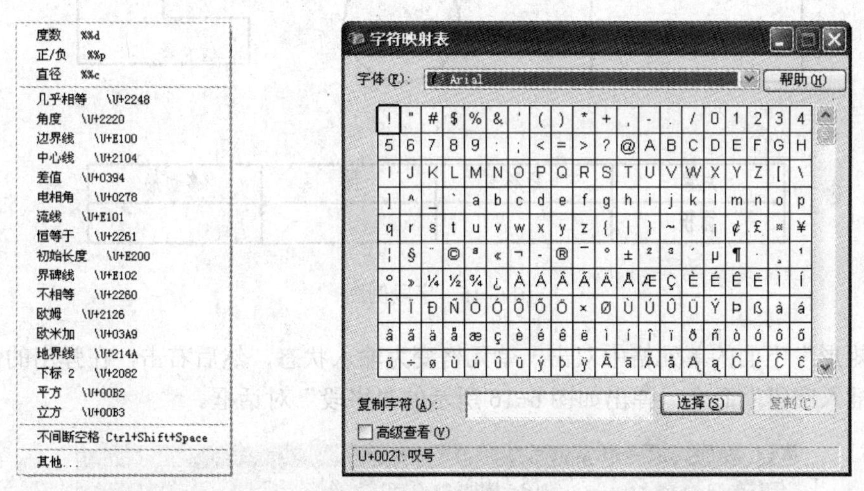

图 6-13 “符号”下拉菜单　　　　图 6-14 字符映射表

5. “工具”面板

单击“工具”面板中的“输入文字”选项，会弹出“选择文件”对话框，使用对话框可以把外部 txt 文本文件（或 rtf 文件）直接导入。

6. “关闭”面板

“关闭”面板上的“关闭文字编辑器”按钮用于关闭多行文字编辑器并保存所做的任何修改。也可以在编辑器外的图形中单击以保存修改并退出编辑器。要关闭多行文字编辑器而不保存修改，请按〈Esc〉键。

6.1.4 文字编辑

在执行文字输入时，难免会出现这样或那样的错误，当遇到错误时，没有必要将输入的文字删除而重新输入，可以用文字的编辑命令来编辑文本的属性或者对文字本身进行修改。

若要把用单行文字命令输入的文字进行编辑，可以直接双击文字（或单击“文字”工具栏上的“编辑文字”按钮，选择要修改的文字），此时文字会变成改写状态，直接修改文字即可。

如果选择的对象是用多行文字命令创建的，系统会自动切换到多行文字编辑界面，直接修改文字的内容和格式即可。

6.1.5 字段

字段是设置为显示可能会在图形生命周期中修改的数据的可更新文字。字段更新时，将显示最新的字段值。

1．插入字段

字段可以在图形、多行文字、表格等中使用。下面以图 6-15 为例介绍字段的使用方法。图中有 3 个图形（用圆、矩形命令绘制的图形，用“绘图”→“边界”命令定义的边界）和一个表格，用表格记录 3 个图形的面积。这时如果使用字段，当图形面积变化时，表格中的数字会同步发生变化。

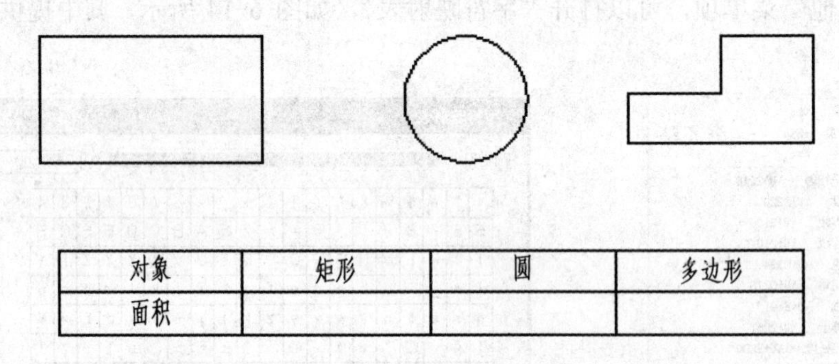

对象	矩形	圆	多边形
面积			

图 6-15 字段例图

在“矩形”下面的单元格中双击，单元格变为输入状态，然后右击，在弹出的快捷菜单中选择“插入字段”命令，弹出如图 6-16 所示的“字段”对话框。

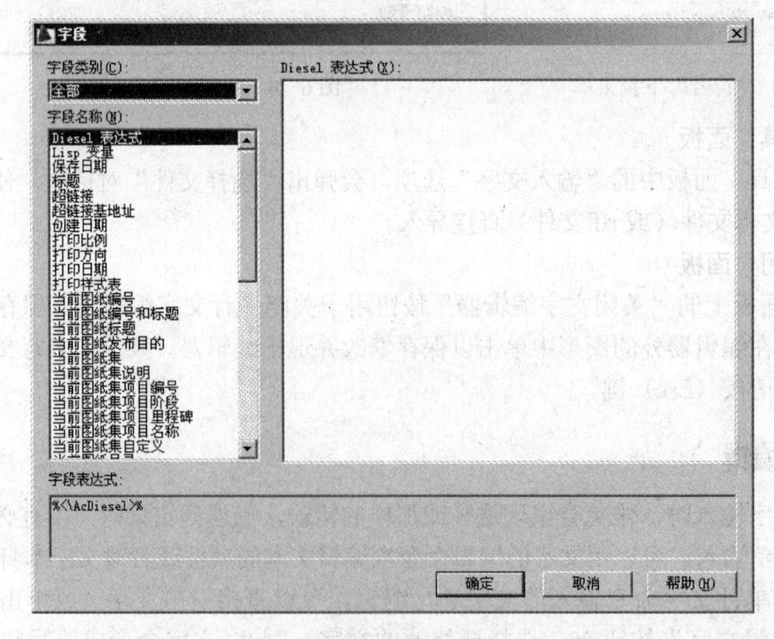

图 6-16 “字段”对话框

这里要插入面积字段，在“字段名称”列表框中选择“对象”，这时对话框随之发生变化，单击“选择对象”按钮，选择第一个图形“矩形”，这时对话框如图 6-17 所示。

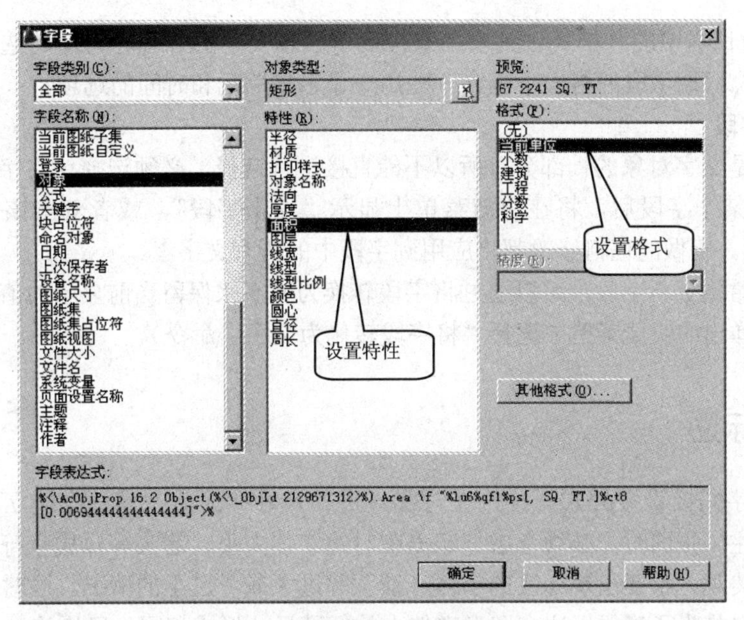

图 6-17　选择对象

在“特性”列表中选择“面积”，在“格式”列表中选择“当前单位”，单击按钮 确定 ，表格如图 6-18 所示。

对象	矩形	圆	多边形
面积	10172		

图 6-18　插入一个面积字段

用同样的方法插入其他两个图形的面积，如图 6-19 所示。

对象	矩形	圆	多边形
面积	10172	4360	5127

图 6-19　完整表格

这时如果改变图形的大小，如用夹点法改变圆的面积，然后执行“工具”→“更新字段”命令，选择表格后，表格中的字段将进行更新，如图 6-20 所示。

对象	矩形	圆	多边形
面积	10172	10372	5127

图 6-20　更新字段

2. 修改字段外观

字段文字所使用的文字样式与其插入到的文字对象所使用的样式相同。默认情况下，字段用不会打印的浅灰色背景显示（FIELDDISPLAY 系统变量控制是否有浅灰色背景显示）。

“字段”对话框中的“格式”列表用来控制所显示文字的外观。可用的选项取决于字段的类型。例如，日期字段的格式中包含一些用来显示星期几和时间的选项。

3．编辑字段

因为字段是文字对象的一部分，所以不能直接进行选择，必须选择该文字对象并激活编辑命令。选择某个字段后，将在快捷菜单上显示“编辑字段”，或者双击该字段，将显示“字段”对话框。所做的任何修改都将应用到字段中的所有文字上。

如果不再希望更新字段，可以通过将字段转换为文字来保留当前显示的值（选择一个字段，右击，在弹出的快捷菜单中选择“将字段转化为文字”命令）。

6.2 尺寸标注

与输入文字需要设置样式一样，在对实体进行尺寸标注前，最好先建立自己的尺寸样式，因为在标注一张图时，必须考虑打印出图时的字体大小、箭头等样式应符合国家标准，做到布局合理美观，不要出现标注的字体、箭头等过大或者过小的情况。同时，建立自己的尺寸标注样式也是为了确保标注在图形实体上的每种尺寸形式相同、风格统一。

在建立尺寸标注样式之前，先来认识一下尺寸标注的各组成部分。一个完整的尺寸标注一般是由尺寸线（标注角度时的标注弧线）、尺寸界线、尺寸箭头、尺寸文字几部分组成的。标注以后这 4 个部分作为一个实体来处理。如图 6-21 所示为这几部分的位置关系。

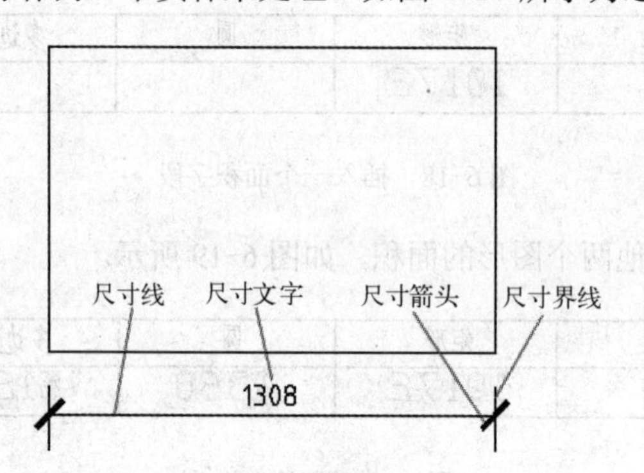

图 6-21　尺寸标注的 4 个部分

6.2.1　设置尺寸标注样式

在 AutoCAD 2012 中，使用“标注样式”可以设置标注的格式和外观。要创建标注样式，首先选择“格式”→“标注样式”命令，或者单击“标注”工具栏中的“标注样式”按钮，如图 6-22 所示，弹出“标注样式管理器”对话框，如图 6-23 所示。

图 6-22　“标注”工具栏

单击“新建”按钮，在弹出的“创建新标注样式”对话框中输入新标注样式名称，如图 6-24 所示。

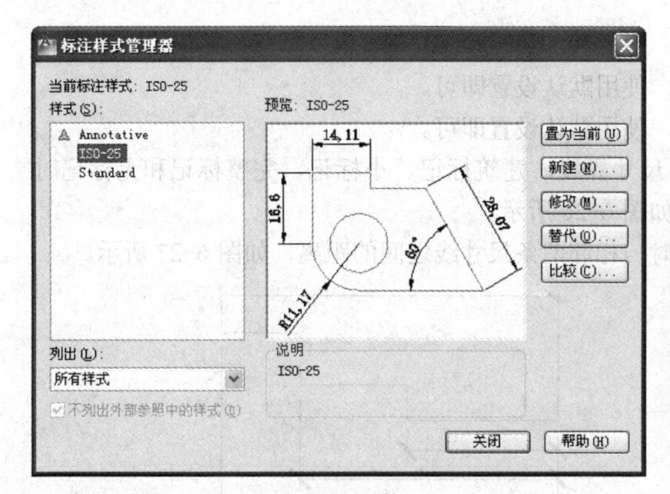

图 6-23 “标注样式管理器”对话框

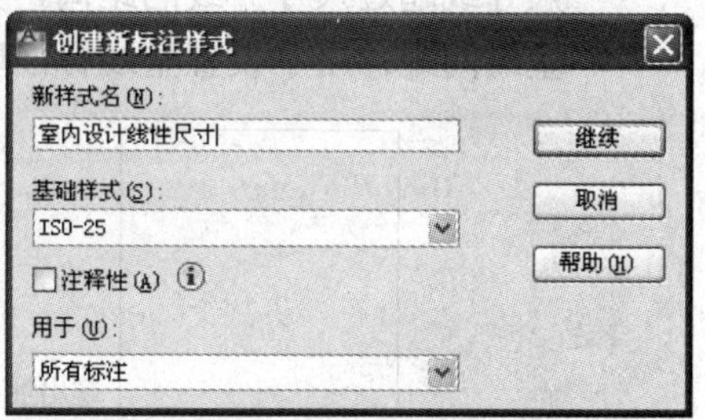

图 6-24 “创建新标注样式”对话框

“创建新标注样式”对话框中的“基础样式”是指新标注样式是基于该样式修改得到的。单击“继续”按钮，会弹出如图 6-25 所示的“新建标注样式”对话框。

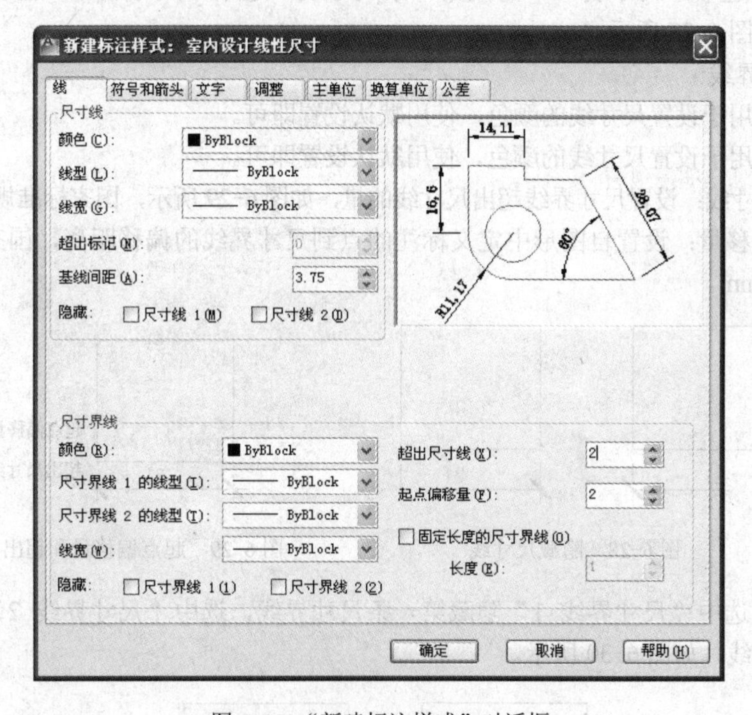

图 6-25 “新建标注样式”对话框

说明：AutoCAD 属于通用绘图软件，其默认标注格式并不与我国的国家标准一致，在绘图前应按照我国的国家标准进行标注样式的设置。

1. 设置线

在“新建标注样式”对话框中，使用“线”选项卡可以设置尺寸线、尺寸界线的格式和位置。“线”选项卡如图 6-25 所示。

（1）尺寸线

- 颜色：用于设置尺寸线的颜色，使用默认设置即可。
- 线宽：用于设置尺寸线的颜色，使用默认设置即可。
- 超出标记：指定当箭头使用斜尺寸界线、建筑标记、小标记、完整标记和无标记时尺寸线超过尺寸界线的距离，如图 6-26 所示。
- 基线间距：用于设置基线标注时，相邻两条尺寸线之间的距离，如图 6-27 所示。

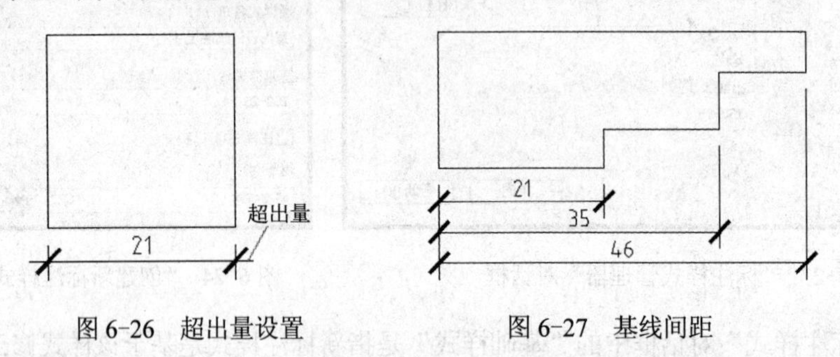

图 6-26　超出量设置　　　图 6-27　基线间距

- 隐藏：选中“尺寸线 1”隐藏第一条尺寸线，选中“尺寸线 2”隐藏第二条尺寸线，如图 6-28 所示。

（2）尺寸界线

- 颜色：用于设置尺寸线的颜色，使用默认设置即可。
- 线宽：用于设置尺寸线的颜色，使用默认设置即可。
- 超出尺寸线：设置尺寸界线超出尺寸线的量，如图 6-29 所示，国家标准规定 2～3mm。
- 起点偏移量：设置自图形中定义标注的点到尺寸界线的偏移距离，国家标准规定不小于 2mm。

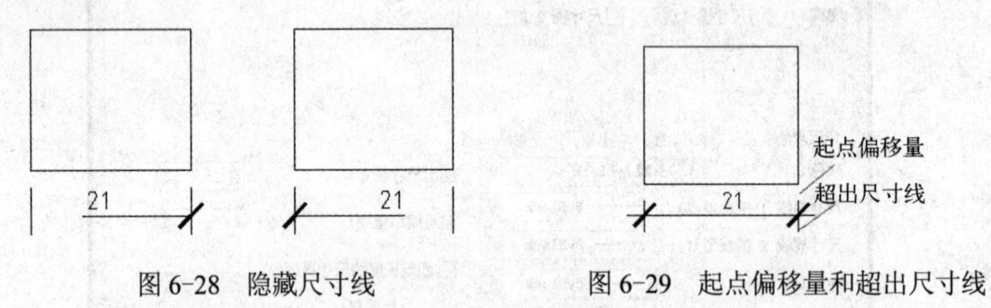

图 6-28　隐藏尺寸线　　　图 6-29　起点偏移量和超出尺寸线

- 隐藏：选中“尺寸界线 1”隐藏第一条尺寸界线，选中“尺寸界线 2”隐藏第二条尺寸界线，如图 6-30 所示。

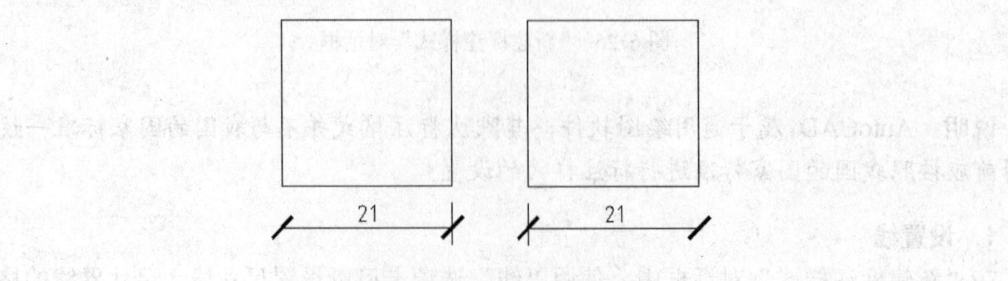

图 6-30　隐藏尺寸界线

“线”选项卡设置推荐如图 6-25 所示。

2．设置符号和箭头

在“新建标注样式”对话框中，使用“符号和箭头”选项卡可以设置箭头、圆心标记、弧长符号和半径标注折弯的格式与位置。

（1）箭头

- 第一个：设置尺寸线的箭头类型。当改变第一个箭头的类型时，第二个箭头将自动改变以和第一个箭头相匹配。
- 第二个：设置尺寸线的第二个箭头。
- 引线：设置引线箭头。
- 箭头大小：设置箭头的大小，这里设置为 1.5mm。

（2）圆心标记

在 AutoCAD 中可以单击“标注”工具栏上的“圆心标记”按钮⊙，迅速对圆或圆弧的中心进行标记。在用此命令之前，可以在“圆心标记”选项区中设置圆心标记的样式。

“符号和箭头”选项卡设置推荐如图 6-31 所示。

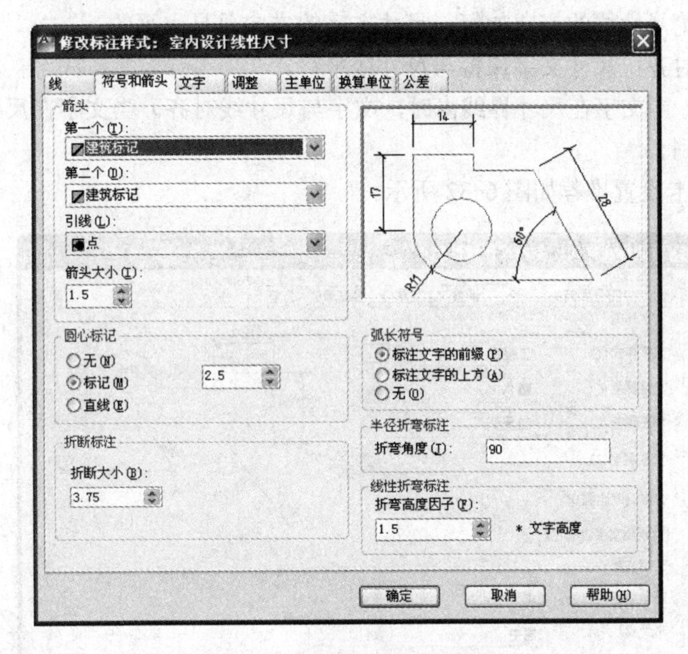

图 6-31 “符号和箭头”选项卡

3．设置文字

在“新建标注样式”对话框中，可以使用“文字”选项卡设置标注文字的外观、位置和对齐方式。

（1）文字外观

- 文字样式：通过该下拉列表选择文字样式，也可通过单击按钮打开“文字样式”对话框设置新的文字样式，这里使用建立的工程字样式。
- 文字颜色：通过该下拉列表选择颜色，默认设置为“ByBlock”。
- 文字高度：在该文本框中直接输入高度值（这里输入 2.5），也可通过按钮增大或减小高度值。

需要注意，选择的文字样式中的字高需要为 0（不能为具体值），否则在“文字高度”文本框中输入的值对字高无影响。

- 分数高度比例：设置相对于标注文字的分数比例。仅当在“主单位”选项卡上选择“分数”作为“单位格式”时，此选项才可用。在此处输入的值乘以文字高度，可确定标注分数相对于标注文字的高度。
- 绘制文字边框：在标注文字的周围绘制一个边框。

（2）文字位置

在“文字位置”选项组中，可以对文字的垂直、水平位置进行设置，还可以调节从尺寸线偏移的距离值。

- 垂直：控制标注文字相对于尺寸线的垂直位置。
- 水平：控制标注文字相对于尺寸线和尺寸界线的水平位置。
- 从尺寸线偏移：用于确定尺寸文字和尺寸线之间的偏移量。

（3）文字对齐

- 水平：无论尺寸线的方向如何，尺寸文字的方向总是水平的。
- 与尺寸线对齐：尺寸文字保持与尺寸线平行。
- ISO 标准：当文字在尺寸界线内时，文字与尺寸线对齐。当文字在尺寸界线外时，文字水平排列。

“文字”选项卡设置推荐如图 6-32 所示。

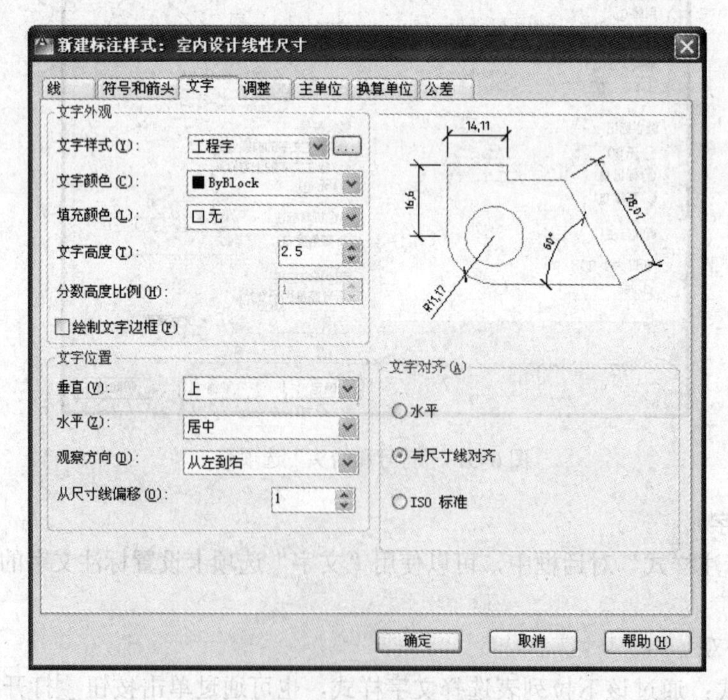

图 6-32 “文字”选项卡

4．设置调整

在“新建标注样式”对话框中，可以使用“调整”选项卡设置标注文字、尺寸线、尺寸箭头的位置。如图 6-33 所示。“调整”选项卡主要用来帮助用户解决在绘图过程中遇到的一些较小尺寸的标注，这些小尺寸的尺寸界线之间的距离很小，不足以放置标注文本、箭头，通过此选项卡可以进行调整。

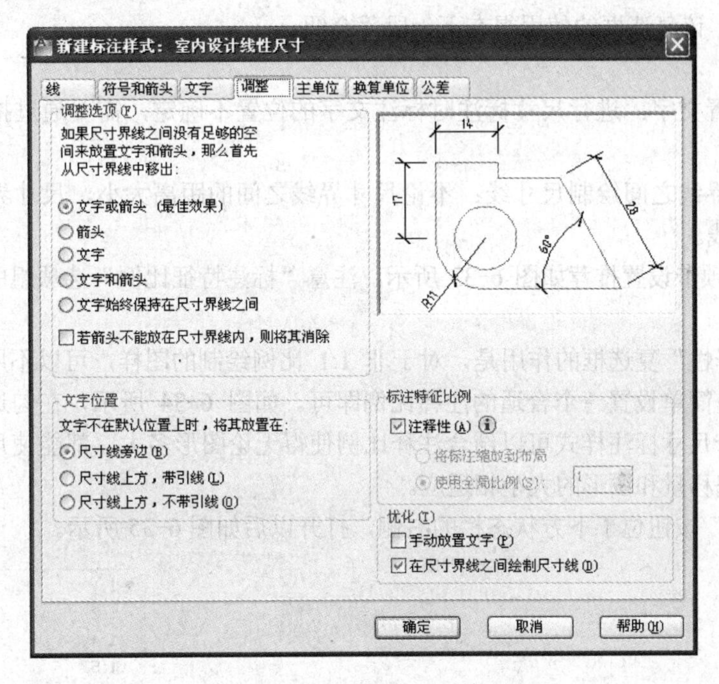

图 6-33 “调整”选项卡

（1）调整选项

当尺寸界线的距离很小，不能同时放置文字和箭头时，进行以下调整。

- 文字或箭头：AutoCAD 根据尺寸界线间的距离大小，移出文字或箭头，或者文字箭头都移出。
- 箭头：首先移出箭头。
- 文字：首先移出文字。
- 文字和箭头：文字和箭头都移出。
- 文字始终保持在尺寸界线之间：不论尺寸界线之间能否放下文字，文字始终在尺寸界线之间。
- 若箭头不能放在尺寸界线内，则将其消除：若尺寸界线内只能放下文字，则消除箭头。

（2）文字位置

设置标注文字从默认位置（由标注样式定义的位置）移动时标注文字的位置。其选项在编辑标注文字时起作用。

- 尺寸线旁边：编辑标注文字时，文字只可移到尺寸线旁边。
- 尺寸线上方，带引线：编辑标注文字时，文字移动到尺寸线上方时加引线。
- 尺寸线上方，不带引线：编辑标注文字时，文字移动到尺寸线上方时不加引线。

（3）标注特征比例

- 使用全局比例：以文本框中的数值为比例因子缩放标注的文字和箭头的大小，但不改变标注的尺寸值（模型空间标注选用此项）。

- 将标注缩放到布局：以当前模型空间视口和图纸空间之间的比例为比例因子缩放标注（图纸空间标注选用此项）。
- 注释性：该复选框的使用得在下一段落介绍。

（4）优化

- 手动放置文字：进行尺寸标注时标注文字的位置不确定，需要通过拖动鼠标单击来确定。
- 在尺寸界线之间绘制尺寸线：不论尺寸界线之间的距离大小，尺寸界线之间必须绘制尺寸线。

“调整”选项卡设置推荐如图 6-33 所示，注意“标注特征比例”选项组中的“注释性”复选框要勾选。

勾选“注释性”复选框的作用是，对于非 1:1 比例绘制的图样，可以不用费周折调整标注的比例，而是简单设置一个合适的注释比例即可。如图 6-34 所示，在勾选“注释性”复选框后，用同一尺寸标注样式可以结合注释比例使得无论图形多大，都能使尺寸的文字、箭头大小、起点偏移量和图形的大小相适应。

“注释比例”按钮位于下方状态栏的右侧，打开以后如图 6-35 所示。

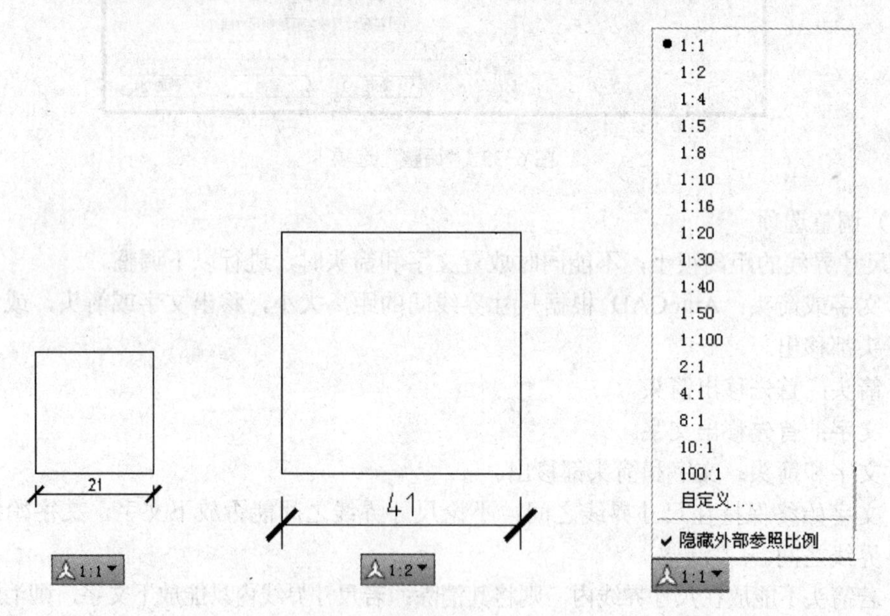

图 6-34　注释性尺寸的大小调整　　图 6-35　“注释比例”菜单

5．设置主单位

在“新建标注样式”对话框中，可以使用“主单位”选项卡设置主单位的格式和精度等属性，包括线性标注和角度标注，如图 6-36 所示。

（1）线性标注

线性标注选项组用来设置线性标注的单位格式、精度、小数分隔符号，以及尺寸文字的前缀与后缀。

- 单位格式：用于设置标注文字的单位格式，可以选择小数、科学、建筑、工程、分数和 Windows 桌面等格式，工程制图中常用的格式是“小数”。

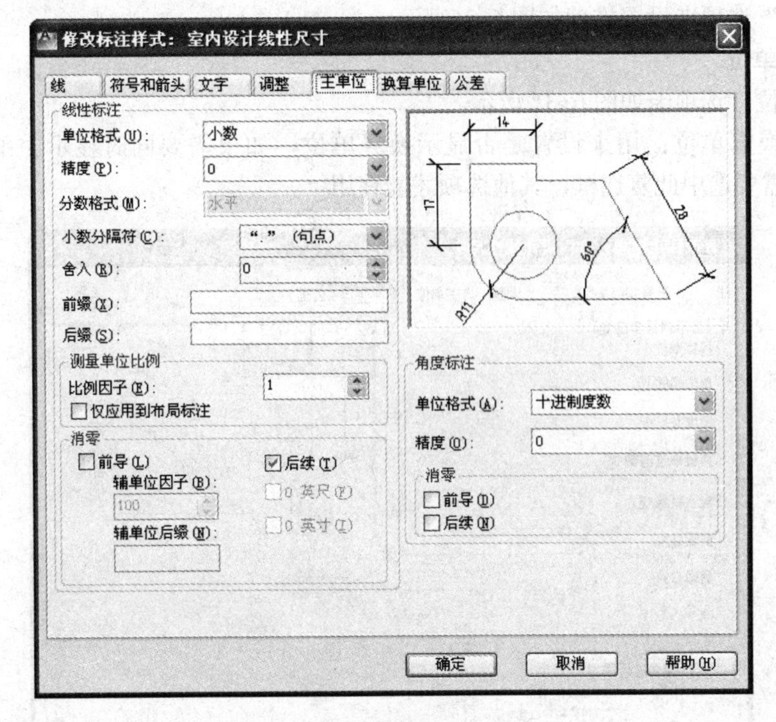

图 6-36 “主单位”选项卡

- 精度：用于确定主单位数值保留几位小数。
- 分数格式：当“单位格式”采用分数格式时，用于确定分数的格式，有水平、对角和非堆叠 3 个选择。
- 小数分隔符：当“单位格式”采用小数格式时，用于设置小数点的格式，根据国家标准，这里设置为“.”（句号）。
- 前缀：输入指定内容，在标注尺寸时，会在尺寸数字前面加上指定内容，如输入“%%c”，则在尺寸数字前面加上“ϕ”这个直径符号，这在标注非圆视图上圆的直径非常有效。
- 后缀：输入指定内容，在标注尺寸时，会在尺寸数字后面加上指定内容，如输入“H7”，则在尺寸数字后面加上“H7”这个公差代号，注意前缀和后缀可以同时添加。
- 测量单位比例：设置线性标注测量值的比例因子。AutoCAD 按照此处输入的数值放大标注测量值。例如，如果输入 2，AutoCAD 会将 1mm 标注显示为 2mm。一般采用默认设置，直接标注实际测量值。
- 消零：用于控制前导零和后续零是否显示。选择“前导”复选框，用小数格式标注尺寸时，不显示小数点前的零，如小数 0.500，选择“前导”复选框后显示为.500。选择“后续”复选框，用小数格式标注尺寸时，不显示小数后面的零，如小数 0.500，选择“后续”复选框后显示为 0.5。

（2）角度标注

角度标注选项组用来设置角度标注的单位格式、精度及消零的情况，设置方法与“线性标注”的设置方法相同，通常，将“单位格式”设置为“十进制度数”，将“精度”设置为“0”。

“主单位”选项卡设置推荐如图 6-36 所示。

6．换算单位

“换算单位”选项卡如图 6-37 所示。

- 显示换算单位：用来设置是否显示换算单位，如果需要同时显示主单位和换算单位，需要选中此复选框，其他选项才能使用。

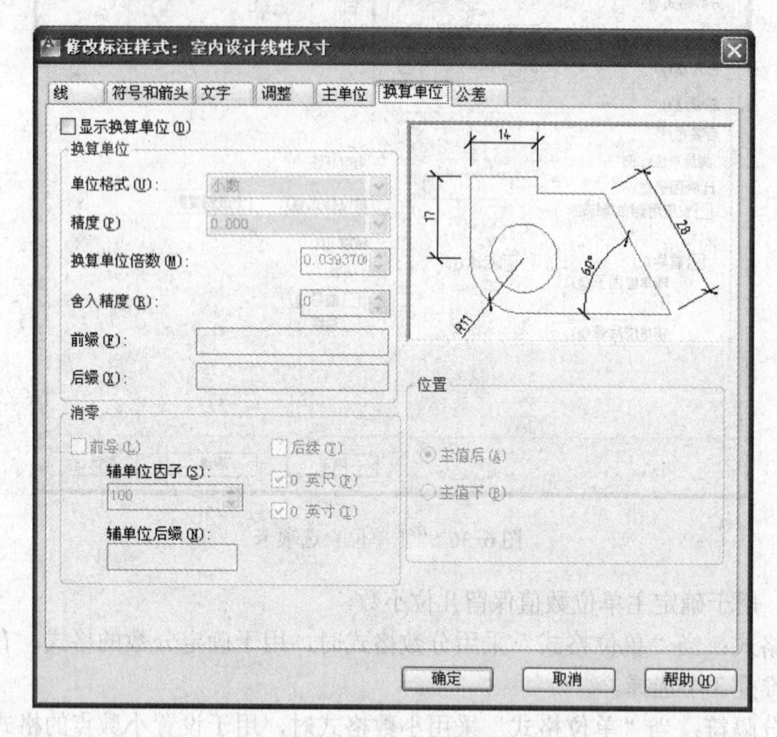

图 6-37 “换算单位”选项卡

- 换算单位：在此选项区中与主单位不同的选项是“换算单位倍数”，利用它可以设置主单位和换算单位之间的转换关系。换算单位等于主单位乘以换算单位乘数。如果主单位是毫米，换算单位是英寸，那么换算单位乘数为 1÷25.4=0.03937。
- 位置：选择“主值后”单选按钮，换算单位在主单位后面；选择“主值下”单选按钮，换算单位在主单位下面。

使用“公差”选项卡可以设置尺寸公差的格式，该选项卡在室内设计中一般不用，这里不再赘述。

当所有的设置完成后，单击按钮 确定 ，退回到“标注样式管理器”对话框中，若要以“室内设计线性尺寸”为当前标注格式，可以单击“样式”列表中的“室内设计线性尺寸”，使之亮显，再单击按钮 置为当前(U) ，设置它为当前的格式，最后单击按钮 关闭 关闭设置。

另外，要想把某一种样式设置为当前标注样式，可以单击“标注”工具栏 ISO-25 右侧的下拉按钮（此框只有在工具栏水平放置时才会出现），在样式列表中进行选择，或者在“注释”面板上进行选择，如图 6-38 所示。

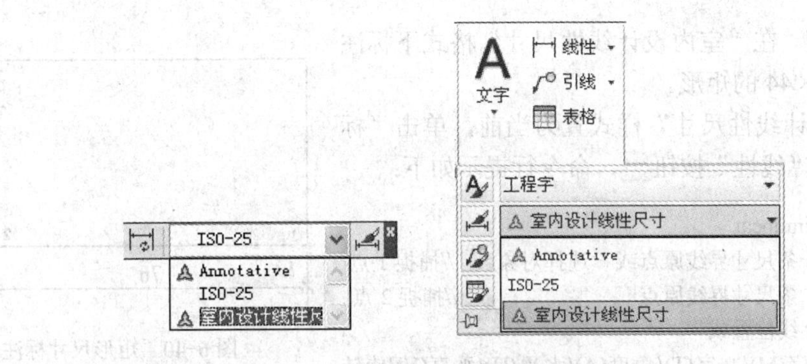

图 6-38　选择标注样式

6.2.2　标注尺寸

设置好符合国家标准的标注样式后，就可以使用标注工具标注图形了。AutoCAD 2012 提供了完善的标注命令，例如使用“直径”、“半径”、“角度”、“线性”、“圆心标记”等标注命令，可以对直径、半径、角度、直线及圆心位置等进行标注。

“标注”菜单、“注释”面板上“标注”下拉菜单及“标注”工具栏如图 6-39 所示。

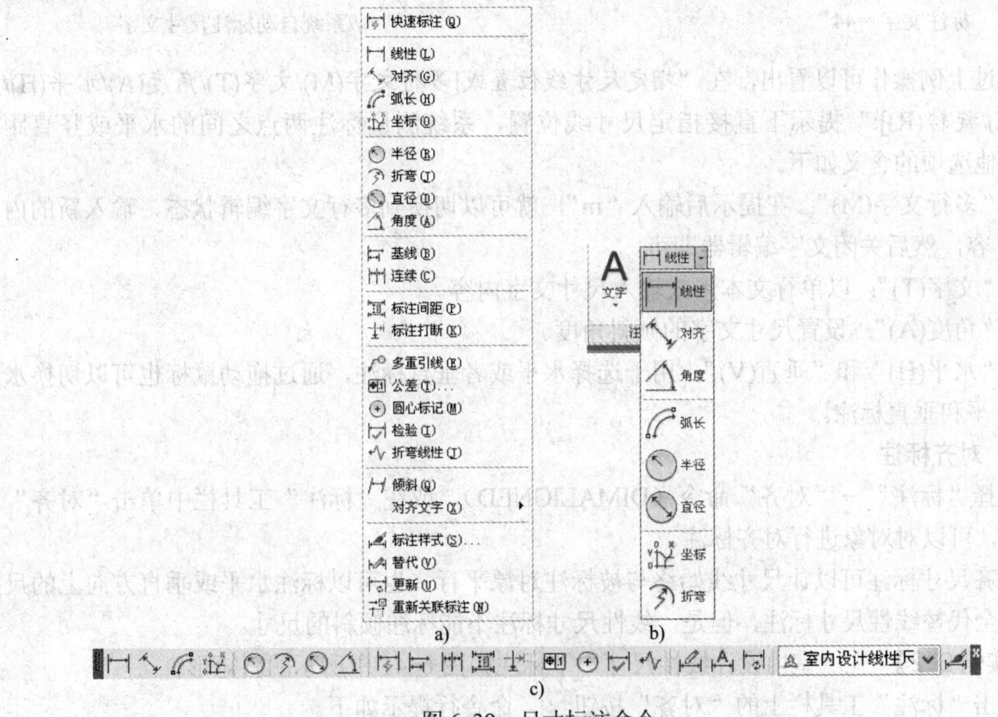

图 6-39　尺寸标注命令

a)“标注”菜单　b)“注释”面板上“标注”下拉菜单　c)“标注”工具栏

1. 线性标注

线性标注，是指标注对象在水平或垂直方向上的尺寸。

选择“标注”→“线性”命令（DIMLINEAR），或在“标注”工具栏中单击“线性”按钮⊢⊣，可创建用于标注两个点之间的距离测量值，并通过指定点或选择一个对象来实现。

【实例 6-1】 在“室内设计线性尺寸”格式下标注图 6-40 中的 76×44 的矩形。

把“室内设计线性尺寸”样式置为当前，单击“标注”工具栏上的“线性”按钮，命令行提示如下：

```
命令: _dimlinear
指定第一条尺寸界线原点或 <选择对象>:  //捕捉 1 点
指定第二条尺寸界线原点:              //捕捉 2 点
指定尺寸线位置或
[多行文字(M)/文字(T)/角度(A)/水平(H)/垂直(V)/旋转
(R)]:      移动鼠标，单击指定尺寸线的位置；
标注文字 =76                          //系统自动标注尺寸文字
```

图 6-40　矩形尺寸标注

再次单击“线性”按钮，命令行提示如下。

```
命令: _dimlinear
指定第一条尺寸界线原点或 <选择对象>:                          //捕捉 3 点
指定第二条尺寸界线原点:                                       //捕捉 2 点
指定尺寸线位置或
[多行文字(M)/文字(T)/角度(A)/水平(H)/垂直(V)/旋转(R)]:        //移动鼠标，单击指定尺寸线的位置
标注文字 =44                                                  //系统自动标注尺寸文字
```

通过上例操作可以看出，在“指定尺寸线位置或[多行文字(M)/文字(T)/角度(A)/水平(H)/垂直(V)/旋转(R)]:”提示下直接指定尺寸线位置，系统测量标注两点之间的水平或竖直距离。其他选项的含义如下。

- “多行文字(M)”：在提示后输入“m”，就可以切换到多行文字编辑状态，输入新的内容，然后关闭文字编辑器即可。
- “文字(T)”：以单行文本形式输入尺寸文字内容。
- “角度(A)”：设置尺寸文字的倾斜角度。
- “水平(H)”和“垂直(V)”：用于选择水平或者垂直标注，通过拖动鼠标也可以切换水平和垂直标注。

2．对齐标注

选择“标注”→“对齐”命令（DIMALIGNED），或在“标注”工具栏中单击“对齐”按钮，可以对对象进行对齐标注。

对齐尺寸标注可以让尺寸线始终与被标注对象平行，也可以标注水平或垂直方向上的尺寸，完全代替线性尺寸标注，但是，线性尺寸标注不能标注倾斜的尺寸。

【实例 6-2】 在“室内设计线性尺寸”下标注如图 6-41 中所示的斜矩形。

单击“标注”工具栏上的“对齐”按钮，命令行提示如下。

```
命令: _dimaligned
指定第一条尺寸界线原点或 <选择对象>:↙ //直接按〈Enter〉键，切换到选择标注对象状态
选择标注对象:                          //移动鼠标指针到斜边上单击选择对象
指定尺寸线位置或
[多行文字(M)/文字(T)/角度(A)]:         //指定尺寸线的位置，完成一个斜边的标注
标注文字 =85
```

用同样的方法标注另一个尺寸，这里使用的是选取标注对象的方法，当然也可以通过指定两端点的方法进行标注。

3．半径和直径标注

半径和直径标注方法用来标注圆或圆弧的半径和直径，可以通过菜单栏中的“标注”→“半径”或“直径”命令执行，也可以通过“标注”工具栏或者“注释”面板内的相应命令按钮来执行。

根据《房屋建筑制图统一标准》（GB50001—2010）中规定，标注半径、直径的尺寸起止符号，宜用箭头表示。因此，对于半径、直径尺寸标注还需以前面设置的尺寸标注样式为基础样式进行新建。

在“标注样式管理器”对话框中，单击“新建”按钮，在弹出的“创建新标注样式”对话框中输入新样式名“室内设计圆或圆弧尺寸”，如图 6-42 所示。单击按钮 继续 ，在随后弹出的“新建标注样式”对话框中的“符号和箭头”选项卡中将箭头样式改为“实心闭合”，如图 6-43 所示。最后，单击按钮 确定 结束。

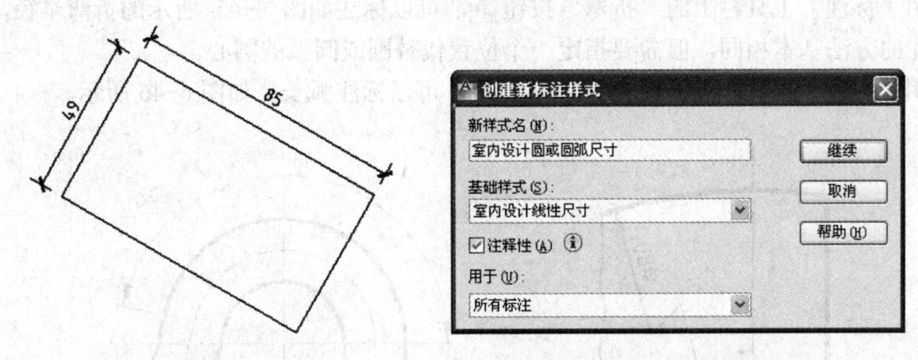

图 6-41　对齐尺寸标注　　　　图 6-42　创建新标注样式

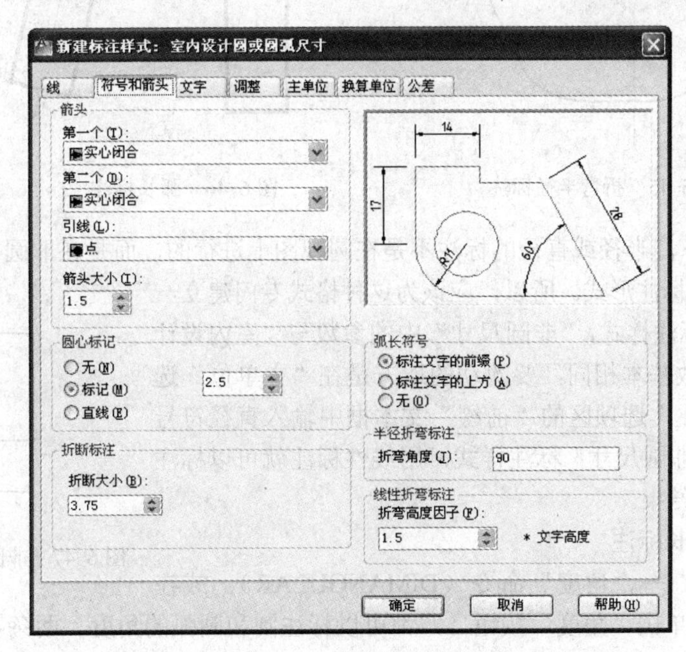

图 6-43　修改箭头类型

【实例 6-3】 标注图 6-44 中的半径和直径尺寸。

可以在“室内设计圆或圆弧尺寸”下进行。

1）单击“半径”按钮，命令行提示如下。

```
命令: _dimradius
选择圆弧或圆:                                          //拾取圆弧
标注文字 =5
指定尺寸线位置或 [多行文字(M)/文字(T)/角度(A)]:        //拖动光标，确定尺寸线位置
```

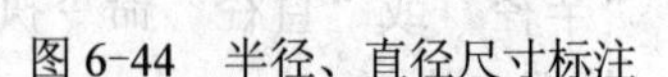

图 6-44　半径、直径尺寸标注

2）单击“直径”按钮，命令行提示如下：

```
命令: _dimdiameter
选择圆弧或圆:                                          //拾取圆
标注文字 =10
指定尺寸线位置或 [多行文字(M)/文字(T)/角度(A)]:        //拖动光标，确定尺寸线位置
```

使用“标注”工具栏上的“折弯”按钮，可以标注如图 6-45 所示的折弯半径，它与半径标注的方法基本相同，但需要指定一个位置代替圆或圆弧的圆心。

使用“标注”工具栏上的“弧长”按钮，可以标注弧长，如图 6-46 所示。

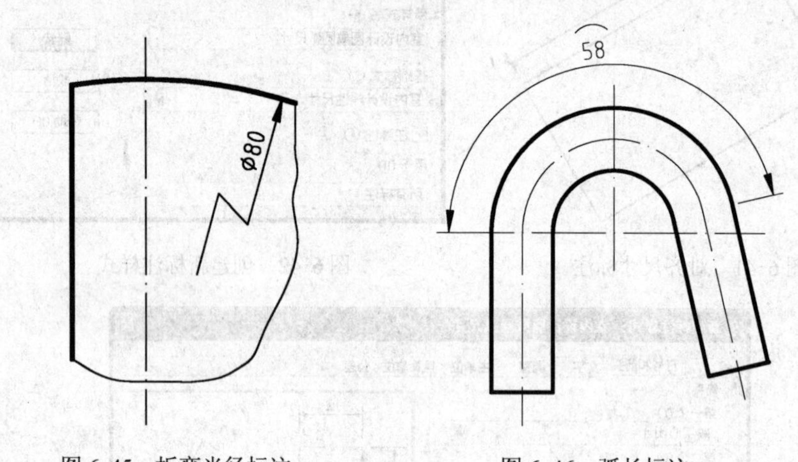

图 6-45　折弯半径标注　　图 6-46　弧长标注

在有些情况下，半径或直径的标注不是在圆视图上进行的，而是在非圆视图上进行，如图 6-47 中所示的标注形式。所以，应该为这种格式专门建立一个“非圆尺寸”标注样式，“非圆尺寸”中的参数与“室内设计线性尺寸”的参数基本相同，要改动的地方是在“主单位”选项卡的“线性标注”选项区的“前缀”文本框中输入直径符号“%%C”。使用“非圆尺寸”标注样式，用线性标注就可以标注出图 6-47 所示的结果。

图 6-47　非圆直径尺寸的标注

4．角度和弧长标注

选择“标注”→“角度”命令（DIMANGULAR），或在“标注”工具栏中单击“角度”按钮，都可以标注圆和圆弧的角度、两条直线间的角度，或者 3 点间的角度。

使用“室内设计圆或圆弧尺寸”样式标注角度尺寸即可符合国家标准，如图 6-48 所示。

选择“标注”→“弧长”命令（DIMARC），或在“标注”工具栏中单击“弧长”按钮，都可以标注圆弧的弧长。

使用“室内设计线性尺寸”样式标注弧长尺寸即可符合国家标准，如图 6-49 所示。

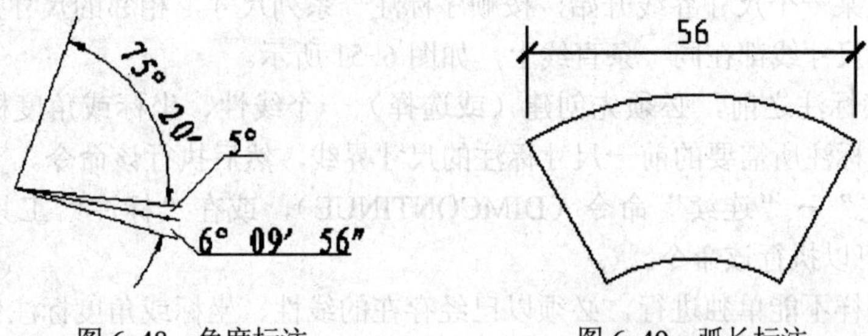

图 6-48　角度标注　　　　图 6-49　弧长标注

5. 基线标注

基线标注以某一尺寸界线为基准位置，按某一方向标注一系列尺寸，所有尺寸共用一条基准尺寸界线，应该先标注或选择一个尺寸作为基准标注。

选择“标注”→“基线”命令（DIMBASELINE），或在“标注”工具栏中单击“基线”按钮，可以创建一系列由相同的标注原点测量出来的标注，即并列尺寸。

【实例 6-4】 标注如图 6-50 所示的尺寸。

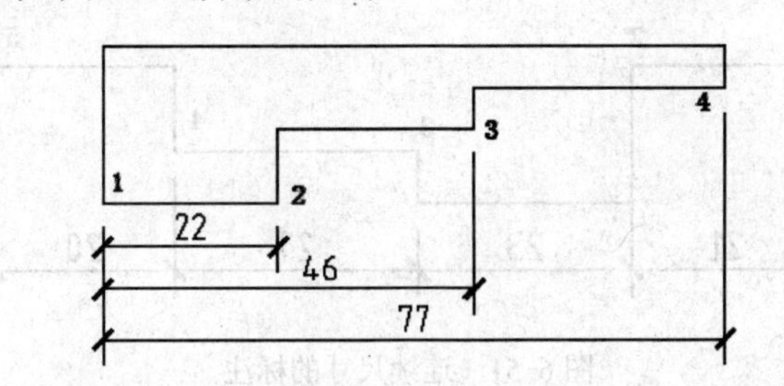

图 6-50　基线标注

1）用线性标注命令标注 1、2 点之间的尺寸。

在“基本样式”下执行线性标注命令，命令行提示如下。

```
命令: _dimlinear
指定第一条尺寸界线原点或 <选择对象>:                         //捕捉 1 点
指定第二条尺寸界线原点:                                     //捕捉 2 点
指定尺寸线位置或
[多行文字(M)/文字(T)/角度(A)/水平(H)/垂直(V)/旋转(R)]:          //指定尺寸线的位置
标注文字 =22
```

2）单击“基线”按钮，命令行提示如下。

```
命令: _dimbaseline
指定第二条尺寸界线原点或 [放弃(U)/选择(S)] <选择>:              //捕捉 3 点
标注文字 =46
```

指定第二条尺寸界线原点或 [放弃(U)/选择(S)] <选择>: //捕捉 4 点
标注文字 =77
指定第二条尺寸界线原点或 [放弃(U)/选择(S)] <选择>:↙ //按〈Enter〉键
选择基准标注: ↙ //结束标注

6. 连续标注

连续标注从某一个尺寸界线开始，按顺序标注一系列尺寸，相邻的尺寸共用一条尺寸界线，而且所有的尺寸线都在同一条直线上，如图 6-51 所示。

在进行连续标注之前，必须先创建（或选择）一个线性、坐标或角度标注作为基准标注，以确定连续标注所需要的前一尺寸标注的尺寸界线，然后执行该命令。

选择“标注”→“连续”命令（DIMCONTINUE），或在“标注”工具栏中单击“连续”按钮，可以执行该命令。

连续标注同样不能单独进行，必须以已经存在的线性、坐标或角度标注作为基准标注，系统默认刚结束的尺寸标注为基准标注，并且以该标注的第二条尺寸界线作为连续标注的第一条尺寸界线。若想将另外的标注作为基准标注，在连续标注命令提示“指定第二条尺寸界线原点或 [放弃(U)/选择(S)] <选择>:”时直接回车，切换到默认选择项，命令行提示“选择连续标注:”，此时选择要作为基准标注的尺寸标注即可，并且以该标注靠近拾取点的尺寸界线作为连续标注的第一尺寸界线。

【实例 6-5】 标注如图 6-51 所示的尺寸。

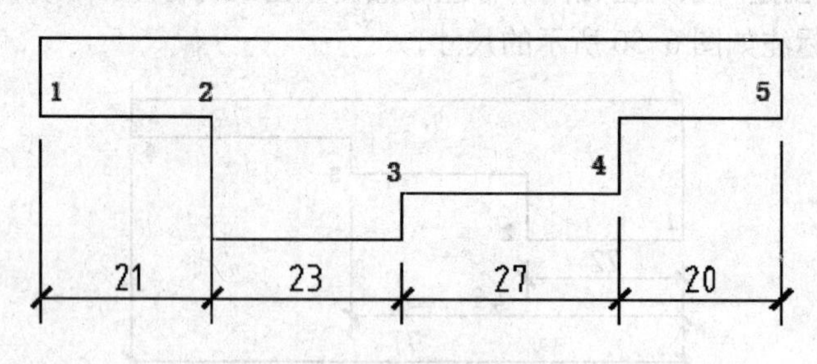

图 6-51　连续尺寸的标注

1）先用线性标注命令标注 1、2 点之间的尺寸。

在“室内设计线性尺寸”下执行线性标注命令，命令行提示如下。

命令: _dimlinear
指定第一条尺寸界线原点或 <选择对象>: //捕捉 1 点
指定第二条尺寸界线原点: //捕捉 2 点
指定尺寸线位置或
[多行文字(M)/文字(T)/角度(A)/水平(H)/垂直(V)/旋转(R)]: //指定尺寸线位置
标注文字 =21

2）单击“连续”按钮，命令行提示如下。

命令: _dimcontinue
指定第二条尺寸界线原点或 [放弃(U)/选择(S)] <选择>: //捕捉 3 点
标注文字 =23
指定第二条尺寸界线原点或 [放弃(U)/选择(S)] <选择>: //捕捉 4 点

```
标注文字 =27
指定第二条尺寸界线原点或 [放弃(U)/选择(S)] <选择>:            //捕捉 5 点
标注文字 =20
指定第二条尺寸界线原点或 [放弃(U)/选择(S)] <选择>:↙           //按〈Enter〉键
选择连续标注: ↙                                               //按〈Enter〉键结束标注
```

7．快速标注

AutoCAD 将常用标注综合成了一个方便的快速标注命令，执行该命令时，不再需要确定尺寸界线的起点和终点，只需选择需要标注的对象，如直线、圆、圆弧等，就可以快速标注这些对象的尺寸。

执行快速标注命令可以单击“标注”工具栏上的“快速标注”按钮，也可以使用菜单栏中的“标注”→“快速标注”命令。

6.2.3 尺寸标注的编辑修改

尺寸标注之后，如果要改变尺寸线的位置、尺寸文字中数值的大小等，就需要使用尺寸编辑命令。尺寸编辑包括样式的修改和单个尺寸对象的修改。通过修改尺寸样式，可以修改所有用该样式标注的尺寸。还可以用一种样式更新用另外一种样式标注的尺寸，即标注更新。单个尺寸对象的修改则主要用到编辑标注命令和编辑标注文字命令。

1．标注更新

要修改用某一种样式标注的所有尺寸，用户可以在“标注样式管理器”对话框中修改这个标注样式。这样用该标注样式标注的尺寸可以进行统一的修改。

如果要使用当前样式更新所选尺寸，则可以使用标注更新命令。

2．编辑标注文字

编辑标注文字命令用于改变尺寸标注中尺寸文字的位置和旋转角度。单击“标注”工具栏上的“编辑标注文字”按钮，命令行提示如下。

```
命令: _dimtedit
选择标注:                                     //选择需要编辑的尺寸对象
为标注文字指定新位置或 [左对齐(L)/右对齐(R)/居中(C)/默认(H)/角度(A)]:
```

这时可以移动鼠标改变尺寸线和尺寸数字的位置。该命令还提供了一些备选项，它们的使用方法如下。

- 左对齐、右对齐：尺寸文字靠近尺寸线的左边或右边。
- 居中：尺寸文字放置在尺寸线的中间。
- 默认：按照默认位置放置尺寸文字。
- 角度：将标注的尺寸文字旋转指定角度。

3．编辑标注

使用编辑标注命令可以修改尺寸标注的文字和尺寸界线的旋转角度等，与编辑标注文字命令不同的是，该命令先设置修改的元素，然后选择对象。

单击“标注”工具栏上的“编辑标注”按钮，命令行提示如下。

```
命令: _dimedit
```

输入标注编辑类型 [默认(H)/新建(N)/旋转(R)/倾斜(O)] <默认>:　　//选择修改方式
选择对象:　　//选择对象，可以多次选择对象

在命令行中可以选择的修改方式如下。

- 默认：按默认方式放置尺寸文字。
- 新建：选择此选项会打开多行文字编辑器，在编辑器中修改编辑尺寸文字，注意编辑器中显示的“<>”是默认尺寸数字。
- 旋转：将尺寸文字旋转指定角度。
- 倾斜：将尺寸界线倾斜指定角度，如图 6-52 所示。

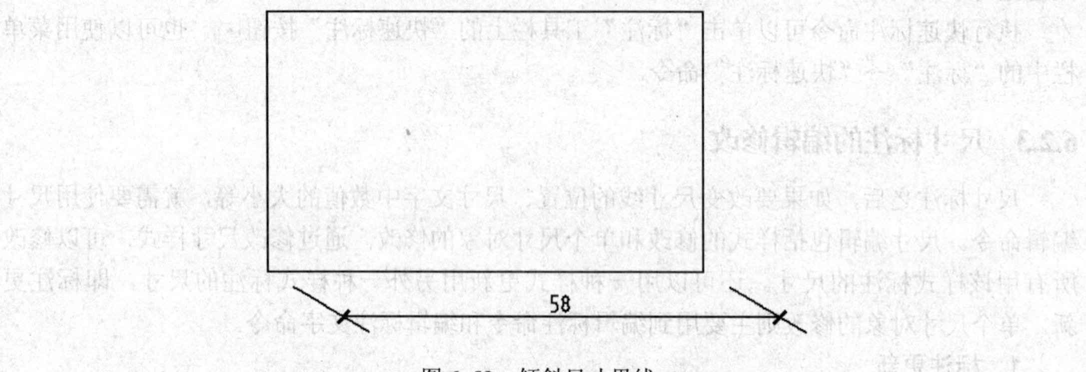

图 6-52　倾斜尺寸界线

4. 折断标注

使用“折断标注”按钮可以将折断添加至线性标注、角度标注和坐标标注等，如图 6-53 所示。

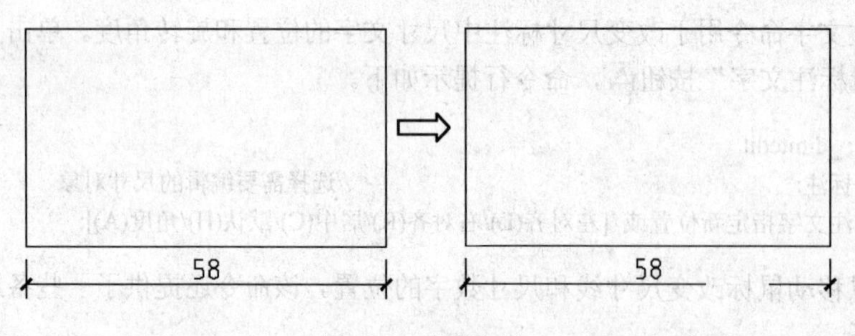

图 6-53　折断标注

5. 尺寸关联

标注关联性定义几何对象和为其提供距离和角度的标注间的关系。AutoCAD 提供了 3 种关联性（几何对象和标注之间的关联性），下面分别进行介绍。

- 关联标注：当与其关联的几何对象被修改时，关联标注将自动调整其位置、方向和测量值。布局中的标注可以与模型空间中的对象相关联。系统变量 DIMASSOC 设置为“2”。
- 无关联标注：与其测量的几何图形一起选定和修改。无关联标注在其测量的几何对象被修改时不发生改变。系统变量 DIMASSOC 设置为“1”。
- 分解的标注：标注的数值可以与实际测量值分离。系统变量 DIMASSOC 设置为“0”。

6．关联标注

用修改命令对标注对象进行修改后，与之关联的尺寸会发生更新。发生这种变化的原因是 AutoCAD 在尺寸标注和标注对象之间建立了几何驱动的尺寸标注关联。利用这个特点，在修改标注对象后不必重新标注尺寸，非常方便。如图 6-54 中移动矩形的右下角点尺寸标注的变化。在图 6-55 中移动圆的位置，圆心与矩形的右上角点的水平和竖直距离尺寸也会随之更新。

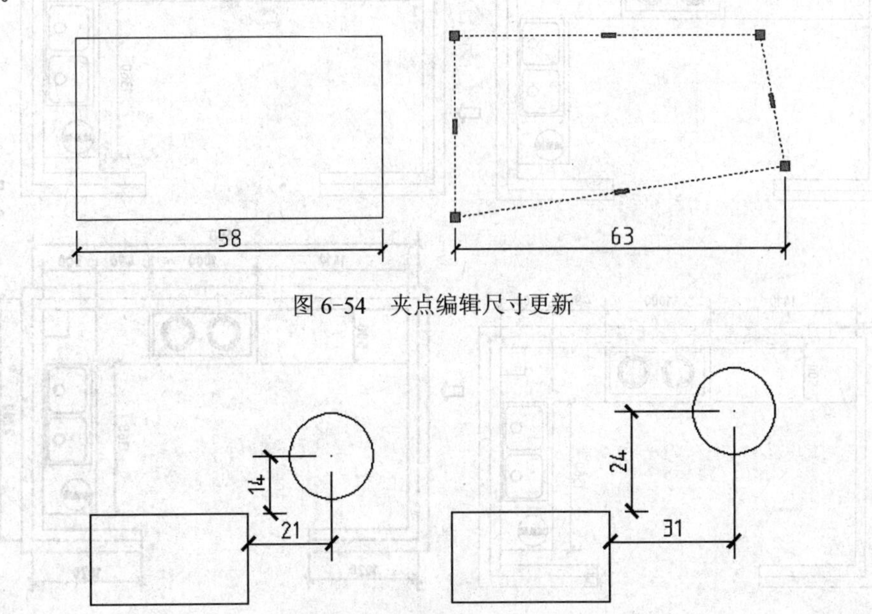

图 6-54　夹点编辑尺寸更新

图 6-55　移动编辑尺寸更新

选择“工具”→“选项”命令，弹出“选项”对话框，切换到“用户系统设置”选项卡，在“关联标注”中选择“使新标注可关联”复选框，如图 6-56 所示，则标注的尺寸就会与标注的对象尺寸关联。系统默认尺寸关联。

7．无关联标注

如果设置系统变量 DIMASSOC 的值为 1，那么标注的尺寸与标注对象就没有关联，无关联标注在其测量的几何对象被修改时不发生改变，如图 6-57 所示。

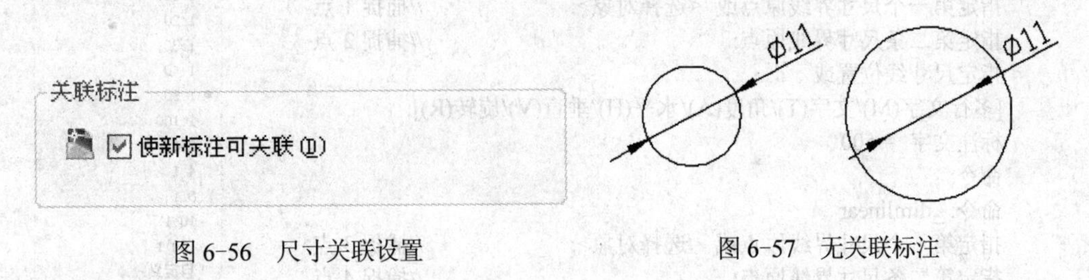

图 6-56　尺寸关联设置　　　　图 6-57　无关联标注

8．分解的标注

如果把系统变量 DIMASSOC 设置为 0，则在标注尺寸时系统会询问标注的数值，这一点与关联标注和无关联标注不一样。

6.2.4 厨房平面图尺寸标注实例

【实例 6-6】 为如图 6-58 所示的厨房平面图标注尺寸。

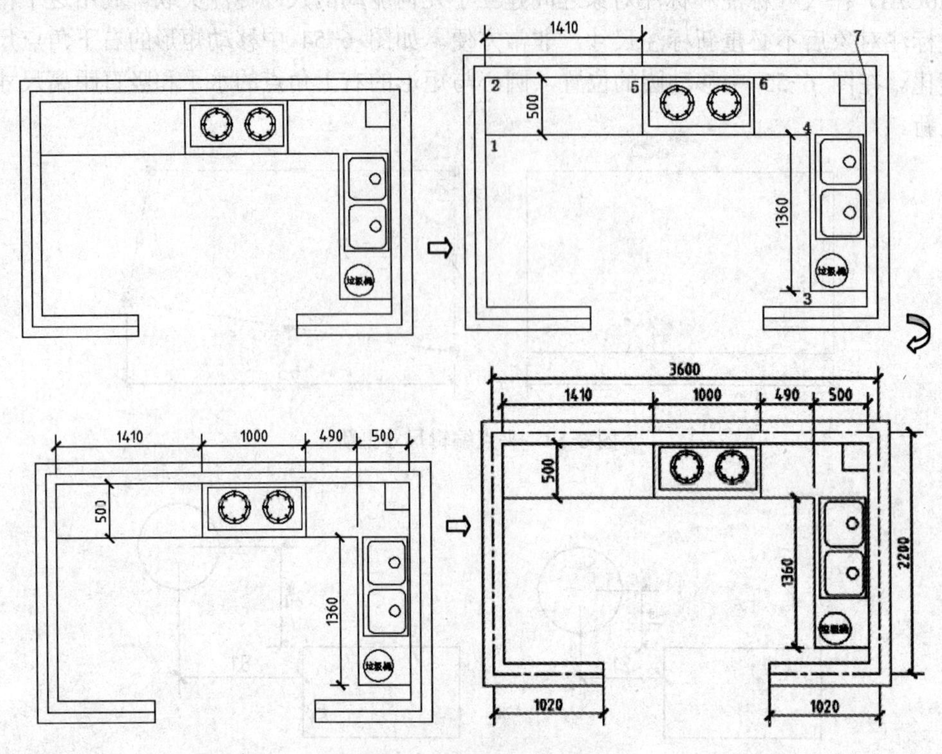

图 6-58 厨房平面图标注尺寸

1）将尺寸标注样式切换成“室内设计线性尺寸”样式，将“注释比例”改为“1:50”，如图 6-59 所示。

2）选择“标注”→“线性”命令，标注尺寸 500、1360、1410，命令行提示如下。

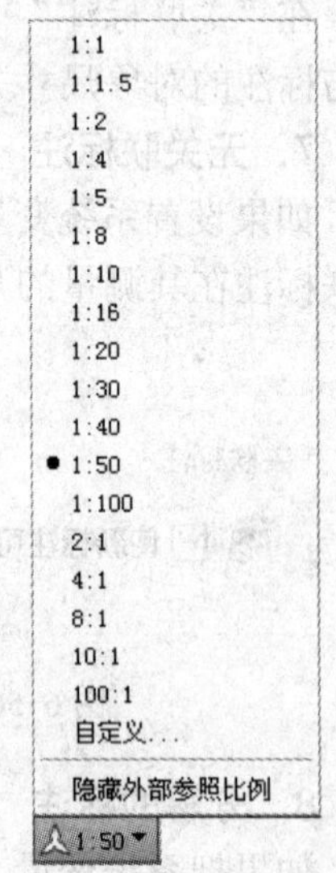

图 6-59 修改注释比例

```
命令: _dimlinear
命令: _dimlinear
指定第一个尺寸界线原点或 <选择对象>:                    //捕捉 1 点
指定第二条尺寸界线原点:                                //捕捉 2 点
指定尺寸线位置或
[多行文字(M)/文字(T)/角度(A)/水平(H)/垂直(V)/旋转(R)]:
标注文字 =500
命令:
命令: _dimlinear
指定第一个尺寸界线原点或 <选择对象>:                    //捕捉 3 点
指定第二条尺寸界线原点:                                //捕捉 4 点
指定尺寸线位置或
[多行文字(M)/文字(T)/角度(A)/水平(H)/垂直(V)/旋转(R)]:
标注文字 =1360
命令:
命令: _dimlinear
```

指定第一个尺寸界线原点或 <选择对象>: //捕捉 2 点
指定第二条尺寸界线原点: //捕捉 5 点
指定尺寸线位置或
[多行文字(M)/文字(T)/角度(A)/水平(H)/垂直(V)/旋转(R)]:
标注文字 = 1410

3）选择“标注”→“连续”命令，标注尺寸 1000、490、500，命令行提示如下。

命令: _dimcontinue
指定第二条尺寸界线原点或 [放弃(U)/选择(S)] <选择>: //捕捉 6 点
标注文字 = 1000
指定第二条尺寸界线原点或 [放弃(U)/选择(S)] <选择>: //捕捉 4 点
标注文字 = 490
指定第二条尺寸界线原点或 [放弃(U)/选择(S)] <选择>: //捕捉 7 点
标注文字 = 500

4）使用和第 2）步相同的方法，选择“标注”→“线性”命令，标注尺寸 3600、2200、1020。

6.3 引线标注

AutoCAD 提供了引线标注功能，使用该功能不仅可以标注特定的尺寸，如圆角、倒角等，还可以在图中添加多行旁注、说明。

引出线应以细实线绘制，宜采用水平方向的直线，与水平方向成 30°、45°、60°、90°的直线，或经上述角度再折为水平线。文字说明宜注写在水平线的上方，也可注写在水平线的端部。索引详图的引出线应与水平直径线相连接，如图 6-60 所示。

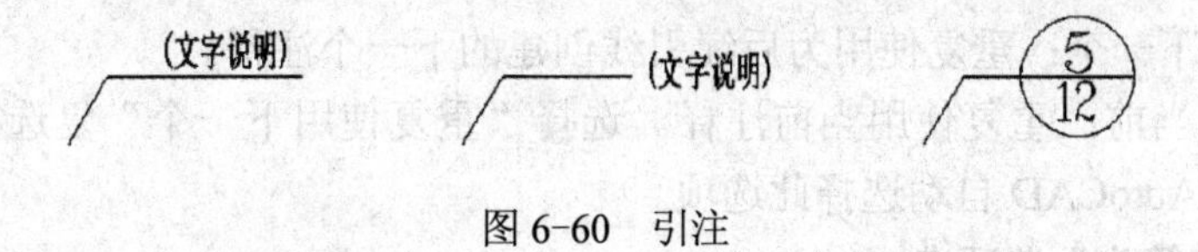

图 6-60 引注

同时引出的几个相同部分的引出线，宜互相平行，也可画成集中于一点的放射线，如图 6-61 所示。

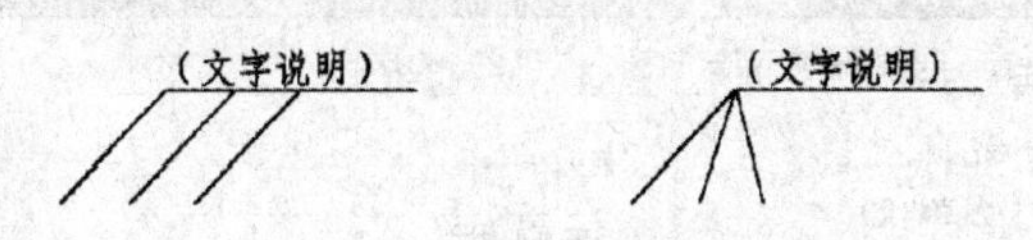

图 6-61 共同引出线

利用快速引线标注命令可以标注一些说明或注释性文字，引注一般由箭头、引线和注释文字构成。

6.3.1 引注样式设置

启动快速引线标注命令（命令行输入：qleader）后，在“指定第一个引线点或 [设置(S)] <设置>: ”提示下直接按〈Enter〉键，会弹出“引线设置”对话框，如图 6-62 所示，利用该对话框可以对引注的箭头、注释类型、引线角度等进行设置。

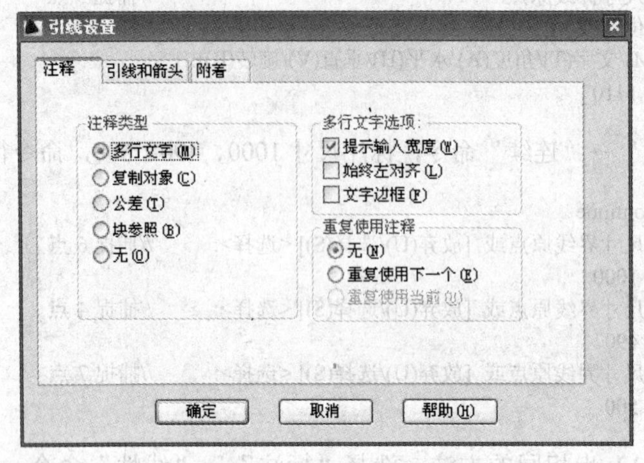

图 6-62 “引线设置”对话框

1. “注释”选项卡

(1) 注释类型

常用的是“多行文字”单选按钮，用于添加文字注释。

(2) 多行文字选项

- 提示输入宽度：命令行提示输入文字的宽度。
- 始终左对齐：设置多行文字左对齐。
- 文字边框：设置是否为注释文字加边框。

(3) 重复使用注释

- 无：不重复使用，每次使用引线标注命令时，都手工输入注释文字的内容。
- 重复使用下一个：重复使用为后续引线创建的下一个注释。
- 重复使用当前：重复使用当前注释。选择“重复使用下一个”复选框之后重复使用注释时，AutoCAD 自动选择此选项。

2. “引线和箭头”选项卡

“引线和箭头”选项卡如图 6-63 所示。

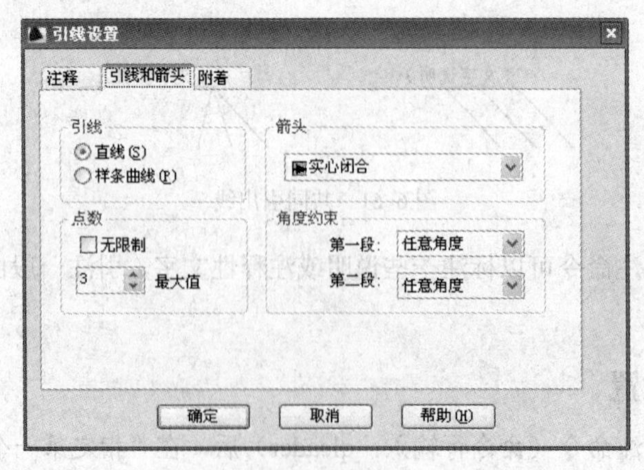

图 6-63 “引线和箭头”选项卡

（1）引线

用于设置引线形式是直线还是样条曲线。

（2）点数

在“最大值”文本框中设置一个引注中引线的最多段数。如果选中“无限制”复选框，则表示对引线段数没有限制。

（3）箭头

通过下拉列表选择引注箭头的样式。

（4）角度约束

设置第一段和第二段引线的角度约束，设置角度约束后，引线的倾斜角度只能是角度约束值的整数倍。其中，“任意角度”表示没有限制，“水平”表示引线只能水平绘制。

3. “附着”选项卡

“附着”选项卡如图 6-64 所示。

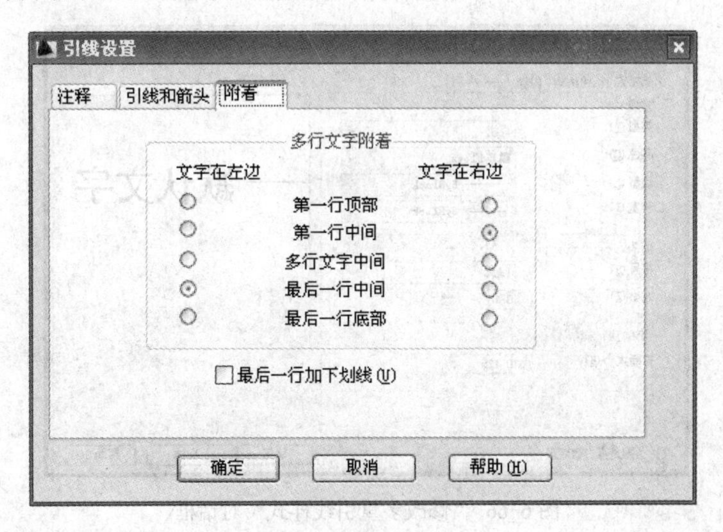

图 6-64 “附着”选项卡

（1）多行文字附着

用户可以使用左边和右边的两组单选按钮，分别设置当注释文字位于引线左边或右边时文字的对齐位置。

（2）最后一行加下画线

选择该复选框，会给最后一行文字加下画线。

6.3.2 多重引线

使用多重引线，同样可以实现引线标注的功能，只是需要首先设置多重引线样式。

下面以标注索引详图的引出线为例来进行介绍：

1）选择“格式”→“多重引线样式”命令，弹出“多重引线样式管理器”对话框，新建一个“索引详图”样式，如图 6-65 所示。

2）单击“修改”按钮，在弹出的“修改多重引线样式”对话框中修改箭头符号为“无”，如图 6-66 所示。

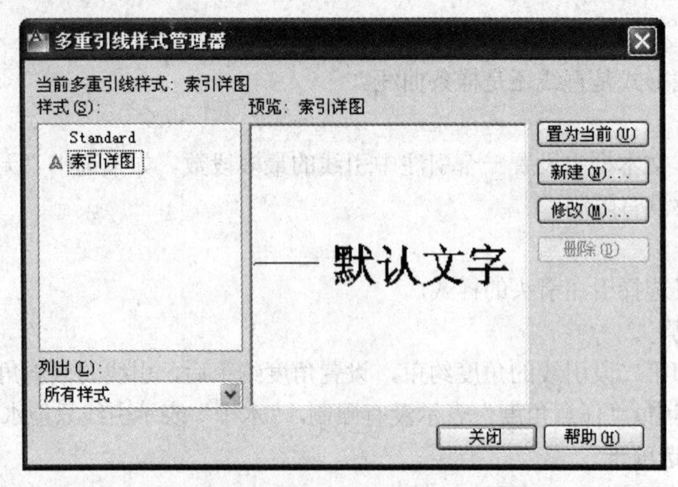

图 6-65 “多重引线样式管理器”对话框

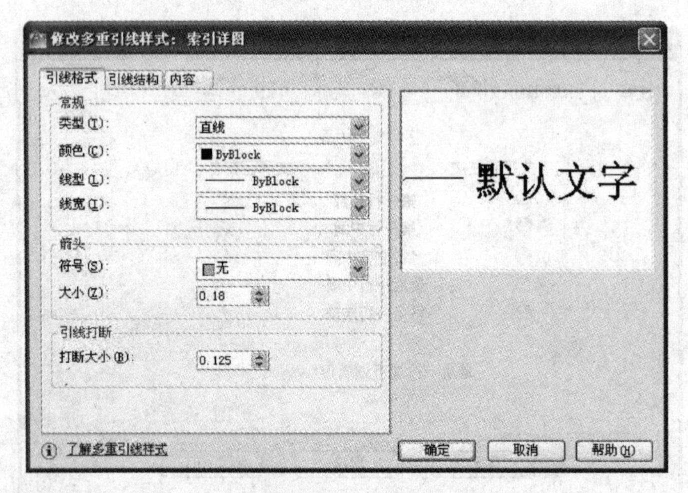

图 6-66 “修改多重引线样式”对话框

3）切换到“引线结构”选项卡，设置参数如图 6-67 所示。

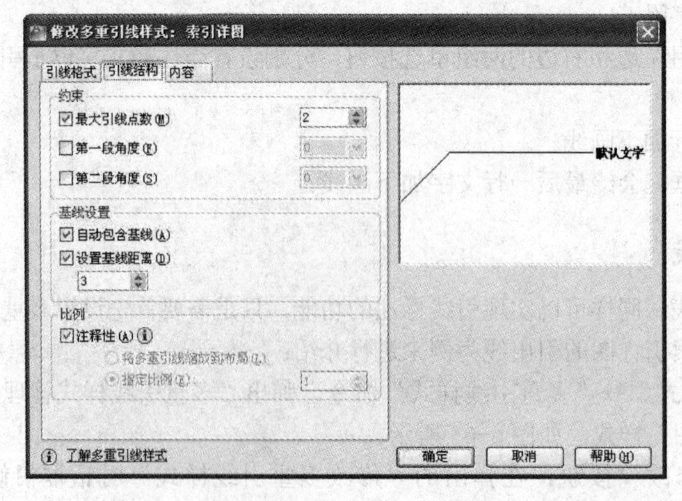

图 6-67 “引线结构”选项卡

4）切换到“内容”选项卡，设置参数如图 6-68 所示。

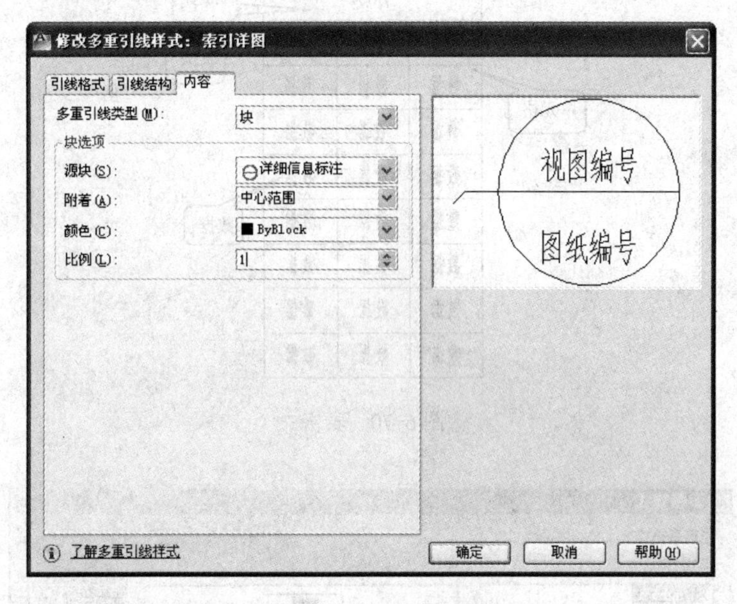

图 6-68 “内容”选项卡

5）单击按钮 确定 ，完成样式设置，选择“索引详图”，然后单击按钮 置为当前(U) ，将“索引详图”设为当前样式。

6）选择“标注”→“多重引线”命令，可以标注索引详图的序号，命令行提示如下。

```
命令: _mleader
指定引线箭头的位置或 [引线基线优先(L)/内容优先(C)/选项(O)] <选项>:
指定引线基线的位置:
输入属性值
输入视图编号 <视图编号>: 5
输入图纸编号 <图纸编号>: 12
```

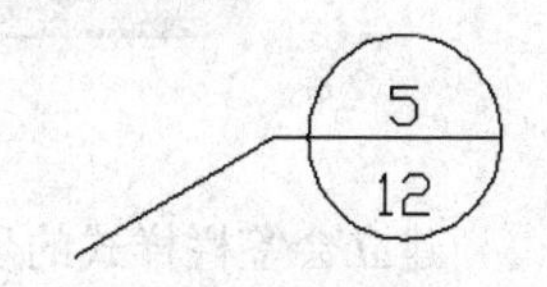

图 6-69 索引标注

结果如图 6-69 所示。

6.4 表格

在工程图中会经常遇到表格，以前需要用户用绘图工具画出来，AutoCAD 现在提供了一个新功能——表格，可以利用该功能自动生成表格，非常方便。

6.4.1 表格样式

首先来认识一下 AutoCAD 提供的表格样式，如图 6-70 所示。

选择“格式”→“表格样式”命令（或者单击“注释”面板上的“表格样式”按钮），弹出“表格样式”对话框，如图 6-71 所示。

在“样式”列表框中显示的是系统自带的表格样式，该样式可以在“预览”中看到样子。具体说明可以对照图 6-70。

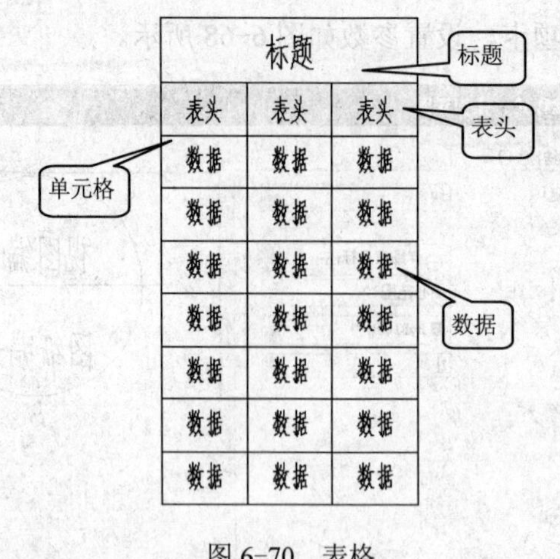

图 6-70　表格

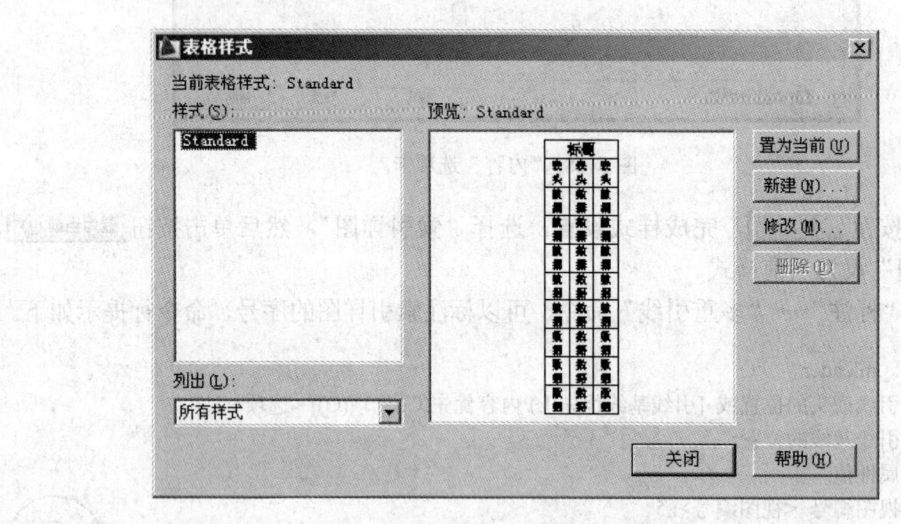

图 6-71 “表格样式”对话框

建立会签栏样式的步骤如下。

1）单击按钮 新建(N)...，弹出“创建新的表格样式”对话框，修改“新样式名”为“会签栏”，如图 6-72 所示，单击按钮 继续 。

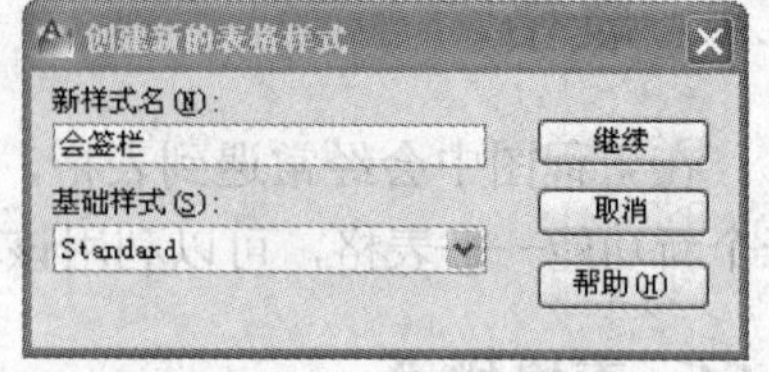

图 6-72 “创建新的表格样式”对话框

2）弹出“新建表格样式”对话框，如图 6-73 所示。“单元样式”下拉列表中有标题、表头和数据 3 个选项，选择一个选项，在下面的“常规”、“文字”和“边框”选项卡中设置参数。

- 在“单元样式”下拉列表中选择“数据”，在“文字”选项卡中设置文字样式为工程字、字高为 5，在“边框”选项卡中设置内框线宽为 0.25、外框线宽为 0.5（例如先选择“线宽”为 0.25，然后单击内边框按钮，就可以设置内框线宽）。
- 在“单元样式”下拉列表中选择“表头”，设置文字样式为工程字、字高为 5，设置内框线宽为 0.25、外框线宽为 0.5。

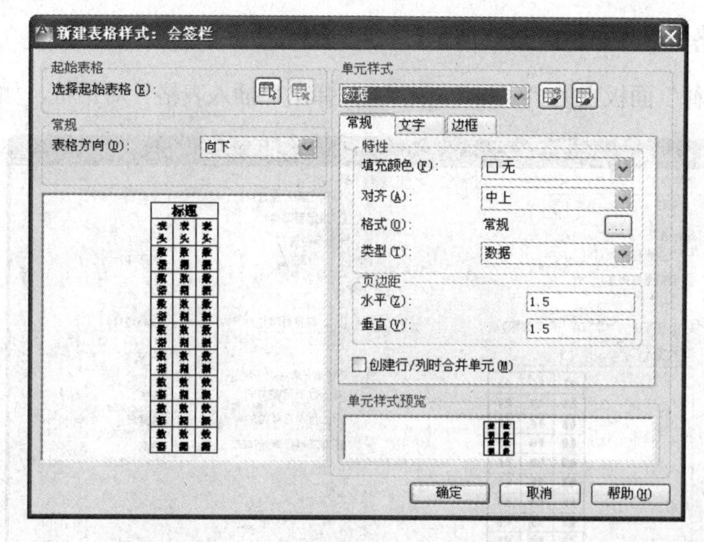

图 6-73 “新建表格样式”对话框

3）使用“表格方向”下拉列表改变表的方向。

- 向下：创建由上而下读取的表。标题行和列标题行位于表的顶部（由于会签栏是从上向下绘制的，所以选择此项）。
- 向上：创建由下而上读取的表。标题行和列标题行位于表的底部。

4）使用“页边距”选项控制单元边界和单元内容之间的间距（修改数据和表头的设置）。

- 水平：设置单元中的文字或块与左、右单元边界之间的距离（使用默认值）。
- 垂直：设置单元中的文字或块与上、下单元边界之间的距离（使用默认值）。

提示： 关于标题不做设置，在插入表格时删除该行，因为会签栏没有该行。

5）设置完毕后单击按钮 确定 回到“表格样式”对话框，这时在“样式”列表框中会出现刚定义的表格样式，如图 6-74 所示。用户可以在其中选择样式，单击按钮 置为当前(U) 将该样式置为当前。如果要修改某样式，可以单击按钮 修改(M)... 。

定义好表格样式后，单击按钮 关闭 关闭对话框。

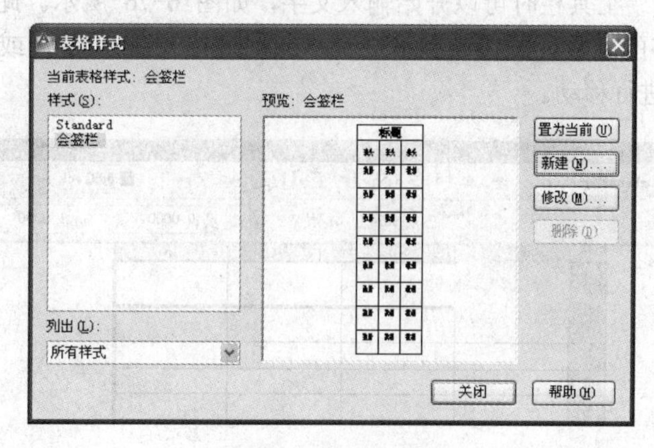

图 6-74 会签栏样式

6.4.2 创建表格

1）单击“注释”面板上的“表格”按钮，弹出“插入表格”对话框，如图 6-75 所示。

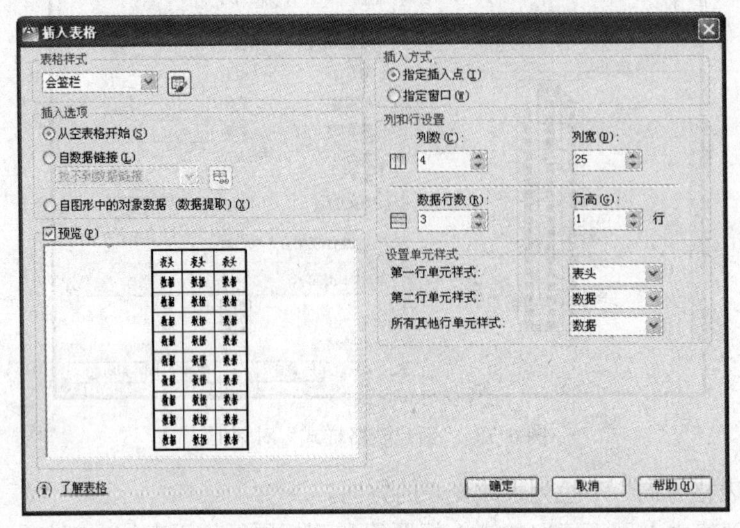

图 6-75 “插入表格”对话框

2）从“表格样式”下拉列表中选择一个表格样式，或单击“启动‘表格样式’对话框”按钮创建一个新的表格样式（这里选择“会签栏”表格样式）。

3）选择“指定插入点”作为插入方式。

4）设置列数和列宽（列数为 4，列宽为 25）。

5）设置数据行数和行高（数据行数为 3，行高为 1）。

提示：按照文字行高指定表的行高。文字行高基于文字高度和单元边距，这两项均在表样式中设置。选择“指定窗口”单选按钮并指定行数时，行高为“自动”选项，这时行高由表的高度控制。

6）设置单元样式，“第一行单元样式”为表头，“第二行单元样式”为数据。

7）单击按钮 确定 ，系统提示输入表格的插入点，指定插入点后，会亮显第一个单元，显示“文字格式”工具栏时可以开始输入文字，如图 6-76 所示。此时，单元的行高会加大以适应输入文字的行数。要移动到下一个单元，请按〈Tab〉键，或使用方向键〈←〉、〈→〉、〈↑〉、〈↓〉进行移动。

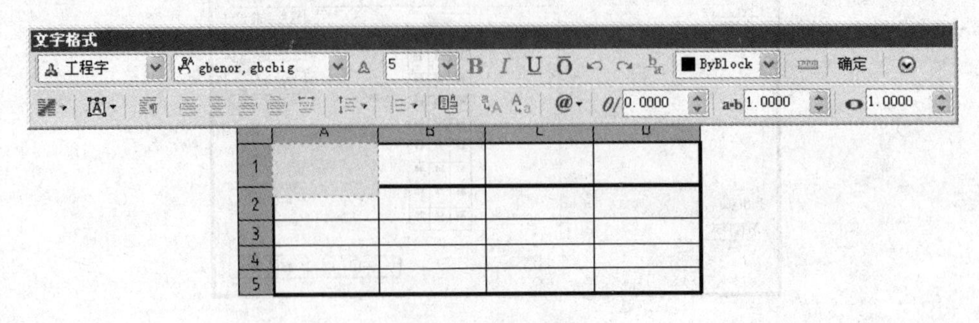

图 6-76 输入内容

6.4.3 修改表格

1. 修改整个表格

首先认识表格上的控制句柄，在任意表格线上单击会选中整个表格，表格上的控制句柄同时会显示出来，它们的作用如图 6-77 所示。

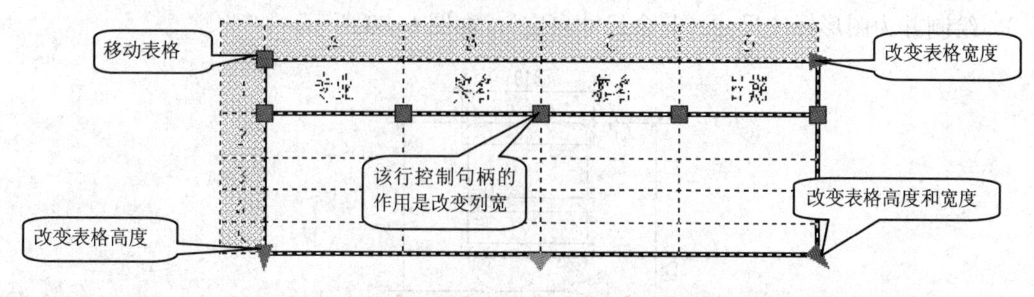

图 6-77 表格上的控制句柄

2. 修改表格单元

在单元内单击以选中它，单元边框的中央将显示夹点。拖动单元上的夹点可以使单元及其列或行更宽或更小。

要选择多个单元，请单击并在多个单元上拖动。按住〈Shift〉键并在另一个单元内单击，可以同时选中这两个单元以及它们之间的所有单元。

对于一个或多个选中的单元，可以右击，然后使用如图 6-78 所示的快捷菜单中的选项来插入或删除列和行、合并相邻单元或进行其他修改。

对于表格，还可以使用“特性”选项板进行编辑，如图 6-79 所示。

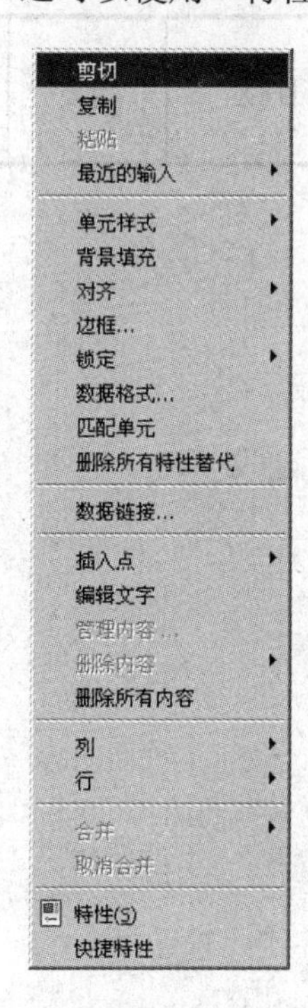

图 6-78 快捷菜单

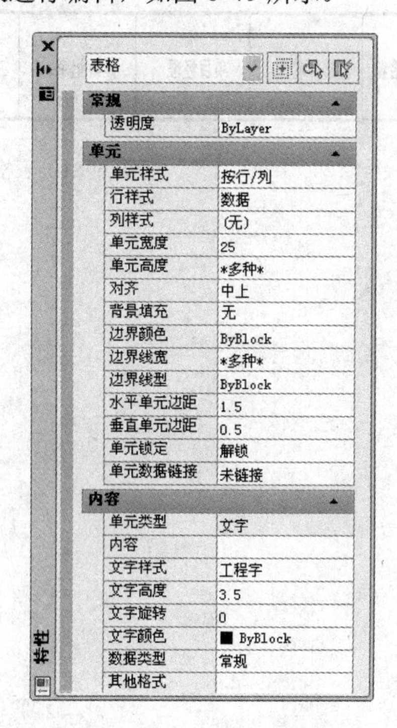

图 6-79 表格特性选项板

6.5 思考与练习

1．工程图样中，汉字及数字、字母的格式应该怎样设置才符合国家标准规定？

2．工程图样中，尺寸标注样式应该怎样设定才符合国家标准规定？

3．绘制并为图形标注尺寸（其余尺寸自定），如图 6-80 所示。

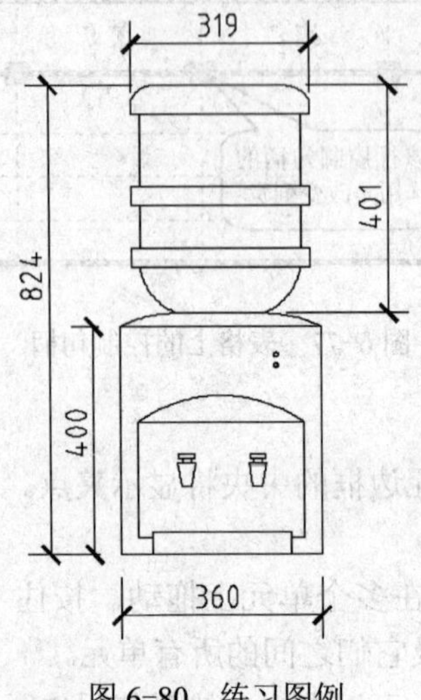

图 6-80　练习图例

4．绘制并填写下面的表格，如图 6-81 所示。

设计单位名称	注册师签章	项目经理	修改记录	工程名称区	图号区	签字区	会签栏

30-50

图 6-81　表格练习

第 7 章　块及设计中心

为了提高系统整体的图形设计效率，并有效地管理整个系统的图形设计文件，AutoCAD 具备大量的图形设计辅助工具，包括块、设计中心、工具选项板等。

本章主要介绍块操作、块的属性、设计中心、工具选项板等图形设计辅助工具。

【本章重点】

- 块的制作
- 块属性的定义
- 设计中心的使用
- 工具选项板的使用

7.1　块操作

块是 AutoCAD 很有特色的一个功能，对于处理一些多次重复的符号、表格等十分有用，本节介绍块的相关操作。

7.1.1　块的定义

块是由一组图形对象组成的集合，AutoCAD 把一个块作为一个对象进行编辑、修改等操作，用户可根据绘图需要把块插入到图中指定的位置，而且在插入时还可以指定不同的缩放比例和旋转角度。如果需要对组成块的单个图形对象进行修改，则可以利用“分解”命令把块炸开分解成若干个对象。块还可以重新定义，一旦被重新定义，整个图中基于该块的对象就将随之改变。

在使用块之前，必须定义用户需要的块，块的相关数据储存在块定义表中。然后通过执行块的插入命令，将块插入到图形的需要位置。块的每次插入都称为块参照，它不仅仅是从块定义复制到绘图区域，更重要的是，它建立了块参照与块定义间的链接。因此，如果修改了块定义，所有的块参照也将自动更新。同时，AutoCAD 系统默认将插入的块参照作为一个整体对象进行处理。

块的有关操作可以使用工具面板完成，可以在如图 7-1 所示的“常用”选项卡的“块”面板中选择合适的工具，也可以切换到“插入”选项卡，如图 7-2 所示，在其中的“块”面板和“块定义”面板中选择相应工具。

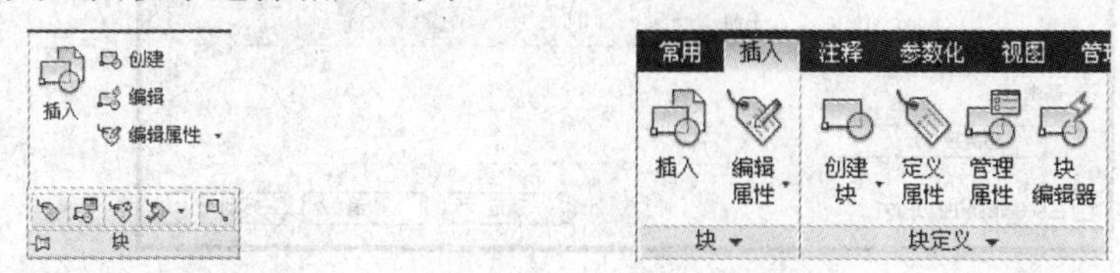

图 7-1　“块”面板　　　　图 7-2　“插入”选项卡中的“块”面板和“块定义”面板

还可以选择菜单栏中的“绘图”→“块”后面的子菜单命令进行块的定义，如图 7-3 所示。

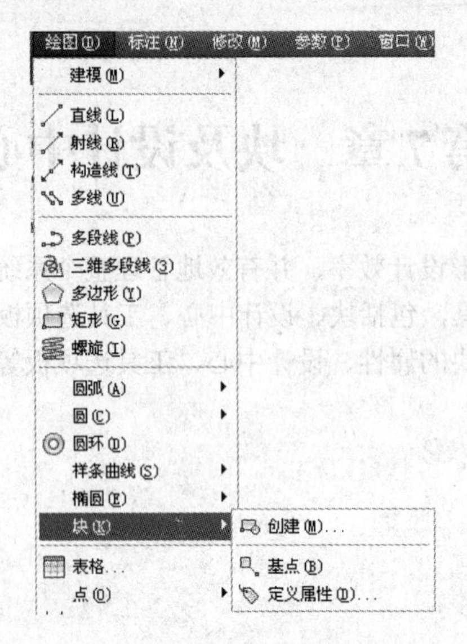

图 7-3 “块”菜单

1. 定义内部块

所谓内部块是指该块属于一个图形文件内部，只能在本图形文件内被插入使用，如果其他图形文件想调用，则需借助“设计中心”等一些操作才能被调用。

创建内部块需要打开“块定义”对话框，在其中完成设置。打开“块定义”对话框进行块定义的方法有以下几种。

- 菜单：选择“绘图”→“块”→“创建”命令。
- 工具面板：单击“常用”选项卡的“块”面板中的“插入”按钮，或者单击“插入”选项卡的“块定义”面板中的“创建块”按钮。
- 命令行：在命令提示状态下输入 block 或 b，按空格键或〈Enter〉键确认。

进行上述操作后，将弹出如图 7-4 所示的“块定义”对话框。通过该对话框可以定义块的名称、块的基点、块包含的对象等。

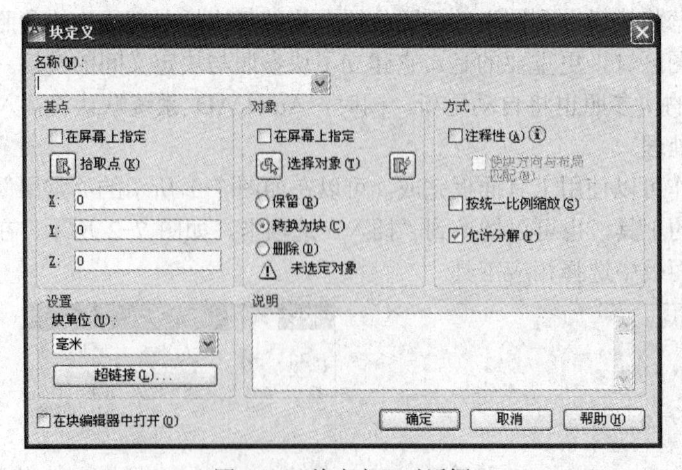

图 7-4 “块定义”对话框

对话框中各选项的含义如下。

(1)“名称”编辑框

在“名称”编辑框中输入要创建的块名称，或者在其下拉列表中选择已创建的块名称对其进行重定义。

(2)“基点”选项组

“基点”选项组用来指定基点的位置。基点是指插入块时，在块中光标附着的位置。AutoCAD 提供了以下 3 种指定基点的方法：

- 单击“拾取点”按钮，对话框临时消失，用光标在图形区拾取要定义为块基点的点，此方法为最常用的指定块基点的方式。
- 在“X”、“Y”和“Z”编辑框中分别输入坐标值确定插入基点，其中，Z 坐标通常设为 0。
- 如果勾选“基点”选项组中的“在屏幕上指定”复选框，则其下指定基点的两种方式变为不可用，可在单击按钮 确定 后根据命令行提示在图形区中指定块基点。

(3)“对象”选项组

“对象”选项组用来选择组成块的图形对象并定义对象的属性。AutoCAD 提供了以下 3 种选择对象的方法：

- 单击“选择对象”按钮，对话框临时消失，在图形区中选择要定义为块的图形对象即可。选择之后，按空格键或〈Enter〉键返回“块定义”对话框，此方法是最常使用的选择对象的方法。
- 单击“快速选择”按钮，弹出“快速选择”对话框，根据条件选择对象。
- 如果勾选“对象”选项组中的“在屏幕上指定”复选框，则其下的“选择对象”按钮变为不可用，可在单击按钮 确定 后根据命令行提示在图形区中选择对象。

其下方的 3 个单选按钮的含义如下。

- 保留：创建块以后，所选对象依然保留在图形中。
- 转换为块：创建块以后，所选对象转换成块格式，同时保留在图形中。一般选择此单选按钮。
- 删除：创建块以后，所选对象从图形中删除。

(4)“方式”选项组

“方式”选项组用于设置块的属性。勾选“注释性”复选框，将块设为注释性对象，可自动根据注释比例调整插入的块参照的大小；勾选“按统一比例缩放”复选框，可以设置块对象按统一的比例进行缩放；勾选“允许分解”复选框，则将块对象设置为允许被分解的模式。一般按照默认选择。

(5)“设置”选项组

“设置”选项组指定从 AutoCAD 设计中心拖动块时，用于缩放块的单位。例如，这里设置拖放单位为“毫米”，若被拖放到该图形中的图形单位为“米”(在“图形单位”对话框中设置)，块将被缩小 1000 倍拖放到该图形中。通常选择“毫米”选项。

(6)“说明”编辑框

在“说明”编辑框中填写与块相关联的说明文字。

2．定义外部块

定义外部块的实质是建立了一个单独的图形文件，保存在磁盘中，任何 AutoCAD 图形文件都可以调用。

在“插入”选项卡的“块定义”面板中选择“写块”工具，如图 7-5 所示，或者在命令行的“命令:”状态下输入“wblock”或者“w”，然后按空格键或〈Enter〉键，都可以打开如图 7-6 所示的“写块”对话框，在其中定义块的各个参数。

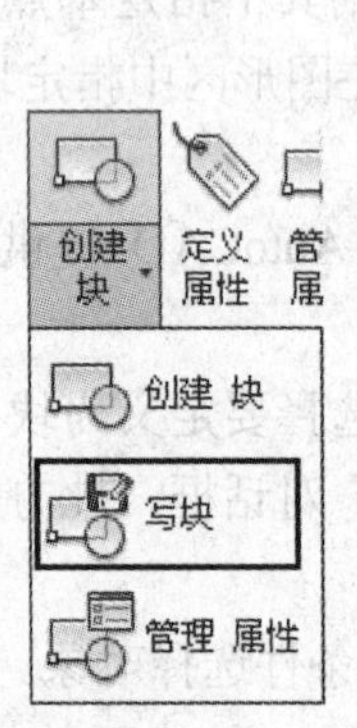

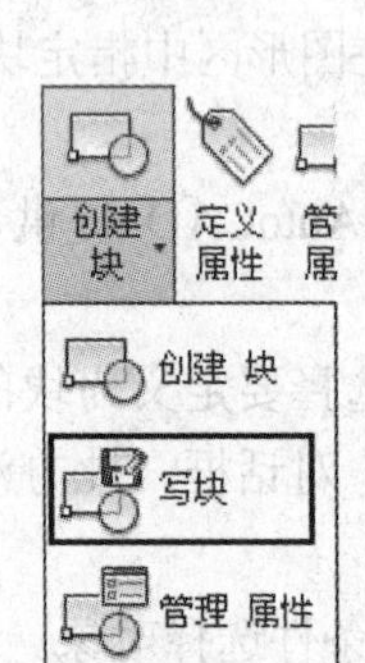

图 7-5 “块定义”面板中的“写块”

图 7-6 “写块”对话框

该对话框中常用功能选项的用法如下。

（1）“源”选项组

“源”选项组用来指定需要保存到磁盘中的块或块的组成对象。其中有 3 个单选按钮，3 个单选按钮的含义如下。

- 块：如果将已定义过的块保存为图形文件，选中该单选按钮之后，“块”下拉列表可用，可从中选择已定义的块。
- 整个图形：绘图区域的所有图形都将作为块保存起来。
- 对象：用户可以选择对象定义成外部块。

（2）“目标”选项组

使用“文件名和路径”组合框可以指定外部块的保存路径和名称。可以使用系统自动给出的保存路径和文件名，也可以单击框后面的按钮，在弹出的“浏览图形文件”对话框中指定文件名和保存路径。

“基点”选项组中和“对象”选项组中各选项的含义和“块定义”对话框中的完全相同，在此不再赘述。

7.1.2 制作灯具块

【实例 7-1】 绘制如图 7-7 所示的吊灯，并制作成块。

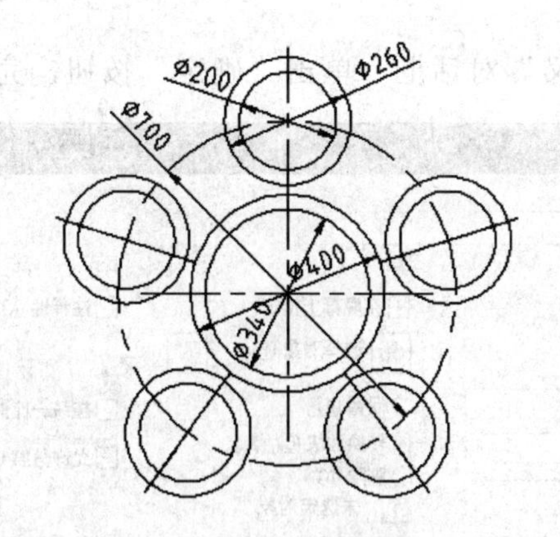

图 7-7　吊灯

1）绘制中心线，然后绘制ϕ400、ϕ360 两个圆。

2）绘制ϕ700 中心线圆，并绘制ϕ260、ϕ200 两个圆。

3）使用“环形阵列”命令，阵列出另外 4 组均匀分布的同心圆。

命令: _arraypolar
选择对象: 找到 3 个，总计 3 个　　　　　　　　　　//选择需阵列的同心圆和中心线
选择对象:
类型 = 极轴　关联 = 是
指定阵列的中心点或 [基点(B)/旋转轴(A)]:　　　　　//指定图形点为阵列中心点
输入项目数或 [项目间角度(A)/表达式(E)] <4>: a ↙　　//选择项目间角度
指定项目间的角度或 [表达式(EX)] <90>: 72 ↙　　　　//指定角度为 72
指定项目数或 [填充角度(F)/表达式(E)] <4>: 5 ↙　　　//指定阵列数量 5
按〈Enter〉键接受或 [关联(AS)/基点(B)/项目(I)/项目间角度(A)/填充角度(F)/行(ROW)/层(L)/旋转项目(ROT)/退出(X)] <退出>:↙

绘图过程如图 7-8 所示。

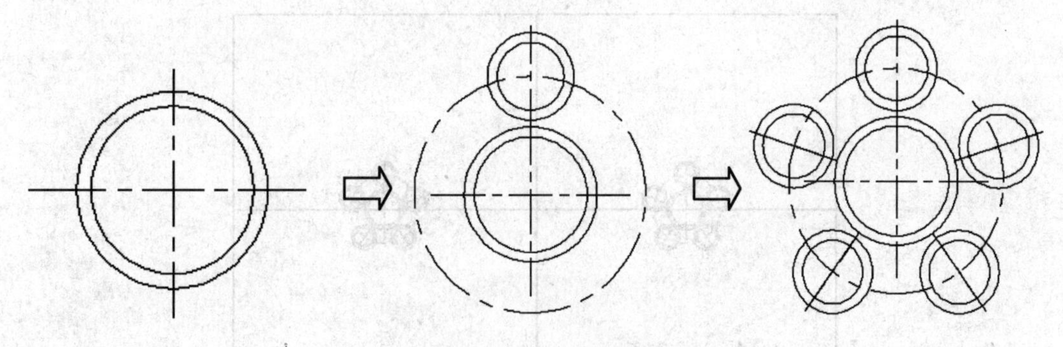
图 7-8　绘制吊灯过程

4）选择“绘图”→“块”→“创建”命令，系统弹出“块定义”对话框，在“名称”框中输入名称“吊灯”，如图 7-9 所示。

5）单击“拾取点”按钮，此时“块定义”对话框消失，捕捉图形中心点作为“基点”，之后会再次弹出“块定义”对话框。

6）单击“选择对象”按钮，此时“块定义”对话框消失，框选所有图形，然后

右击，会再次弹出“块定义”对话框，单击“确定”按钮，完成内部块的创建。

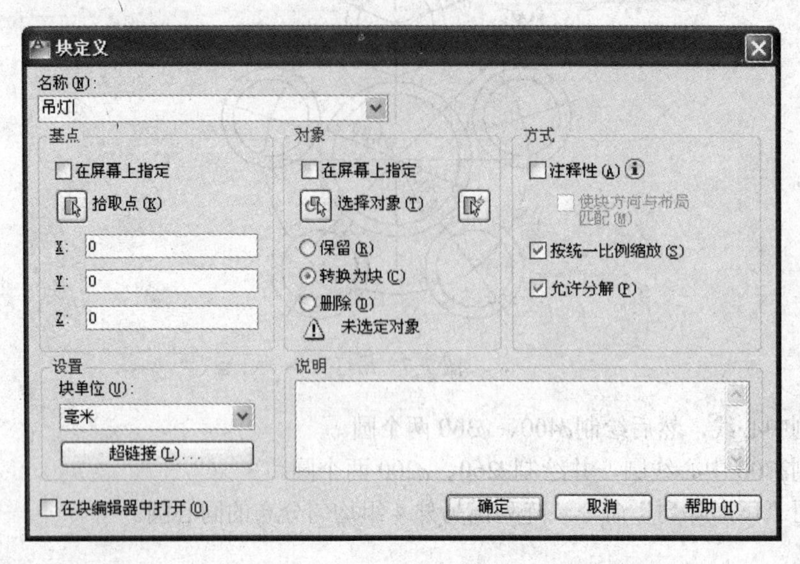

图 7-9 “块定义”对话框

如果要创建外部块，在命令行中输入“W”并按〈Enter〉键，在弹出的“写块”对话框中按照上面的方式指定“基点”和“选择对象”即可，不同之处是，需要指定外部块的存储路径，这里不再赘述。

7.1.3 块的插入

前面已经定义好了一个名为“吊灯”的块，现在将该块插入到文件中。注意，块在插入时，可以旋转也可以缩放。在此将块“吊灯”用 0.5 的比例插入到如图 7-10 所示的位置。

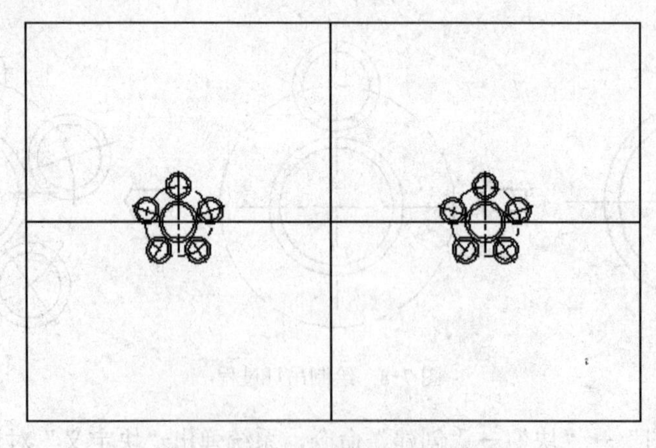

图 7-10 块插入示例

单击“块”面板上的“插入”按钮，或者选择菜单栏中的“插入”→“块”命令，弹出“插入”对话框，如图 7-11 所示。在“名称”下拉列表中选择要插入块的名字“吊灯”，单击按钮 确定 ，回到绘图窗口。

图 7-11 “插入”对话框

命令行提示如下：

```
命令: _insert
指定插入点或 [基点(B)/比例(S)/旋转(R)]:            //捕捉左边吊灯插入点
```

在“插入”对话框中，用户可以指定插入块的名称、插入点位置、缩放比例和旋转角度等。

- 名称：在此下拉列表中选择要插入块的名称。
- 插入点：选中“在屏幕上指定”复选框，在执行插入块命令时，系统提示指定插入点。如果不选此复选框，用户可以在“X”、“Y”和“Z”文本框中输入坐标值，直接指定插入点的位置。
- 比例：选中“在屏幕上指定”复选框，在执行插入块命令时，根据提示指定缩放因子，如果不选“在屏幕上指定”复选框，用户可以在“X”、“Y”和“Z”文本框中输入X、Y和Z 3个方向的缩放因子，也可以采用统一比例，选择“统一比例”复选框，如图 7-12 所示。

比例
□在屏幕上指定(E)
X: 0.5
Y: 0.5
Z: 0.5
☑统一比例(U)

图 7-12　统一比例

- 旋转：选择“在屏幕上指定”复选框，用户在执行插入块命令时，系统会提示“指定旋转角度 <0>:”，用户可直接指定旋转角度。如果不选“在屏幕上指定”复选框，块旋转的角度是“角度”文本框的输入值。这样执行插入块命令时，系统将不再要求输入块的旋转角度。
- 分解：如果选中“分解”复选框，插入块后，块自动炸开，以方便编辑。

重复前面的操作插入另一个吊灯即可。

7.1.4　动态块

在 AutoCAD 中使用块时，常常会遇到块的某个外观有些区别，而大部分结构形状相同的问题。原来处理这些问题时，需要分解块来编辑其中的几何图形，在 AutoCAD 2006 以后的版本中，可以使用动态块功能来解决这一问题。

动态块具有灵活性和智能性，在操作时可以方便地更改图形中的动态块，而不需要分解它们，可以通过自定义夹点或自定义特性来操作动态块参照中的几何图形。这使得用户可以根据需要调整块，而不用搜索另一个块以插入或重定义现有的块。

例如，如果在图形中插入一个门块参照，编辑图形时可能需要更改门的大小。如果该块是动态的，并且定义为可调整大小，那么只需拖动自定义夹点或在“特性”选项板中指定不同的大小就可以修改门的大小，根据需要还可以改变门的打开角度。另外，还可以为该门块设置对齐夹点，使用对齐夹点可以方便地将门块与图形中的其他几何图形对齐，如图 7-13 所示。

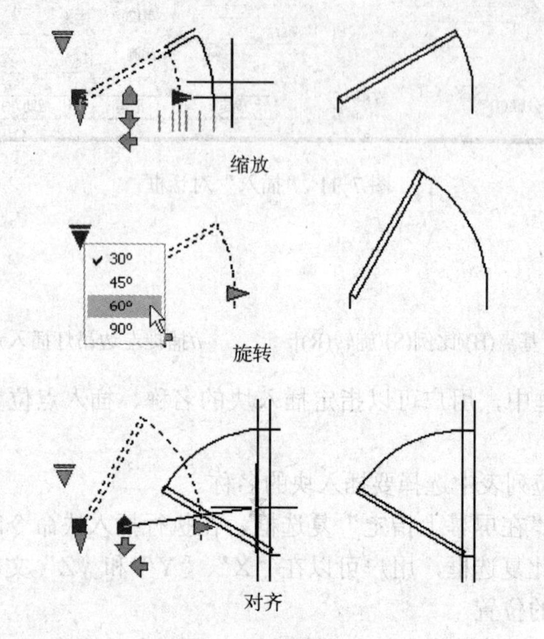

图 7-13　动态块

1. 创建动态块的步骤

为了创建高质量的动态块，以便达到预期效果，建议按照下列步骤进行操作。此过程有助于用户高效地制作动态块。

（1）在创建动态块之前规划动态块的内容

在创建动态块之前，应当了解其外观以及在图形中的使用方式；确定当操作动态块参照时，块中的哪些对象会更改或移动。另外，还要确定这些对象将如何更改。例如，用户可以创建一个可调整大小的动态块。这些因素决定了添加到块定义中的参数和动作的类型，以及如何使参数、动作和几何图形共同作用。

（2）绘制几何图形

可以在块编辑器中绘制动态块中的几何图形，也可以使用图形中的现有几何图形或现有块定义。

（3）了解块元素如何共同作用

在向块定义中添加参数和动作之前，应了解它们相互之间以及它们与块中的几何图形的相关性。在向块定义添加动作时，需要将动作与参数以及几何图形的选择集相关联。此操作将创建相关性。向动态块参照添加多个参数和动作时，需要设置正确的相关性，以便块参照在图形中正常工作。

例如，用户要创建一个包含若干对象的动态块，其中一些对象关联了拉伸动作，同时用户还希望所有对象能围绕同一基点旋转。在这种情况下，应当在添加其他所有参数和动作之后添加旋转动作。如果旋转动作没有与块定义中的其他所有对象（几何图形、参数和动作）相关联，块参照的某些部分可能不会旋转，或者操作块参照时可能会造成意外结果。

（4）添加参数

按照命令行上的提示向动态块定义中添加适当的参数。使用块编写选项板的“参数集”选项卡可以同时添加参数和关联动作。

（5）添加动作

向动态块定义中添加适当的动作。按照命令行上的提示进行操作，确保将动作与正确的参数和几何图形相关联。

（6）定义动态块参照的操作方式

用户可以指定在图形中操作动态块参照的方式，可以通过自定义夹点和自定义特性来操作动态块参照。在创建动态块定义时，用户将定义显示哪些夹点以及如何通过这些夹点来编辑动态块参照。另外，还指定了是否在“特性”选项板中显示出块的自定义特性，以及是否可以通过该选项板或自定义夹点来更改这些特性。

（7）保存块然后在图形中进行测试

保存动态块定义并退出块编辑器，然后将动态块参照插入到一个图形中，并测试该块的功能。

2．动态块中的元素

在动态块中，除几何图形外，通常还包含一个或多个参数和动作。

（1）参数

通过指定块中几何图形的位置、距离和角度来定义动态块的自定义特性。

（2）动作

定义在图形中操作动态块参照时，该块参照中的几何图形将如何移动或修改。向动态块定义中添加动作后，必须将这些动作与参数相关联，也可以指定动作将影响的几何图形选择集。

参数和动作仅显示在块编辑器中。将动态块参照插入到图形中时，将不会显示动态块定义中包含的参数和动作。

参数添加到动态块定义中后，夹点将添加到该参数的关键点。关键点是用于操作块参照的参数部分。例如，线性参数在基点和端点具有关键点，可以从任一关键点操作参数距离。

添加到动态块中的参数类型决定了添加的夹点类型。每种参数类型仅支持特定类型的动作。

7.1.5 创建可以拉伸的动态块

动态块支持移动、缩放、拉伸、极轴拉伸、旋转、翻转、阵列等动作，这里以创建可以拉伸的动态块为例来进行说明。

【实例 7-2】 在文件中创建一个橱柜块。

1）选择“工具”→“块编辑器”菜单命令，弹出如图 7-14 所示的“编辑块定义”对话框，在“要创建或编辑的块”列表中选择“橱柜”。

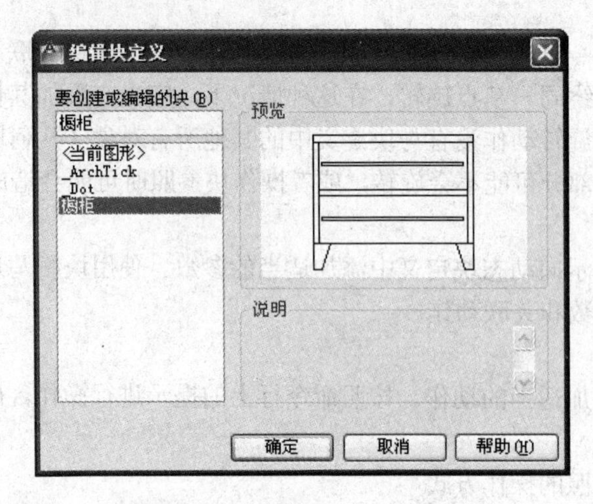

图 7-14 “编辑块定义”对话框

2）单击按钮 确定 ，进入块编辑器。在“块编写选项板”中单击“线性”工具，如图 7-15 所示，根据提示标注橱柜的长度，如图 7-16 所示。

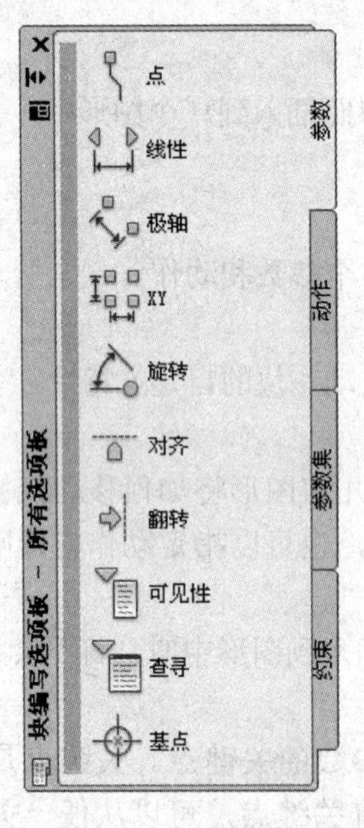

图 7-15 块编写选项板

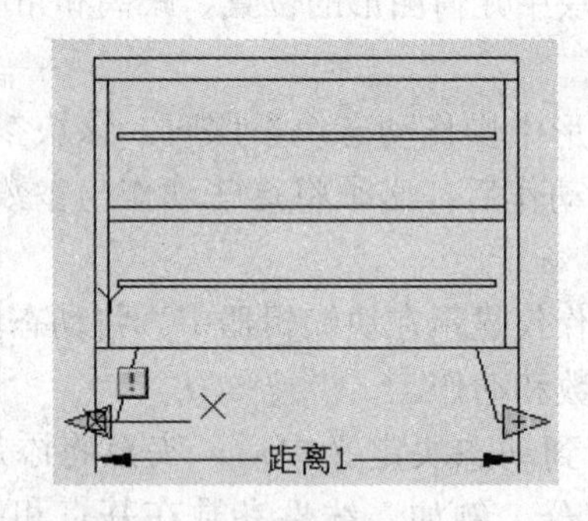

图 7-16 标注参数

3）在参数上使用快捷菜单中的“特性”命令打开“特性”选项板，如图 7-17 所示。用户可以修改参数名称、值集和夹点显示的数目，由于所设计的动态块只有向右拉伸的动作，这里选择夹点数目为“1”。设置完毕后，参数显示如图 7-18 所示。

4）在“块编写选项板”中单击“拉伸”工具，如图 7-19 所示。首先选择参数“距离1”，捕捉橱柜的右边夹点作为与动作关联的参数点。然后指定拉伸框架，用鼠标自右向左拖出一个框，如图 7-20 所示，指定要拉伸的对象，如图 7-21 所示。

注意：如果选择对象完全包含在拉伸框架中，它将执行移动动作。

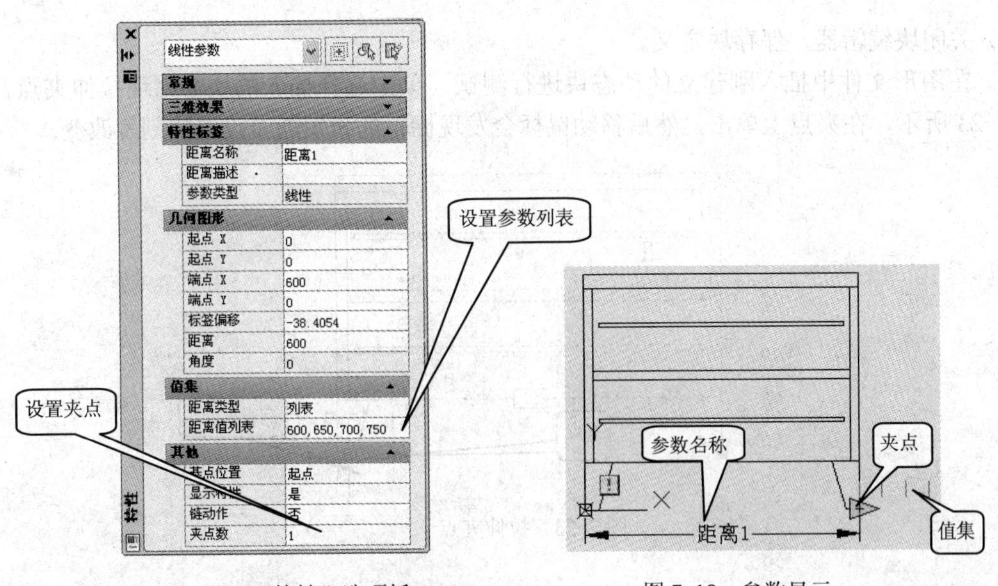

图 7-17 “特性”选项板　　　　图 7-18 参数显示

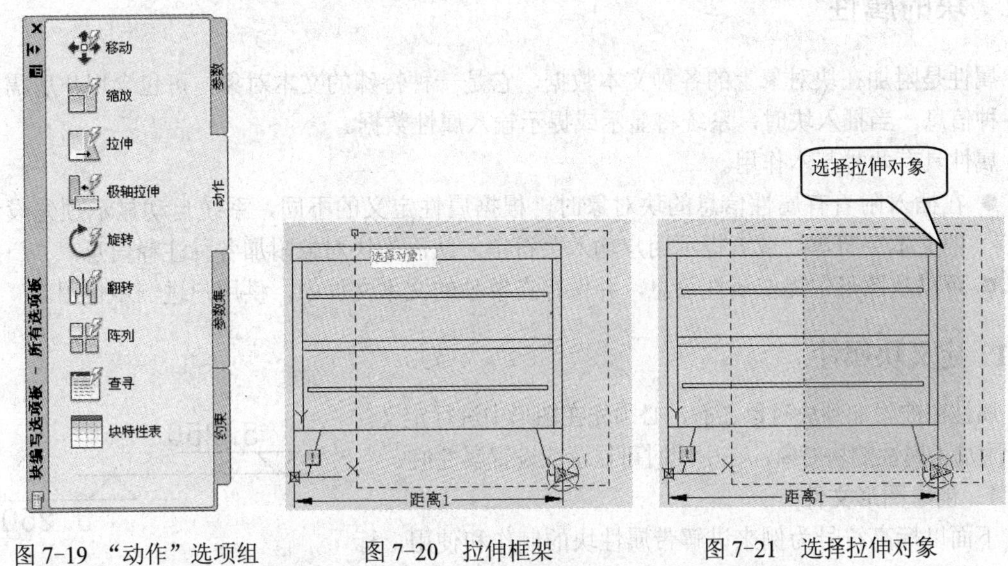

图 7-19 “动作”选项组　　图 7-20 拉伸框架　　图 7-21 选择拉伸对象

5）结束对象选择，在合适的位置单击放置动作标签，如图 7-22 所示。

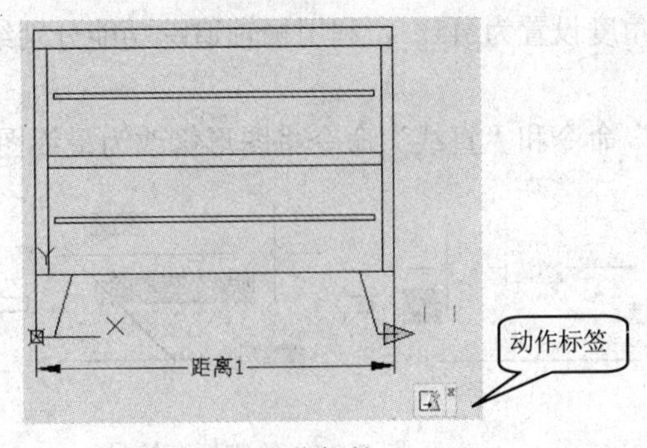

图 7-22 动作标签

6）关闭块编辑器，保存块定义。

7）在图形文件中插入刚建立的动态块进行测试，单击选择插入的块会出现拉伸夹点，如图 7-23 所示，在夹点上单击，然后移动鼠标会发现橱柜的长短随着设置的刻度改变。

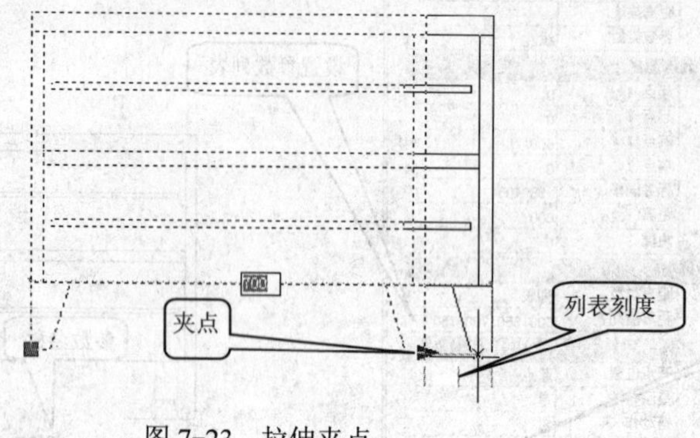

图 7-23　拉伸夹点

7.2　块的属性

属性是附加在块对象上的各种文本数据，它是一种特殊的文本对象，可包含用户所需要的各种信息。当插入块时，系统将显示或提示输入属性数据。

属性具有两种基本作用。

- 在插入附着有属性信息的块对象时，根据属性定义的不同，系统自动显示预先设置的文本字符串，或者提示用户输入字符串，从而为块对象附加各种注释信息。
- 可以从图形中提取属性信息，并保存在单独的文本文件中，供用户进一步使用。

7.2.1　定义块属性

属性在被附加到块对象之前，必须先在图形中进行定义。对于附加了属性的块对象，在引用时可显示或设置属性值。

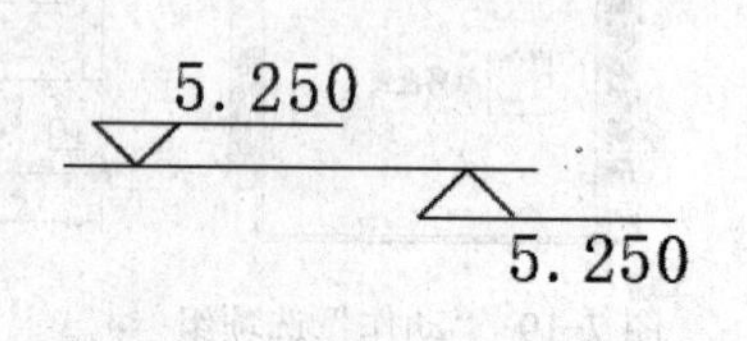

图 7-24　标高符号示例

1．创建图形文件

下面以标高符号为例来讲解带属性块的制作和使用，标高符号如图 7-24 所示。

1）使用“偏移”命令绘制距离为 3 的平行线。

2）将极轴追踪角度设置为 45°，利用极轴追踪功能分别绘制 45°和 135°的两条斜线与平行线相交。

3）利用“修剪”命令和“直线”命令将图形修改为最终图形，过程如图 7-25 所示。

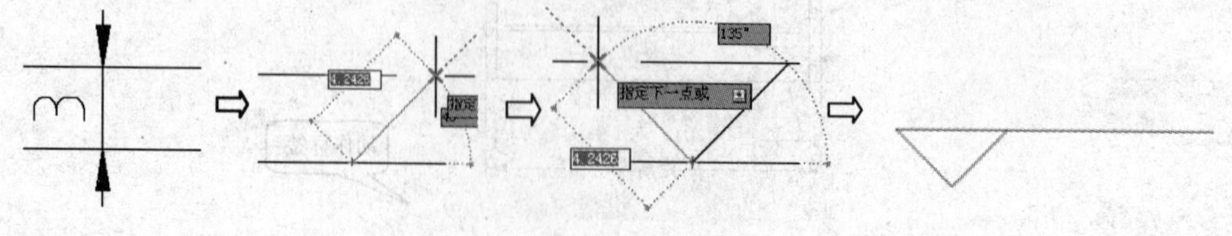

图 7-25　绘制标高符号

2．定义属性

1）选择“绘图”→“块”→“定义属性”命令，如图 7-26 所示，系统弹出“属性定义”对话框，如图 7-27 所示，按照图中参数进行设置。

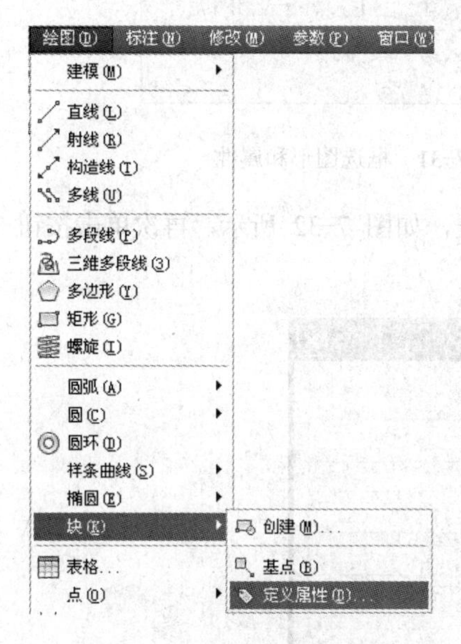

图 7-26 选择“定义属性”命令

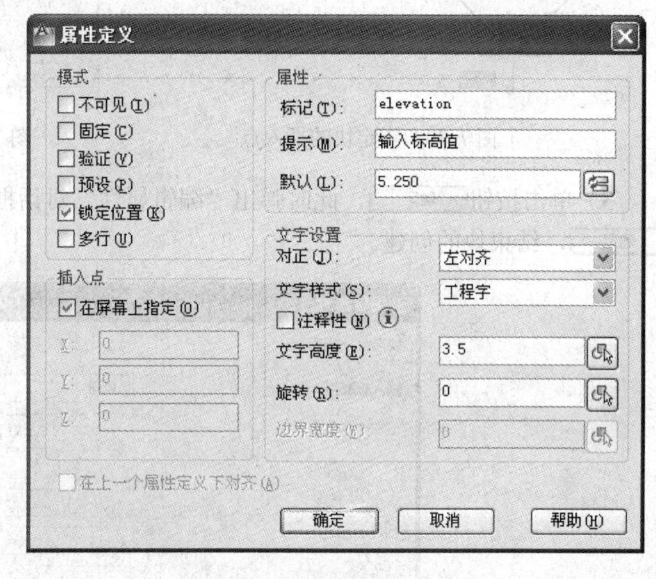

图 7-27 “属性定义”对话框

2）单击按钮［确定］，然后指定属性文字的定位起点，得到如图 7-28 所示的符号。

图 7-28 定义属性的位置

7.2.2 创建带属性的内部块并插入

【实例 7-3】 创建带属性的内部块并插入。

1）选择“绘图”→“块”→“创建”命令，系统弹出“块定义”对话框，如图 7-29 所示，将名称定为“标高”，然后单击“拾取点”按钮，捕捉三角形顶点，如图 7-30 所示。

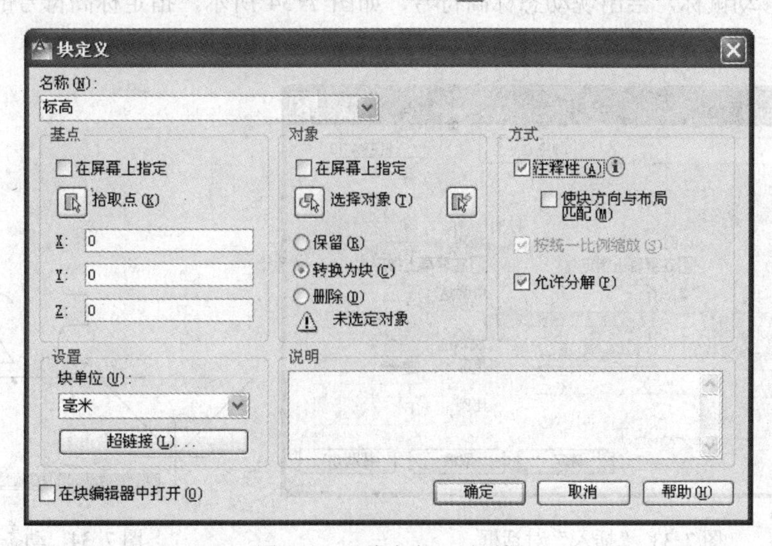

图 7-29 “块定义”对话框

2）单击“选择对象”按钮，然后框选绘制的标高图形和属性，如图 7-31 所示。

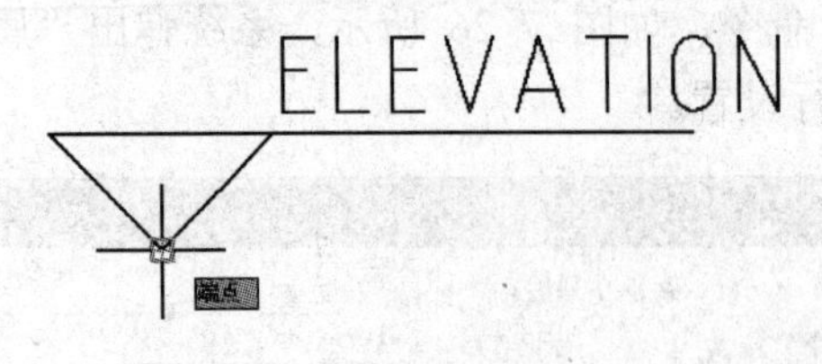

图 7-30　指定块的插入点

图 7-31　框选图形和属性

3）单击按钮 确定 ，此时弹出“编辑属性”对话框，如图 7-32 所示，再次单击按钮 确定 ，结束块的创建。

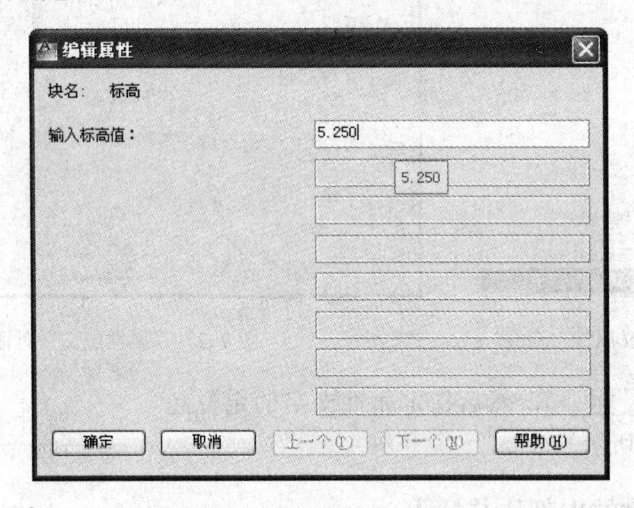

图 7-32　“编辑属性”对话框

4）选择“插入”→“块”命令，系统弹出“插入”对话框，如图 7-33 所示，保持对话框中的参数为默认值，单击按钮 确定 。

5）此时移动鼠标，会出现动态标高符号，如图 7-34 所示，指定标高符号的插入点，然后单击。

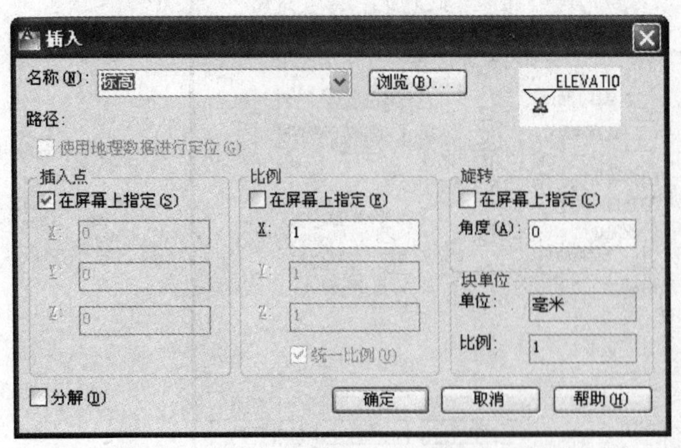

图 7-33　“插入”对话框

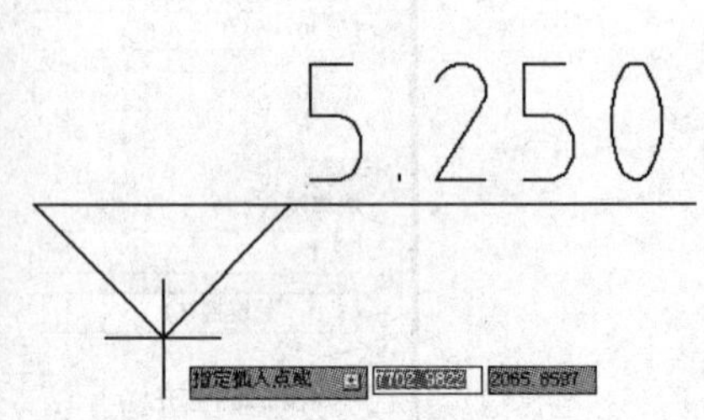

图 7-34　动态图块

6）此时命令提示行提示如下。

命令: _insert
指定插入点或 [基点(B)/比例(S)/X/Y/Z/旋转(R)]:
输入属性值
输入标高值： <5.250>:↙

7.2.3 编辑属性定义

创建属性后，可对其进行移动、复制、旋转、阵列等操作，也可对使用这些操作创建的新属性的标记、提示及默认值进行修改，还可对不满意的属性进行编辑使其满足设计要求。

1. 属性定义成块之前的编辑

在将属性定义成块之前，可以使用“编辑属性定义”对话框对属性进行编辑，如图 7-35 所示。使用下列方法可以打开“编辑属性定义”对话框。

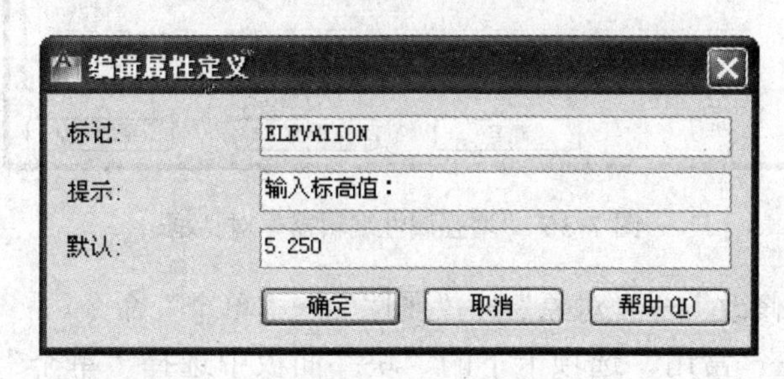

图 7-35 “编辑属性定义”对话框

- 菜单：选择“修改”→“对象”→“文字”→“编辑”命令。
- 命令行：在命令行的“命令:”提示状态下输入“ddedit”，按空格键或〈Enter〉键确认。
- 快捷方式：在命令行的“命令:”提示状态双击属性文字。

进行上述操作后，命令行提示如下。

```
命令: _ddedit                  //执行编辑命令
选择注释对象或 [放弃(U)]:      //用拾取框选择需要编辑的属性，弹出如图 7-35 所示的“编辑
                               //属性定义”对话框，在对话框中可以修改属性的标记、提示文
                               //字和默认值。完成编辑后单击“确定”按钮退出对话框
选择注释对象或 [放弃(U)]:      //继续选择需要编辑的属性，也可以按空格键或〈Enter〉键结束命令
```

2. 已有块的属性定义

对于一个已有的块，用户可使用属性重定义功能，来重新定义一个块以及与其相关联的属性。

修改块定义中的属性具有以下特点：

- 默认情况下，所做的属性更改在当前图形中应用于现有的所有块参照。
- 更改现有块参照的属性不会影响指定给这些块的值。
- 使用重复标记名更新属性将导致不可预料的结果。使用块属性管理器查找重复标记并更改标记名。
- 如果固定属性或嵌套属性块受所做的更改影响，请使用“重生成”命令在绘图区域中更新这些块的显示。

属性定义可以在创建块之前修改，也可以在创建块之后修改。对创建块之前的属性定义的修改前面已经讲述，下面介绍创建块以后的属性定义的修改。

（1）使用“增强属性编辑器”

使用“增强属性编辑器”对话框可以更改属性文字的特性和数值，如图 7-36 所示。打开“增强属性编辑器”对话框的方法有以下几种。

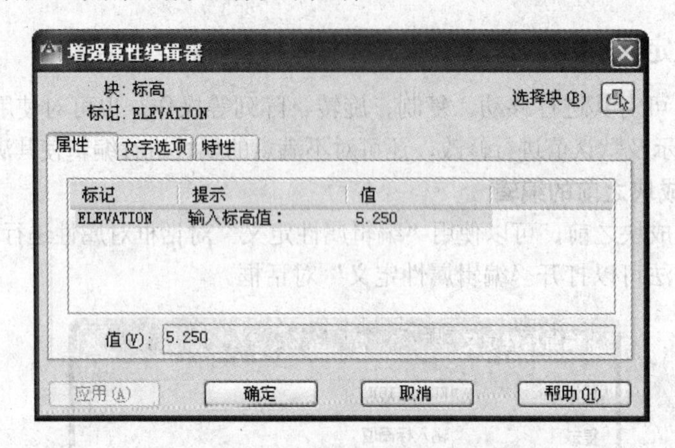

图 7-36 “增强属性编辑器”对话框

- 菜单：选择“修改”→“对象”→“属性”→“单个”命令。
- 工具面板：在“常用”选项卡下的“块”面板中选择“单个”工具，或者在“插入”选项卡下的“块”面板中选择“单个”工具。
- 命令行：在命令行“命令：”提示状态下输入“eattedit”，按空格键或〈Enter〉键确认。
- 快捷方式：在命令行“命令：”提示状态下双击带属性的块参照。

通过“增强属性编辑器”对话框可以对属性的值、文字格式、特性等进行编辑，但是不能对其模式、标记、提示进行修改。

- “应用”按钮：修改属性后“应用”按钮有效，单击该按钮用户所做的修改就会反映到被修改的块中。
- “选择块”按钮：单击“选择块”按钮，可以在不退出对话框的状态下选取并编辑其他块属性。

（2）使用“块属性管理器”

“块属性管理器”是一个功能非常强的工具，可以对整个图形中任意一个块中的属性标记、提示、值、模式（除“固定”之外）、文字选项、特性进行编辑，还可以调整插入块时属性提示的顺序。为了说明“块属性管理器”的用法，再建立一个带多个属性的块，如图 7-37 所示，该块的名称为“多个标高”。

单击“块定义”面板上的“管理属性”按钮，或者选择“修改”→“对象”→“属性”→“块属性管理器”命令，可以打开“块属性管理器”对话框，如图 7-38 所示。

- 显示属性：“块”下拉列表中显示了图中所有带属性的块名称，在下拉列表中选取某个块名称，或者单击“选择块”按钮，在屏幕上选取某个块，则该块的所有属性的参数显示在中部的列表中。

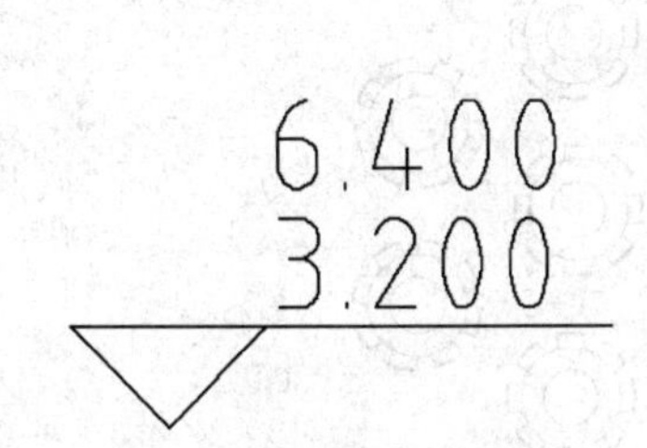

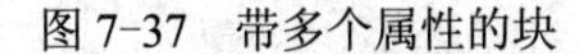

图 7-37　带多个属性的块

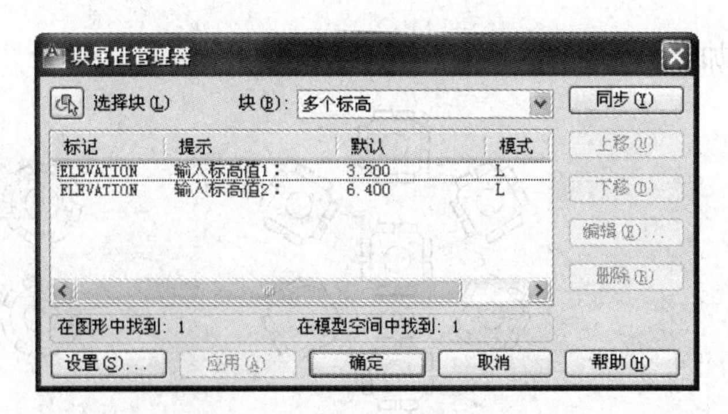

图 7-38 "块属性管理器"对话框

- 改变提示顺序：选中某个属性，单击 上移(U) 或者按钮 下移(D) 可以调整属性的位置，从而调整在插入该块时属性提示的顺序。
- 编辑属性：选中需要编辑的属性，然后单击按钮 编辑(E)...，弹出"编辑属性"对话框，可以在"属性"选项卡中修改属性的模式、名称、提示信息和默认值等，在"文字选项"选项卡中修改属性文字的格式，在"特性"选项卡中修改图层特性。
- 删除属性：选中某个属性，然后单击按钮 删除(R)，就可以删除该属性项。
- 应用：在"块属性管理器"对话框中对属性定义进行修改以后，单击按钮 应用(A) 使所做的属性更改应用到要修改的块定义中，同时"块属性管理器"对话框保持为打开状态。

7.2.4　修改块参照

修改块参照有 3 种方法：分解块修改、重定义块参照和在位编辑块参照。

分解修改适用于修改部分块参照（即有的同样块参照不修改），使用分解命令分解块，然后根据需要修改即可，这里不再介绍。下面介绍其他两种方法的使用。

1．重定义块参照

如图 7-39 所示有 7 个块参照（块名为"圆工作台"，插入点为圆心），如果要改为如图 7-40 所示的样式，可以使用重命名块参照的方法实现。

定义图 7-40 所示的图形为块，块的名字也为"圆工作台"，与图 7-39 中的块重名，插入点为小圆的圆心，这样图 7-39 就会变为如图 7-41 所示。

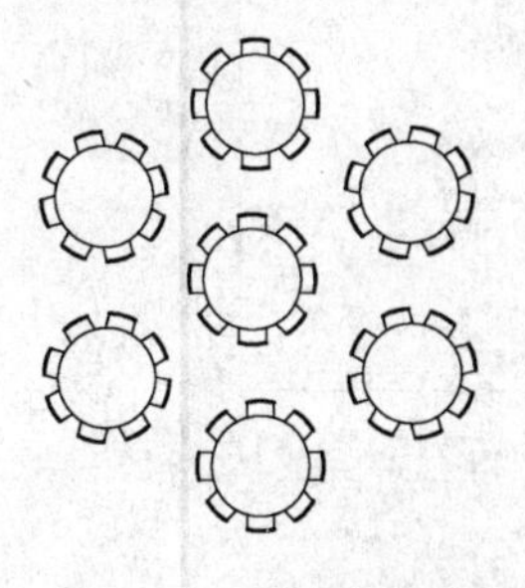

图 7-39　7 个块参照

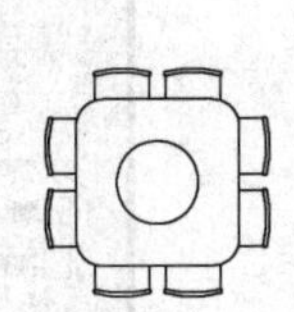

图 7-40　要重定义的块

2．在位编辑块参照

如果仅对块参照做简单的修改，可以使用在位编辑块参照，如要在图 7-39 中的圆工作台上加一个小圆盘，如图 7-42 所示。

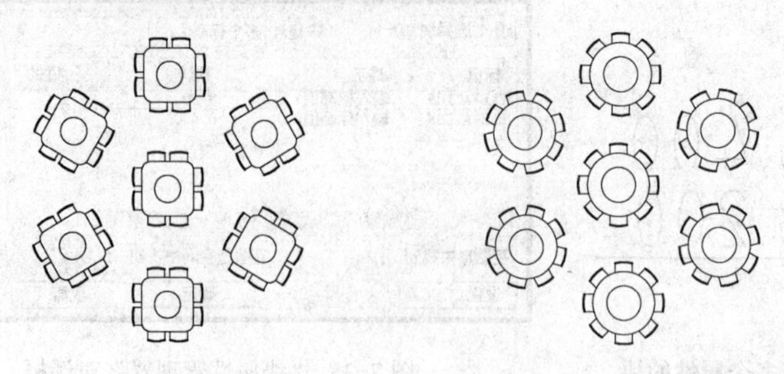

图 7-41　重定义块参照　　　　图 7-42　加小圆盘

1）在“常用”选项卡下的“块”面板中单击按钮“编辑”，弹出“编辑块定义”对话框，在“参照名”列表中选择要编辑的参照名（本例中为“圆工作台”），然后单击按钮[确定]。

2）这时块编辑器窗口打开，块处于可编辑状态，修改块如图 7-43 所示。

3）单击“关闭块编辑器”按钮弹出确认对话框，选择“将更改保存到”选项完成块更改，图 7-39 变为图 7-42。

图 7-43　在位编辑结果

7.2.5　清理块

要减小图形文件大小，可以删除未使用的块定义。通过删除命令可以从图形中删除块参照，但是块定义仍保留在图形的块定义表中。要删除未使用的块定义并减小图形文件，请在绘图过程中的任何时候都使用 PURGE 命令。

在命令行中输入“purge”，会弹出“清理”对话框，如图 7-44 所示。利用该对话框可以清理没有使用的标注样式、打印样式、多线样式、块、图层、文字样式、线型等定义。

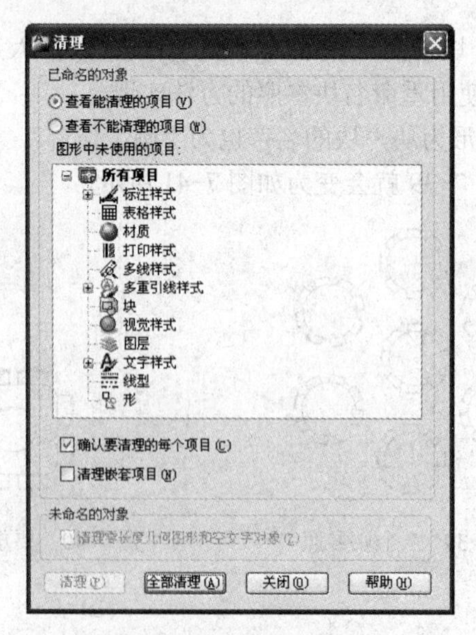

图 7-44　“清理”对话框

“清理”对话框中各选项的含义如下。

- 查看能清理的项目：选中此单选按钮，将在列表中显示可以清理的对象项目。如果项目前面没有符号⊞，表明此项没有可删除对象定义。单击符号⊞，将出现该项包含的所有可删除对象定义。选择某个要删除的对象定义，然后单击按钮 清理(P) ，该对象定义就会被删除。单击按钮 全部清理(A) ，将删除所有可以清理的对象定义。
- 查看不能清理的项目：选中此单选按钮，将在列表中显示不能清理的对象定义。
- 确认要清理的每个项目：选中此项，AutoCAD 将在清理每一个对象定义时给出确认信息，如图 7-45 所示，要求用户确认是否删除，以防误删。

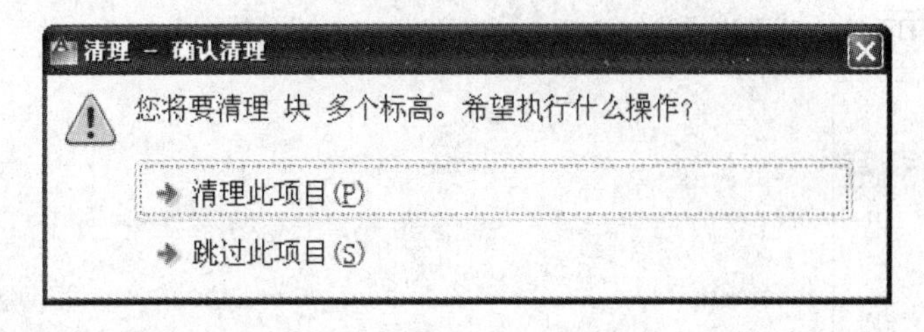

图 7-45　确认对话框

- 清理嵌套项目：选中此项，从图形中删除所有未使用的对象定义，即使这些对象定义包含在或被参照于其他未使用的对象定义中。同时显示确认对话框，可以取消或确认要清理的项目。

提示：使用 purge 命令只能删除未使用的块定义。

7.3　外部参照

外部参照就是把已有的图形文件插入到当前图形中，但外部参照不同于块，也不同于插入文件。块与外部参照的主要区别是：一旦插入了某块，此块就成为当前图形的一部分，可在当前图形中进行编辑，而且将原块修改后对当前图形不会产生影响。

而以外部参照方式将图形文件插入到某一图形文件（此文件称为主图形文件）后，被插入图形文件的信息并不直接加入到主图形文件中，主图形文件中只是记录参照的关系，对主图形的操作不会改变外部参照图形文件的内容。当打开有外部参照的图形文件时，系统会自动地把各外部参照图形文件重新调入内存，并在当前图形中显示出来，且该文件保持最新的版本。

外部参照功能不仅使用户可以利用一组子图形构造复杂的主图形，还允许单独对这些子图形做各种修改。作为外部参照的子图形发生变化时，重新打开主图形文件后，主图形内的子图形也会发生相应的变化。

外部参照的特点决定了它具有以下优点：

- 由于外部参照只记录链接信息，图形文件相对于插入块来说比较小，可以节省磁盘空间。

● 参照图形一旦被修改，当前图形会自动进行更新。

7.3.1 插入外部参照

启动插入外部参照命令有以下 4 种方式。

● 菜单：选择“插入”→“外部参照”命令，系统弹出“外部参照”选项板，单击“附着”按钮，如图 7-46 所示。
● 工具栏：在“插入”工具栏中单击“附着”按钮，如图 7-47 所示。
● 面板：在“插入”选项卡的“参照”面板中单击“附着”按钮，如图 7-48 所示。
● 命令：输入“XREF”命令，系统弹出“外部参照”选项板，单击“附着”按钮，如图 7-46 所示。

图 7-46 “外部参照”选项板　　图 7-47 “插入”工具栏　　图 7-48 “参照”面板

执行插入外部参照命令后，系统弹出“选择参照文件”对话框，如图 7-49 所示。

图 7-49 “选择参照文件”对话框

选择需要作为外部参照的文件，单击按钮 打开(O) ，系统弹出“附着外部参照”对话框，如图 7-50 所示。

图 7-50 “附着外部参照”对话框

该对话框中各选项的含义如下。

- “名称”下拉列表：用于选择外部参照的文件名，或者通过“浏览”按钮指定外部参照文件的位置和路径。
- “参照类型”选项区：包含“附着型”和“覆盖型”两个单选按钮，它们的区别在于显示或不显示嵌套参照中的嵌套内容。
- “插入点”选项区：用于指定参照文件的插入点。
- “比例”选项区：用于确定参照文件的插入比例。
- “路径类型”下拉列表：用于选择保存外部参照的路径类型。
- “旋转”选项区：用于确定参照文件插入时的旋转角度。

进行相关设定后，单击按钮 确定 ，指定插入点，即可将外部参照插入到当前图形中，命令行提示如下。

```
命令: _attach
附着 外部参照 "3.7 室内门": F:\CAD 室内设计\3.7 室内门.dwg
“3.7 室内门”已加载。
指定插入点或 [比例(S)/X/Y/Z/旋转(R)/预览比例(PS)/PX(PX)/PY(PY)/PZ(PZ)/预览旋转(PR)]:
```

7.3.2 管理外部参照

如果当前图中使用了外部参照，用户要知道外部参照的一些信息，如参照名、状态、大小、类型、日期、保存路径等，或者要对外部参照进行一些操作，如附着、拆离、卸载、重载、绑定等，这就需要使用“外部参照”选项板，其作用就是在图形文件中管理外部参照。

启动管理外部参照命令有下列几种方式：

- 在菜单栏中选择“插入”→“外部参照”命令。
- 在命令行中输入命令“XREF”。

- 单击“参照”面板上的“外部参照”按钮。

执行管理外部参照命令后，系统弹出“外部参照”选项板，如图 7-51 所示。

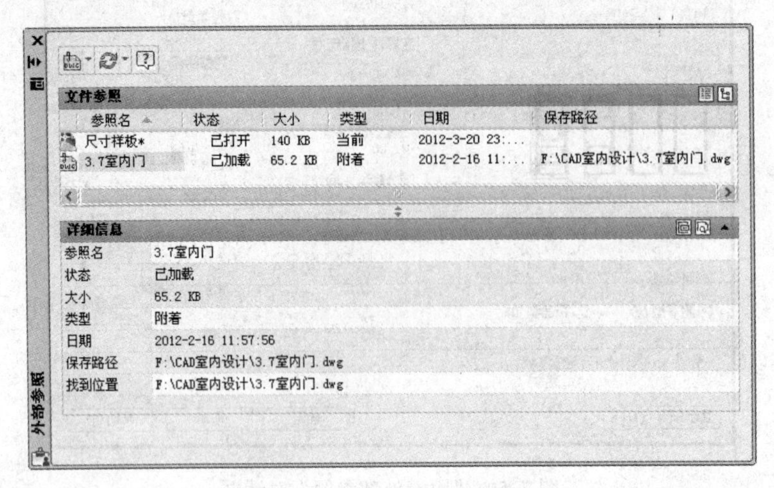

图 7-51 “外部参照”选项板

该选项板中各选项的含义如下。

1. 状态栏各选项含义

- 参照名：显示当前图形外部参照图形文件的名字。
- 状态：显示外部参照的状态，可能的状态有已加载、卸载、未参照、未找到、未融入或已孤立，或标记为卸载或重载。
- 大小：显示各参照文件的大小。如果外部参照被卸载、未找到或未融入，则不显示其大小。
- 类型：显示各参照文件的参照类型。参照类型有两种，即附加型和覆盖型。
- 日期：显示关联图形的最后修改日期。如果外部参照被卸载、没有找到或未融入，则不显示此日期。
- 保存路径：显示参照文件的存储路径。

2.“附着“按钮

如果在参照列表中没有选择外部参照，单击此按钮会弹出“选择参照文件”对话框，从中选择要参照的文件，然后单击按钮[打开(O)]，AutoCAD 会弹出“外部参照”选项板，按照前面介绍的方法可以插入一个新的外部参照。

如果在参照列表中选中某个外部参照，在其上使用右键快捷菜单中的“附着”命令将直接显示“附着外部参照”对话框，用户可以插入此参照。

3. 拆离

在外部参照列表中选择一个外部参照后，在其上使用右键快捷菜单中的“拆离”命令，如图 7-52 所示。该命令的作用是从当前图形中移去不再需要的外部参照。使用该命令删除外部参照，与使用删除命令在屏幕上删除一个参照对象不同。用删除命令在屏幕上删除的仅仅是外部参照的一个引用实例，但图形数据库中的外部参照关系并没有删除。而“拆离”命令不仅删除了屏幕上的所有外部参照实例，而且彻底删除了图形数据库中的外部引用关系。

4. 卸载

从当前图形中卸载不需要的外部参照（在其上使用右键快捷菜单中的“卸载”命令），但卸载后仍保留外部参照文件的路径。这时“状态”显示所参照文件的状态是“已卸载”。当希望再参照该外部文件时（在其上使用右键快捷菜单中的“重载”命令），即可重新装载。

5. 绑定

在参照上使用右键快捷菜单中的“绑定”命令，打开“绑定外部参照”对话框，如图 7-53 所示。

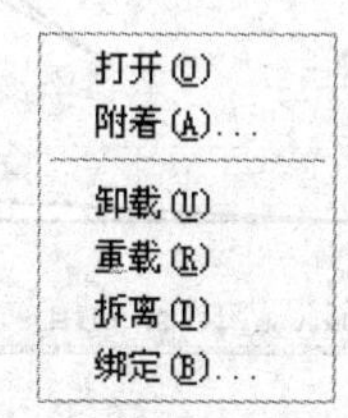

图 7-52 右键快捷菜单

图 7-53 “绑定外部参照”对话框

若选择绑定类型为“绑定”，则选定的外部参照及其依赖符号（如块、标注样式、文字样式、图层和线型等）成为当前图形的一部分。

6. 打开

在参照上使用右键快捷菜单中的“打开”命令，在新建窗口中打开选定的外部参照进行编辑。

7. “详细信息”区

显示所选择参照的详细信息，在此可以修改参照的附着类型。

8. “列表图”按钮和“树状图”按钮

单击这两个按钮或者按〈F3〉和〈F4〉键实现列表图或树状图形式的切换。

7.4 设计中心

AutoCAD 的设计中心（AutoCAD Design Center，ADC）为用户提供了一个直观且高效的工具，它与 Windows 资源管理器类似。利用设计中心，用户可以很容易地组织设计内容，并把它们拖动到自己的图形中。使用设计中心，可以将 AutoCAD 其他文件中的块、图层、外部参照、标注样式、文字样式、线型和布局等内容直接插入到当前图形中，从而实现资源共享，简化绘图过程。

7.4.1 启动设计中心

单击“标准”工具栏上的“设计中心”按钮，或者选择“工具”→“选项板”→“设计中心”命令，可以打开“设计中心”选项板，如图 7-54 所示。

“设计中心”选项板分为两部分，左边为树状图，右边为内容区域。用户可以在树状图中浏览内容的源，而在内容区域中显示内容，还可以在内容区域中将项目添加到图形或工具选项板中。

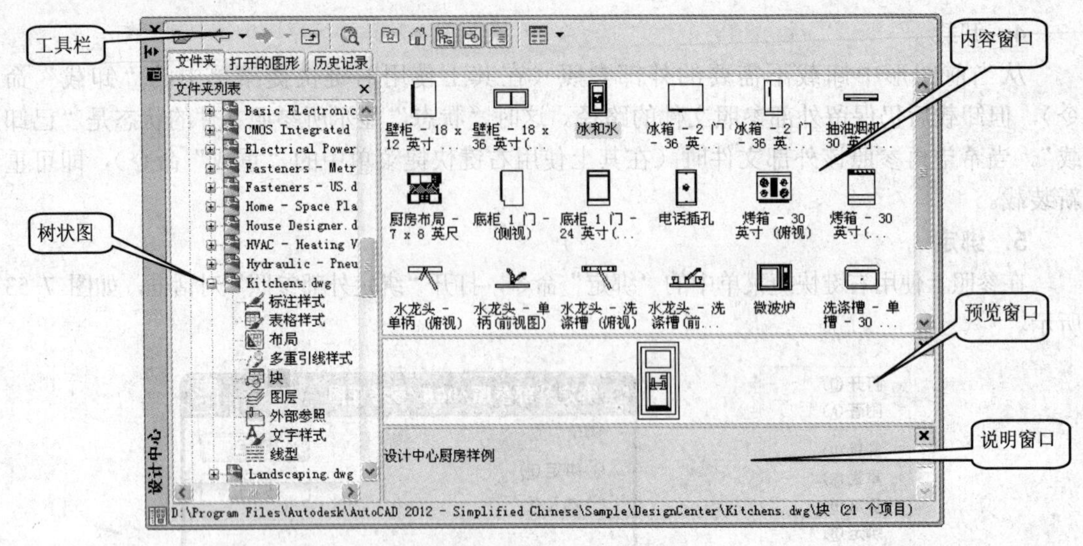

图 7-54 “设计中心”选项板

在内容区域的下面，也可以显示选定图形、块、填充图案或外部参照的预览或说明。该选项板顶部的工具栏中提供了若干选项。

用户可以控制设计中心的大小、位置和外观。

- 要调整设计中心的大小，可以拖动内容区域和树状图之间的双线，或者像拖动其他窗口那样拖动它的一边。
- 要固定设计中心，请将其拖动到 AutoCAD 窗口的右侧或左侧的固定区域上，直到捕捉到固定位置，也可以通过双击“设计中心”选项板的标题栏将其固定。
- 要浮动设计中心，请移动鼠标指针到标题栏上，按下鼠标左键拖动，使设计中心远离固定区域。拖动时按住〈Ctrl〉键可以防止选项板固定。
- 单击“设计中心”标题栏上的“自动隐藏”按钮可以使设计中心自动隐藏。

如果打开了设计中心的自动隐藏功能，那么当鼠标指针移出“设计中心”选项板时，设计中心的树状图和内容区域将消失，只留下标题栏。将鼠标指针移动到标题栏上时，“设计中心”选项板又将恢复。

在“设计中心”标题栏上右击将弹出一个快捷菜单，如图 7-55 所示，其中有几个选项可以选择。

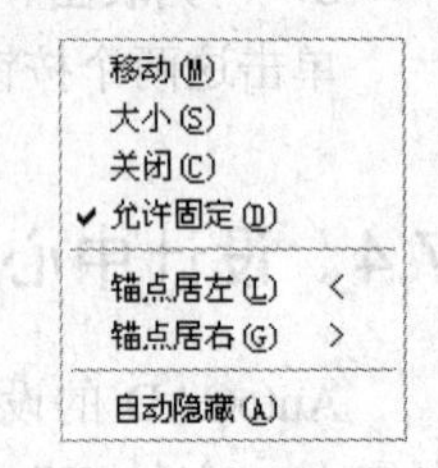

图 7-55 快捷菜单

7.4.2 显示图形信息及查找内容

在 AutoCAD 2012 的设计中心中，可以通过“选项卡”和“工具栏”两种方式显示图形信息。

- 选项卡：如图 7-54 所示，AutoCAD 2012 设计中心有 3 个选项卡，即“文件夹”、“打开的图形”、“历史记录”。
- 工具栏：“设计中心”选项板顶部有一系列工具，包括“加载”、“上一页”（下一页或上一级）、“搜索”、“收藏夹”、“主页”、“树状图切换”、“预览”、“说明”和“视图”等。

可以单击“搜索”按钮寻找图形和其他内容，在设计中心可以查找的内容有：图形、填充图案、填充图案文件、图层、块、图形和块、外部参照、文字样式、线型、标注样式和布局等。

在“搜索”对话框中有 3 个选项卡，分别给出了 3 种搜索方式：通过“图形”信息搜索、通过“修改日期”信息搜索、通过“高级”信息搜索，如图 7-56 所示。

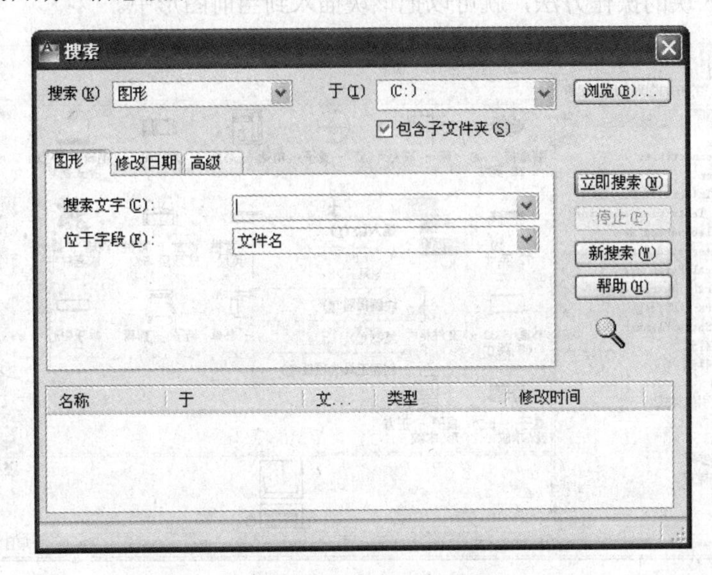

图 7-56 “搜索”对话框

7.4.3 打开图形文件

要在设计中心中直接打开某个文件，在内容窗口中的文件名上右击，弹出如图 7-57 所示的快捷菜单，选择“在应用程序窗口中打开”命令即可。

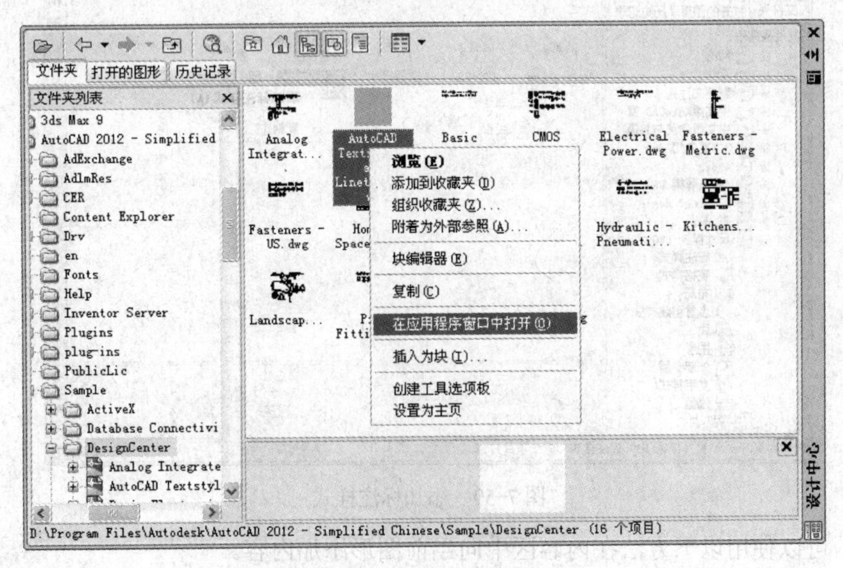

图 7-57 打开图形文件

7.4.4 共享图形资源

1．向图形中添加内容

使用设计中心可以把在其他文件中定义的块或者外部参照等直接插入到当前文件中。如图 7-58 所示，在内容窗口中的具体块名称上右击，弹出一个快捷菜单，选择“插入块”命令，然后按照插入块的操作方法，就可以把该块插入到当前图形中。

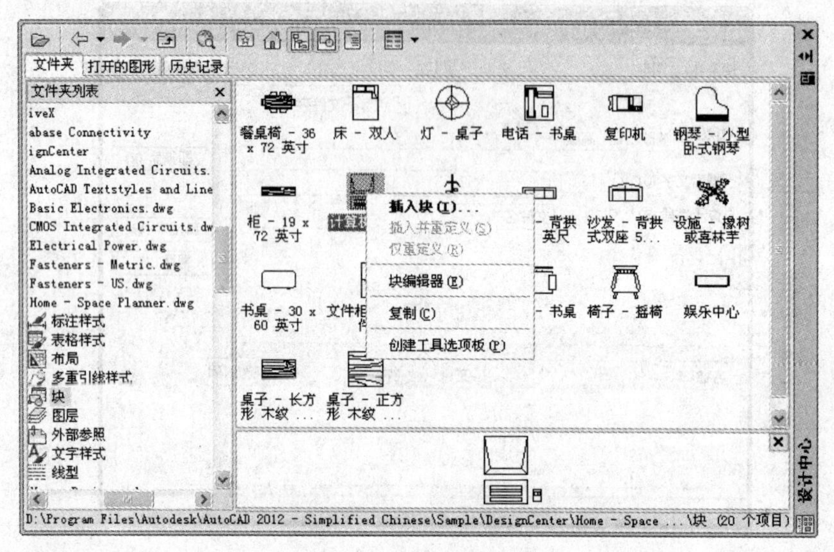

图 7-58 插入块

同样使用设计中心可以把其他文件中的标注样式、文本样式、图层等定义添加到当前文件中。如图 7-59 所示，在内容窗口中的具体标注样式名称上右击，弹出一个快捷菜单，选择“添加标注样式”命令，就可以把该标注样式添加到当前文件中，而不需要用户再自己定义。

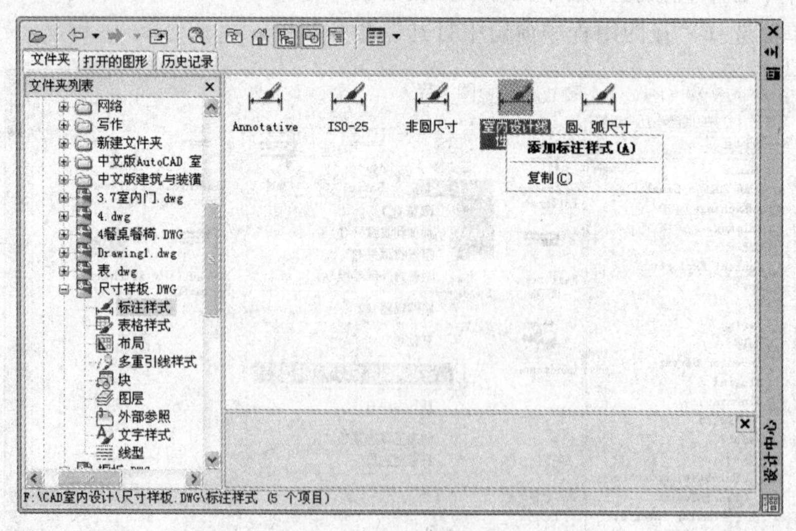

图 7-59 添加标注样式

另外，可以使用以下方法在内容区中向当前图形添加内容。

- 将某个项目拖动到某个图形的图形区，按照默认设置将其插入。

● 双击项目自动添加或弹出相应的对话框。

2．通过设计中心更新块定义

与外部参照不同，当更改块定义的源文件时，包含此块的图形的块定义并不会自动更新。通过设计中心，可以决定是否更新当前图形中的块定义。块定义的源文件可以是图形文件或符号库图形文件中的嵌套块。

在内容区域中的块或图形文件上右击，然后在弹出的快捷菜单中选择“仅重定义”或“插入并重定义”命令，如图 7-60 所示，可以更新选定的块。

插入块(I)...
插入并重定义(S)
仅重定义(R)
块编辑器(E)
复制(C)
创建工具选项板(P)

图 7-60　快捷菜单

3．将设计中心中的项目添加到工具选项板中

可以将设计中心中的图形、块和图案填充添加到当前的工具选项板中。

● 将设计中心内容区中附加的图形、块或填充图案拖动到工具选项板中。
● 在设计中心树状图的某个项目上右击，然后选择快捷菜单中的“创建工具选项板”命令。新的工具选项板将包含所选项目中的块等。
● 在设计中心内容区（显示块的内容区）背景上右击，然后选择快捷菜单中的“创建工具选项板”命令。新的工具选项板将包含设计中心内容区中的块等。
● 在设计中心树状图或内容区中的图形上右击，然后选择快捷菜单中的“创建工具选项板”命令。新建的工具选项板将包含所选图形中的块。

7.5　工具选项板

工具选项板是 AutoCAD 2004 之后版本的新功能，提供了组织、共享和放置块及填充图案等的有效方法。工具选项板还可以包含由第三方开发人员提供的自定义工具。

选择“工具”→“选项板”→“工具选项板”命令，或者单击“标准”工具栏上的“工具选项板窗口”按钮，可以打开工具选项板，如图 7-61 所示。

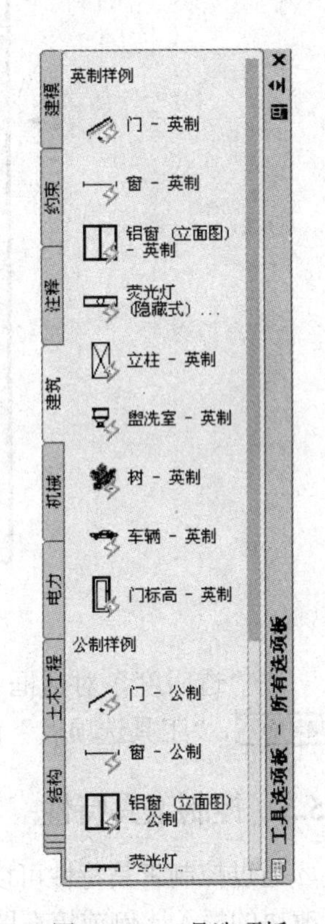

图 7-61　工具选项板

7.5.1　使用工具选项板插入块和图案填充

用户可以将常用的块和图案填充放置在工具选项板上，当需要向图形中添加块或图案填充时，只需将其从工具选项板中拖动到图形中即可。

位于工具选项板上的块和图案填充称为工具，用户可以为每个工具单独设置若干个工具特性，其中包括比例、旋转和图层等（在其上使用快捷菜单中的“特性”命令）。

将块从工具选项板中拖动到图形中时，可以根据块中定义的单位比率和当前图形中定义的单位比率自动对块进行缩放。例如，如果当前图形的单位为米，而所定义的块的单位为厘米，单位比率即为 1/100。将块拖动到图形中时，则会以 1：100

的比例插入（即 100 个块单位变为一个图形单位）。

提示： 如果源块或目标图形中“插入”时的缩放单位设置为“无单位”，则使用“选项”对话框的“用户系统配置”选项卡中的“源内容单位”和“目标图形单位”设置。

7.5.2 更改工具选项板设置

工具选项板的选项和设置可以被用户定义。

- 自动隐藏：将光标移动到工具选项板的标题栏上时，工具选项板会自动滚动打开或滚动关闭。
- 透明度：可以将工具选项板设置为透明，从而不会挡住下面的对象。

1. 自动隐藏

单击工具选项板标题栏上的“自动隐藏”按钮，可以改变窗口的滚动行为。当“自动隐藏”按钮状态为◂▸时，窗口不滚动。当“自动隐藏”按钮状态为◂▌（在上单击可以改变其状态）时，将鼠标移动到标题栏上，窗口会自动滚动打开，当鼠标移出窗口时，自动缩到标题栏。

2. 透明度

右击“工具选项板”的标题栏，然后在弹出的快捷菜单中选择“透明度”命令，弹出“透明度”对话框，如图 7-62 所示。

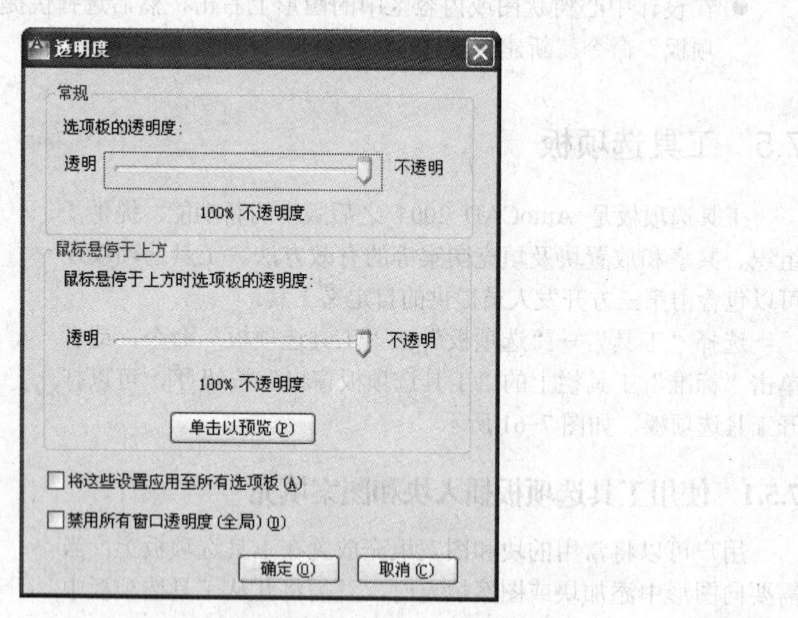

图 7-62 “透明度”对话框

在“透明度”对话框中，使用滑块调整“工具选项板”窗口的透明度级别。单击按钮 确定(O) ，“工具选项板”窗口变为透明，下面的对象会透出来。

7.5.3 控制工具特性

通过控制工具特性可以更改工具选项板上任何工具的插入特性或图案特性。例如，可以更改块的插入比例或填充图案的角度。

要更改这些工具特性，请在某个工具上右击，在弹出的快捷菜单中选择“特性”命令，打开如图 7-63 所示的“工具特性”对话框，然后在该对话框中更改工具的特性。“工具特性”对话框中主要包含两类特性：插入特性和常规特性。

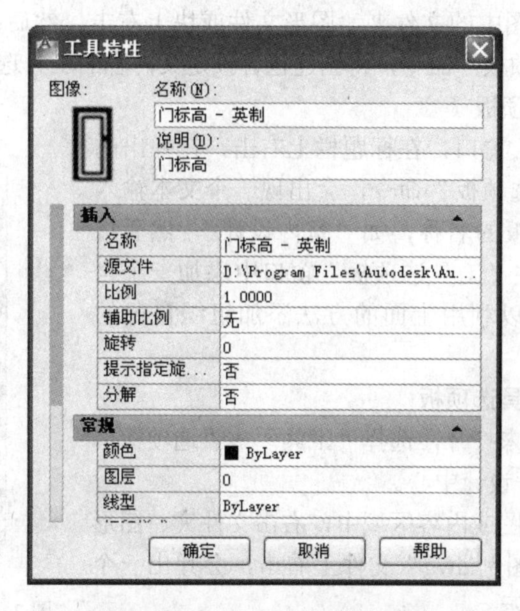

图 7-63 “工具特性”对话框

- 插入特性或图案特性：控制指定对象的特性，例如比例、旋转和角度。
- 常规特性：替代当前图形特性设置，例如图层、颜色和线型。

在工具选项板上更改工具特性的步骤如下：

1）在工具选项板上右击某个工具，然后在弹出的快捷菜单中选择“特性”命令，打开“工具特性”对话框。

2）在“工具特性”对话框中，使用滚动条查看所有工具特性。单击任何特性字段并指定新的值或设置。

- “插入”类别下面列出的特性可以控制指定对象的特性，例如缩放比例、旋转和角度。
- “常规”类别下面列出的特性可以代替当前图形特性设置，例如图层、颜色和线型。

3）设置完毕后单击按钮 确定 。

7.5.4 自定义工具选项板

使用工具选项板中标题栏上的特性按钮可以创建新的工具选项板。使用以下方法可以在工具选项板中添加工具。

- 将以下任意一项拖至工具选项板：几何对象（例如直线、圆和多段线）、标注、图案填充、渐变填充、块、外部参照或光栅图像。
- 将图形、块和图案填充从设计中心拖至工具选项板。将已添加到工具选项板中的图形拖动到另一个图形中时，图形将作为块插入。
- 使用“自定义用户界面”对话框（在标题栏上右击，在弹出的快捷菜单中选择“自定义”命令，将命令拖至工具选项板，正如将此命令添加至工具栏一样）。

- 使用“剪切”、“复制”和“粘贴”命令可以将一个工具选项板中的工具移动或复制到另一个工具选项板中。
- 在设计中心树状图中的文件夹、图形文件或块上右击，然后在弹出的快捷菜单中选择“创建工具选项板”命令，将创建包含预定义内容的工具选项板。

1. 创建空的工具选项板

打开“工具选项板”窗口，在标题栏上右击，在弹出的快捷菜单中选择“新建选项板”命令，会出现一个文本输入框，输入新建工具选项板的名称，如“室内设计”，然后按〈Enter〉键，这样就会在“工具选项板”窗口中添加一个自定义的选项板，用户可以利用上面的方法添加组织自己的工具，如图 7-64 所示。

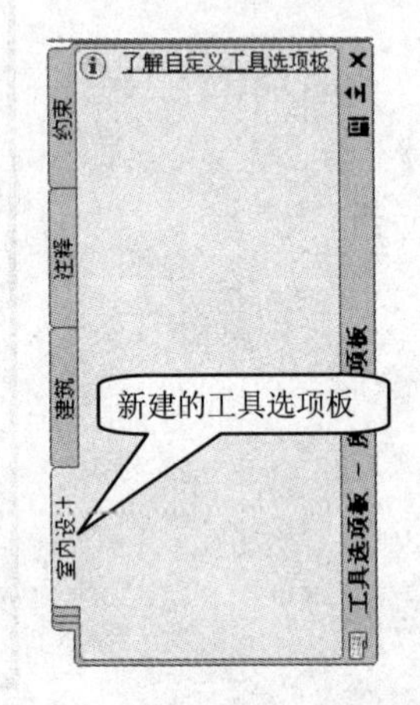

图 7-64　自定义的工具选项板

2. 创建有内容的工具选项板

1）如果设计中心尚未打开，选择“工具”→“选项板”→“设计中心”命令打开设计中心。

2）在设计中心树状图或内容区域中，右击文件夹、图形文件或块，如在“家具图例.dwg”文件上右击，会弹出一个快捷菜单，如图 7-65 所示。

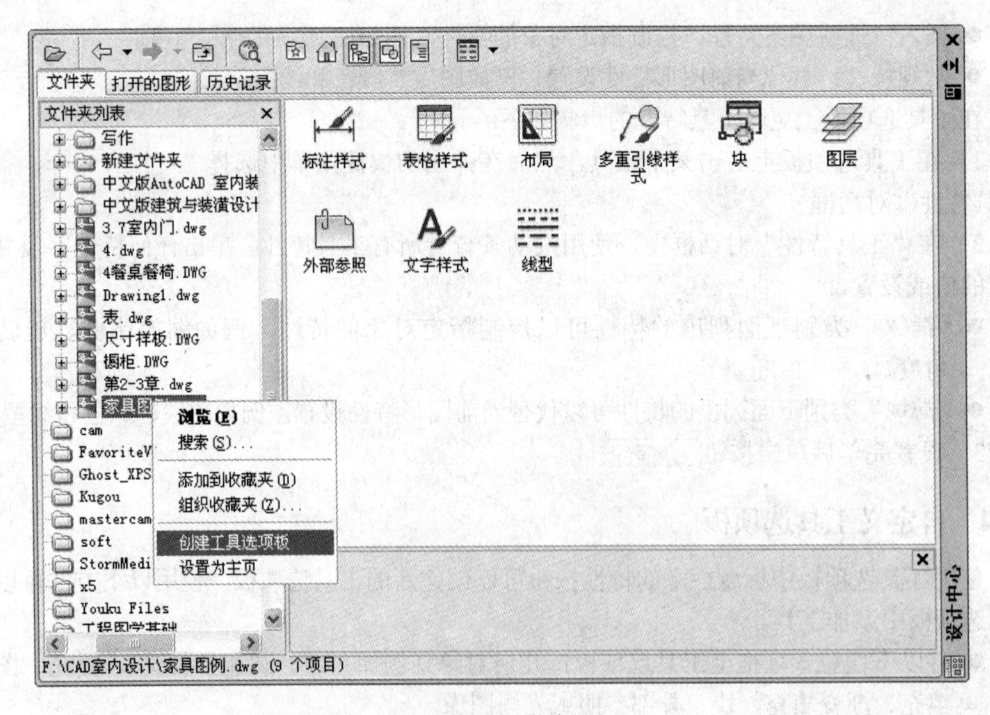

图 7-65　设计中心

3）在快捷菜单中选择“创建工具选项板”命令。

此时将创建一个新的工具选项板，包含所选文件夹或图形中的所有块和图案填充，图 7-66

所示为创建了一个名称为“家具图例”的工具选项板。

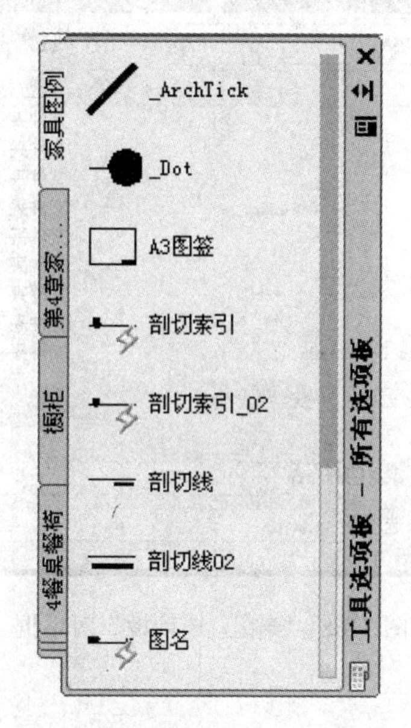

图 7-66 “家具图例”工具选项板

3. 保存和共享工具选项板

打开“工具选项板”窗口，在标题栏上右击，在弹出的快捷菜单中选择“自定义选项板”命令，打开“自定义”对话框，如图 7-67 所示。

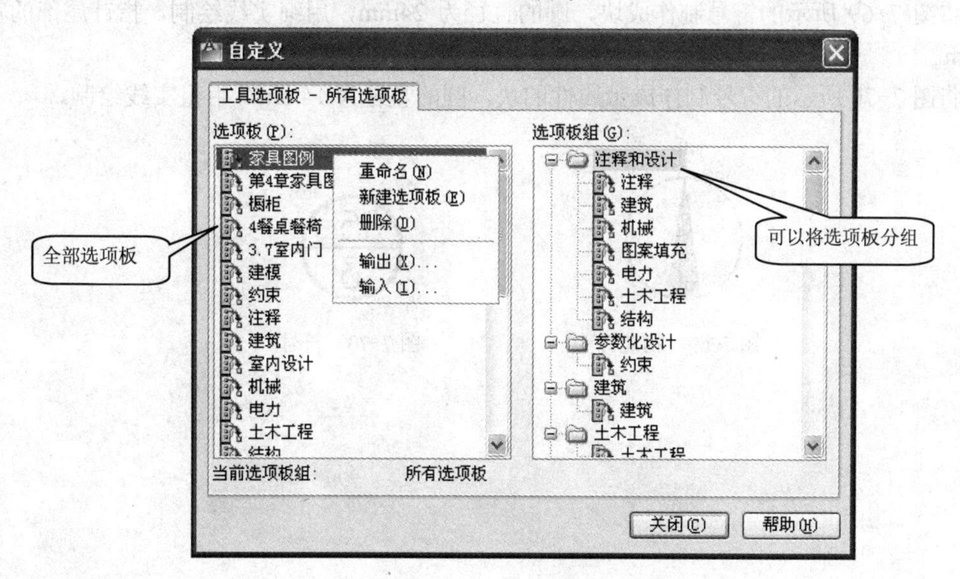

图 7-67 “自定义”对话框

可以通过将工具选项板输出或输入为工具选项板文件来保存和共享工具选项板，可以从“自定义”对话框输入和输出工具选项板，工具选项板文件的扩展名为“xtp”。

选择一个工具选项板，利用右键快捷菜单中的“输出”命令可以输出保存工具选项板，如图 7-68 所示；使用快捷菜单中的“输入”命令可以共享外部工具选项板。

图 7-68 “输出 选项板”对话框

7.6 思考与练习

1．内部块和外部块有什么区别？

2．简述设计中心的使用方法。

3．将图 7-69 所示的符号制作成块，圆的直径为 24mm，用细实线绘制，指针尾部的宽度为 3mm。

4．将图 7-70 所示的符号制作成带属性的块，圆的直径为 14mm，用粗实线绘制。

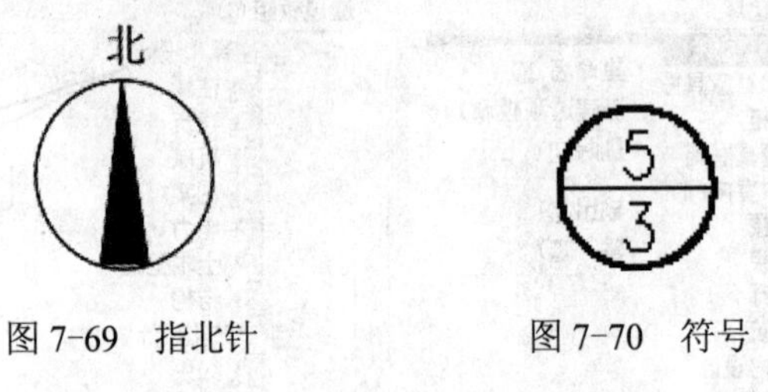

图 7-69 指北针　　　　图 7-70 符号

第 8 章　室内设施的绘制

设计师在进行室内装潢设计制图时，经常要重复利用许多结构装饰部分，因此将它们绘制好后保存成图块，在以后绘图时随时调用，将大大节省绘图时间，同时也使制图达到标准化，统一美观。

本章将介绍室内装潢设计中常用图形的画法，包括家具、电器、卫浴、厨具等块的画法。在介绍的同时，也复习了前面几章介绍的 AutoCAD 常用命令的使用方法。

【本章重点】

- 常用家具的绘制
- 常用电器的绘制
- 常用卫浴的绘制
- 常用厨具的绘制

8.1　常用家具的绘制

室内装潢设计图中经常需要表达室内家具的形状、大小及位置，本节介绍几种家具的绘制方法。

8.1.1　绘制双人床平面图

【实例 8-1】 绘制如图 8-1 所示的双人床平面图。

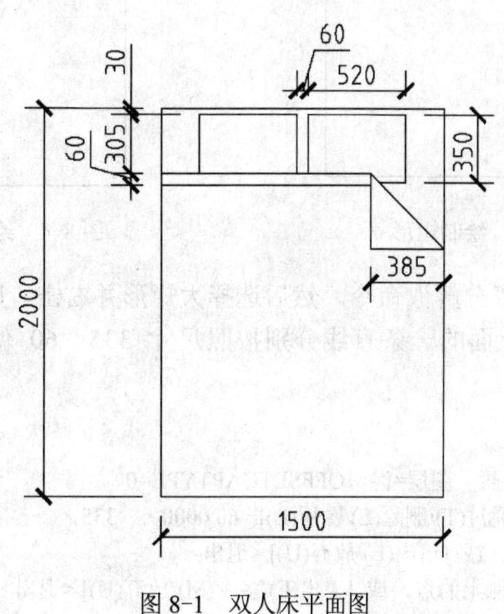

图 8-1　双人床平面图

1）启动 AutoCAD 2012，新建一个无样板公制的空白图，选择“绘图”→“矩形”命令，指定第一角点，然后单击，利用相对坐标方式“@1500, -2000”指定第二点，或者拖动鼠标在两个动态坐标栏中给定尺寸 1500、-2000，动态坐标栏如图 8-2 所示，绘制一个矩形，如图 8-3 所示。

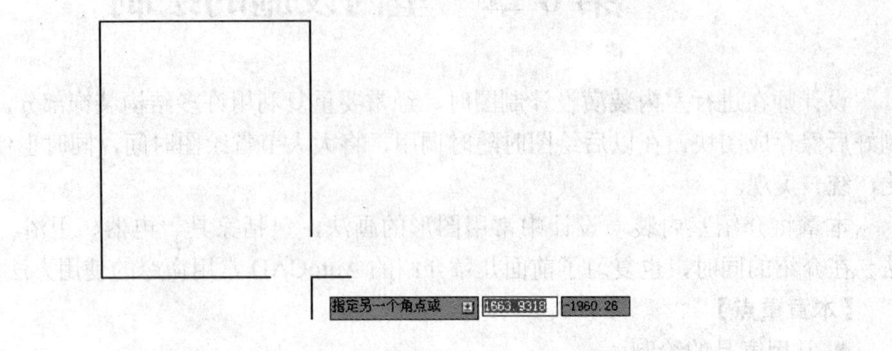

图 8-2　动态坐标输入

2）重复使用“矩形”命令绘制一个尺寸为 520×350 的矩形表示枕头，按照给定的定位尺寸移动到合适的位置，然后选择“修改”→“复制”命令。选择绘制好的矩形，然后右击，指定小矩形的一个角点作为基点，接着给定距离或者第二点，复制一个相同的矩形并移动到合适的位置，如图 8-4 所示。

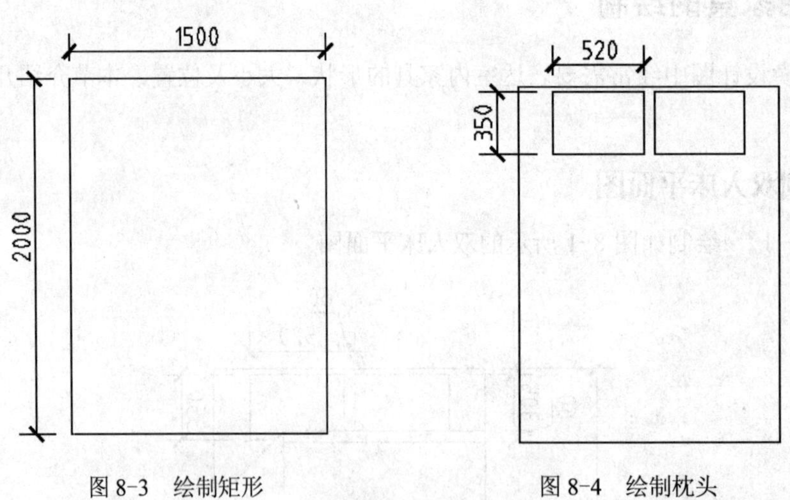

图 8-3　绘制矩形　　　　图 8-4　绘制枕头

3）选择“修改”→“分解”命令。然后选择大矩形并右击，即可将大矩形分解。接着使用“偏移”命令将最上面的一条直线分别按照尺寸 335、60 偏移两条直线表示被子，如图 8-5 所示，步骤如下。

```
命令: _offset
当前设置: 删除源=否　图层=源　OFFSETGAPTYPE=0
指定偏移距离或 [通过(T)/删除(E)/图层(L)] <60.0000>: 335↙          //输入偏移距离
选择要偏移的对象，或 [退出(E)/放弃(U)] <退出>:                     //选择最上面的横线
指定要偏移的那一侧上的点，或 [退出(E)/多个(M)/放弃(U)] <退出>:     //确定偏移方向
选择要偏移的对象，或 [退出(E)/放弃(U)] <退出>:↙
```

```
命令:
命令: _offset
当前设置: 删除源=否   图层=源   OFFSETGAPTYPE=0
指定偏移距离或 [通过(T)/删除(E)/图层(L)] <335.0000>:   60↙              //输入偏移距离
选择要偏移的对象，或 [退出(E)/放弃(U)] <退出>:                           //选择刚生成的横线
指定要偏移的那一侧上的点，或 [退出(E)/多个(M)/放弃(U)] <退出>:            //确定偏移方向
选择要偏移的对象，或 [退出(E)/放弃(U)] <退出>:↙
```

4）根据尺寸 385，结合“直线”命令和“极轴追踪”功能绘制一个等腰直角三角形表示被子角，如图 8-6 所示。

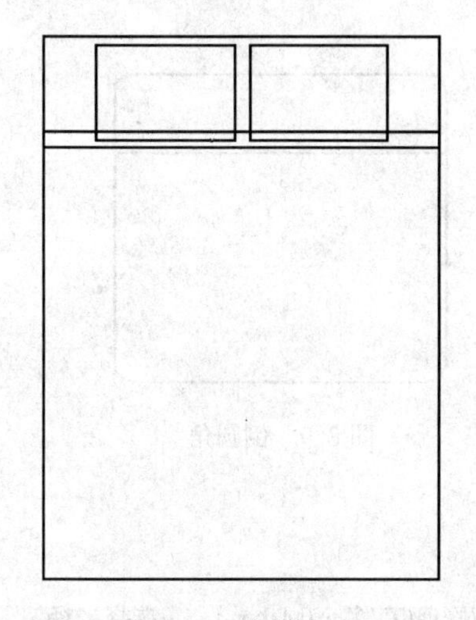

图 8-5　绘制被子

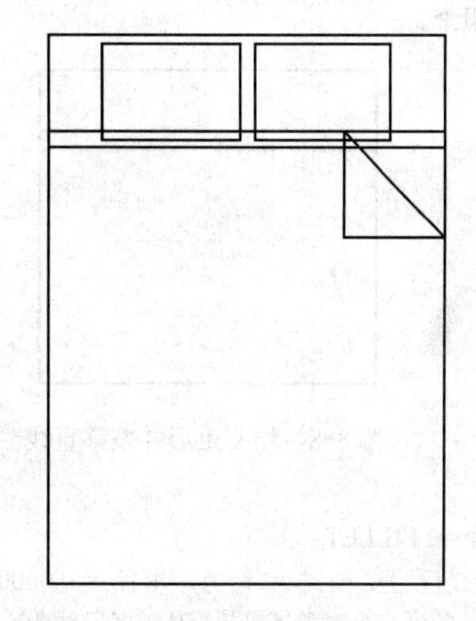

图 8-6　绘制被子角

5）选择“修改”→“修剪”命令，指定修剪边界，然后右击，选择需修剪的图线。可以重复操作几次，修剪掉所有多余的图线，结果如图 8-1 所示。

8.1.2　绘制沙发平面图

【实例 8-2】 绘制如图 8-7 所示的沙发平面图。

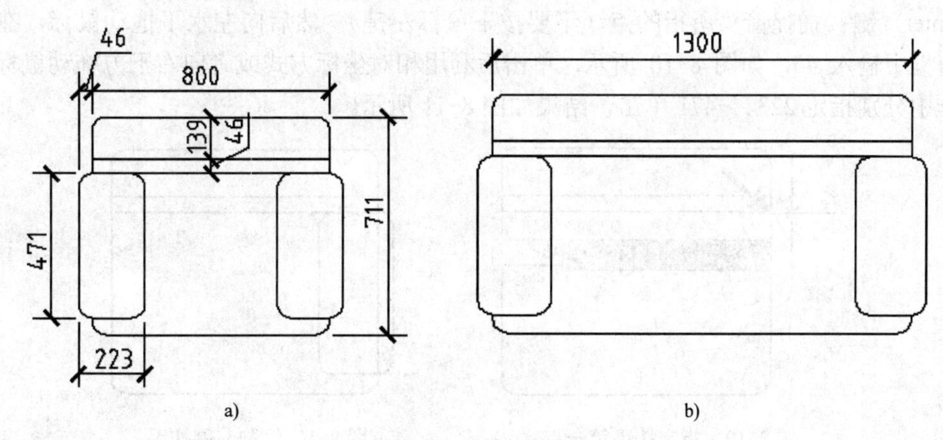

图 8-7　沙发平面图

a) 单人沙发　b) 双人沙发

1）选择“绘图”→“矩形”命令，指定一个点作为矩形的第一角点，然后利用相对坐标“@800,-711”，或者拖动鼠标动态输入坐标值“800, 711”，绘制一个矩形。

2）选择“修改”→“分解”命令，然后选择矩形并右击，将矩形分解。

3）选择“修改”→“偏移”命令，输入偏移距离 139，按〈Enter〉键，然后移动光标至矩形上侧边单击，再移动光标至矩形内单击，向下偏移出另外一条直线。继续选择“偏移”命令，输入 46 后按〈Enter〉键，移动光标至刚偏移形成的边上单击，再移动光标至该直线下单击，向下偏移出另外一条直线，如图 8-8 所示。

4）选择“修改”→“圆角”命令，输入圆角半径为 45，按图 8-9 所示绘制圆角。绘制圆角步骤如下。

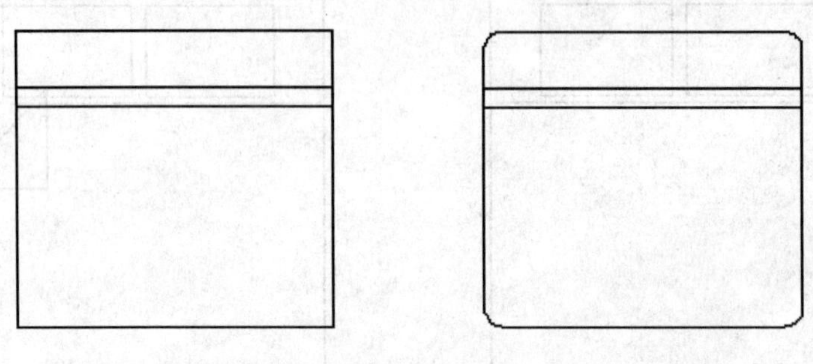

图 8-8　绘制矩形并偏移直线　　　　图 8-9　倒圆角

```
命令: FILLET
当前设置: 模式 = 修剪，半径 = 0.0000
选择第一个对象或 [放弃(U)/多段线(P)/半径(R)/修剪(T)/多个(M)]: r↙    //选择半径
指定圆角半径 <0.0000>: 45↙                                          //指定角半径
选择第一个对象或 [放弃(U)/多段线(P)/半径(R)/修剪(T)/多个(M)]:         //单击第一条线
选择第二个对象，或按住 Shift 键选择对象以应用角点或 [半径(R)]:        //按〈Enter〉键单击第二
                                                                    //条线
```

重复上面操作或者选择“多个(M)”方式一次倒 4 个圆角。

5）选择“绘图”→“矩形”命令，输入“F”后按〈Enter〉键，再输入圆角半径 45，按〈Enter〉键；捕捉箭头所指的点（不要按下鼠标左键），然后向左水平拖动鼠标，在出现的数值框中输入 45，如图 8-10 所示，单击后利用相对坐标方式或者向右下方拖动鼠标，在数值框中分别指定 223、-471 单击，结果如图 8-11 所示。

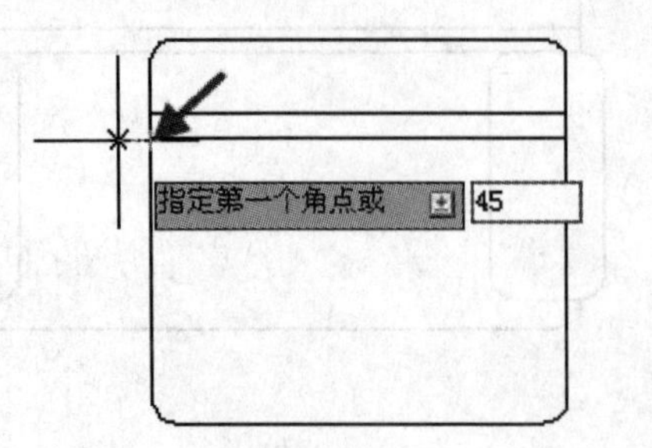

图 8-10　指定扶手第一点

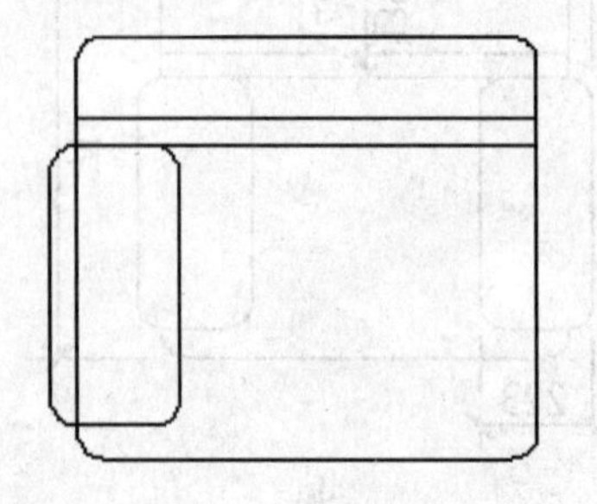

图 8-11 绘制左侧扶手

6）选择“修改”→“镜像”命令，生成另一侧扶手，操作步骤如下。

命令: _mirror
选择对象: 找到 1 个　　　　//选择左侧扶手
选择对象:
指定镜像线的第一点: 指定镜像线的第二点:　　　　//捕捉上、下两横线的中点（如图 8-12 所示）
要删除源对象吗？[是(Y)/否(N)] <N>:↙　　　　//保留左侧扶手

镜像结果如图 8-13 所示。

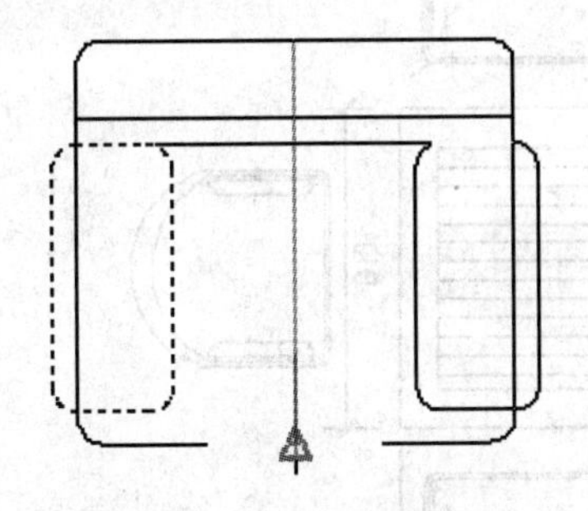

图 8-12　指定扶手第一点

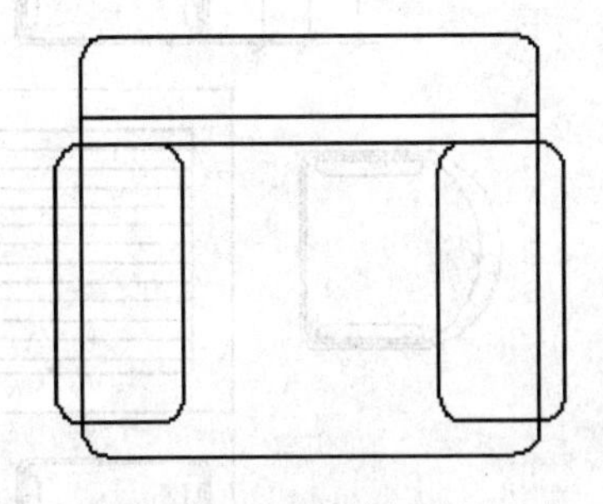

图 8-13　绘制左侧扶手

7）选择“修改”→“修剪”命令，选择前面绘制的左、右扶手，然后右击，选择需要修剪掉的图线。之后右击，在弹出的快捷菜单中选择“确定”命令，即可完成单人沙发的绘制，如图 8-14 所示。

8）选择“修改”→“复制”命令，复制一个沙发，然后选择“修改”→“拉伸”命令，自右向左拉伸一个交叉窗口选择对象，如图 8-15 所示。

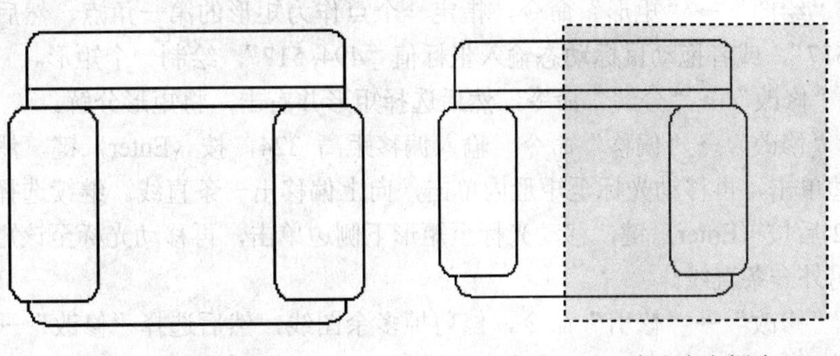

图 8-14　单人沙发　　　　图 8-15　自右向左框选

9）单击如图 8-16 所示的箭头位置点作为拉伸基点，然后水平向右拖动鼠标，在数字框中输入数值 500，按〈Enter〉键确认，即可绘制出双人沙发，如图 8-17 所示。

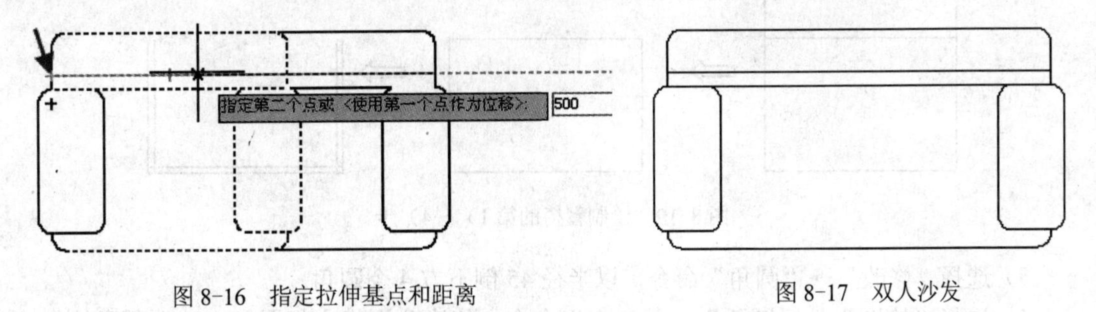

图 8-16　指定拉伸基点和距离　　　　图 8-17　双人沙发

8.1.3 绘制餐桌餐椅平面图

【实例 8-3】 绘制如图 8-18 所示的餐桌餐椅平面图。

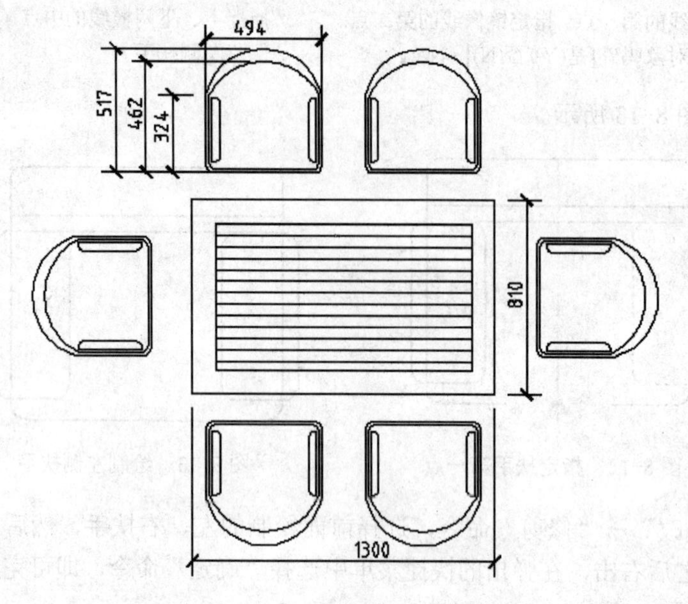

图 8-18 餐桌餐椅平面图

1. 绘制餐椅

1）选择“绘图”→“矩形”命令，指定一个点作为矩形的第一角点，然后利用相对坐标“@494,-517”，或者拖动鼠标动态输入坐标值“494, 517”，绘制一个矩形。

2）选择“修改”→“分解”命令，然后选择矩形并右击，将矩形分解。

3）选择“修改”→“偏移”命令，输入偏移距离 324，按〈Enter〉键，然后移动光标至矩形下侧边单击，再移动光标至矩形内单击，向上偏移出一条直线。继续选择“偏移”命令，输入 462 后按〈Enter〉键，移动光标至矩形下侧边单击，再移动光标至该矩形内单击，向上偏移出另外一条直线。

4）选择“修改”→“修剪”命令，修剪掉多余图线，然后选择“修改”→“偏移”命令，向内偏移 15 绘制 3 条线。

第 1）～4）步的绘制过程如图 8-19 所示。

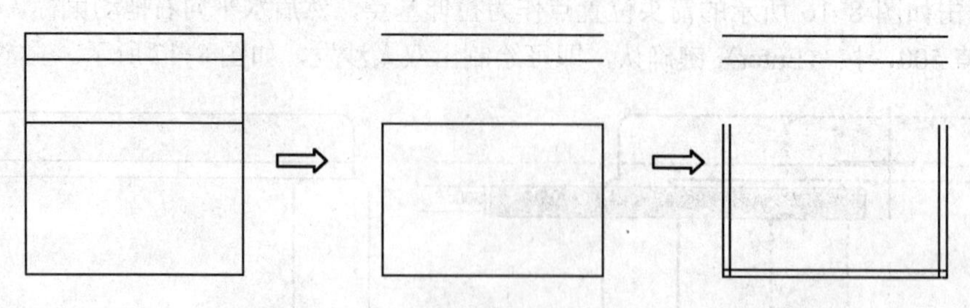

图 8-19 绘制餐椅的第 1）～4）步

5）选择“修改”→“圆角”命令，以半径 45 倒下方 4 个圆角。

6）选择“绘图”→“圆弧”→“三点”命令，依次分别指定如图 8-20 中所示的 1、

2、3 点绘制圆弧，然后重复“三点”命令绘制第二条圆弧。

7）删除多余图线，然后选择“绘图”→“矩形”命令，绘制表示扶手的矩形，尺寸为 30×270，再选择“修改”→“分解”命令将其分解，对扶手内侧以半径 20 倒圆角。

8）选择“修改”→“镜像”命令，然后选择左侧扶手，依次捕捉上面圆弧和下面直线的中点为镜像线，生成右侧扶手。

5～8 步的绘制过程如图 8-20 所示，至此，餐椅绘制完毕。

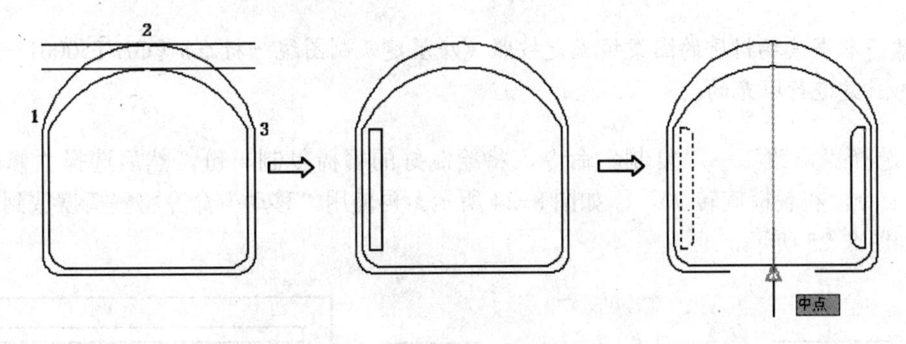

图 8-20　绘制餐椅的第 5）～8）步

2．绘制餐桌及布置餐椅

1）选择“绘图”→“矩形”命令，绘制 1300×810 的矩形为餐桌，然后选择“修改”→“偏移”命令，向内偏移 100 绘制小矩形，如图 8-21 所示。

图 8-21　绘制两矩形

2）选择“绘图”→“图案填充”命令，选择如图 8-22 中所示的“LINE”作为填充图案，并设置合适的比例，然后将小矩形填充，如图 8-23 所示。

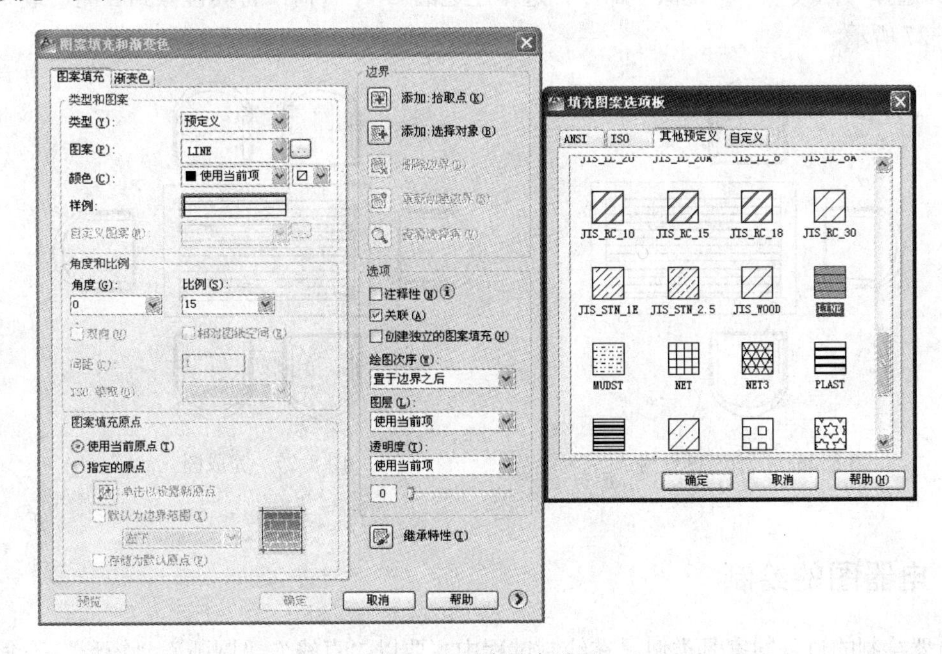

图 8-22　图案填充设置

图 8-23 图案填充

注意：本书玻璃材质的图案填充是按照《房屋建筑制图统一标准》(GB/T50001—2010)中规定的图案进行填充的。

3）选择“修改”→“复制”命令，将绘制好的餐椅复制一份，然后选择“修改”→“旋转”命令，将餐椅旋转 90°，如图 8-24 所示。再使用“移动”命令将餐椅摆放到合适的位置，如图 8-25 所示。

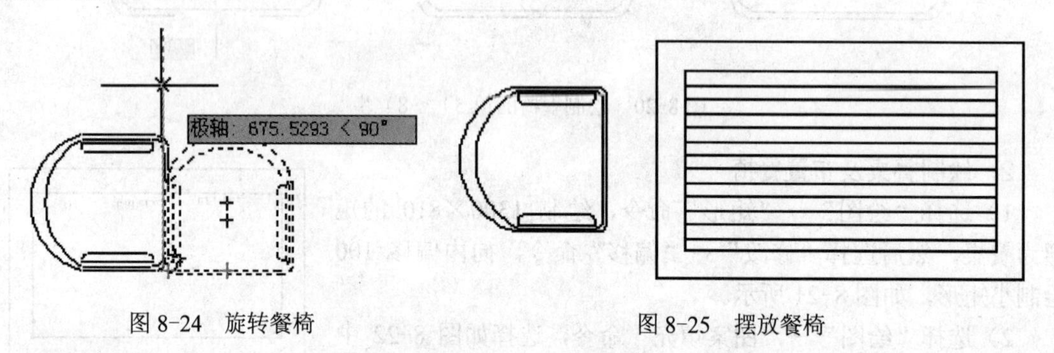

图 8-24 旋转餐椅　　图 8-25 摆放餐椅

4）重复前面的操作，摆放好左边的 3 个餐椅，如图 8-26 所示。

5）选择“修改”→“镜像”命令，选中左边的 3 个餐椅，将其镜像到右侧，最终结果如图 8-27 所示。

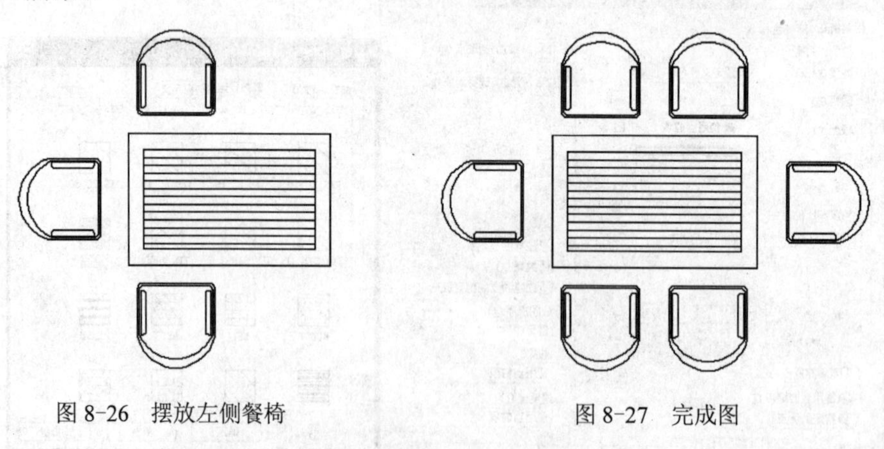

图 8-26 摆放左侧餐椅　　图 8-27 完成图

8.2 电器图的绘制

电器绘制的过程同家具类似，在绘制过程中主要以“直线”、“圆弧”、“矩形”等命令为主，结合“镜像”、“复制”命令及捕捉追踪等功能。

8.2.1 绘制洗衣机立面图

【实例 8-4】 绘制如图 8-28 所示的洗衣机立面图。

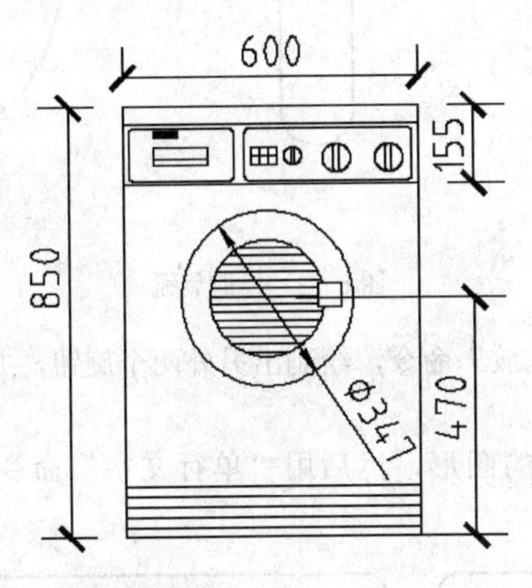

图 8-28 洗衣机立面图

1）选择“绘图”→“矩形”命令绘制 600×850 的矩形，然后利用“分解”命令将其分解。

2）选择“修改”→“偏移”命令，将矩形上边的边线以距离为 35 和 155 向下偏移两条直线，然后将矩形下边的边线以间隔距离 20 向上偏移 5 条直线，如图 8-29 所示。

3）选择“绘图”→“矩形”命令，绘制两个带圆角的矩形表示面板（尺寸根据图形自行确定），然后选择“绘图”→“圆”命令，根据给定尺寸绘制两个同心圆表示洗衣机的门，如图 8-30 所示。

图 8-29 偏移直线

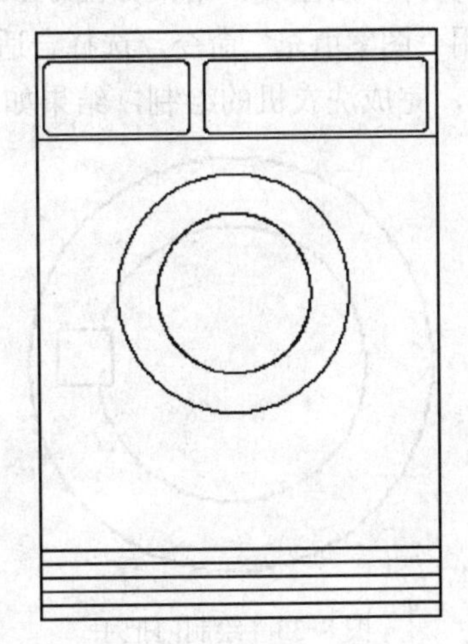

图 8-30 绘制面板和门

4）绘制旋钮。使用“矩形”命令绘制一个 11×50 的矩形，然后使用半径 5 对矩形倒圆角，接着使用“圆”命令绘制一个直径为 52 的圆，结果如图 8-31 所示。

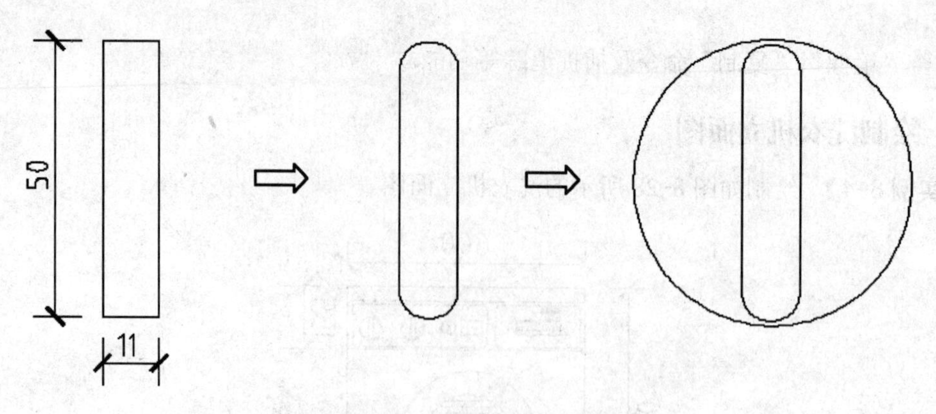

图 8-31　绘制旋钮

5）使用“复制”和“缩放”命令，绘制出另外两个旋钮，并使用“移动”命令将 3 个旋钮移动到合适的位置。

6）绘制出面板上其余的图形，然后用“单行文字”命令写出标牌，完成面板的绘制，结果如图 8-32 所示。

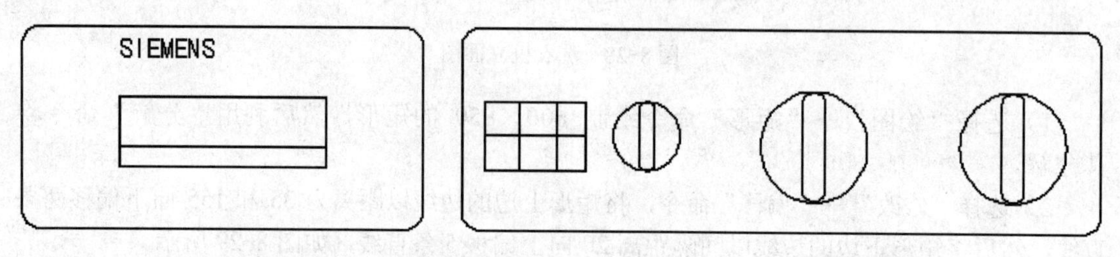

图 8-32　洗衣机面板

7）绘制洗衣机门把手。使用“矩形”命令绘制一个小矩形表示门把手，然后利用“修剪”命令修剪掉多余图线，结果如图 8-33 所示。

8）使用“图案填充”命令，选择合适的比例，填充洗衣机门的玻璃材质，结果如图 8-34 所示。至此，完成洗衣机的绘制，结果如图 8-28 所示。

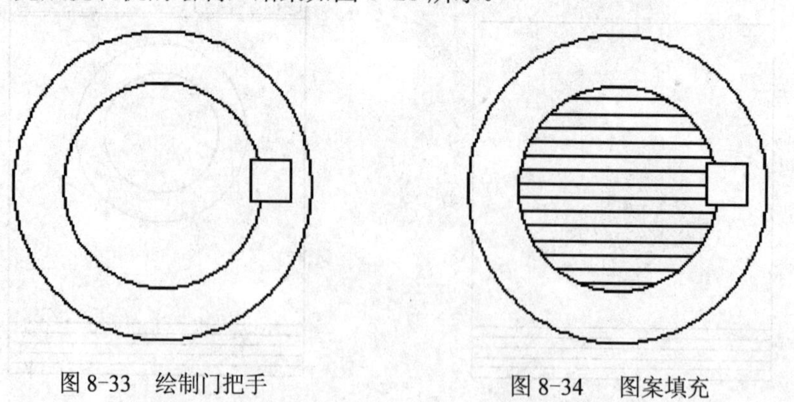
图 8-33　绘制门把手　　图 8-34　图案填充

8.2.2　绘制饮水机立面图

【实例 8-5】 绘制饮水机立面图，主要尺寸如图 8-35 所示。

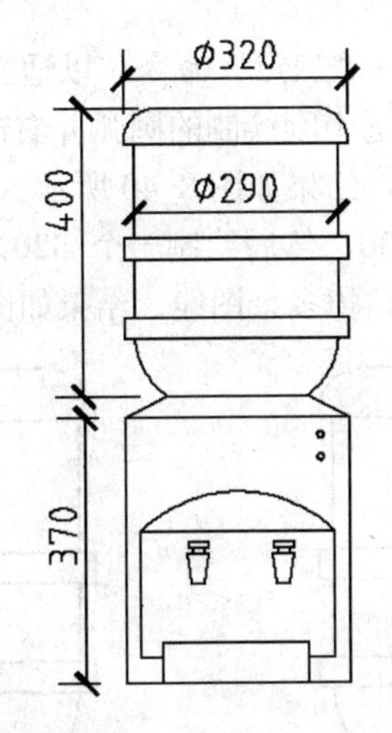

图 8-35　饮水机立面图

1）选择“绘图”→“矩形”命令，绘制 400×320 的矩形，然后利用“分解”命令将其分解。

2）选择“修改”→“偏移”命令，将矩形上边的边线分别以尺寸 50、130、30、80、30 为间隔向下偏移绘制直线，如图 8-36 所示，然后将矩形两侧的直线以尺寸 15 向内偏移生成两条直线，如图 8-37 所示。

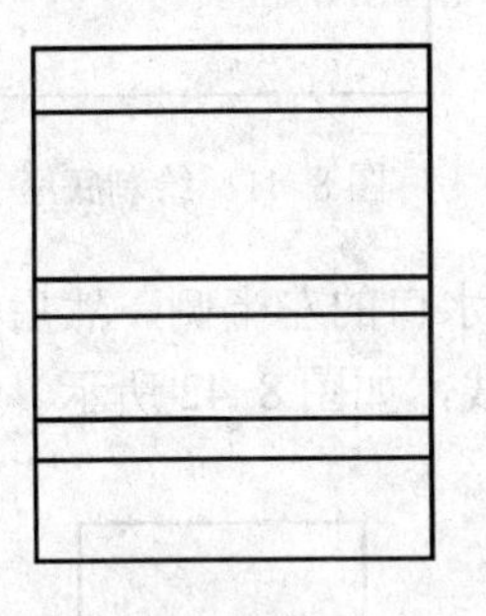

图 8-36　偏移水平直线

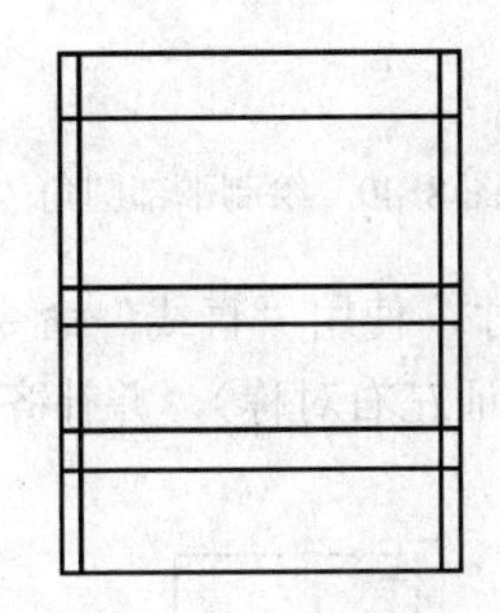

图 8-37　偏移竖直直线

3）选择“修改”→“修剪”命令，将图形修剪成如图 8-38 所示的形状。

4）选择“修改”→“圆角”命令，将圆角半径设置为 45，将最上面的两个角倒圆角，结果如图 8-39 所示。

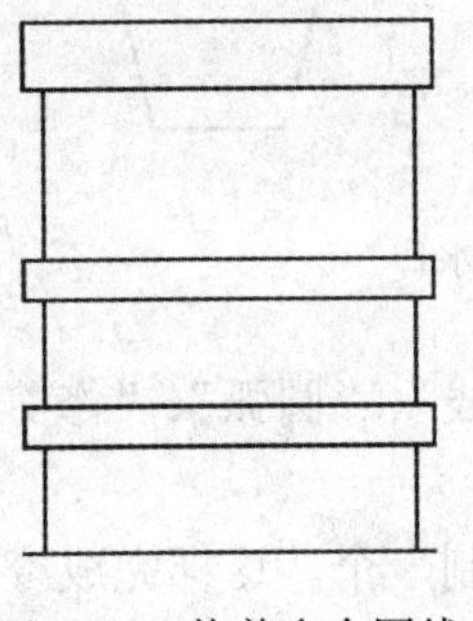

图 8-38　修剪多余图线

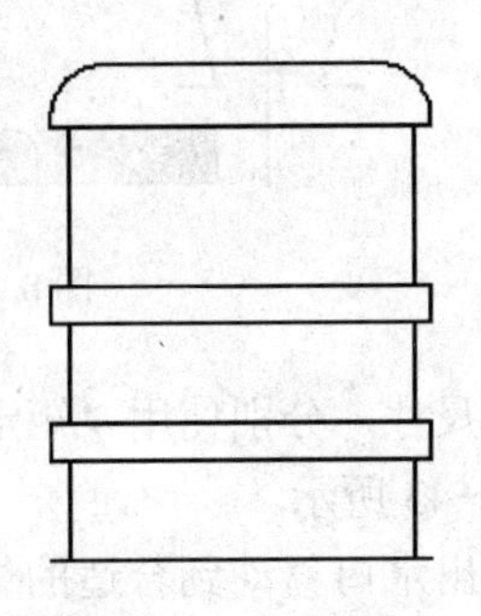

图 8-39　上部倒圆角

5）选择“绘图”→“圆角”→“三点”命令，以适当的尺寸绘制下方左侧的圆弧。然后选择“修改”→“镜像”命令，选中刚绘制的圆弧并右击，捕捉图形上两条水平线的中点作为镜像线，生成右侧对称的圆弧，结果如图 8-40 所示。

6）将最下面的横线向下偏移 30，然后绘制一个 320×370 的矩形，将矩形上面的两顶点和上面两圆弧的端点相连，并修剪掉多余图线，结果如图 8-41 所示。

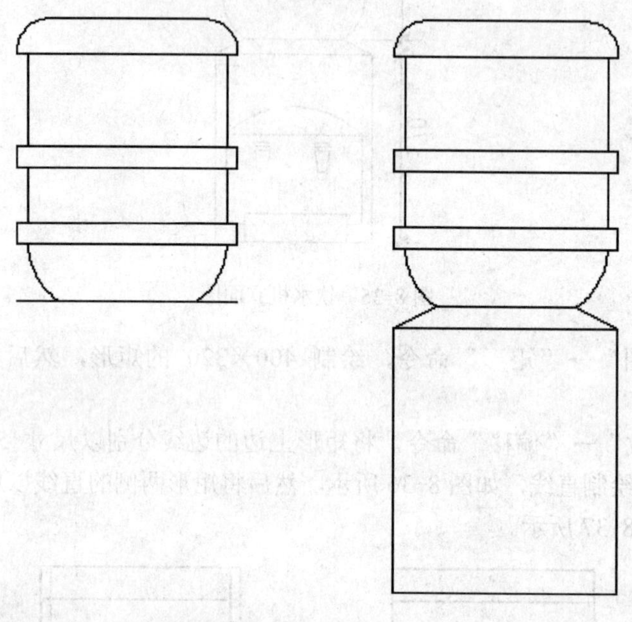

图 8-40　绘制下部圆角　　　图 8-41　绘制底座

7）以适当的尺寸，使用“直线”命令绘制出水口的左半侧，然后使用“镜像”命令镜像出另一侧（可以保证左右对称），并补齐所缺直线，如图 8-42 所示。

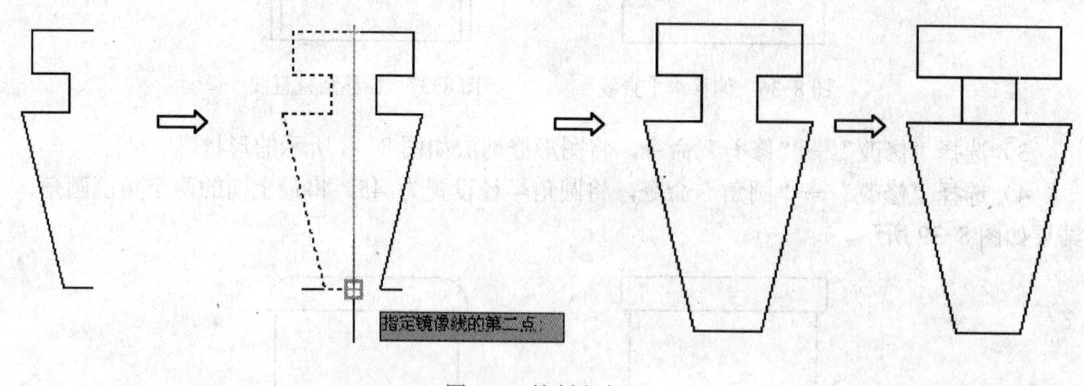

图 8-42 绘制出水口

8）使用适当的尺寸，分别使用“矩形”、“直线”、“圆弧”、“修剪”命令绘制底座面板的主要图线，如图 8-43 所示。

9）将绘制好的出水口移动到合适的位置，复制一个。这样完成冷、热出水口的绘制，然后绘制两个小圆表示指示灯，最终结果如图 8-44 所示。

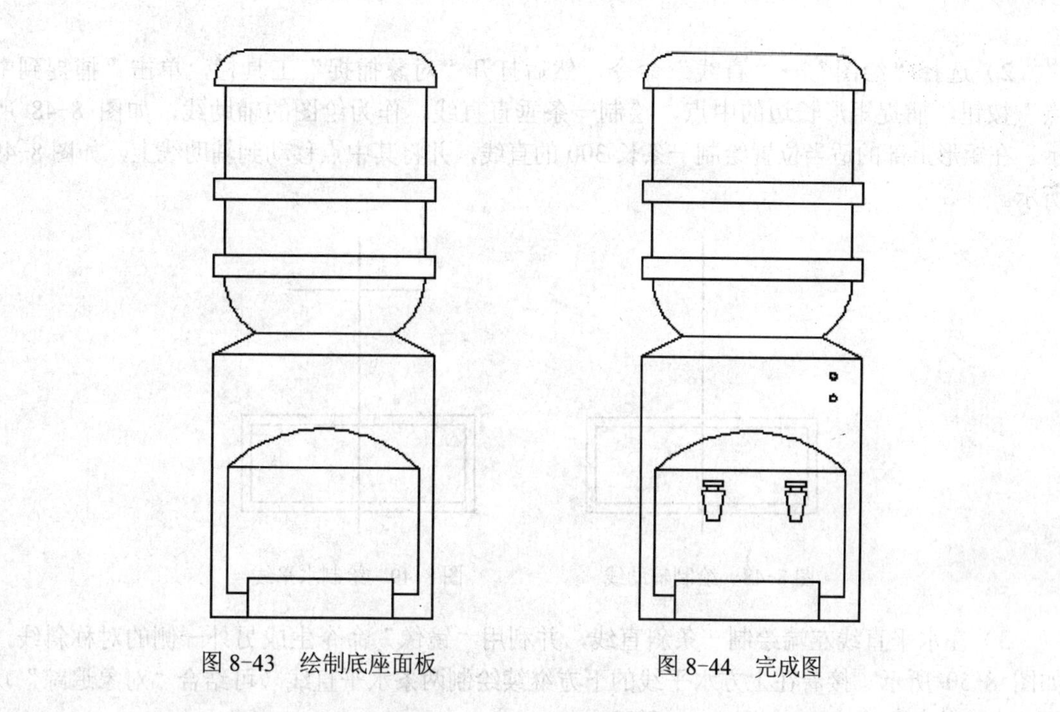

图 8-43　绘制底座面板　　　　图 8-44　完成图

8.2.3　绘制计算机显示器平面图

【实例 8-6】 绘制计算机显示器平面图，主要尺寸如图 8-45 所示。

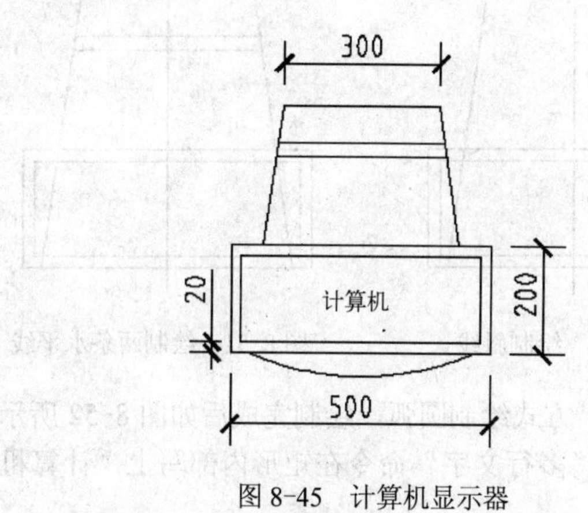

图 8-45　计算机显示器

1）选择“绘图”→“矩形”命令，绘制一个 500×200 的矩形，如图 8-46 所示。然后选择“修改”→“偏移”命令，输入偏移距离为 20，接着选择矩形，在矩形内侧单击，绘制如图 8-47 所示的图形。

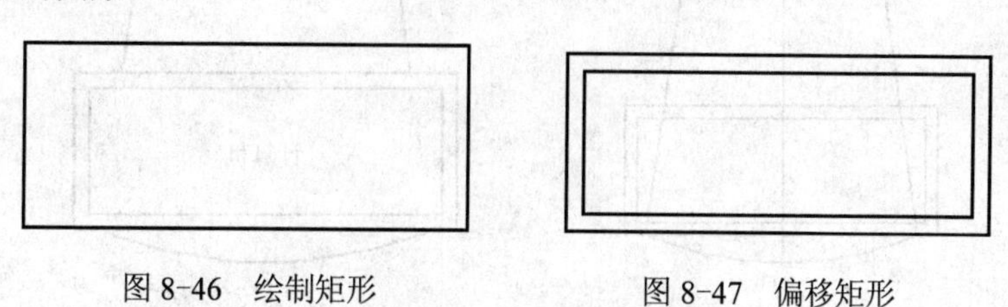

图 8-46　绘制矩形　　　　图 8-47　偏移矩形

2）选择“绘图”→“直线”命令，然后打开“对象捕捉”工具栏，单击“捕捉到中点”按钮，捕捉矩形长边的中点，绘制一条垂直直线，作为绘图的辅助线，如图 8-48 所示。在矩形上部的适当位置绘制一条长 300 的直线，并将其中点移动到辅助线上，如图 8-49 所示。

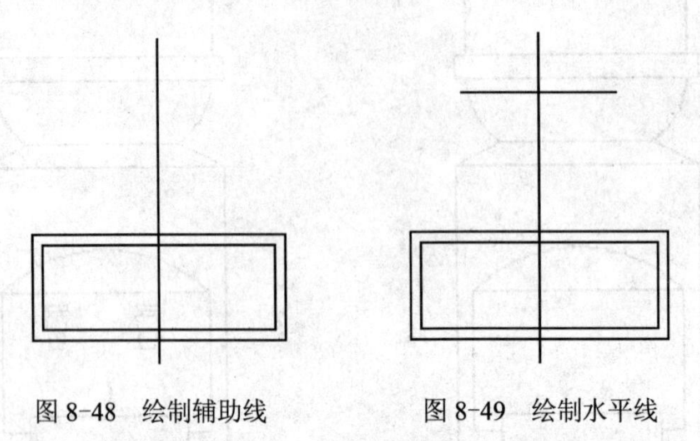

图 8-48　绘制辅助线　　图 8-49　绘制水平线

3）在水平直线左端绘制一条斜直线，并利用“镜像”命令生成另外一侧的对称斜线，如图 8-50 所示。接着在上方水平线的下方继续绘制两条水平直线（可结合“对象追踪”功能或者“修剪”命令），如图 8-51 所示。

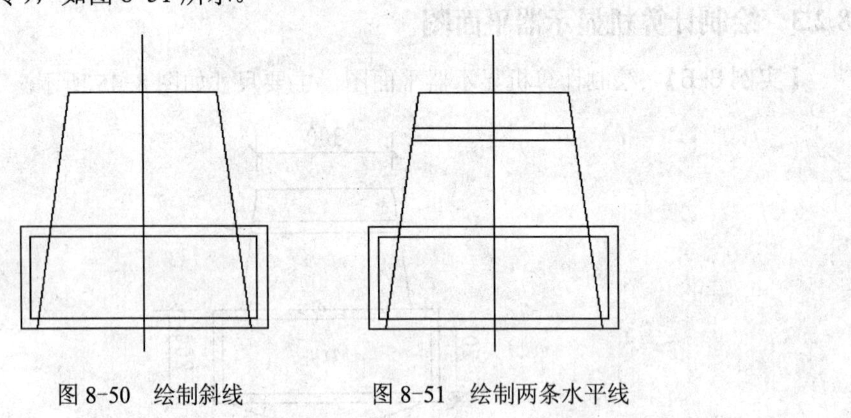

图 8-50　绘制斜线　　图 8-51　绘制两条水平线

4）在矩形下方以“三点”方式绘制圆弧，绘制完成后如图 8-52 所示。

5）删除多余图线，使用“多行文字”命令在矩形内部写上“计算机”的字样，最终结果如图 8-53 所示。

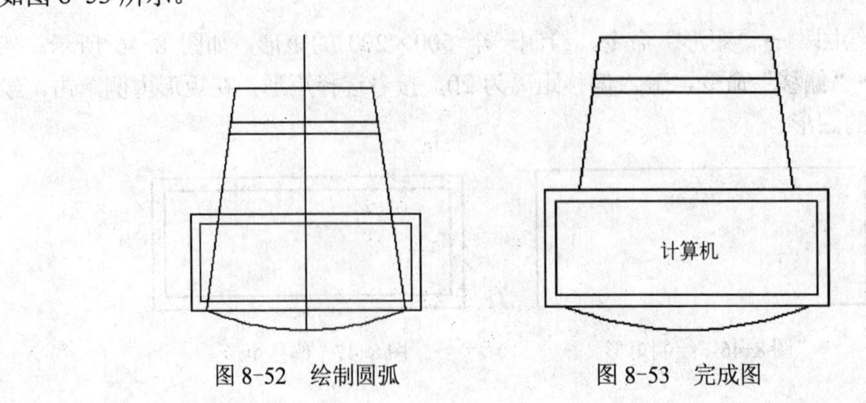

图 8-52　绘制圆弧　　图 8-53　完成图

8.3 卫浴图的绘制

卫浴是居室室内装潢设计中不可缺少的部分，主要有马桶、浴缸、洗脸池、盥洗盆等，绘制该类设备用到的圆角、圆弧、椭圆命令比较多。

8.3.1 绘制马桶平面图

【实例 8-7】 绘制马桶平面图，主要尺寸如图 8-54 所示。

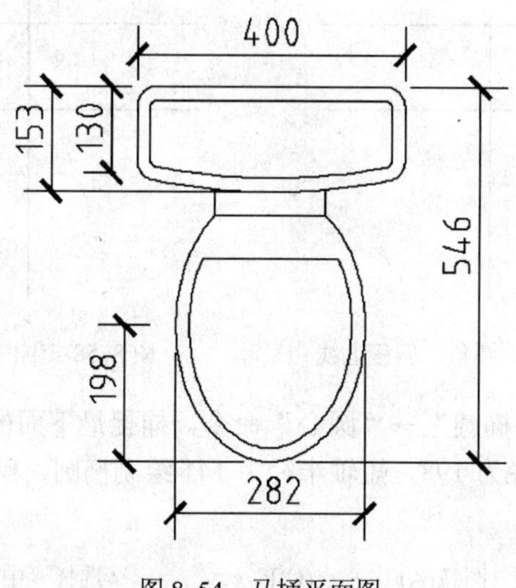

图 8-54 马桶平面图

1）使用“绘图”→“矩形”命令绘制一个 400×127 的矩形，然后使用“分解”命令将其分解，使用“偏移”命令将矩形下面的横线向下偏移，得到 4 条作为辅助线，尺寸如图 8-55 所示。

2）捕捉上面横线的中点绘制一条竖直的辅助线，然后选择“绘图”→“圆弧”→“三点”命令，依次捕捉如图 8-56 所示的 1、2、3 点绘制圆弧。

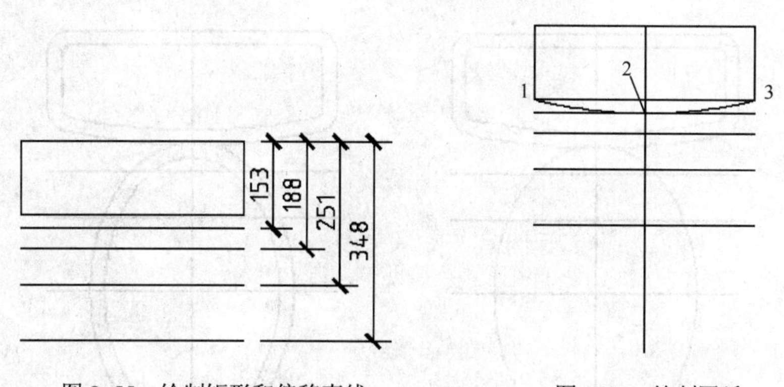

图 8-55 绘制矩形和偏移直线　　图 8-56 绘制圆弧

3）删除多余图线，然后选择“修改”→“圆角”命令，输入圆角半径为 30，依次倒 4 个圆角。接着选择“修改”→“偏移”命令，输入偏移距离为 20，将如图 8-57 所示的 4 条边线向内偏移生成 4 条线。

4）选择“修改”→“圆角”命令，输入圆角半径为 10，将上一步偏移生成的 4 条线依次倒 4 个圆角，如图 8-58 所示。

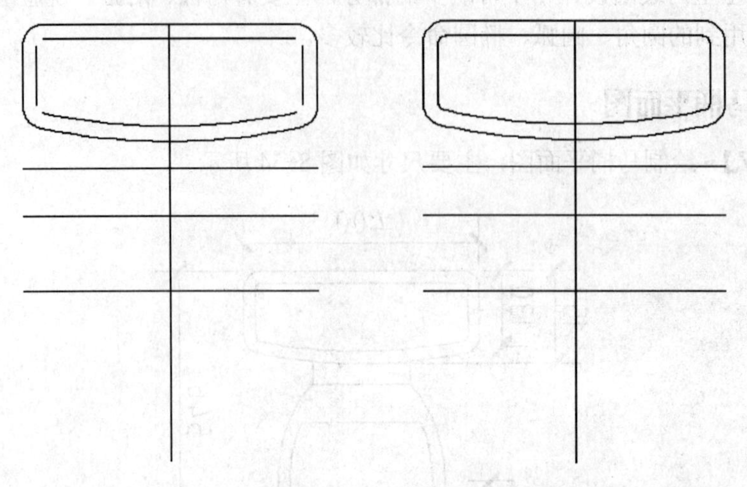

图 8-57　倒圆角、偏移直线　　　图 8-58　倒内部圆角

5）选择“绘图”→“椭圆”→“圆心”命令，捕捉最下面的一条横线和竖线的交点作为圆心，然后指定长轴半径为 198，短轴半径为 141 绘制椭圆，操作步骤如下。

```
命令: _ellipse
指定椭圆的轴端点或 [圆弧(A)/中心点(C)]: _c↙          //选择“中心点”方式
指定椭圆的中心点:                                    //捕捉椭圆圆心
指定轴的端点: 198↙                                   //输入长轴半径
指定另一条半轴长度或 [旋转(R)]: 141↙                 //输入短轴半径
```

结果如图 8-59 所示。

6）选择“修改”→“偏移”命令，输入偏移值为 20，然后选择椭圆，单击椭圆内一点，偏移生成一个小椭圆，如图 8-60 所示。

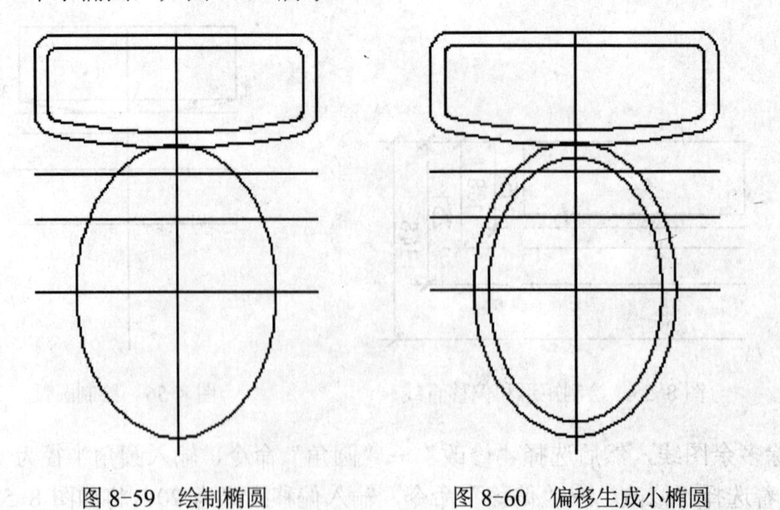

图 8-59　绘制椭圆　　　图 8-60　偏移生成小椭圆

7）选择“修改”→“修剪”命令，然后选择图 8-61 中虚显的两条直线作为边界，将两椭圆修剪，结果如图 8-61 所示。

8）选择“修改”→“修剪”命令，然后选择两条椭圆线作为边界，将图形修剪，并删除多余图线，最终结果如图 8-62 所示。

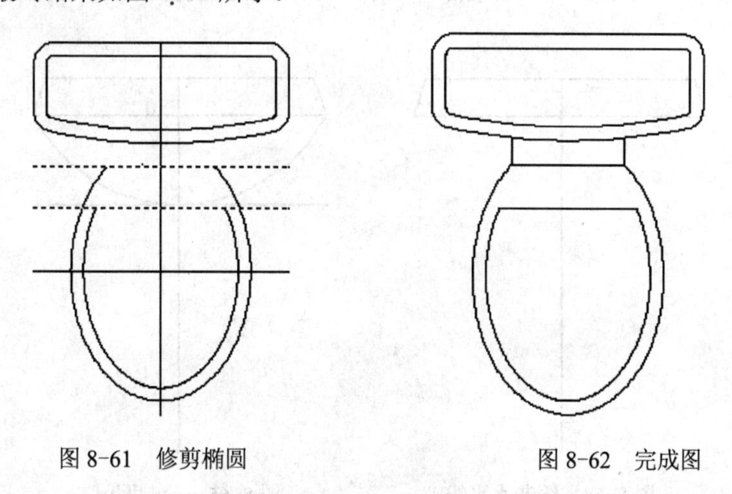

图 8-61　修剪椭圆　　　　图 8-62　完成图

8.3.2 绘制洗脸池正立面图

【实例 8-8】 绘制洗脸池正立面图，主要尺寸如图 8-63 所示。

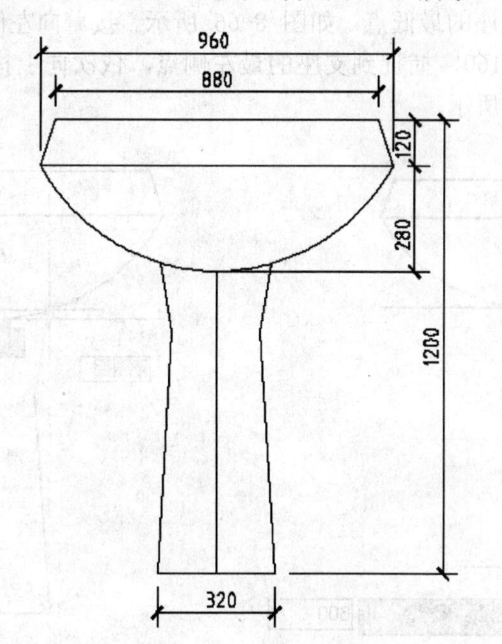

图 8-63　洗脸池正立面图

1）选择“绘图”→“直线”命令，绘制一条长 880 的水平线，然后捕捉该水平线的中点绘制一条竖直的直线作为辅助线，再绘制一条长 960 的直线，使其距离第一条水平线 120，并且相对于竖直线对称（可以利用“追踪”功能先绘制一半，然后利用“镜像”命令镜像出另一半，也可以绘制好后再平移到所需位置），并将两水平线两侧的端点用直线相连，结果如图 8-64 所示。

2）选择“修改”→“偏移”命令，将长 960 的直线向下偏移 280 生成第 3 条水平线，然后选择“绘图”→“圆弧”→“三点”命令，分别捕捉关键点绘制一条圆弧，如图 8-65 所示。

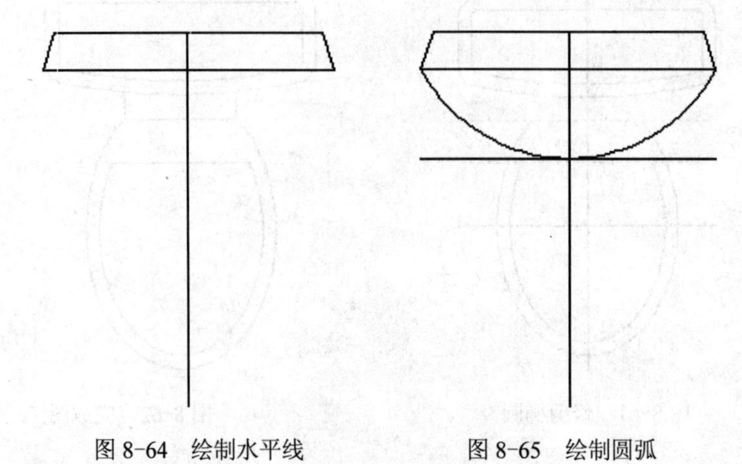

图 8-64　绘制水平线　　　　图 8-65　绘制圆弧

3）选择“绘图”→“直线”命令，打开“对象追踪”功能，将光标放置在圆弧的顶点处稍作停留（不要单击），向下方拖动鼠标，在“距离”数字框中输入数值 800，按〈Enter〉键即可捕捉到支座的最低点，如图 8-66 所示。接着向左侧水平拖动鼠标，在“距离”数字框中输入数值 160，捕捉到支座的最左侧点，依次向上按适当的尺寸绘制出支座的左侧轮廓，如图 8-67 所示。

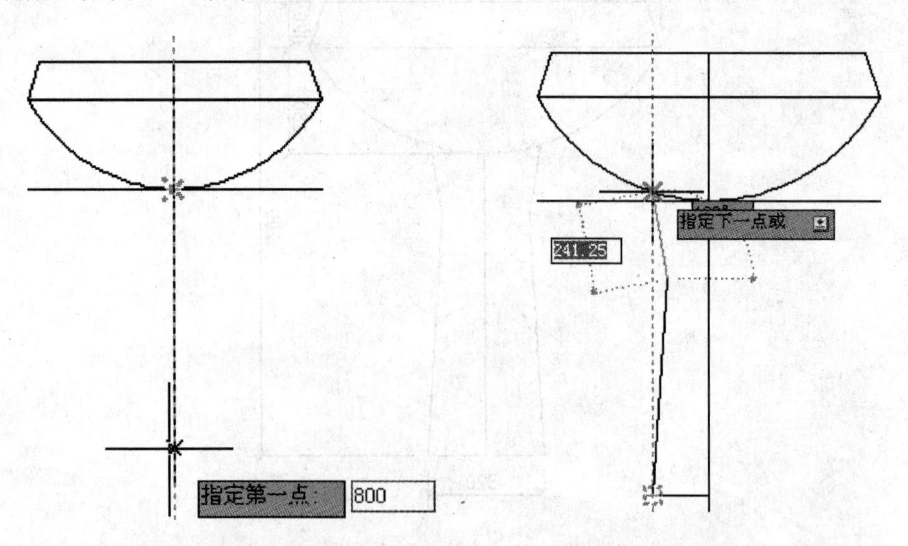

图 8-66　追踪捕捉最低点　　　　图 8-67　绘制支座左侧轮廓

4）选择“修改”→“镜像”命令，然后选择绘制好的支座左侧轮廓线，捕捉水平线两中点作为镜像线，镜像出支座的另一侧轮廓线，结果如图 8-68 所示。

5）删除多余图线，最终结果如图 8-69 所示。

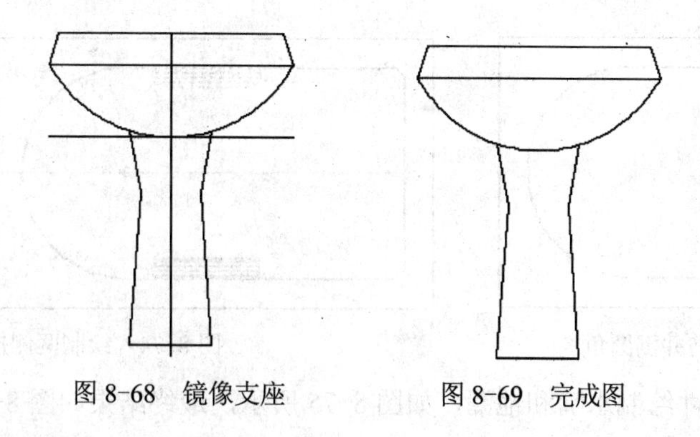

图 8-68　镜像支座　　　　图 8-69　完成图

8.3.3　绘制浴缸平面图

【实例 8-9】 绘制浴缸平面图，主要尺寸如图 8-70 所示。

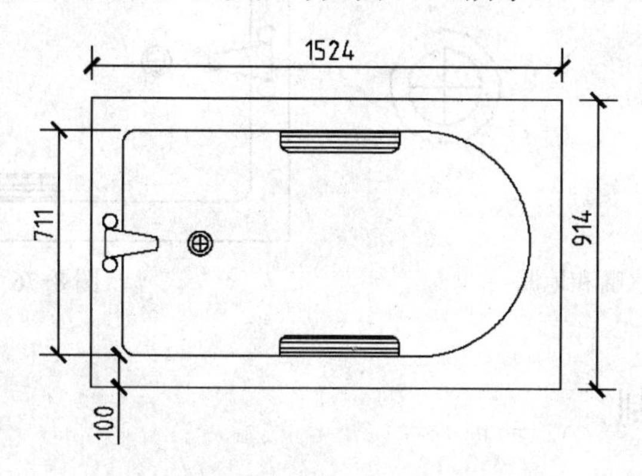

图 8-70　浴缸平面图

1）选择“绘图”→“矩形”命令，绘制一个 1524×914 的矩形，然后选择“修改”→“偏移”命令，输入偏移值 100，向内偏移生成一个小矩形，如图 8-71 所示。

2）打开“对象捕捉”工具栏，选择“绘图”→“圆”→“三点”命令，然后单击“捕捉到切点”按钮，选择小矩形的上边线，再次单击该按钮，选择小矩形的右侧边线，继续单击该按钮，选择小矩形的下边线，即可绘制一个圆，如图 8-72 所示。

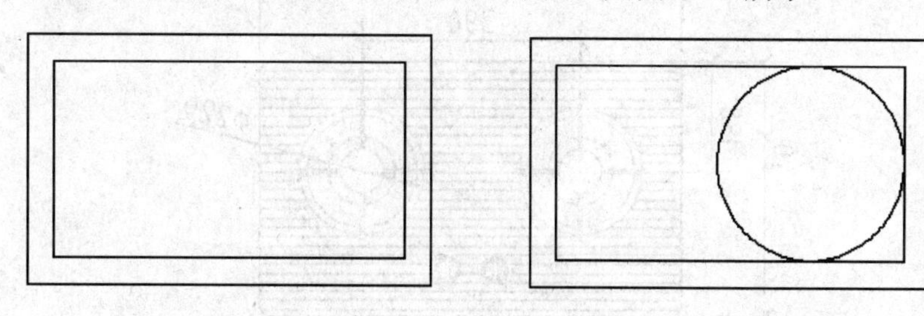

图 8-71　绘制两矩形　　　　图 8-72　绘制内切圆

3）选择“修改”→“修剪”命令，修剪掉多余图线，然后选择“修改”→“圆角”命令，输入圆角半径为 45，对小矩形左侧的两角倒圆角，结果如图 8-73 所示。

4）在一侧用“直线”命令绘制扶手轮廓，以半径 45 倒圆角，并用“图案填充”命令填充图案。然后选择“修改”→“镜像”命令，将扶手镜像生成另一侧，如图 8-74 所示。

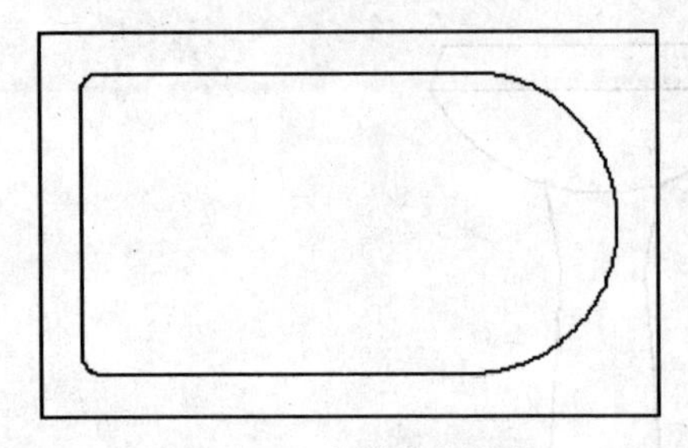

图 8-73　修剪并倒圆角

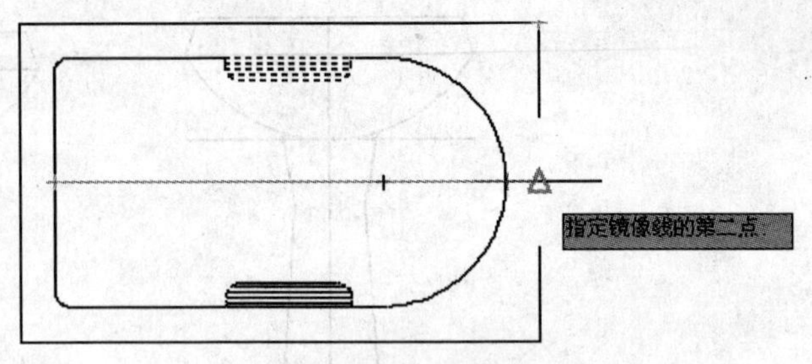

图 8-74　绘制两侧扶手

5）以适当的尺寸绘制水嘴和地漏，如图 8-75 所示，最终结果如图 8-76 所示。

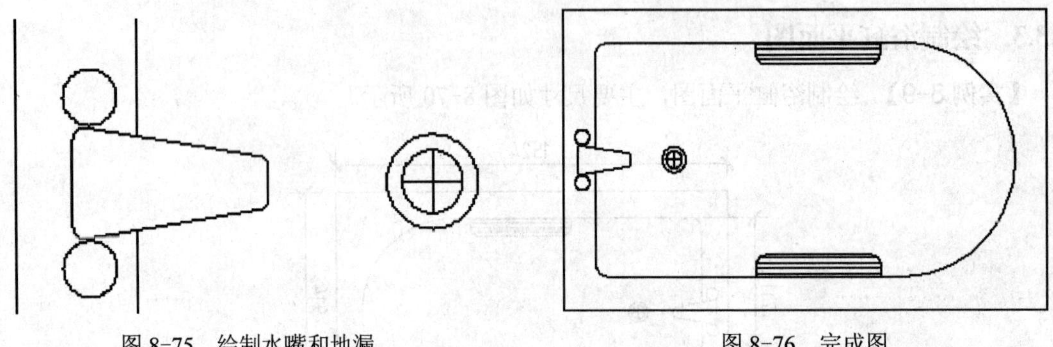

图 8-75　绘制水嘴和地漏　　　　图 8-76　完成图

8.4　厨具图的绘制

厨具是指厨房里用到的一些设备，主要有燃气灶、水槽等，本节以两个实例来介绍厨具的绘制方法。

8.4.1　绘制燃气灶平面图

【实例 8-10】 绘制燃气灶平面图，主要尺寸如图 8-77 所示。

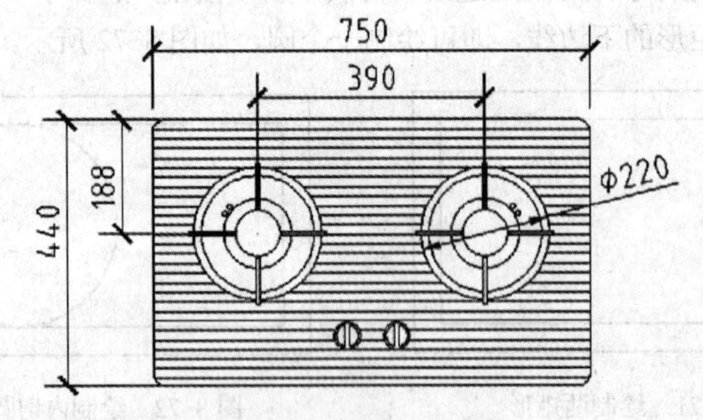

图 8-77　燃气灶平面图

1）选择“绘图”→“矩形”命令，将圆角半径设置为 20，绘制一个 750×440 的带圆角矩形，如图 8-78 所示。操作步骤如下。

命令: _rectang

指定第一个角点或 [倒角(C)/标高(E)/圆角(F)/厚度(T)/宽度(W)]: f↙　　　　//选择“圆角”选项
指定矩形的圆角半径 <0.0000>: 20↙　　　　//输入圆角半径
指定第一个角点或 [倒角(C)/标高(E)/圆角(F)/厚度(T)/宽度(W)]:　　　　//指定矩形左上角
指定另一个角点或 [面积(A)/尺寸(D)/旋转(R)]: @750,-440↙　　　　//指定矩形右下角

2）选择“修改”→“分解”命令，将矩形分解，然后选择“修改”→“偏移”命令，输入偏移值 188，单击矩形上边线，在矩形内单击一点，偏移一条水平线。接着选择“修改”→“偏移”命令，输入偏移值 180，单击矩形左边线，在矩形内单击一点，偏移一条竖直线，如图 8-79 所示。

图 8-78　绘制带圆角矩形

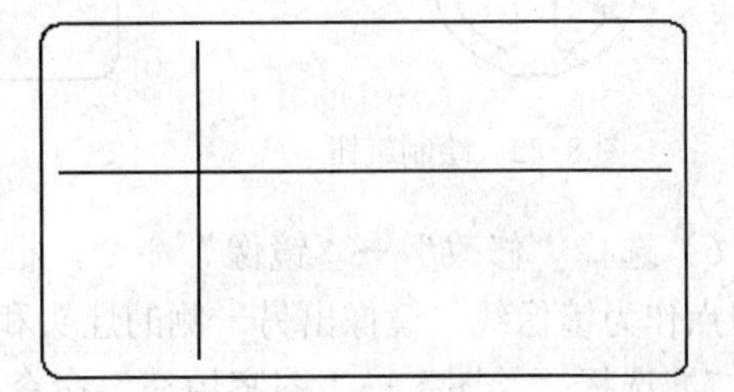

图 8-79　偏移直线

3）选择“绘图”→“圆”→“圆心、半径”命令，捕捉两偏移线的交点为圆心，输入圆半径 110 绘制一个圆，然后选择适当的尺寸依次绘制另外几个同心圆，如图 8-80 所示。

4）选择“绘图”→“矩形”命令，绘制一个细长的矩形表示燃气灶上支架的一个支腿（注意应使该矩形相对于直线对称），然后选择“修改”→“阵列”→“环形阵列”命令，生成另外几个支腿。操作步骤如下。

命令: _arraypolar
选择对象: 找到 1 个　　　　//选择小矩形
选择对象:
类型 = 极轴　关联 = 是
指定阵列的中心点或 [基点(B)/旋转轴(A)]:　　　　//选择圆心为阵列中心
输入项目数或 [项目间角度(A)/表达式(E)] <4>:↙　　　　//输入阵列数目
指定填充角度(+=逆时针、-=顺时针)或 [表达式(EX)] <360>:↙　　　　//输入阵列角度
按 Enter 键接受或 [关联(AS)/基点(B)/项目(I)/项目间角度(A)/填充角度(F)/行(ROW)/层(L)/旋转项目(ROT)/退出(X)]
<退出>:↙

选择“修改”→“修剪”命令，然后选择 4 个小矩形为修剪边界，将同心圆和小矩形重叠的部分修剪掉，结果如图 8-81 所示。

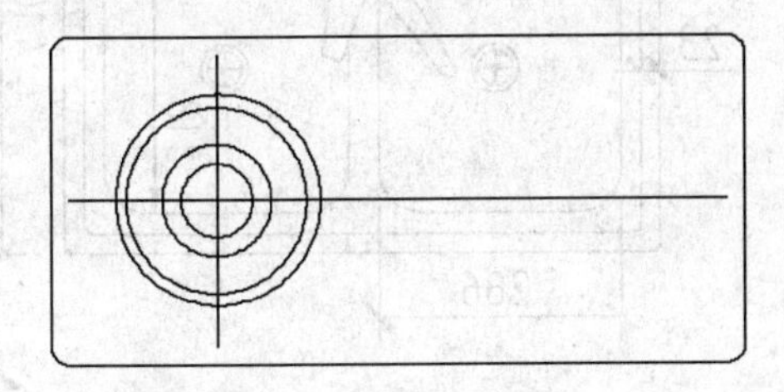

图 8-80　绘制灶头圆

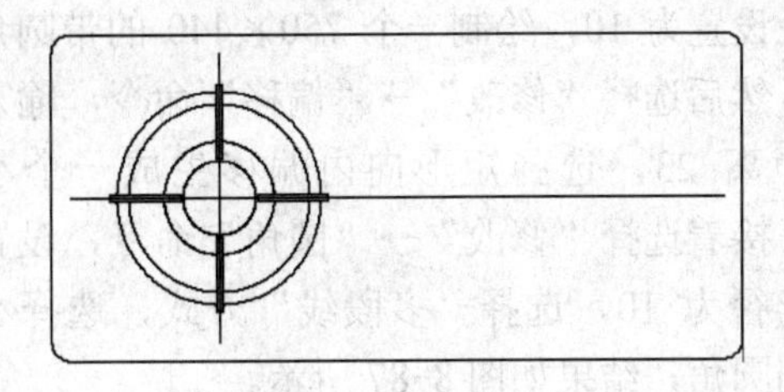

图 8-81　绘制 4 个支腿

5）使用“圆”、“偏移”、“直线”、“圆角”等命令绘制一个旋钮，直径为 45，如图 8-82 所示。接着将旋钮移动到适当的位置，并绘制两个小孔表示气孔，删除掉多余图线，结果如图 8-83 所示。

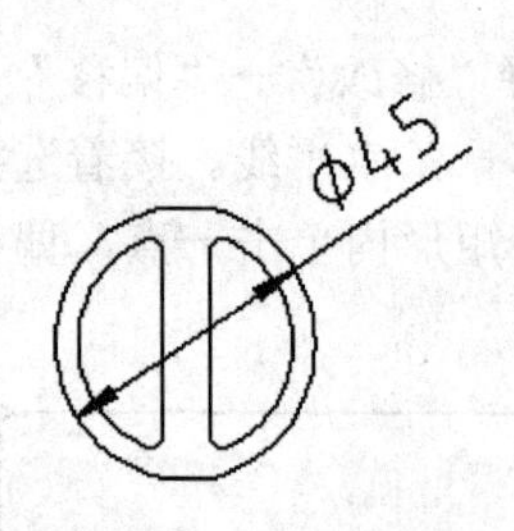

图 8-82　绘制旋钮

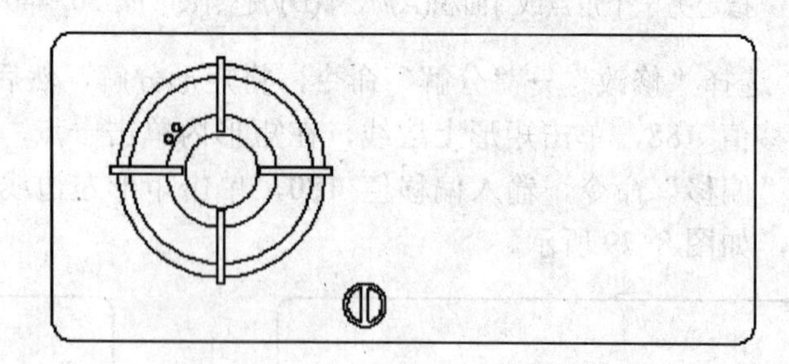

图 8-83　旋钮及气孔

6）选择“修改”→“镜像”命令，框选灶头和旋钮，然后依次捕捉大矩形上、下两边的中点作为镜像线，镜像出另一侧的灶头和旋钮，如图 8-84 所示。

7）选择“绘图”→“图案填充”命令，在“图案填充创建”中选择“LINE”作为填充图案，设定好合适的比例，然后单击填充区，将图案填充到需要的位置，最终结果如图 8-85 所示。

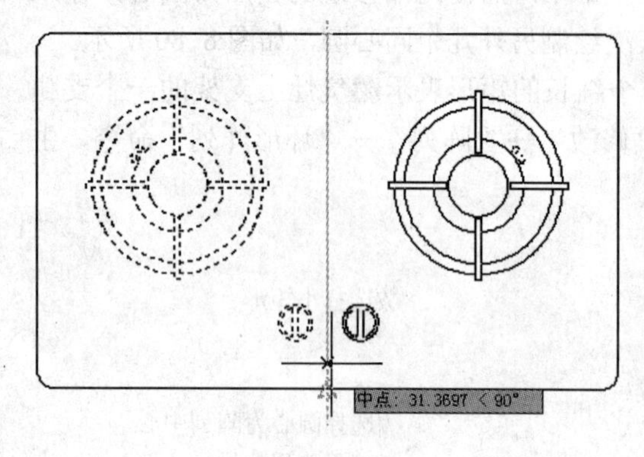

图 8-84　镜像

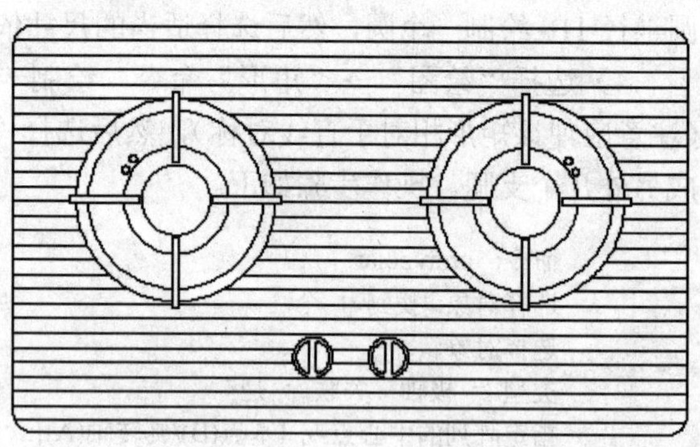

图 8-85　完成图

8.4.2　绘制水槽平面图

【实例 8-11】 绘制水槽平面图，主要尺寸如图 8-86 所示。

1）选择“绘图”→“矩形”命令，将圆角半径设置为 10，绘制一个 750×440 的带圆角矩形。然后选择“修改”→“偏移”命令，输入偏移距离 23，选择矩形向内偏移生成一个小矩形。接着选择“修改”→“圆角”命令，设置圆角半径为 10，选择“多段线”方式，选择小矩形倒圆角，结果如图 8-87 所示。

2）选择“绘图”→“矩形”命令，将圆角

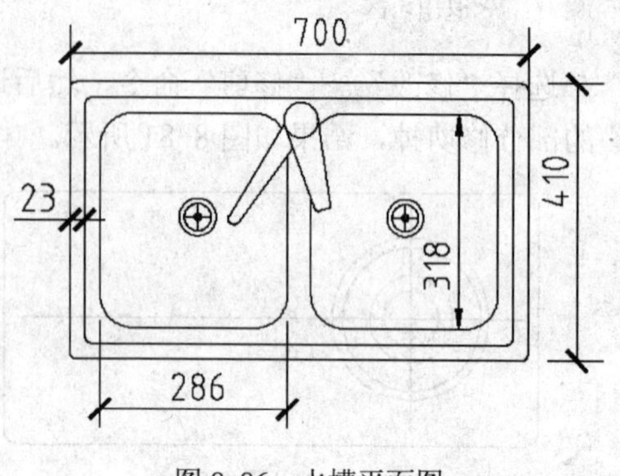

图 8-86　水槽平面图

半径设置为 50，绘制一个 286×318 的带圆角矩形，并使用“移动”命令将其移动到适当位置。然后使用“圆”、“直线”、“修剪”命令在矩形中心位置绘制一个如图 8-88 所示的地漏，结果如图 8-89 所示。

图 8-87　绘制圆角矩形

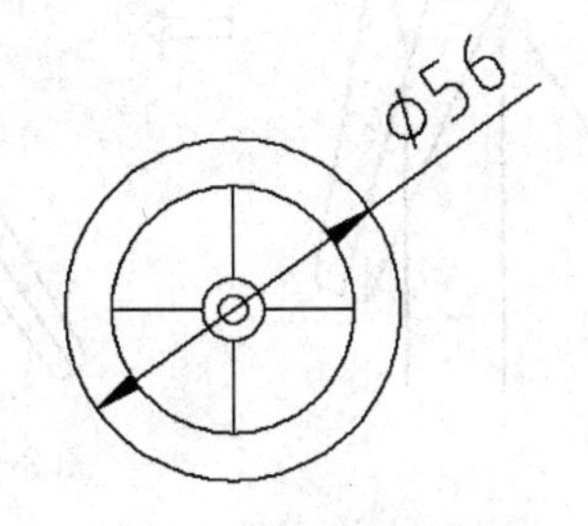

图 8-88　绘制地漏

3）选择“修改”→“镜像”命令，框选左侧水槽，然后依次捕捉大矩形上边线的中点作为镜像线，镜像出另一侧水槽，如图 8-90 所示。

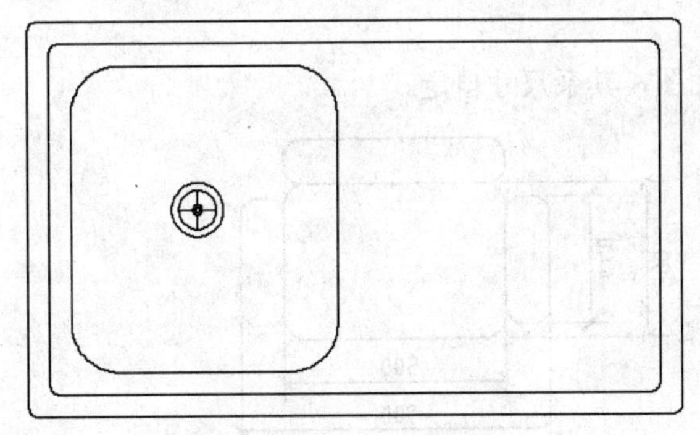

图 8-89　绘制左侧水槽

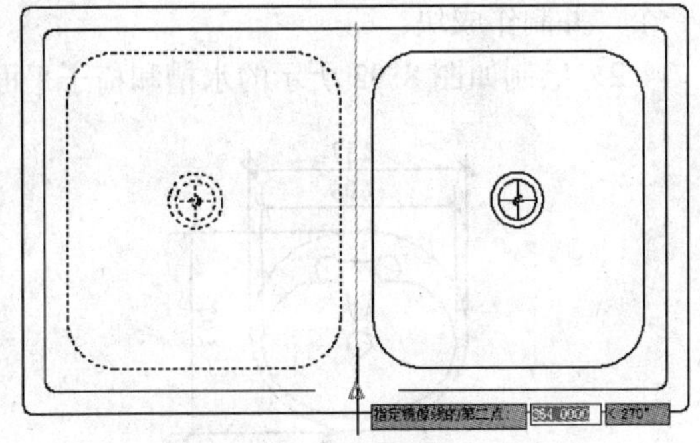

图 8-90　镜像水槽

4）绘制水龙头的详细过程如图 8-91 所示，即首先绘制一个小圆，然后绘制两条过圆心的直线作为水龙头的中心线，再打开捕捉设置里的“垂足”和“切点”选项，先绘制右侧水龙头的一半，利用“镜像”命令镜像出右侧水龙头的另一半，接着用类似的方式绘制出左侧水龙头，然后利用“修剪”命令修剪掉多余图线。至此，全部图形绘制完成，结果如图 8-86 所示。

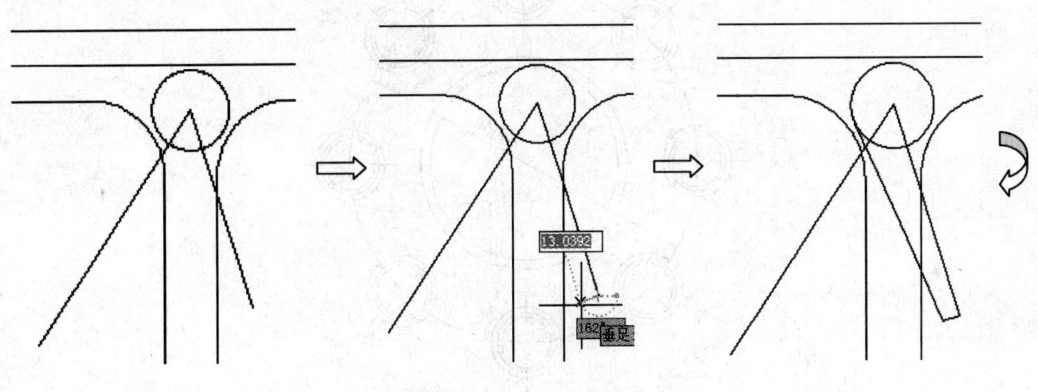

图 8-91　绘制水龙头

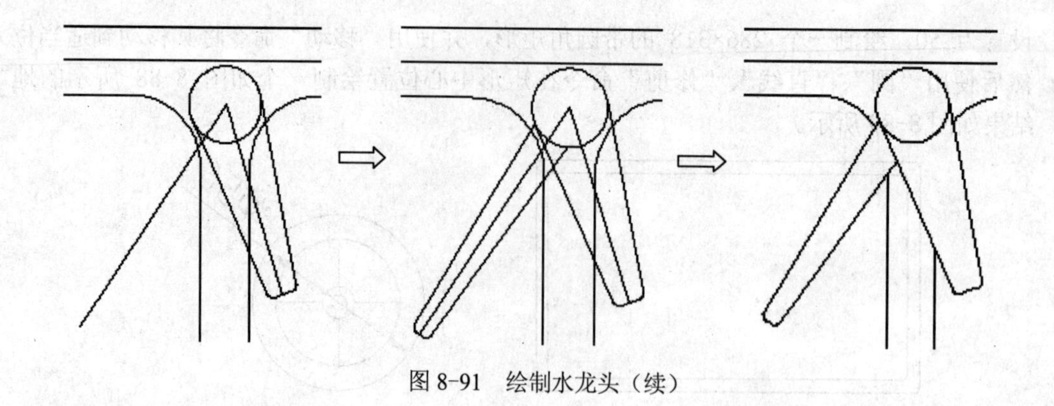

图 8-91　绘制水龙头（续）

8.5　思考与练习

1．结合本章实例，以生活中常见的设备为参考，分别绘制家具、电器、卫浴和厨具各一个，并制作成块。

2．绘制如图 8-92 所示的水槽和椅子平面图，其余尺寸自定。

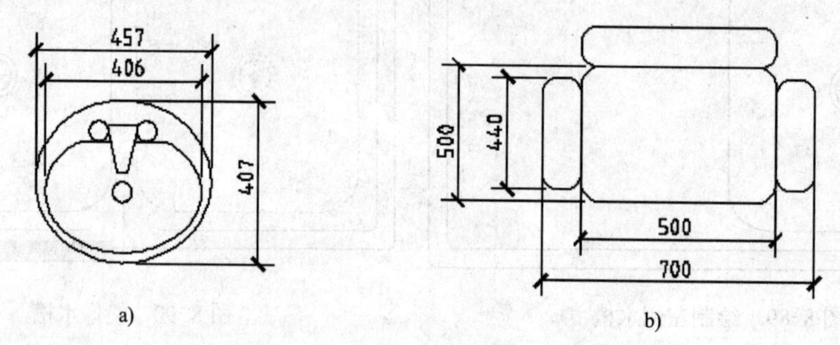

图 8-92　练习图例
a) 水槽　b) 椅子

3．绘制如图 8-93 所示的吊灯平面图，其余尺寸自定。

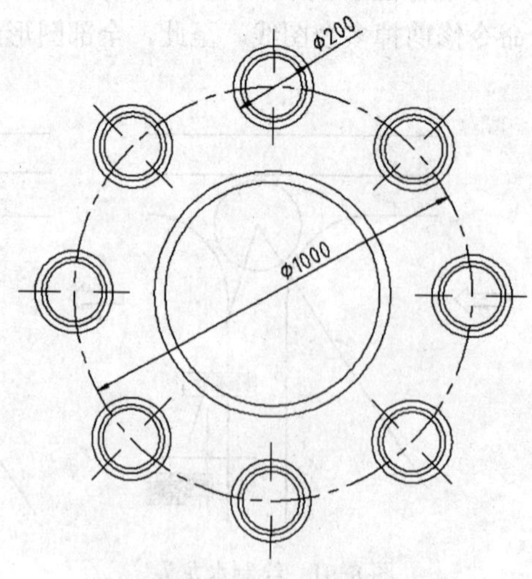

图 8-93　吊灯平面图

第 9 章　住宅室内装潢设计图

在进行室内装潢设计过程中，施工人员要能准确、快捷地进行施工，必须要有事先准备好的室内装潢施工图，包括平面布置图、顶棚布置图、各立面图、电气布置图、门窗节点构造详图等，而在这些室内装潢施工图中，尤以平面图最为重要，其他立面图、电气布置图、构造详图等都是在它的基础上进行设计的。住宅一般包括客厅、卧室、厨房、餐厅、卫生间等部分。

在本章中，利用前面学过的 AutoCAD 2012 的相关知识，来学习常见的住宅建筑平面图、装潢平面图、立面图、顶棚布置图等图纸的绘制。

【本章重点】

- 室内装潢设计模板文件
- 住宅建筑平面图
- 住宅装潢平面图
- 常用立面图
- 顶棚布置图

9.1　住宅室内装潢设计简介

在进行住宅室内装修设计时，应根据不同的功能空间需求进行相应的设计，同时还要符合相关的人体工学要求，下面对住宅各部分的设计进行简单介绍。

9.1.1　客厅

1. 客厅设计的基本要求

客厅是家居中活动最频繁的一个区域，是住宅装潢设计的关键。一般来说，客厅设计有以下几点基本要求：

- 空间尽量宽敞，不管空间是大还是小，在设计上尽量不要显得拥挤和局促。
- 空间保证足够的高度，吊顶的设计尤其要注意这一点。
- 要有充足的自然采光和人工照明，客厅应是整个居室光线（不管是自然采光还是人工照明）最亮的地方。
- 客厅的装修材质，尤其是地面材质应适用于大部分或者全部家庭成员。
- 客厅的布局应是最为顺畅的，无论是侧边通过式的客厅还是中间横穿式的客厅，都应确保进入客厅或通过客厅的顺畅。
- 客厅内的家具，应考虑家庭活动的适用性和成员的适用性，重点考虑老人和小孩的使用问题。
- 客厅的灯光布置要考虑实用性和装潢性两个方面。

2. 客厅设计的人体尺度

在进行客厅装潢设计和家具布置时，应符合人体尺度。空间不大的客厅应选用带拐角的组合沙发；沙发和电视机的距离应和电视机的尺寸相适应，不宜过近或过远；电视机不宜面对窗户。

9.1.2 卧室

卧室是人们休息、睡眠的地方，由于卧室属于个人空间，在设计上完全可以按照自己的喜好更好地表现自我，但不应过度追求强烈的对比效果，以免破坏宁静的氛围。

1. 卧室设计的原则

卧室应根据主人的年龄、个性和爱好进行设计：

- 布局上应注意安静和隐秘的特点。
- 应通风良好，并有合适的自然采光。
- 色彩应柔和，避免强烈的对比。
- 窗帘的材质应柔软，颜色应和卧室色调搭配。
- 卧室的地面宜用木地板、地毯或瓷砖等材料，色彩宜用中性或暖色调；墙面宜用墙纸壁布或乳胶漆，颜色花纹应根据主人的年龄、喜好来选择；顶面宜用乳胶漆、墙纸（布）或局部吊顶。
- 人工照明应考虑整体与局部照明，主灯多采用吸顶灯、嵌入式灯，卧室的照明一般用暖色光，光线宜柔和。

2. 卧室设计的人体尺度

卧室空间不宜太大，在进行卧室设计时，其功能布置应该有睡眠、储藏、梳妆及阅读等部分，平面布置应以床为中心，睡眠区应处于比较安静的位置。

9.1.3 卫生间

1. 卫生间的设计原则

- 卫生间设计应综合考虑如厕、盥洗等功能。
- 卫生间的装潢设计不应影响采光和通风效果。
- 电线和电器设备的选用和设置应符合电器安全规程的规定。
- 应采用防水、耐脏、防滑的墙地砖，顶棚材质也需要防水、防潮。
- 浴具应有冷热水龙头，洗浴要和其他部分尽量分开。
- 卫生间的地坪应向排水口倾斜。
- 洁具的选用应与整体布置协调。

2. 卫生间的色彩、空间和高度

- 卫生间的色彩一般选择冷色调，并尽量避免复杂。
- 在空间方面，墙上装一面较大的洗漱镜，可使视觉变宽，而且便于梳妆；站立空间宽度不得少于500mm。
- 淋浴器的高度在2000mm左右，盥洗盆上沿口在700～800mm之间为宜，洗漱镜底部不低于900mm，顶部不超过2000mm。

3. 卫生间设计的人体尺度

卫生间中洗浴部分应与马桶部分分开，如不能分开，也应在布置上有明显的划分，并尽可能设置隔帘等。如空间允许，盥洗部分应单独设置。

9.1.4 厨房

厨房为满足采光、通风及电气的需要，应有外窗或开向走廊的窗户，并要为排油烟和灶具的使用创造条件，应设置炉灶、洗涤池、案台、固定式碗柜（或搁式、壁龛）等设备或预留其位置。

1. 厨房的常见设计样式

- 一字形：把所有的工作区都安排在一面墙上，通常在比较狭窄的情况下采用。所有工作都在一条直线上完成，此时要注意工作台不宜太长，否则易降低效率。
- 平行线型：将工作区安排在两边平行线上。一般将水槽和配膳区安排在一边，而将炉灶放在另一边。
- L 形：此种形式比较常见，注意工作台不宜过长。
- U 形：工作区共有两处转角，适用于较大空间。水槽最好放在 U 形底部，并将配膳区和炉灶分设两旁。

2. 厨房装修的设计原则及要点

厨房的设计应从减轻操作者劳动强度、方便及安全来考虑：

- 不应影响厨房的采光、通风、照明等效果。
- 装潢材料应色彩简洁，表面光洁，易于清洗，而且要防潮、防热且坚固。
- 地面宜用防滑、易于清洗的陶瓷块材；顶面、墙面宜用防火、耐热、易于清洗的材料。
- 灯光需考虑整体照明和操作照明两部分。
- 垃圾桶宜放在方便倾倒又隐蔽的地方。

3. 厨房设计的人体尺度

厨房的家具、工作台面高度要依主人身材而定，常见的工作台面高度一般在 700 mm 左右；抽油烟机与灶台的距离不宜超过 600mm。除考虑人体和家具尺寸外，还应考虑操作人员的活动范围，一般不得小于 1000mm。

9.1.5 餐厅

餐厅的形式主要有厨房兼餐厅、客厅兼餐厅和独立餐厅几种，就餐空间一般应尽量靠近厨房。餐厅内部家具主要是餐桌、餐椅和餐边柜等，它们的摆放与布置必须为人们在室内的活动留出合理的空间。

餐桌主要有方形、矩形、圆形和折叠型几种，餐桌的选用要和餐厅的形状和大小相适应，其中，圆桌不适用于空间较小的餐厅；餐椅的尺寸要和餐桌协调一致，要符合人体工学的要求，且餐椅的靠背应尽量平直，避免较大的斜度和弧度。

9.2 室内装潢设计模板文件的建立

为了绘制符合国家标准且格式统一的图样，在绘图之前需要制作模板文件，主要是设置图幅、图层、单位、文字样式、标注样式、线型等。设置完成后可以保存为模板文件，方便以后调用。

9.2.1 模板文件的概念与作用

模板文件是一种包含有特定图形设置的图形文件（扩展名为“dwt”），通常，模板文件中的设置包括以下内容：

- 单位类型和精度。
- 图形界限。
- 捕捉、栅格和正交设置。
- 图层组织。
- 标题栏、边框和徽标。
- 标注和文字样式。
- 线型和线宽。

如果使用模板来创建新的图形，则新的图形继承了模板中的所有设置，这样就避免了大量的重复设置工作，而且也可以保证同一项目中所有图形文件的统一和标准。新的图形文件与所用的模板文件是相对独立的，因此，新图形中的修改不会影响模板文件。

9.2.2 模板文件的创建

1. 选项的设置

选择“工具”→“选项”命令（OPTIONS），可打开“选项”对话框。在该对话框中包含“文件”、“显示”、“打开和保存”、“打印和发布”、“系统”、“用户系统配置”、“绘图”、“三维建模”、“选择集”和“配置”10 个选项卡，用户可对里面的各参数进行设置（推荐初学者使用默认设置），如图 9-1 所示。

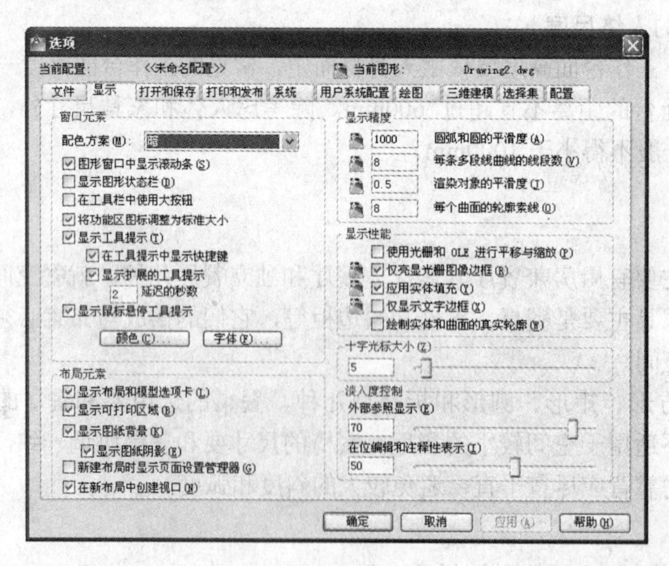

图 9-1 “选项”对话框

2. 设置图形单位

在 AutoCAD 中，用户可以采用 1:1 的比例绘图，因此，所有的直线、圆和其他对象都可以真实大小来绘制。例如，如果一个房间长 6000mm，那么它也可以按 6000mm 的真实大小来绘制，在需要打印出图时，再将图形按图纸大小进行缩放。

在中文版 AutoCAD 2012 中，可以选择“格式”→“单位”命令，在弹出的“图形单位”对话框中设置绘图时使用的长度单位、角度单位，以及单位的显示格式和精度等参数，室内装潢设计图的图形单位推荐按照图 9-2 所示的设置。

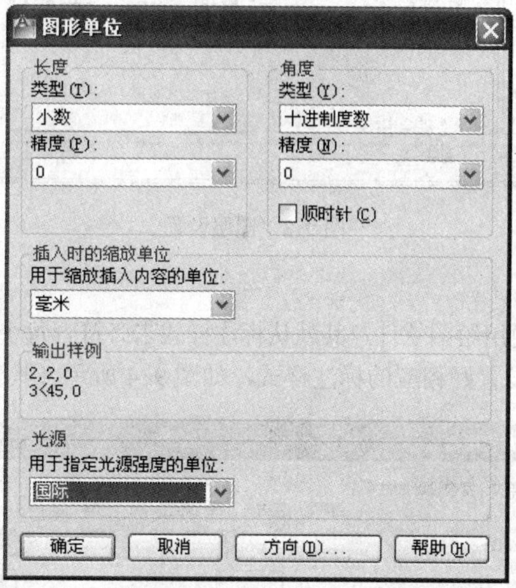

图 9-2　图形单位设置

3. 设置绘图界限

在中文版 AutoCAD 2012 中，用户不仅可以通过设置参数选项和图形单位来设置绘图环境，还可以设置绘图图幅。使用“LIMITS”命令可以在模型空间中设置一个矩形绘图区域。

AutoCAD 默认的绘图界限是长 420、宽 297 的图幅，一般在绘图前应按照所绘图形设置合适的绘图界限，室内装潢设计图的绘图界限推荐设置为长 42000、宽 29700。操作步骤如下。

```
命令: LIMITS
重新设置模型空间界限:
指定左下角点或 [开(ON)/关(OFF)] <0.0000,0.0000>:↙
指定右上角点 <420.0000,297.0000>: 42000,29700↙
```

4. 设置图层

AutoCAD 会自动创建一个名为 0 的特殊图层，用户不能删除或重命名该图层。用户在绘图前需要先创建新图层。

在“图层特性管理器”选项板中单击“新建图层”按钮，可以创建一个名称为“图层 1”的新图层。默认情况下，新建图层与当前图层的状态、颜色、线型、线宽等设置相同。用户应根据需要设置新图层的颜色、线型、线宽等属性，例如要绘制建筑图样，一般将不同类型的要素分层绘制，以方便管理和编辑，如图 9-3 所示。

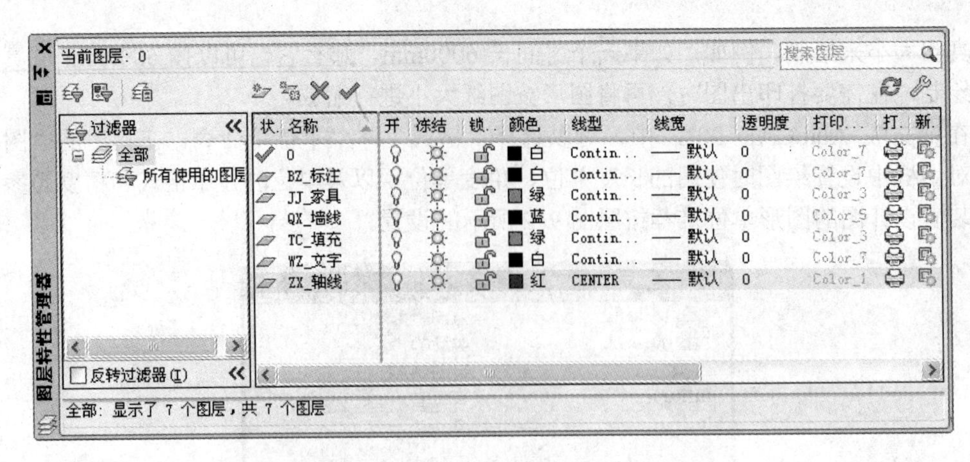

图 9-3　图层设置

5. 设置标注样式

由于 AutoCAD 是通用绘图软件，其默认标注样式未必符合每个用户的需要，所以在绘图之前应该按照国家标准设置好相应的标注样式，如图 9-4 所示（具体设置方法见第 6 章）。

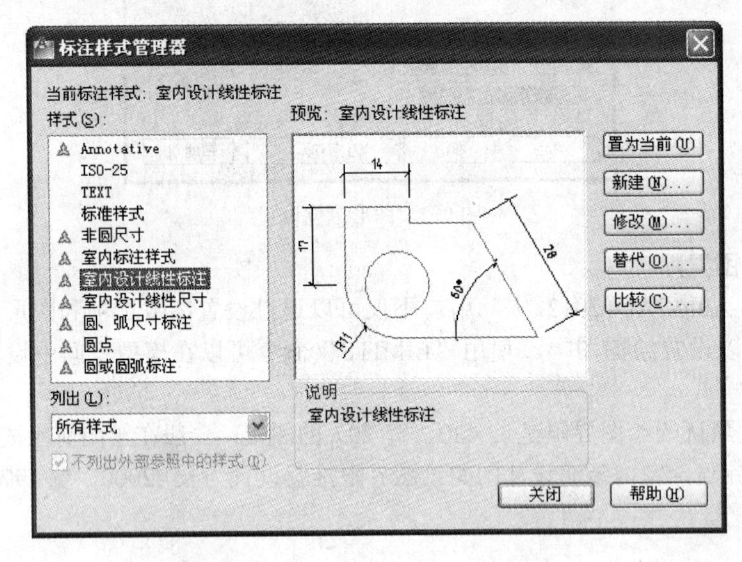

图 9-4 “标注样式管理器”对话框

6. 绘制标题栏和图框

通常，工程图样都有图框和标题栏，在绘图之前，还应该根据国家标准的规定和具体的要求绘制图框和标题栏。

9.2.3 模板文件的保存

模板文件创建好之后，选择“文件”→“另存为”命令，系统弹出“图形另存为”对话框，如图 9-5 所示。在“文件类型”下拉列表选择“AutoCAD 图形样板（*.dwt）”，如图 9-6 所示，然后为文件起名“室内设计模板文件”，单击“保存”按钮，系统会弹出“样板选项”对话框，如图 9-7 所示，输入说明内容，单击“确定”按钮即可。

图 9-5 “图形另存为”对话框

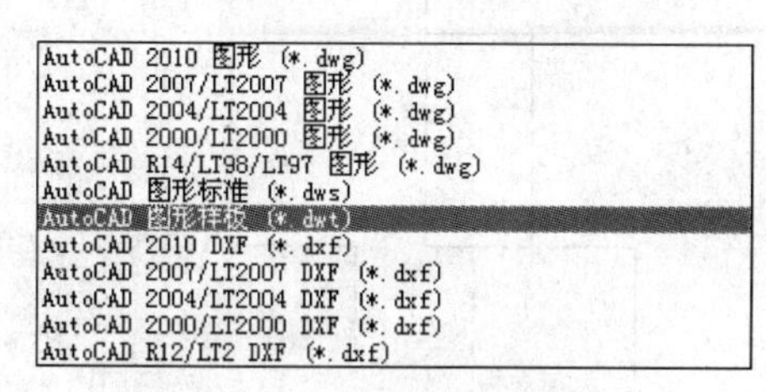

图 9-6 选择文件类型

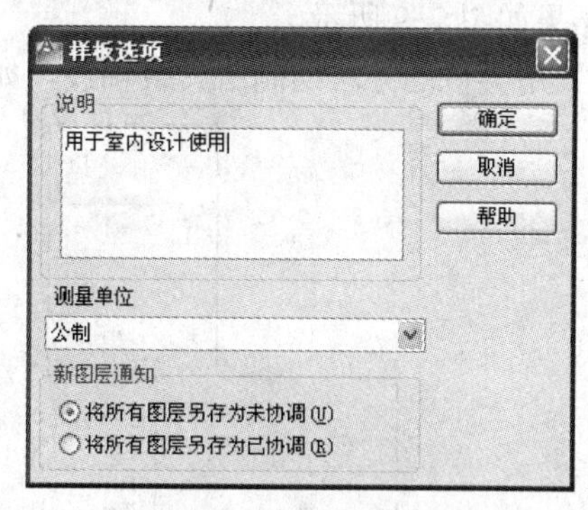

图 9-7 “样板选项”对话框

9.3 住宅室内平面图的绘制

室内平面图是室内装潢设计中最为重要的图纸之一，本节以某一住宅的建筑平面图和装潢平面图为例来介绍该类图纸的具体绘制方法。

9.3.1 一室两厅建筑平面图

在进行室内装潢施工之前，设计师需要将房型结构、空间关系、房间尺寸等用图纸表现出来，即绘制建筑平面图，也称为原始平面图。下面通过实例介绍建筑平面图的绘制方法和过程。

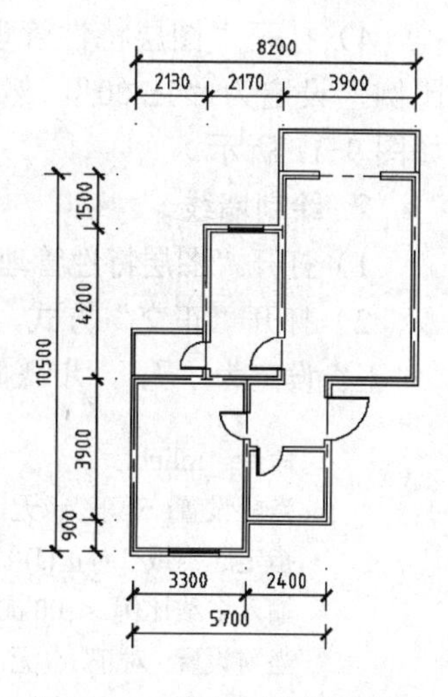

图 9-8 一室两厅建筑平面图

【实例 9-1】 绘制一室两厅建筑平面图，尺寸如图 9-8 所示。

1. 绘制轴线

1）打开“室内设计模板文件”，然后打开“图层特性管理器”选项板，将“ZX_轴线”层设置为当前图层。

2）打开“正交”方式，选择“绘图”→“直线”命令，根据给定尺寸依次绘制轴线。注意，在光标移动到对应的方向以后再输入数值。操作步骤如下。

```
命令: _line 指定第一点:                              //指定起始点
指定下一点或 [放弃(U)]: 3900↙                        //指定第一条线长度
指定下一点或 [放弃(U)]: 5700↙
指定下一点或 [闭合(C)/放弃(U)]: 4300↙
指定下一点或 [闭合(C)/放弃(U)]: 4800↙
指定下一点或 [闭合(C)/放弃(U)]: 3300↙
指定下一点或 [闭合(C)/放弃(U)]: 900↙
指定下一点或 [闭合(C)/放弃(U)]: 2400↙
指定下一点或 [闭合(C)/放弃(U)]: 3900↙
指定下一点或 [闭合(C)/放弃(U)]: 2500↙
指定下一点或 [闭合(C)/放弃(U)]: c↙                   //指定“闭合”，按〈Enter〉键退出
```

结果如图 9-9 所示。

3）用类似的方法绘制出其余轴线，如图 9-10 所示。

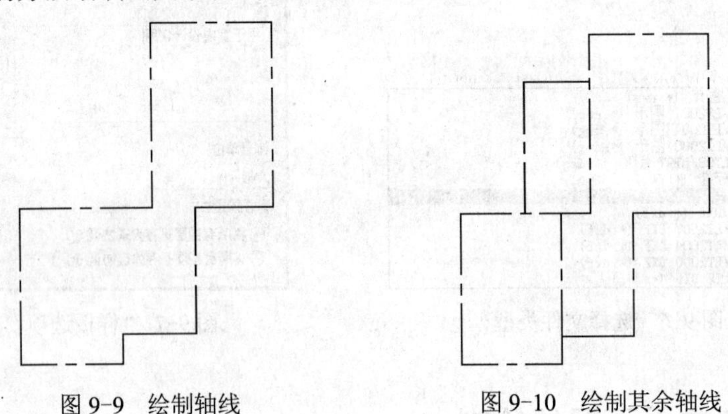

图 9-9　绘制轴线　　　　图 9-10　绘制其余轴线

4）打开“图层特性管理器”选项板，将“BZ_标注”层设置为当前图层，将“注释比例”设定为“1:200”，然后分别利用“线性”和“连续”标注方式，标注轴线尺寸，如图 9-11 所示。

2. 绘制墙线

1）打开“图层特性管理器”选项板，将“QX_墙线”层设置为当前图层。

2）打开“正交”方式，选择“绘图”→“多线”命令，将“比例”设定为“200”，将“对正”设定为“无”，步骤如下：

```
命令: _mline
当前设置: 对正 = 无，比例 =100.00，样式 =STANDARD
指定起点或 [对正(J)/比例(S)/样式(ST)]:  s↙                  //选择“比例”
输入多线比例 <100.00>:  200↙                                //指定比例为 200
当前设置: 对正 = 无，比例 =200.00，样式 =STANDARD
指定起点或 [对正(J)/比例(S)/样式(ST)]:  j ↙                  //选择“对正”
输入对正类型 [上(T)/无(Z)/下(B)] <无>:↙                      //指定对正方式为“无”
当前设置: 对正 = 无，比例 =200.00，样式 =STANDARD
```

指定起点或 [对正(J)/比例(S)/样式(ST)]:　　　　　　　　　　//捕捉轴线端点开始绘图

依次捕捉墙线各端点绘制墙体，结果如图 9-12 所示。

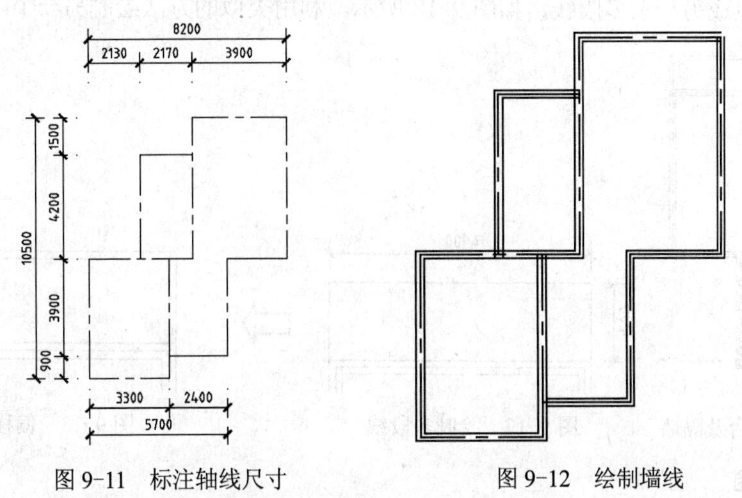

图 9-11　标注轴线尺寸　　　　　　　　　　图 9-12　绘制墙线

3）在上一步绘制的墙线中，墙线交点处不符合要求，如图 9-13 中圆圈所示，因此需要修改墙线交点。将光标移动到圆圈 1 附近，双击，系统会弹出“多线编辑工具”对话框，选择对话框中的“角点结合”选项，然后依次选择圆圈 1 附近的两条墙线，即可将圆圈 1 处的交点修改完成；将光标移动到圆圈 2 附近，双击，系统会弹出“多线编辑工具”对话框，选择对话框中的“T 形闭合”选项，然后先选择水平多线，再选择竖直多线（注意选择顺序不可颠倒），即可将圆圈 2 处的交点修改完成，结果如图 9-14 所示。用相同的方法修改所有交点，结果如图 9-15 所示。

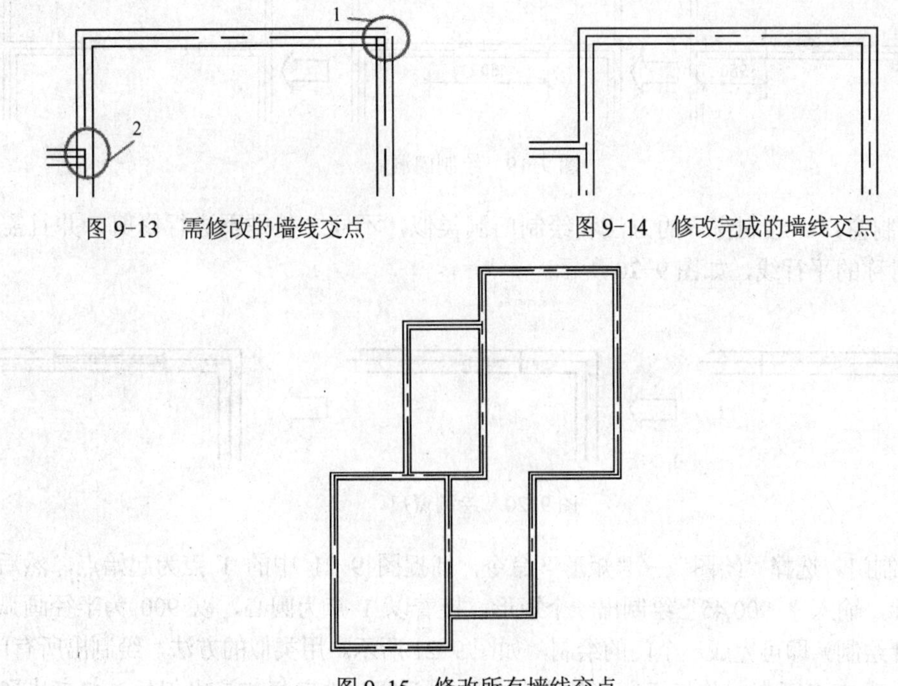

图 9-13　需修改的墙线交点　　　　　　　　图 9-14　修改完成的墙线交点

图 9-15　修改所有墙线交点

4）绘制阳台，结果如图 9-16 所示。选择“绘图”→“多段线”命令，按如图 9-17 所示的尺寸，捕捉绘制好的墙线绘制一条多段线，然后利用“偏移”命令，将偏移距离设定为 100，向内偏移生成另一条多段线，如图 9-18 所示。利用类似的方法绘制另一个阳台和隔墙。

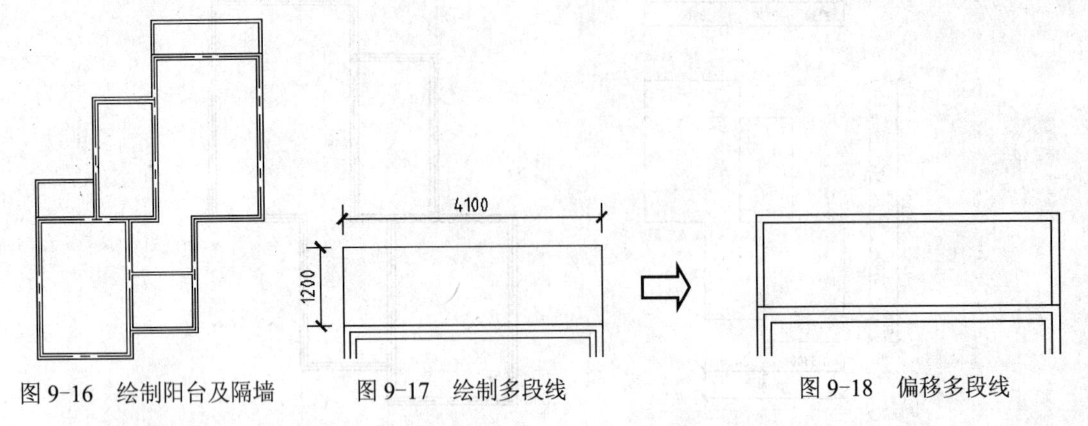

图 9-16　绘制阳台及隔墙　　图 9-17　绘制多段线　　图 9-18　偏移多段线

3. 绘制门窗

1）打开“图层特性管理器”选项板，将“MC_门窗”层设置为当前图层。

2）绘制最上面的门洞。选择“绘图”→“直线”命令，结合“对象追踪”功能按图 9-19 所示的尺寸从右向左根据尺寸 980 绘制一条竖直直线。

3）选择“修改”→“偏移”命令，输入偏移距离为 1800，偏移刚才绘制的竖直直线。

4）选择“修改”→“修剪”命令，以绘制的两直线作为边界修剪墙线，得到门洞，如图 9-19 所示，然后利用相同的方法，绘制出所有门洞。

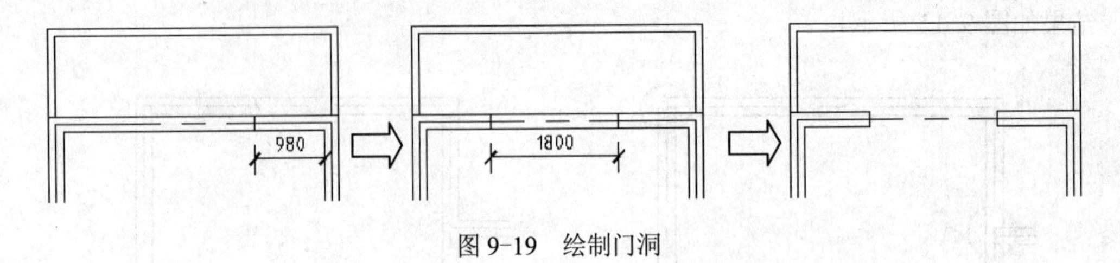

图 9-19　绘制门洞

5）绘制窗户。绘制窗户的方法和绘制门洞类似，不同之处是不进行修剪，并且需要绘制出两条对称的平行线，如图 9-20 所示。

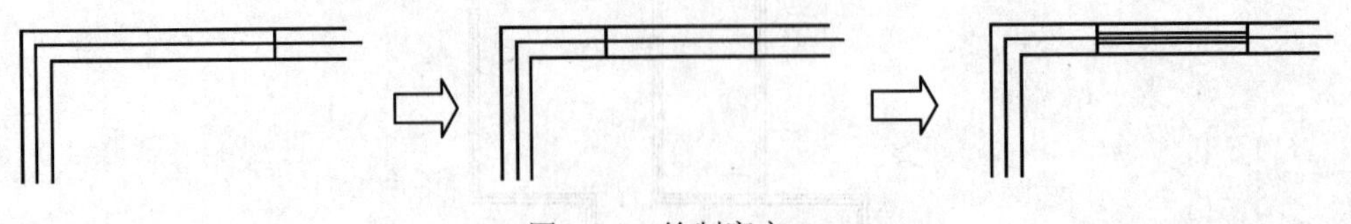

图 9-20　绘制窗户

6）绘制门。选择“绘图”→“矩形”命令，捕捉图 9-21 中的 1 点为起始点，然后向左上拖动鼠标，输入“-900,45”绘制出一个矩形。接着以 1 点为圆心，以 900 为半径画弧（圆弧需逆时针绘制）即可完成一个门的绘制，如图 9-21 所示。用类似的方法，绘制出所有门。

说明：也可以事先制作好门和窗的块，需绘制门窗时设定好相应比例插入相应块即可。

至此，一室两厅建筑平面图绘制完毕，如图 9-8 所示。

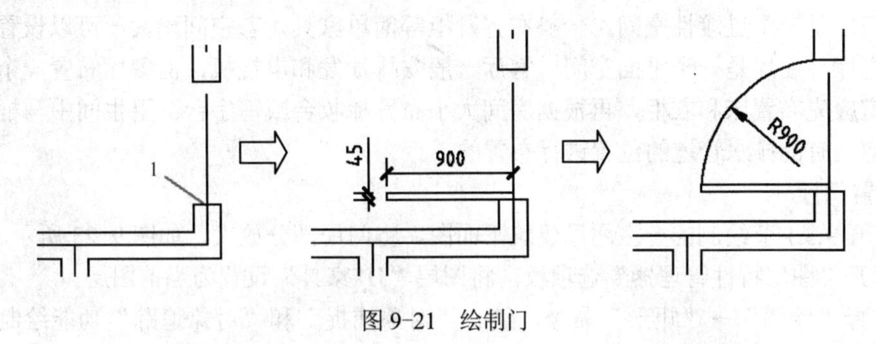

图 9-21　绘制门

9.3.2　一室两厅装潢平面图

装潢平面图（又称平面布置图）体现了室内各空间的功能划分，即对室内设施进行准确定位。居室的功能空间通常包括客厅、厨房、餐厅、卧室、儿童房、书房、卫生间和储藏室等，根据户型的大小，功能空间也有所不同。绘制装潢平面图时，应首先调用建筑平面图，根据用户要求划分功能空间，然后确定各功能空间的家具设施及其摆放位置。

装潢平面图需要绘制和调用各种家具设施图形，如床、桌椅、洁具等图形。通常可使用以下几种方法调用：

- 通过设计中心调用 AutoCAD 其他文件的块。
- 使用“插入块”命令调用内部块或者外部块。
- 复制其他 DWG 文件中的图形。
- 直接绘制。

【实例 9-2】 绘制如图 9-22 所示的一室两厅装潢平面图。

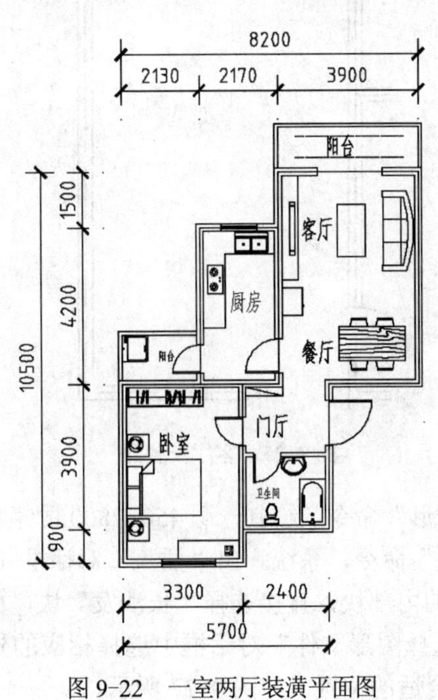

图 9-22　一室两厅装潢平面图

小户型的装潢平面图由于空间比较紧凑，如何合理布置家具成为关键。一般先从门厅开始考虑，门厅是一个过渡性空间，一般布置鞋柜等简单家具，若空间稍大，可以设置玄关进行美化；客厅与餐厅是一个平面空间，客厅一般安排沙发和电视机，而餐厅布置一个小型的餐桌；卧室应先布置床和衣柜，再根据房间大小布置梳妆台或写字台；卫生间中马桶和盥洗盆是按住宅已有的排水管道的位置进行布置的。

1. 布置门厅

1）打开 9.3.1 节绘制的一室两厅建筑平面图，将门厅部分放大，如图 9-23 所示。

2）打开“图层特性管理器”选项板，将图层“JJ_家具”设置为当前图层。

3）选择“绘图”→“矩形”命令，结合“对象捕捉”和“对象追踪”功能绘制一个矩形表示鞋柜，然后在矩形对角线上绘制一条斜线，表示这是一个矮柜，如图 9-24 所示。

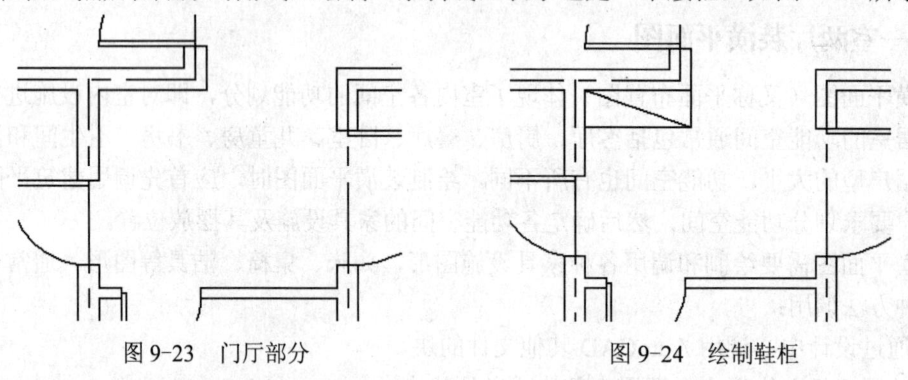

图 9-23　门厅部分　　图 9-24　绘制鞋柜

2. 布置客厅及餐厅

1）将客厅及餐厅部分放大，如图 9-25 所示。

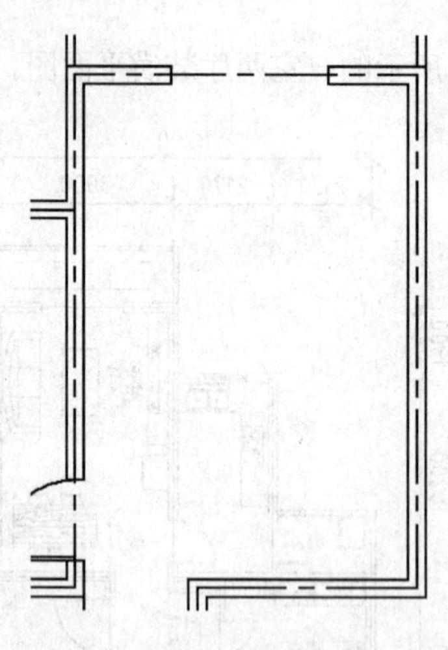

图 9-25　客厅及餐厅

2）选择“绘图”→“矩形”命令，绘制一个 450×2800 的矩形表示地柜轮廓。

3）选择“插入”→“块”命令，系统弹出“插入”对话框（如图 9-26 所示），如果被插入图形已被指定为本文件的内部块，直接选择“长沙发”块，如果不是内部块，则需单击“浏览”按钮，在弹出的“选择图形文件”对话框中选择相应的外部块文件，设定合适的比例及旋转角度，然后插入到合适的位置，如图 9-27 所示。

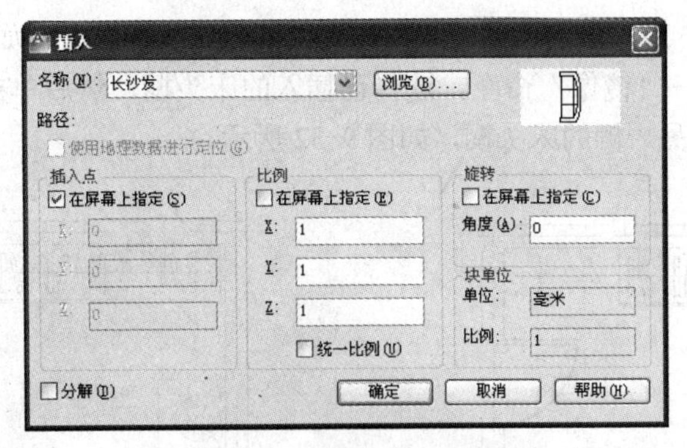

图 9-26 “插入”对话框

4）用前面的方法插入“平板电视机”、“餐桌餐椅”、“冰箱”等其他块，结果如图 9-28 所示。

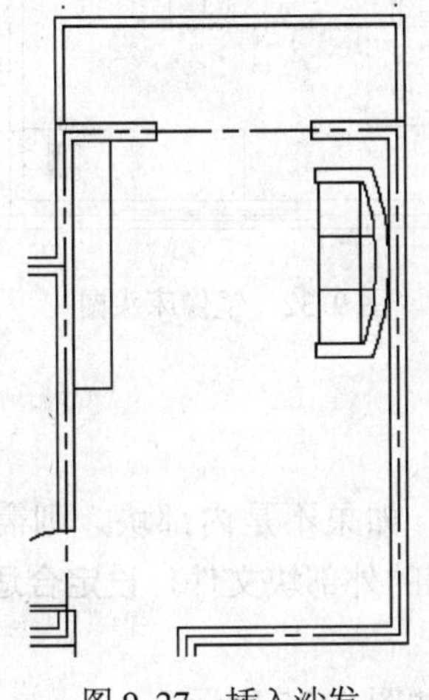

图 9-27 插入沙发

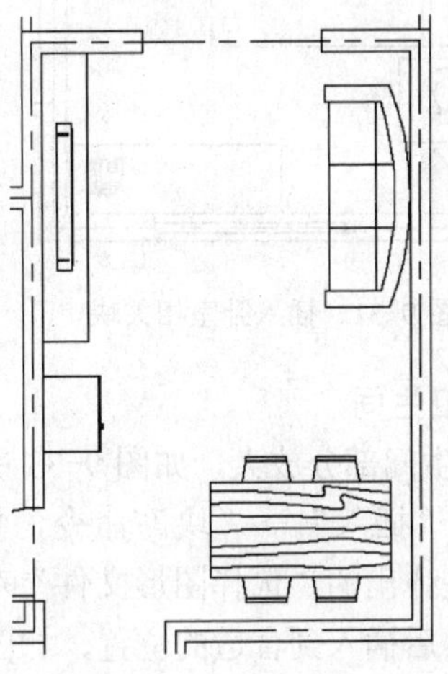

图 9-28 插入其他块

3. 布置卧室

1）将卧室部分放大，如图 9-29 所示。

2）选择“绘图”→“矩形”命令，绘制一个 450×2800 的矩形表示地柜轮廓，然后插入“衣柜”块，如图 9-30 所示。

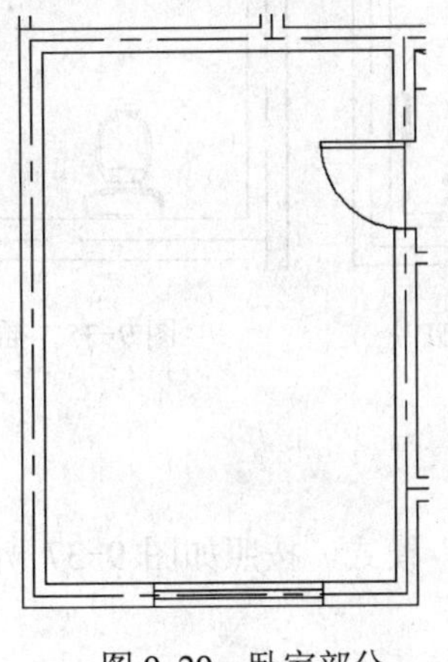

图 9-29 卧室部分

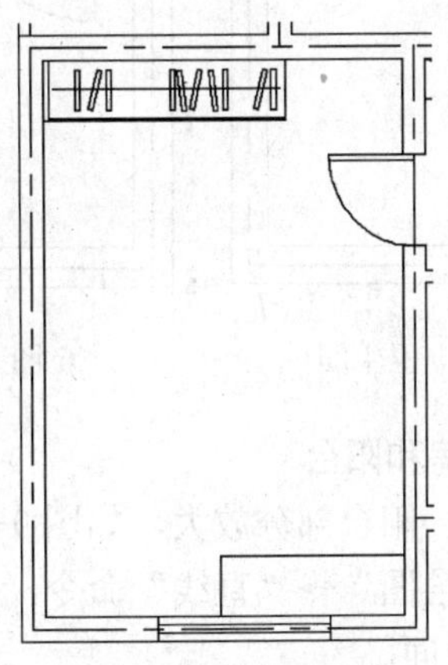

图 9-30 插入衣柜

3）插入“电话机”块，然后插入“双人床”图及“床头橱”块，如图 9-31 所示。

4）选择“修改”→“镜像”命令，选择已插入的床头橱，然后单击双人床的中点水平线作为镜像线，镜像出另一侧的床头橱，如图 9-32 所示。

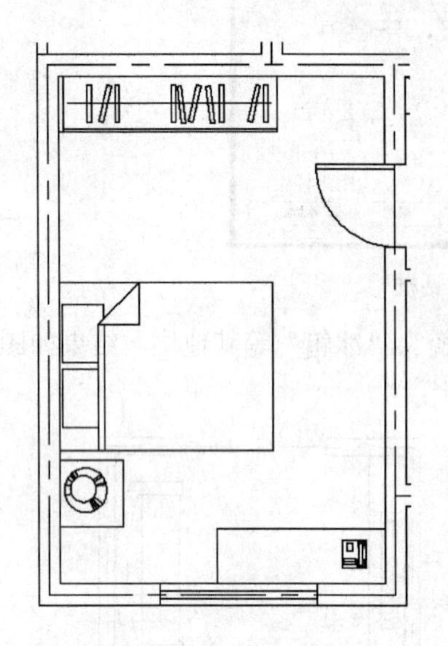

图 9-31　插入卧室相关块

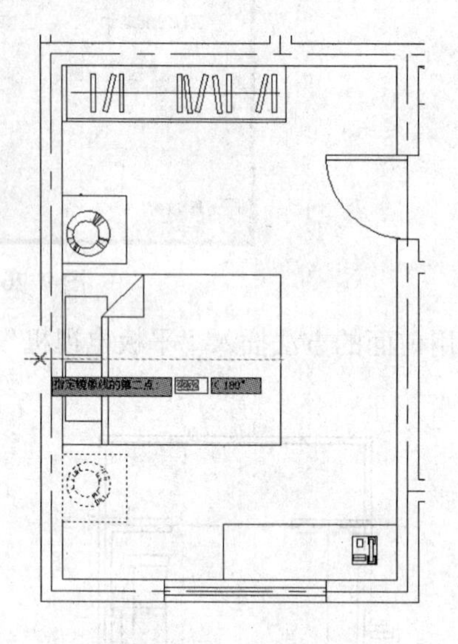

图 9-32　镜像床头橱

4. 布置卫生间

1）将卫生间部分放大，如图 9-33 所示。

2）选择“插入”→“块”命令，插入“浴缸”块，如果不是内部块，则需单击“浏览”按钮，在弹出的“选择图形文件”对话框中选择相应的外部块文件，设定合适的比例及旋转角度，然后插入到合适的位置，如图 9-34 所示。

3）用类似的方法插入“马桶”块和“盥洗盆”块，如图 9-35 所示。

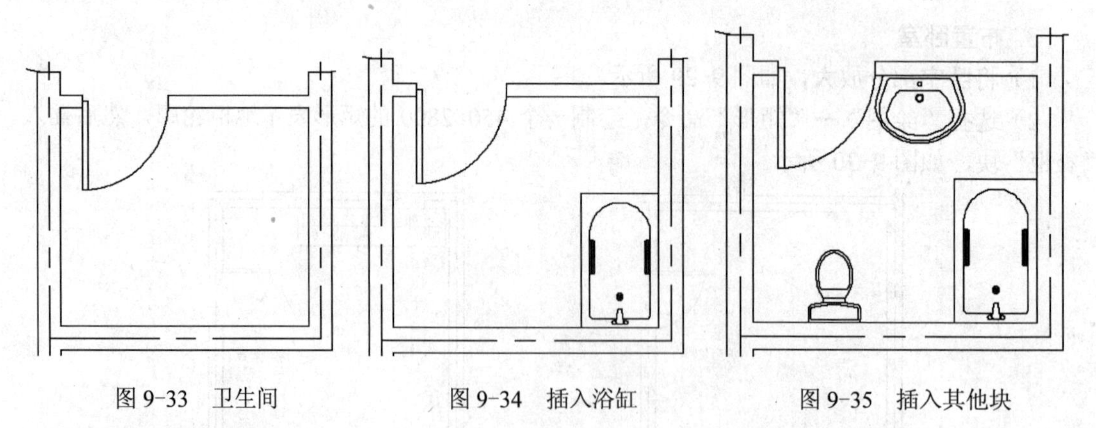

图 9-33　卫生间　　图 9-34　插入浴缸　　图 9-35　插入其他块

5. 布置厨房和阳台

1）将厨房、阳台部分放大，如图 9-36 所示。

2）选择“绘图”→“直线”命令，打开“正交”模式，按照如图 9-37 所示的尺寸绘制直线表示厨房台面。

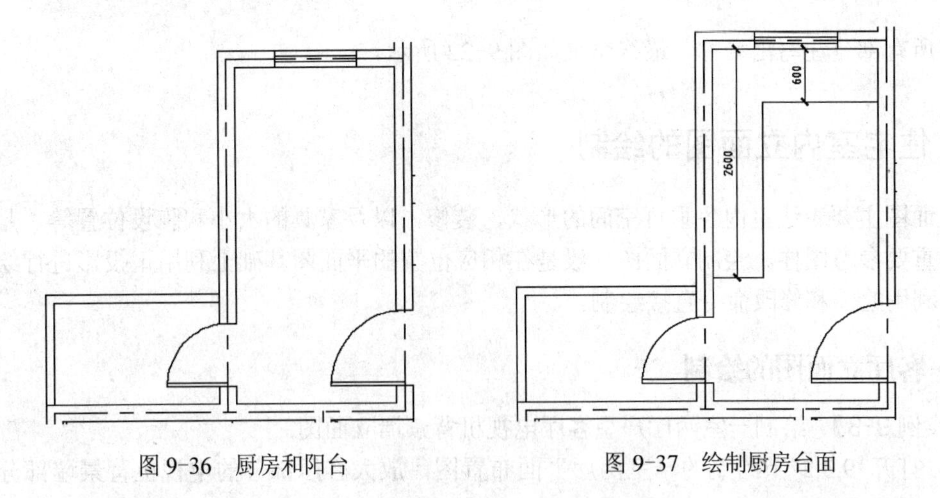

图 9-36　厨房和阳台　　　　图 9-37　绘制厨房台面

3）选择合适的比例及旋转角度，分别插入“水槽”块和“燃气灶”块，如图 9-38 所示。

4）该户型有两个阳台，一个是厨房阳台，另一个是客厅阳台，根据户型特点和管道布置情况，将洗衣机放在厨房阳台上，在厨房阳台位置插入“洗衣机”块，如图 9-39 所示。

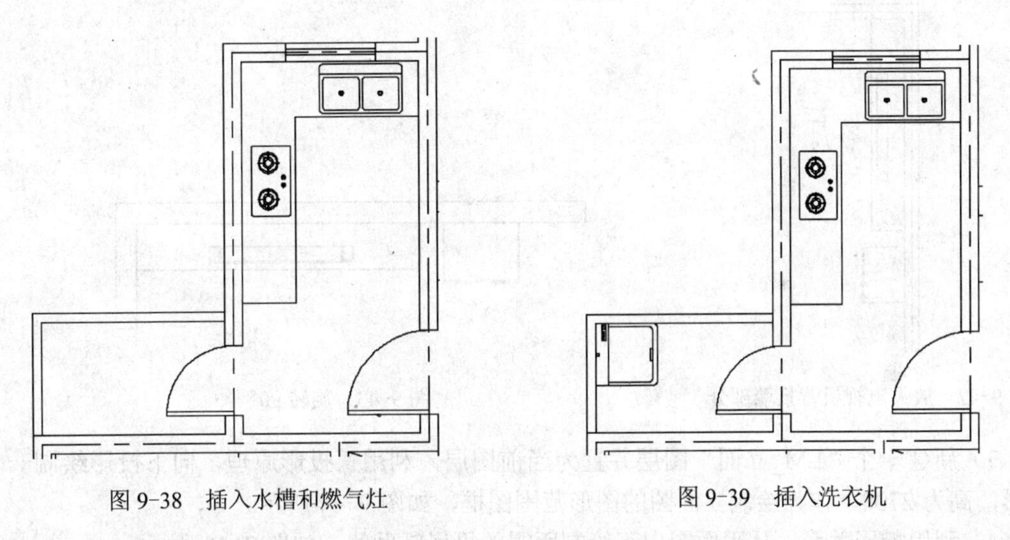

图 9-38　插入水槽和燃气灶　　　　图 9-39　插入洗衣机

5）在客厅阳台安装晾衣架，晾衣架一般用虚线表示，可以设置一个新图层，将新图层的线型设置为虚线（一般用 HIDDEN 线型），然后切换该图层为当前图层，绘制一条虚线，再复制另一条平行线，如图 9-40 所示。

6）设定好合适的注释比例，选择“多行文字”命令，将文字样式设定为“工程字”，然后设定好合适的字高，注写“阳台”名称，如图 9-41 所示。

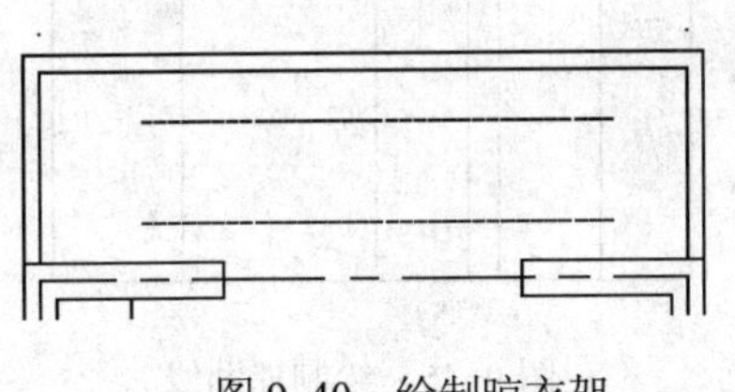

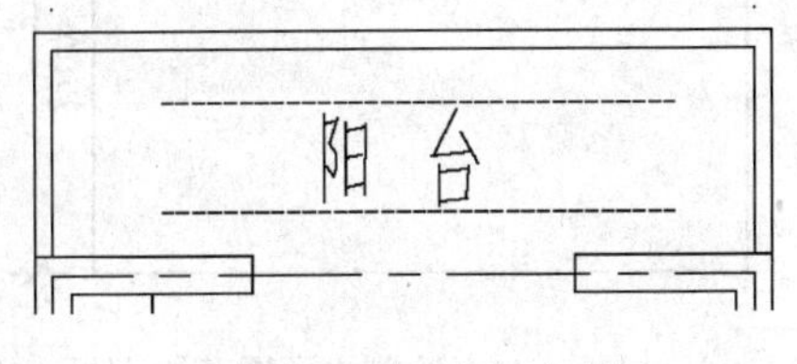

图 9-40　绘制晾衣架　　　　图 9-41　注写文字

将所有部分注写出名称，最终结果如图 9-22 所示。

9.4 住宅室内立面图的绘制

立面图主要表达室内各垂直空间的形状、装修，以及家具的大小和陈设位置等，是装修人员的重要参考图样。绘制立面图一般是在相应位置的平面图基础上利用正投影进行绘制，也可以利用绘图和修改命令直接绘制。

9.4.1 客厅立面图的绘制

【实例 9-3】 绘制一室两厅户型客厅电视机背景墙立面图。

1）打开 9.3.2 节绘制的一室两厅平面布置图，放大客厅部分的电视机背景墙部分，如图 9-42 所示。

2）选取电视机背景墙部分，利用“复制”命令复制一份，并进行适当的修剪和删除，然后利用“旋转”命令将其旋转 90°，如图 9-43 所示。

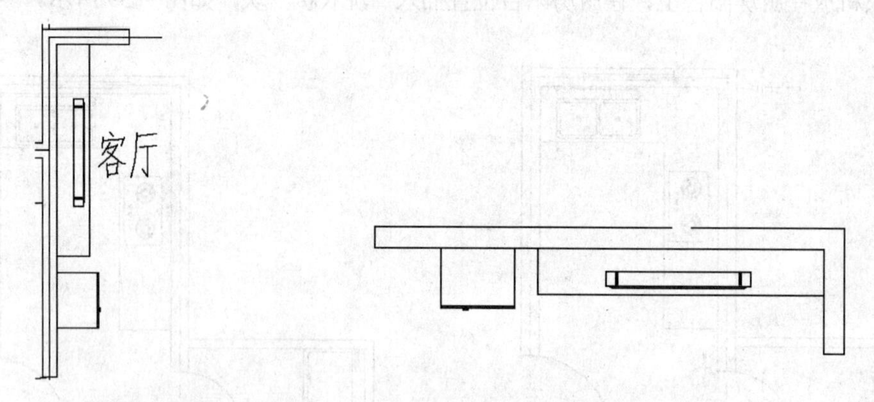

图 9-42 放大电视机背景墙部分　　图 9-43 旋转 90°

3）新建一个“LM_立面”图层并置为当前图层，利用正投影原理，向下投影绘制一个矩形，高为 2700，作为绘制立面图的图形范围图框，如图 9-44 所示。

4）利用投影关系，从平面图向下绘制所需的投影辅助线，如图 9-45 所示。

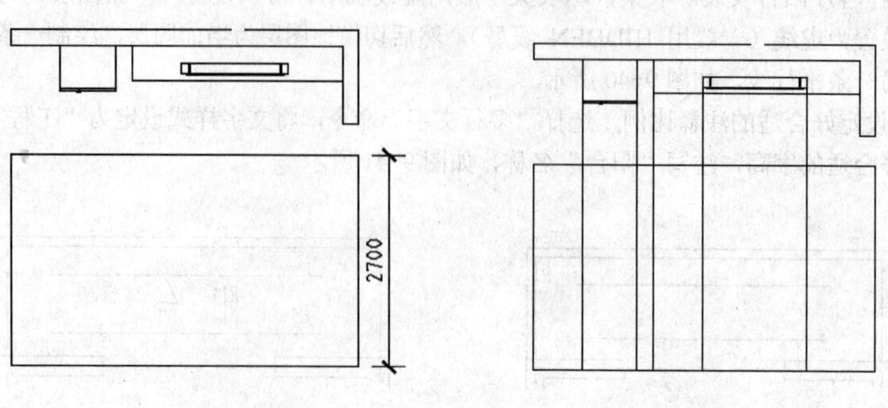

图 9-44 绘制立面图范围图框　　图 9-45 绘制辅助线

5）选择“绘图”→“直线”命令，以地面向上追踪 500 绘制电视机柜顶面水平线，然后选择“修改”→“偏移”命令，分别以 50、450 向下偏移两条水平线，如图 9-46 所示。

6）选择“修改”→“修剪”命令，修剪掉多余图线，并且绘制间隔为 1000 的两条竖直线表示抽屉，如图 9-47 所示。

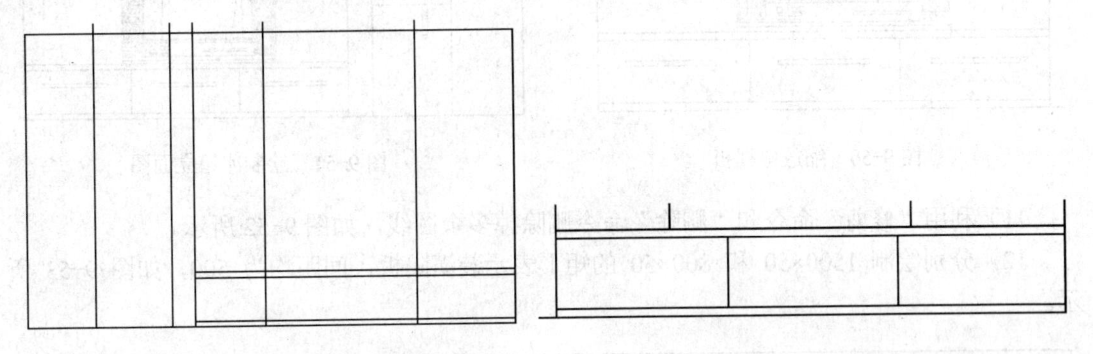

图 9-46　绘制电视机柜水平线　　　图 9-47　绘制抽屉轮廓线

7）选择“绘图”→“矩形”命令，绘制一个 600×30 的细长矩形表示抽屉拉手，然后选择“修改”→“复制”命令，复制另外两个拉手，如图 9-48 所示。

8）选择“插入”→“块”命令，插入电视机立面图块。注意，要以电视机的左下角作为基准点插入，但此时电视机尺寸并不符合要求，如图 9-49 所示。

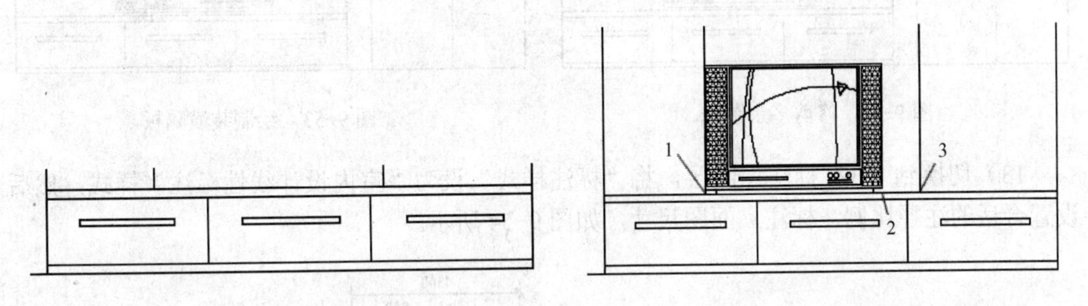

图 9-48　绘制电视机柜拉手　　　图 9-49　插入电视机立面图块

9）选择“修改”→“缩放”命令，然后选择“电视机”图块进行缩放，使其和平面图尺寸一致，步骤如下。

```
命令: _scale
选择对象: 找到 1 个                          //选择电视机
选择对象:
指定基点:                                    //捕捉 1 点
指定比例因子或 [复制(C)/参照(R)]: r↙         //选择参照
指定参照长度 <247>:  指定第二点:             //捕捉 1 点，接着捕捉 2 点
指定新的长度或 [点(P)] <1>:                  //捕捉 3 点，按〈Enter〉键
```

结果如图 9-50 所示。

10）以辅助线为准，插入“冰箱”立面图块或者绘制冰箱立面图，如图 9-51 所示。

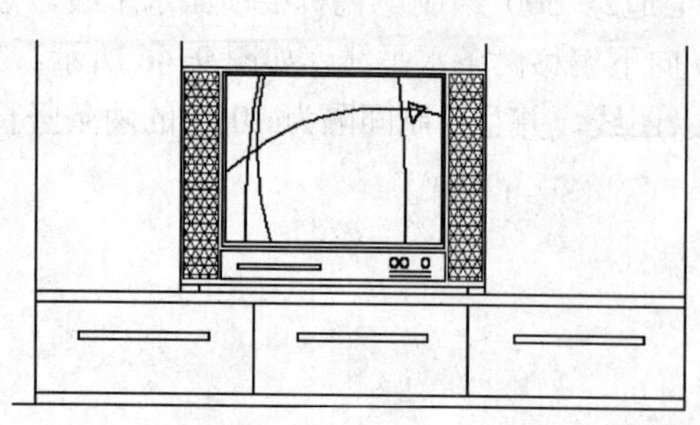

图 9-50　缩放电视机

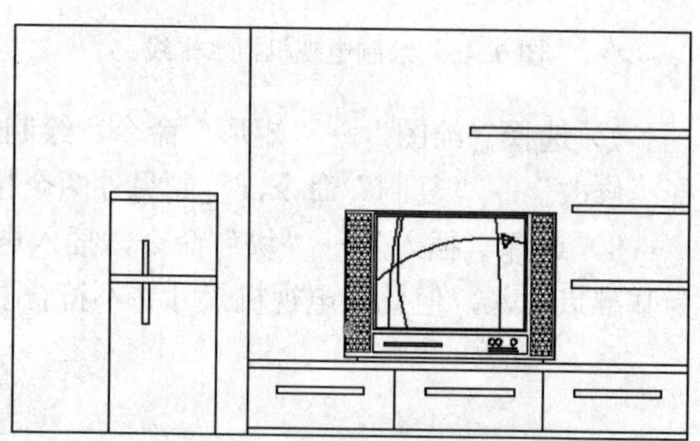

图 9-51　绘制冰箱立面图

11）利用“修剪”命令和“删除”命令删除掉多余图线，如图 9-52 所示。

12）分别绘制 1500×50 和 800×50 的矩形表示装潢隔板，间距均为 500，如图 9-53 所示。

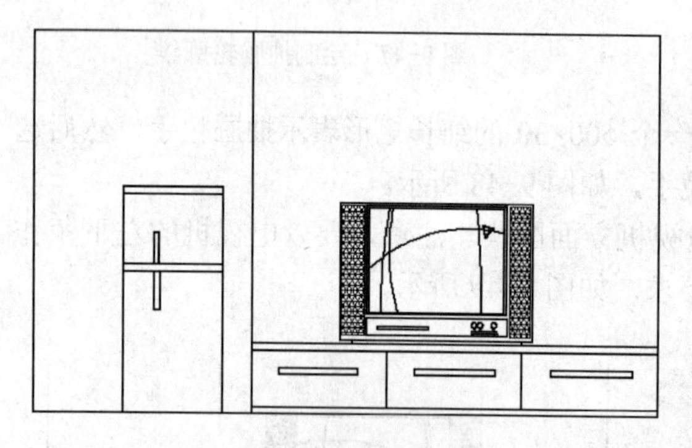

图 9-52　修剪多余图线

图 9-53　绘制装潢隔板

13）切换到“BZ_标注”图层，将“标注样式”设为“室内设计线性标注”样式，然后设置合适的注释比例，标注立面图尺寸，如图 9-54 所示。

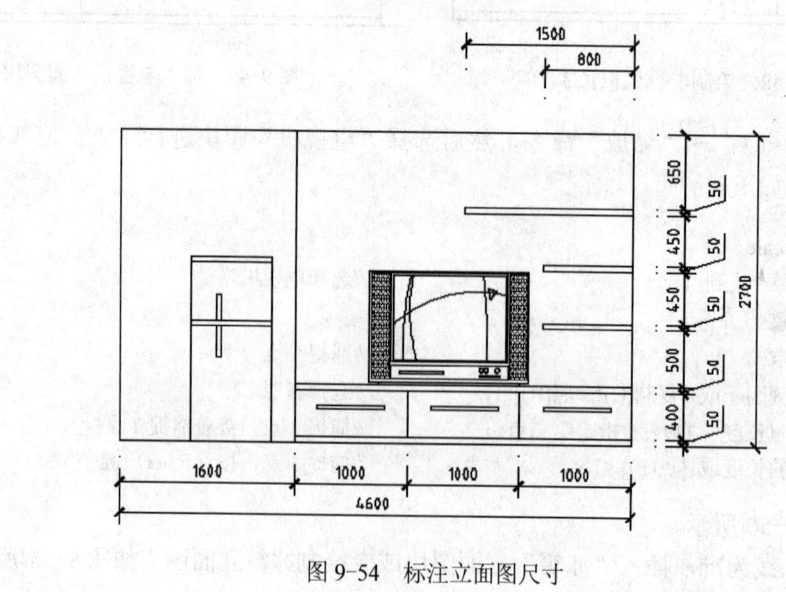

图 9-54　标注立面图尺寸

14）标注材料说明。将事先设置的“圆点”引线样式置为当前，然后选择“标注”→“多重引线”命令，设置合适的注释比例，标注各部分材料说明，如图 9-55 所示。

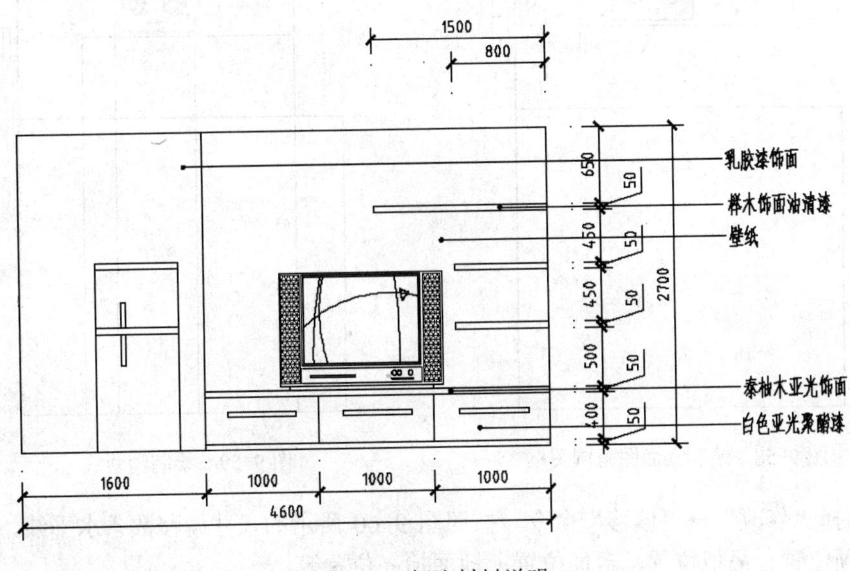

图 9-55　标注材料说明

9.4.2　厨房立面图的绘制

【实例 9-4】 绘制一室两厅户型厨房立面图。

1）打开 9.3.2 节绘制的一室两厅平面布置图，放大厨房相关部分，如图 9-56 所示。

2）利用“复制”命令复制一份，并进行适当的修剪和删除，然后利用“旋转”命令将其旋转 90°，如图 9-57 所示。

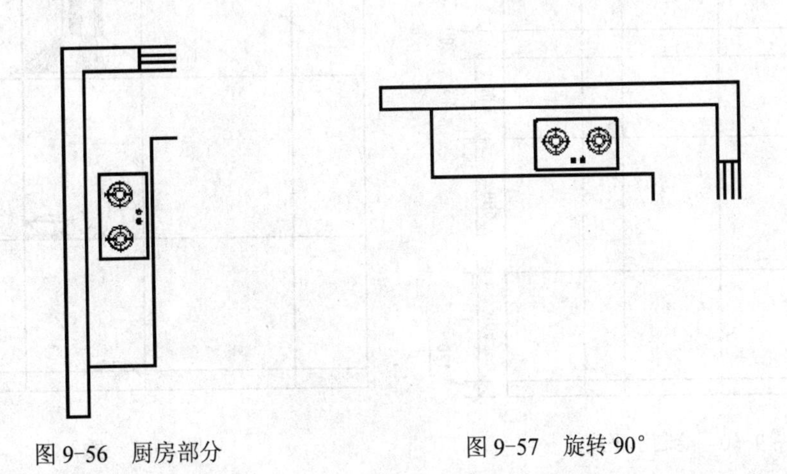

图 9-56　厨房部分　　　　图 9-57　旋转 90°

3）利用正投影原理，向下投影绘制一个矩形，高为 2700，作为绘制立面图的图形范围图框，如图 9-58 所示。

4）利用投影关系，从平面图向下绘制所需的投影辅助线，如图 9-59 所示。

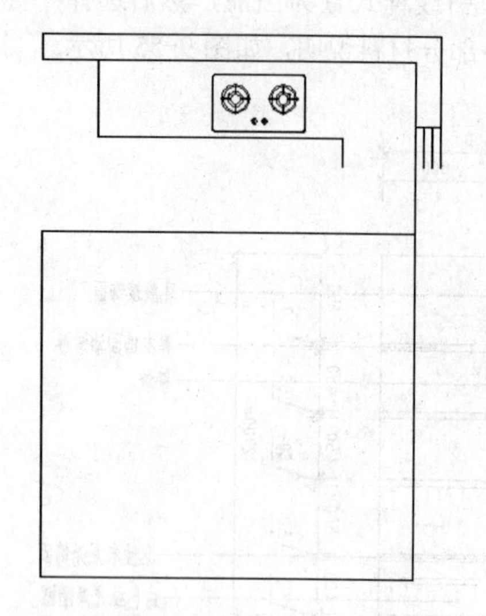

图 9-58　绘制立面图范围图框

图 9-59　绘制辅助线

5）选择“修改”→“偏移”命令，按照图 9-60 所示的尺寸偏移数条水平线，自上而下依次为吊顶位置、吊柜位置、台面位置、地面抬高位置等。

6）选择“插入”→“块”命令，分别插入燃气灶立面和油烟机立面块。注意，位置要和平面布置图一致，如图 9-61 所示。

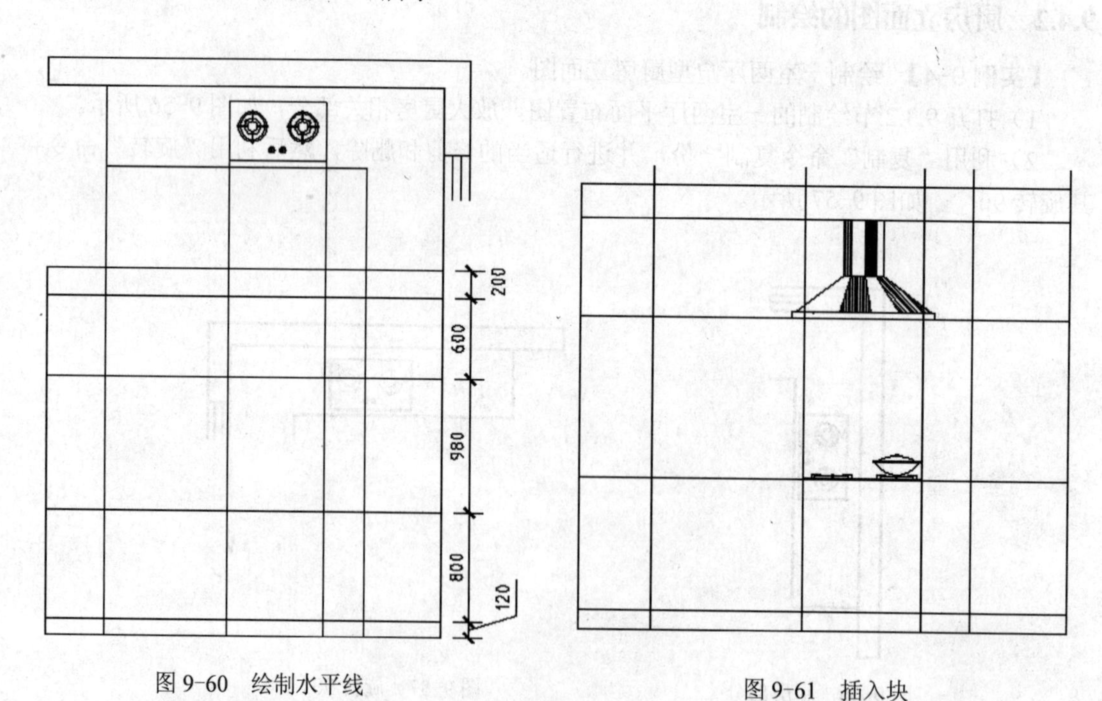

图 9-60　绘制水平线

图 9-61　插入块

7）分别使用“修剪”和“删除”命令去掉多余图线，如图 9-62 所示。

8）分别使用“直线”、“偏移”、“矩形”、“修剪”、“复制”等命令绘制橱柜细节图线，如图 9-63 所示。

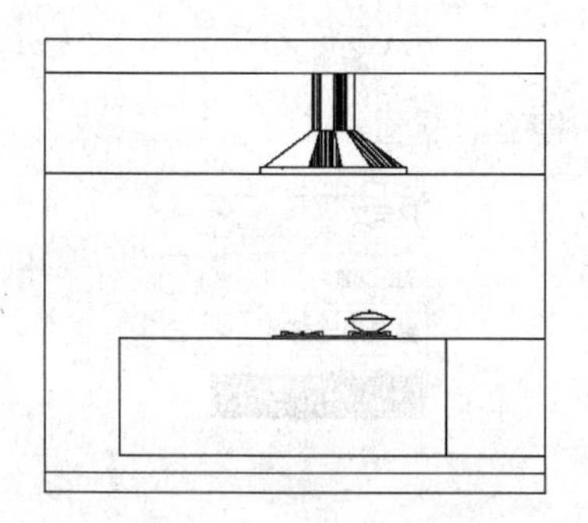

图 9-62　删除多余图线

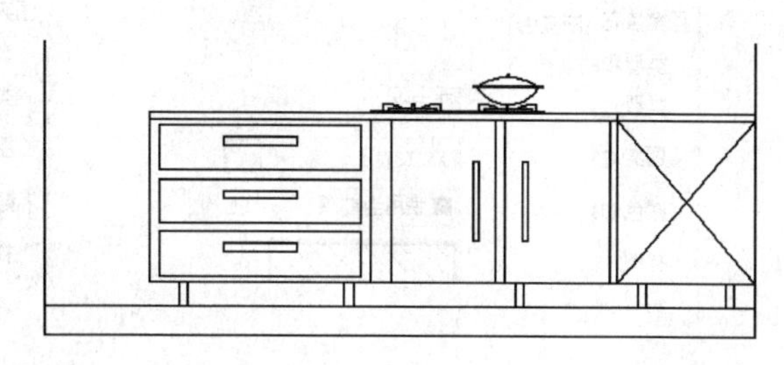

图 9-63　绘制橱柜细节图线

9）利用类似的方法，绘制吊柜的细节图线，如图 9-64 所示。

10）新建一个图层“TC_填充”，并置为当前，将“注释比例”设置为“1:50”，然后选择“图案填充”命令，在弹出的“图案填充和渐变色”对话框中选择“预定义”中的“ANSI37”图案，将角度设置为 45°，并勾选“注释性”复选框，如图 9-65 所示。单击“拾取点”按钮，接着在图形中的适当位置单击，然后单击对话框中的“确定”按钮，将墙面进行图案填充，如图 9-66 所示。

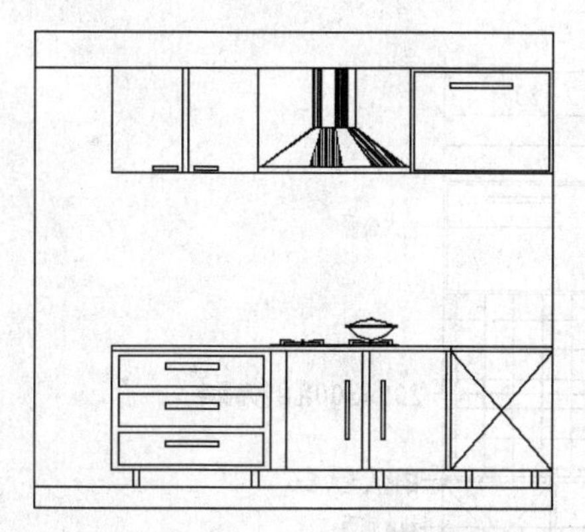

图 9-64　绘制吊柜的细节图线

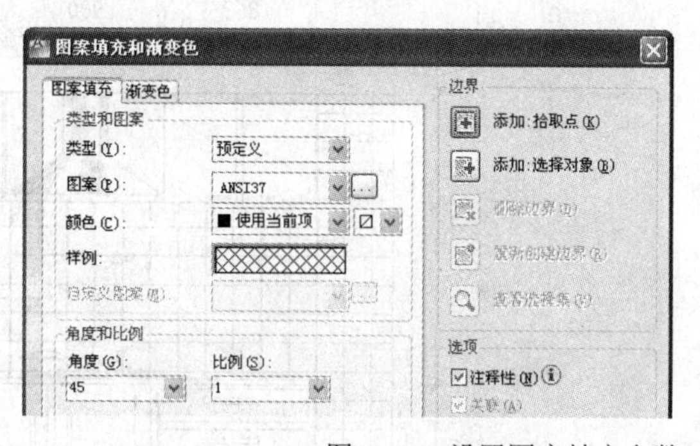

图 9-65　设置图案填充参数

11）重复“图案填充”命令，对抬高的地面部分分别用两种图案进行填充，表示钢筋与混凝土两种材料，注意要设置好合适的比例，填充结果如图 9-67 所示，两种填充图案如图 9-68 所示。

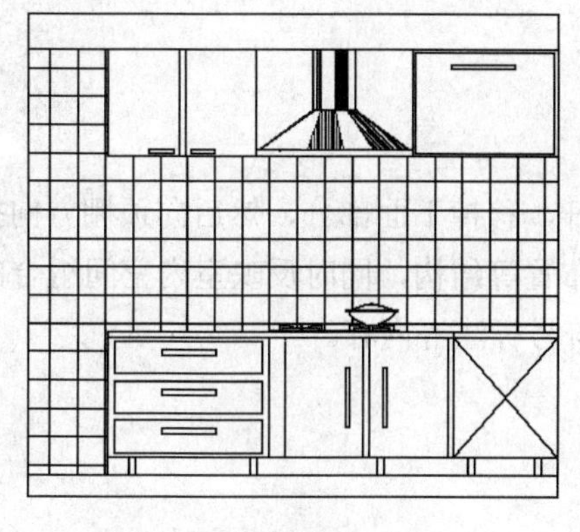

图 9-66　填充墙面图案

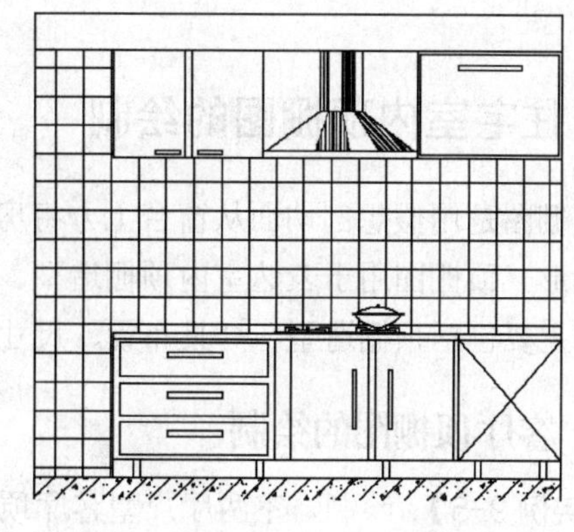

图 9-67　填充地面图案

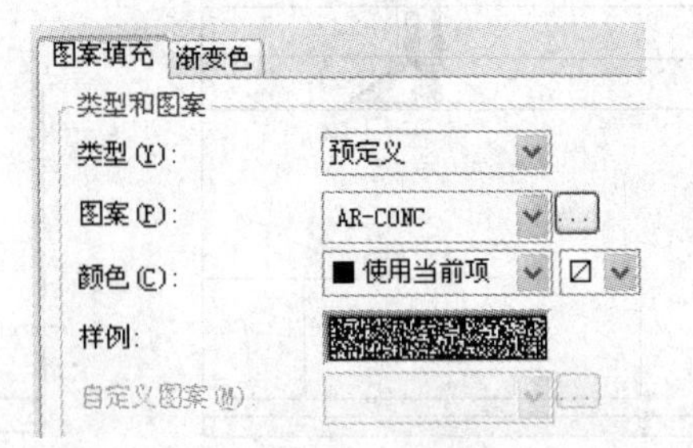

图 9-68　两种填充图案

12）将图层切换到“BZ_标注”图层，将“标注样式”设为“室内设计线性标注”样式，设置好合适的注释比例，标注立面图尺寸。

13）标注材料说明。将事先设置好的“圆点”引线样式置为当前，选择“标注”→“多重引线”命令，设置好合适的注释比例，标注各部分材料说明，最终结果如图 9-69 所示。

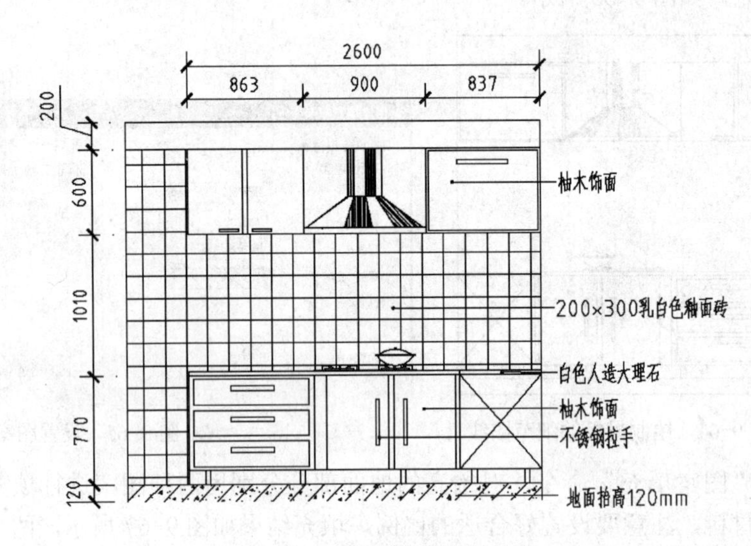

图 9-69　厨房立面图

9.5　住宅室内顶棚图的绘制

顶棚图是用假想剖切面从窗台上方将房屋剖开，移掉下面部分，然后向顶棚方向投影得到的图形。顶棚图用于表达室内顶棚造型、灯具布置等结构，同时反映室内空间组合的标高关系，主要包括顶棚造型、灯具布置、尺寸文字符号标注等内容。

9.5.1　客厅顶棚图的绘制

【实例 9-5】 绘制一室两厅户型客厅顶棚图。

1）打开 9.3.2 节绘制的一室两厅建筑平面图，放大客厅相关部分，并适当修剪，如

图 9-70 所示。

2）新建一个图层“DP_顶棚”，并置为当前图层，将门窗部分封闭，如图 9-71 所示。

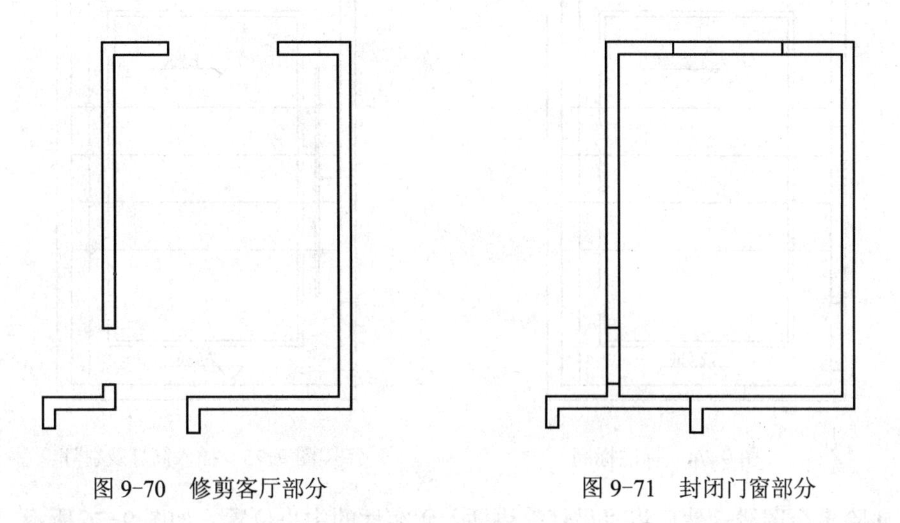

图 9-70　修剪客厅部分　　　　图 9-71　封闭门窗部分

3）修剪掉多余部分，绘制一个和客厅内轮廓重合的矩形，并使用“偏移”命令向内偏移 600 得到吊顶轮廓，如图 9-72 所示。

4）使用“偏移”命令向外偏移 80 表示灯带，偏移之后将线型更改为虚线，如图 9-73 所示。

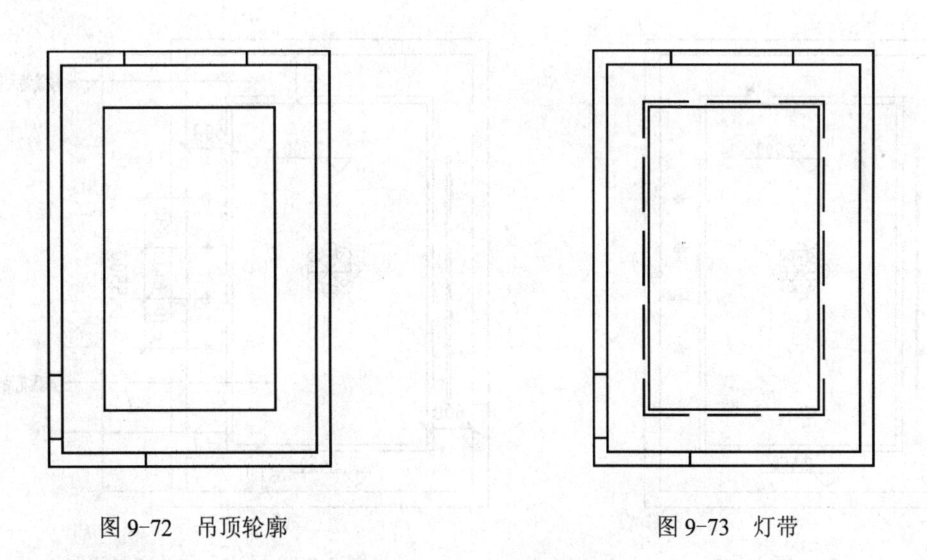

图 9-72　吊顶轮廓　　　　图 9-73　灯带

5）使用“偏移”命令，将上、下轮廓线分别向内偏移 1800 得到两条水平线，用于确定筒灯的位置，然后将新生成的两条水平线再次向内偏移 630，用于确定筒灯之间的距离。

6）使用“插入”命令，将“标高”块插入到相应的位置，并设定好顶棚的不同高度，绘制好筒灯的其他定位直线，如图 9-74 所示。

7）使用“插入”命令，依次插入 4 个“筒灯”块，然后在另一侧中间位置插入“射灯”块，如图 9-75 所示。

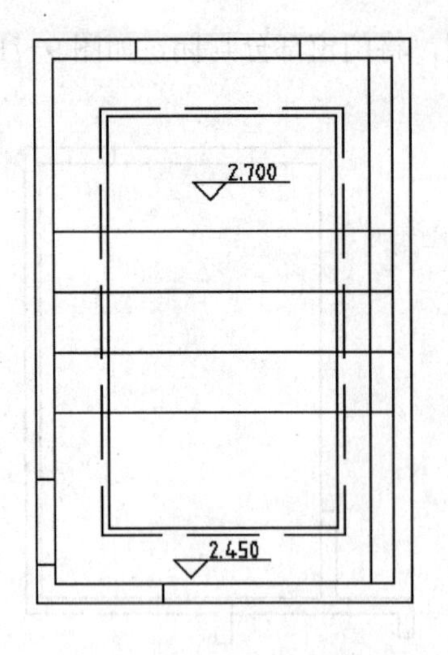

图 9-74　标注标高

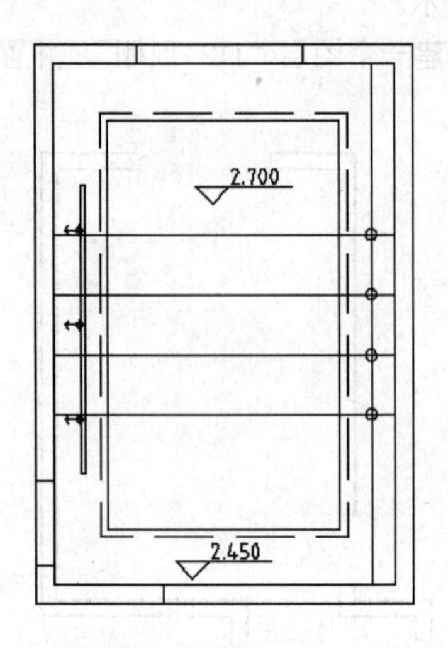

图 9-75　插入筒灯及射灯

8）删除多余图线，然后将“吊灯”块插入到客厅的中央位置，如图 9-76 所示。

9）将图层切换到“BZ_标注”图层，将“标注样式”设为“室内设计线性标注”样式，然后设置合适的注释比例，使用“线性”命令标注顶棚图的尺寸，再使用“多重引线”命令进行必要的文字说明，最终结果如图 9-77 所示。

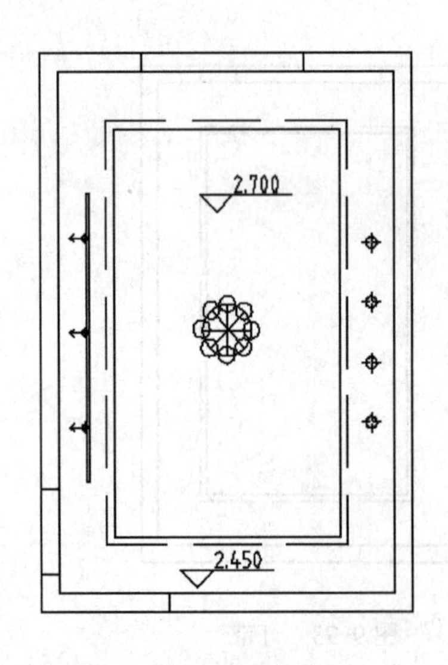

图 9-76　插入吊灯

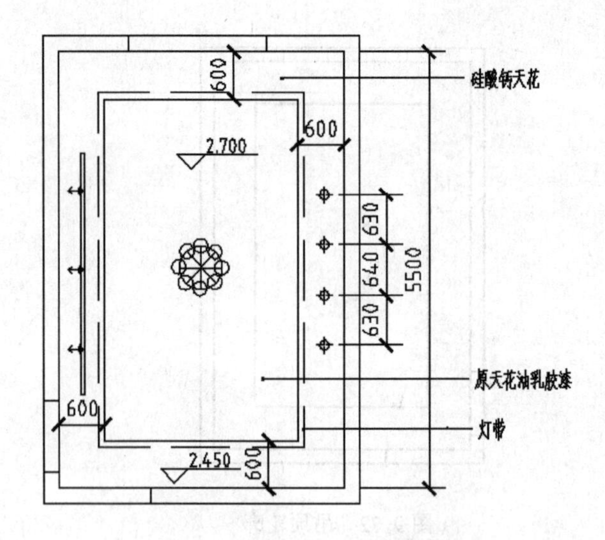

图 9-77　标注尺寸及文字说明

9.5.2　厨房顶棚图的绘制

【实例 9-6】 绘制一室两厅户型厨房顶棚图。

1）打开 9.3.2 节绘制的一室两厅建筑平面图，放大厨房相关部分，如图 9-78 所示。

2）将门窗部分封闭，修剪掉多余图线，如图 9-79 所示。

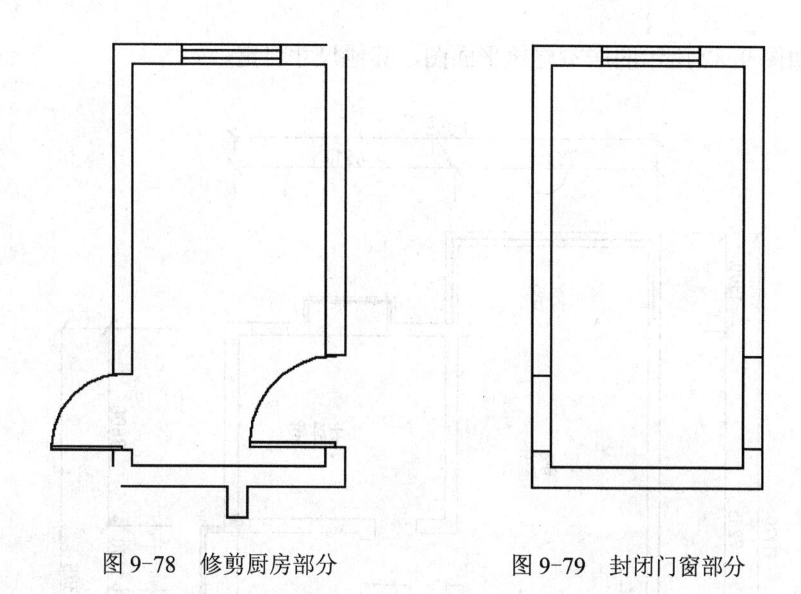

图 9-78 修剪厨房部分　　　　图 9-79 封闭门窗部分

3）使用“图案填充”命令，选择合适的图案，调整好合适的比例和角度，对顶棚图进行填充，如图 9-80 所示。

4）使用“分解”命令将填充的图案分解，然后进行适当修剪，以留出标注和插入灯具的位置。

5）分别插入“吸顶灯”图块和“标高”图块，并输入合适的标高值，然后使用“多重引线”命令标注厨房吊顶的材料说明，如图 9-81 所示。

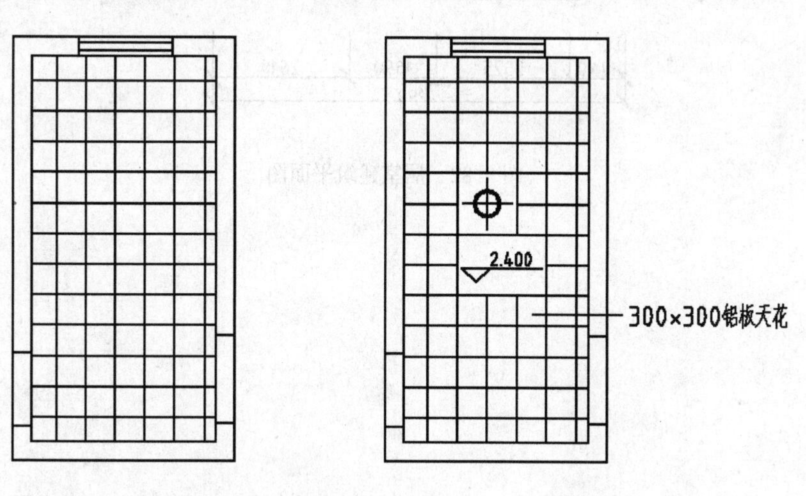

图 9-80 填充顶棚图　　　　图 9-81 标注尺寸及文字说明

9.6 思考与练习

1. 绘制一张完整的建筑平面图有哪些步骤？
2. 当需插入门窗块时，怎样缩放可以正好满足要求？
3. 用多线绘制墙体的时候，如何处理边角的错误？

4. 绘图如图 9-82 所示的居室建筑平面图，其他尺寸自定。

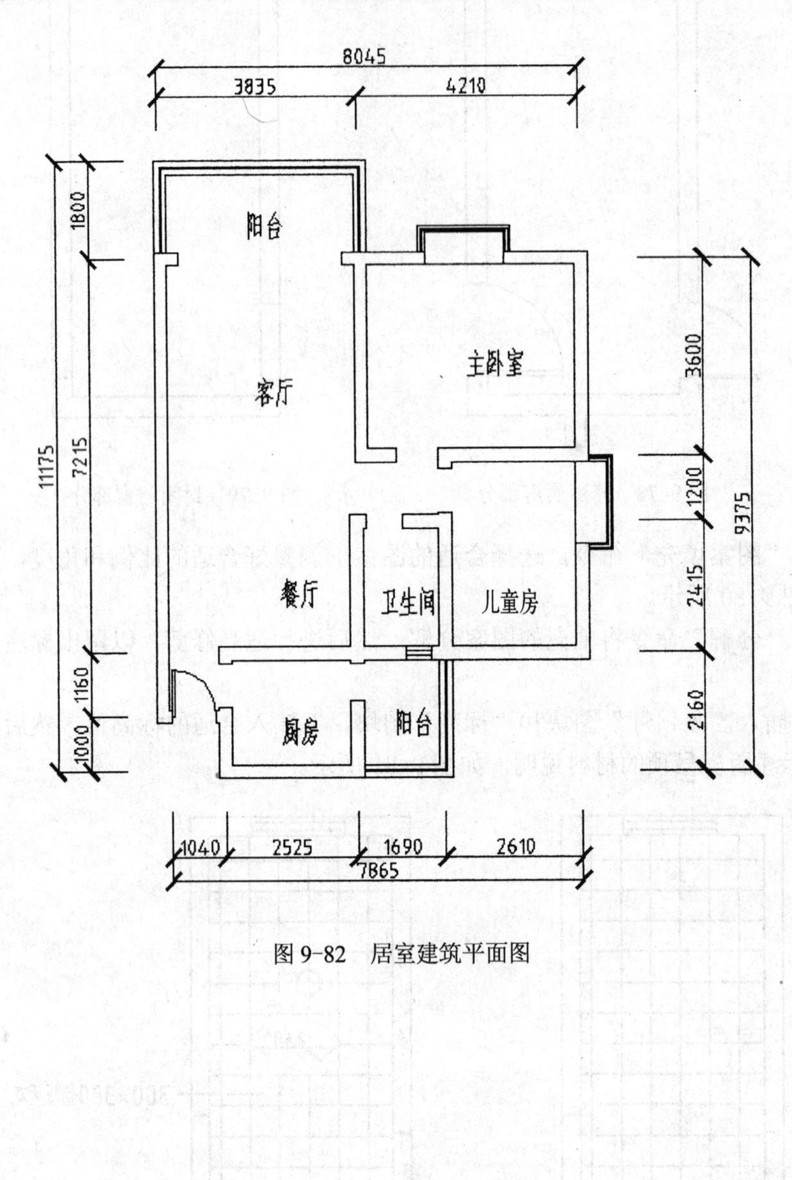

图 9-82　居室建筑平面图

第 10 章　办公室室内装潢设计图

办公室的室内装潢设计是指人们在工作中特定的环境设计，它和住宅的室内装潢设计有类似的地方，但是办公室是一种集体和个人空间的综合体，而且办公室种类繁多，因此也有其特点，本章将以实例方式介绍办公室的室内装潢设计相关图纸的画法。

【本章重点】

- 办公室建筑平面图
- 办公室装潢平面图
- 常用立面图
- 顶棚布置图

10.1　办公室室内装潢设计简介

办公室的设计是指人们在行政工作中特定的环境设计。办公室种类繁多，机关、学校、团体办公室以及企业办公室各有特点，但是办公室又有一定的共性，本节介绍办公室室内装潢设计的一些特点。

10.1.1　办公室设计的特点及基本要素

办公室设计要考虑的因素大致如下。

- 个人空间与集体空间系统的便利化。
- 办公环境给人的心理满足。
- 提高工作效率。
- 办公自动化。
- 从功能出发考虑空间划分的合理性。
- 入口整体形象的完美性。
- 提高个人工作的注意力等。

从办公室的特征与功能要求来看，办公室有以下几个基本要素。

1. 秩序感

办公室需要一种安静、平和与整洁的环境。秩序感是办公室设计的一个基本要素，要达到办公室设计中秩序的要求，需注意以下几点。

- 办公用具样式与色彩的统一。
- 平面布置的规整性。
- 隔断高低尺寸与色彩材料的统一。
- 顶棚的平整性与墙面简洁的装饰。
- 合理的室内色调。

2. 明快感

办公环境明快是指办公环境的色调干净明亮、灯光布置合理、有充足的光线等，这也是办公室的功能要求所决定的。在装饰中明快的色调可给人一种洁净之感，同时明快的色调也可在白天增加室内的采光度。

3. 现代感

当前的办公室多采用敞开式设计，这种设计已成为现代新型办公室的特征，它形成了现代办公室新空间的概念。

将自然环境引入室内，将办公室环境进行适当的绿化，给办公环境带来一派生机，这是现代办公室的另一特征。

办公的科学化、自动化给工作带来了极大的方便。因此，在设计中要充分利用人机学的知识，按特定的功能与尺寸要求来进行设计，这些是设计的基本要素。

10.1.2　办公室空间的区域划分

目前常见的办公室空间划分有全隔断划分和共享空间两种设计。

全隔断划分按机构的设置来安排房间。这种方法对办公人员集中注意力，免受干扰，有一定的优点，而且设计方法也比较简便。但它的缺点是缺乏现代办公室工作的灵活性。

共享空间的设计方法是指按功能、机构等特点划分，它是一种较为先进的办公室形式，这种方式在兼顾集体空间的同时又重视个人环境。它既避免了集体办公室容易使人分散注意力的缺点，又解决了现代办公室工作时需要的灵活性。

采用办公整体的共享空间，兼顾个人空间与小集体组合的设计方法，是现代办公室设计的趋势，在平面布局中应注意以下几点：

1. 设计导向的合理性

设计的导向是指人在其空间的流向。这种导向应追求“顺”而不乱，所谓“顺”，是指导向明确，人的流向空间充足，当然也涉及布局的合理。为此在设计中应模拟每个座位中人的流向，让其在变化之中寻到规整。

2. 根据功能特点与要求来划分空间

在办公室设计中，各机构或各项功能区都有自身的特点。例如，财务室应有防盗的特点；会议室应有不受干扰的特点；经理室应有保密等特点；会客室应具有便于交谈休息的特点，在设计时应根据其特点来划分空间。因此，在设计中可以考虑将经理、财务室规划为独立空间，将财务室、会议室与经理室的空间靠墙来划分，将洽谈室靠近大厅与会客区，将普通职工办公区规划于整体空间中央等。

10.1.3　办公室室内设计的材料选择

1. 顶棚

办公空间顶棚的用材都比较简单，常用石膏板和矿棉板顶棚或铝扣板顶棚。一般只会在装修重点部位（如接待区、会议室）做一些石膏板造型顶棚，其他部位大多采用矿棉板顶棚，不做造型处理。采用铝扣板顶棚，会增加一些现代感，但造价要比矿棉板顶棚高得多。顶棚线一般采用木制顶棚线或金属铝顶棚线。

2. 地面

办公空间中，地面采用最多的材料是大理石材、地砖和方块毯，采用石材地面时要考虑石材地面与地毯地面的接口问题和办公楼本身建筑上的承重问题。机房应采用防静电材料，如地砖、防静电木质地板、防静电架空地板等。踢脚板一般根据地面材质选择相应的材质。

3. 墙面

墙面一般采用墙纸或乳胶漆，但采用墙纸会显得比乳胶漆要高档一些。墙纸和乳胶漆的颜色要选用较明快的色调。

10.2 办公室平面图的绘制

办公室室内装潢设计相关的平面图主要有办公室建筑平面图、办公室装潢平面图等，本节以实例方式介绍该类图纸的画法。

10.2.1 办公室建筑平面图

建筑平面图也称为原始平面图，需要表达的是房型结构、空间关系、房间尺寸等，下面以实例介绍办公室建筑平面图的绘制方法和过程。

【实例 10-1】 绘制小型办公室建筑平面图，尺寸如图 10-1 所示。

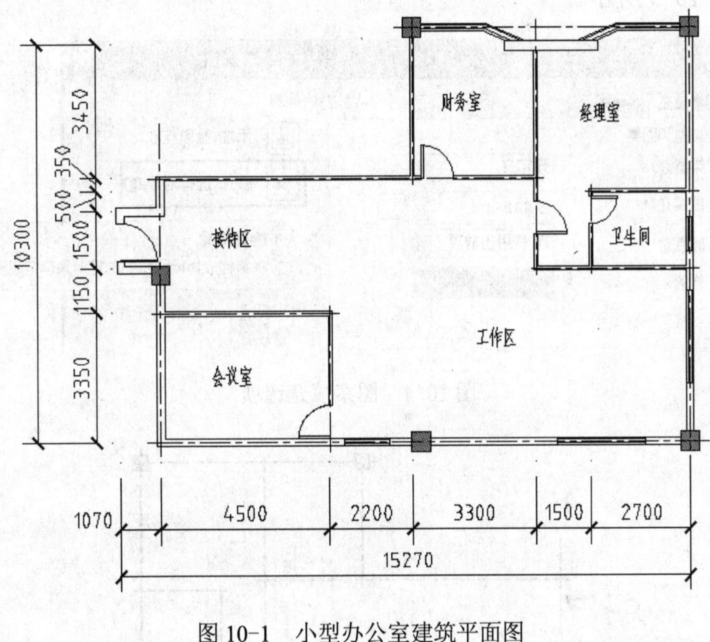

图 10-1　小型办公室建筑平面图

1. 绘制轴线

1）打开“室内设计模板文件”，然后打开“图层特性管理器”选项板，将“ZX_轴线”图层设置为当前图层。

2）打开“正交”方式，选择“绘图”→“直线”命令，根据给定尺寸依次绘制出轴线，如图 10-2 所示。

2. 绘制柱子

1）柱子的尺寸要考虑到实际的承重和结构特性，这里暂以尺寸 500×500 来绘制柱子。新建一个“ZZ_柱子”图层，并置为当前图层，然后使用“矩形”命令在所需位置绘制柱子，如图 10-3 所示。

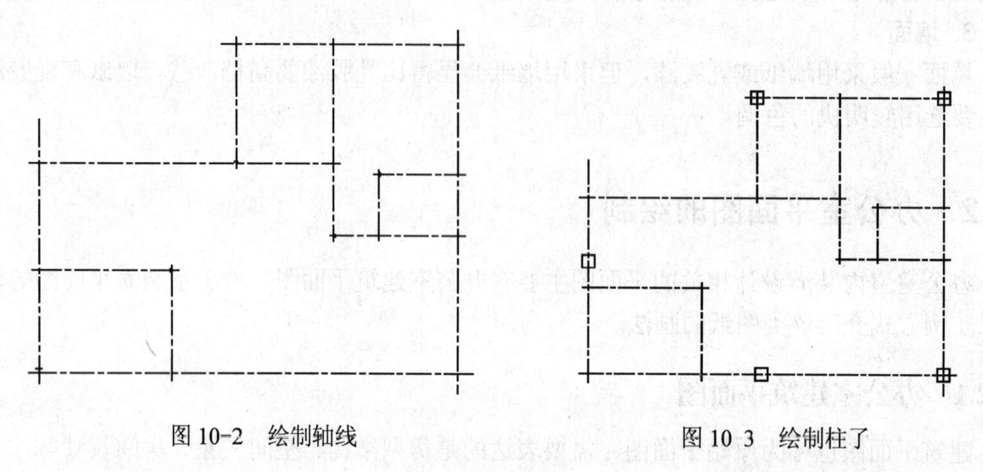

图 10-2　绘制轴线　　　　图 10 3　绘制柱了

2）选择“图案填充”命令，在“图案填充和渐变色”对话框中选择“预定义”中的“SOLID”图案，并且用“选择对象”的方式，如图 10-4 所示，依次对绘制的柱子进行图案填充，结果如图 10-5 所示。

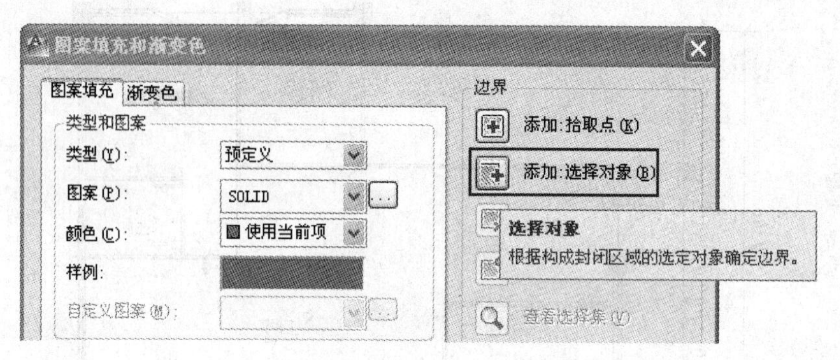

图 10-4　图案填充选项

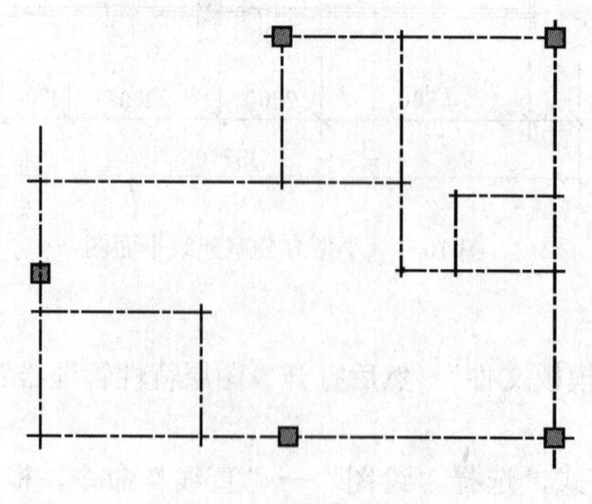

图 10-5　柱子的图案填充

3. 绘制墙线

1）打开“图层特性管理器”选项板，将“QX_墙线”层设置为当前图层，然后选择“多线”命令，分别将多线的比例设定为200和100，按照中心线的尺寸依次绘制两种不同厚度的墙线，并将“中心线”图层隐藏，如图10-6所示。

2）双击相应的“多线”，在弹出的“多线编辑工具”对话框中分别应用“十字打开”、“角点结合”选项修整墙线；或者使用“分解”命令将墙线分解，然后利用“修剪”或者“延伸”命令修整墙线，结果如图10-7所示。

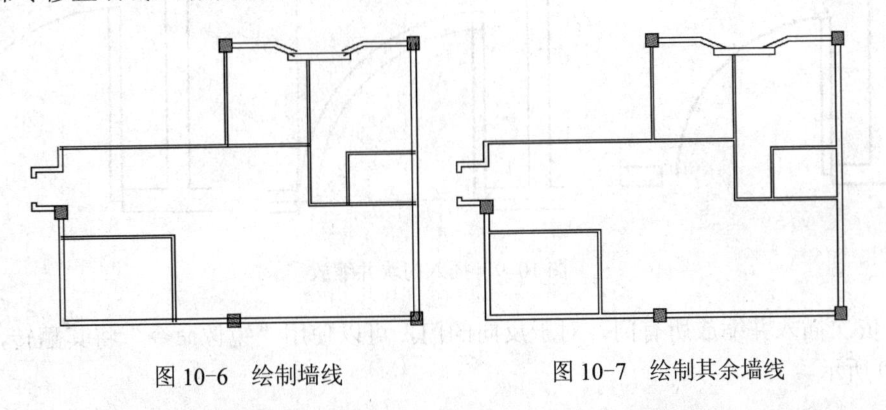

图10-6　绘制墙线　　　　图10-7　绘制其余墙线

3）打开“图层特性管理器”选项板，将“MC_门窗”层设置为当前图层，使用“直线”、“修剪”、“多线”等命令绘制窗户和门洞，尺寸如图10-8所示。

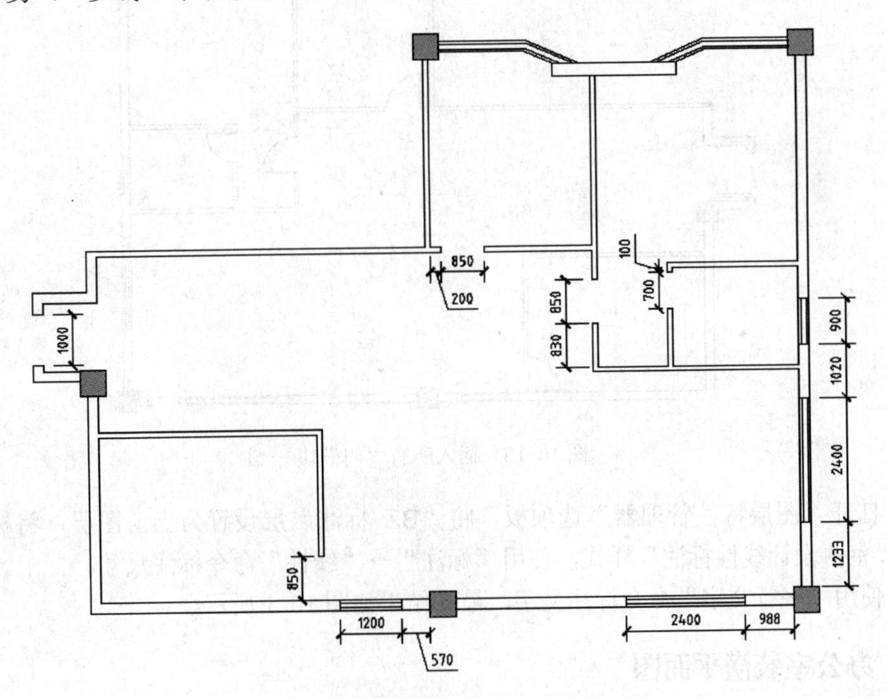

图10-8　绘制窗和门洞

4）选择“插入”→“块”命令，插入“门”块，如图10-9所示。此时，如果“门”块尺寸和门洞尺寸不一致，可以使用“缩放”命令进行缩放。操作步骤如下。

```
命令: _scale
选择对象: 找到 1 个                              //选择门
选择对象:                                        //按〈Enter〉键
指定基点:                                        //选择 1 点
指定比例因子或 [复制(C)/参照(R)]: r↙              //输入 r
指定参照长度 <850>:  指定第二点:                   //依次选择 1、2 点
指定新的长度或 [点(P)] <1>:                        //选择 3 点，按〈Enter〉键即可
```

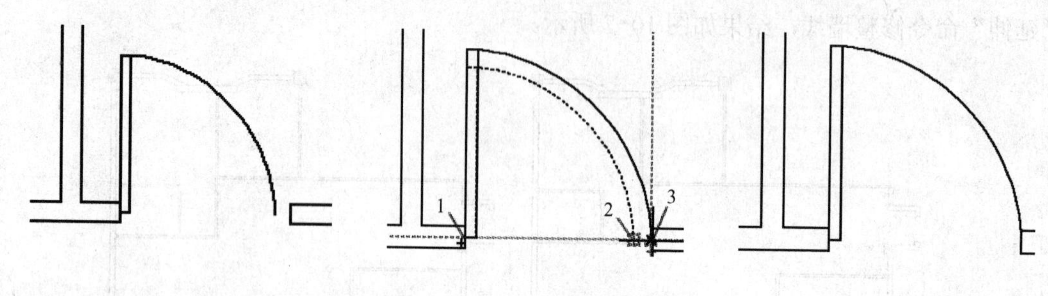

图 10-9　插入门块并缩放

5）依次插入并缩放所有门，对于反向的门，可以使用“镜像命令”将其翻转，结果如图 10-10 所示。

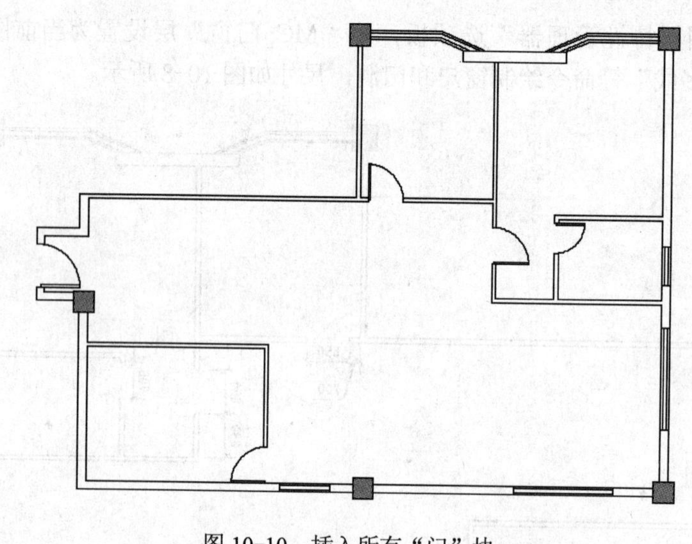

图 10-10　插入所有“门”块

6）打开“图层特性管理器”选项板，将“BZ_标注”层设置为当前图层，将标注样式设置为“室内设计线性标注”样式，使用“标注”→“线性”命令标注尺寸。

7）使用“多行文字”命令标注文字，最终结果如图 10-1 所示。

10.2.2　办公室装潢平面图

装潢平面图体现了室内各空间的功能划分，即对室内设施进行准确定位。办公室的功能空间通常包括经理室、财务室、会议室、接待区、工作区及其他附属部分，根据户型的大小，功能空间也有所不同。因此，绘制装潢平面图时，应首先调用建筑平面图，根据用户要

求划分功能空间，然后确定各功能空间的办公家具设施和摆放位置。

装潢平面图需要绘制和调用各种办公设施图形，如经理室桌椅、工作区桌椅、接待区桌椅、会议室桌椅、绿化植物及其他常用的办公设备等图形。通常可以使用以下几种方法调用：

- 通过设计中心调用 AutoCAD 其他文件的块。
- 使用“插入块”命令调用内部块或者外部块。
- 复制其他 DWG 文件中的图形。
- 直接绘制。

【实例 10-2】 绘制如图 10-11 所示的办公室装潢平面图。

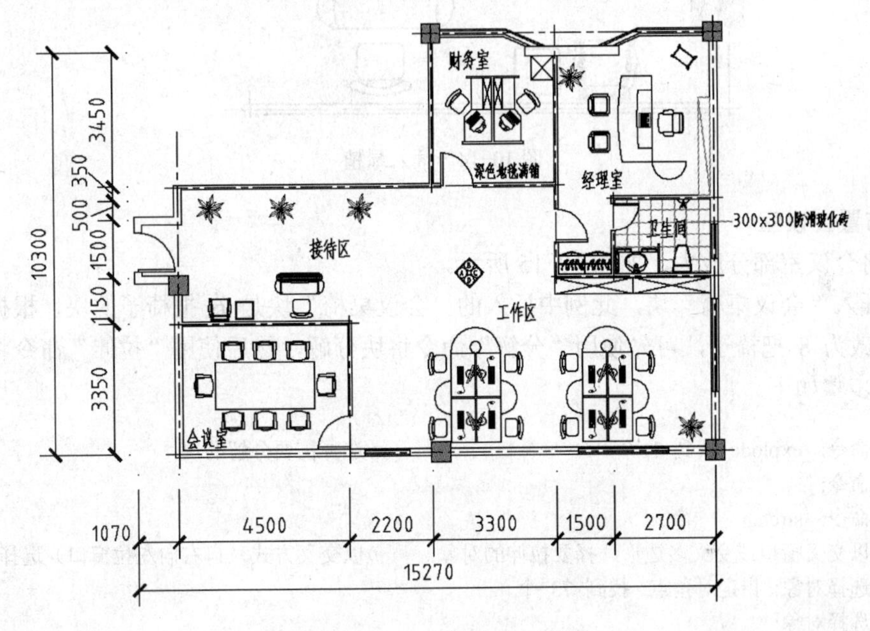

图 10-11 办公室装潢平面图

1. 布置接待区

1）打开 10.2.1 节绘制的办公室建筑平面图，将接待区放大，如图 10-12 所示。

2）打开“图层特性管理器”选项板，将图层“JJ_家具”设置为当前图层。

3）选择“插入”→“块”命令，以适当的比例和旋转角度，插入接待区的桌椅等办公家具，并放置到适当的位置，如图 10-13 所示。

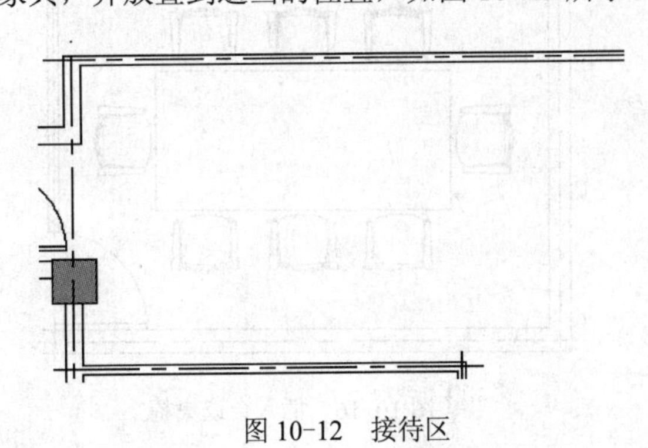

图 10-12 接待区

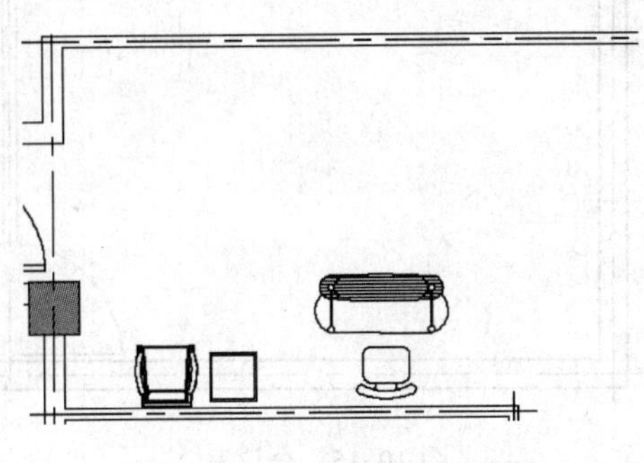

图 10-13 插入接待区家具

4）在另一侧插入适当的绿植图块，如图 10-14 所示。

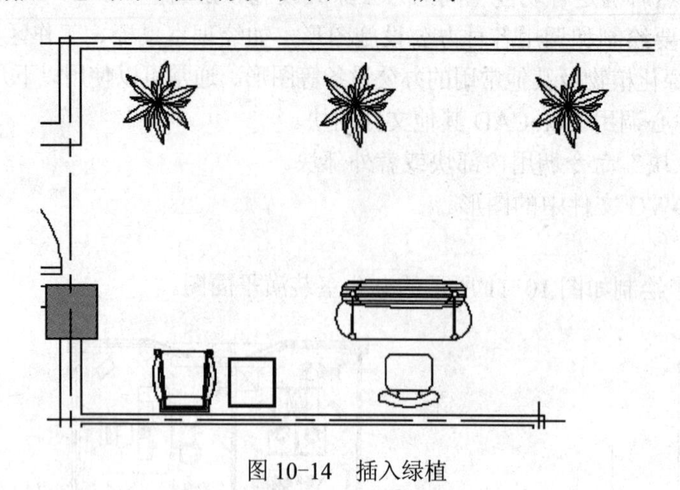

图 10-14　插入绿植

2. 布置会议室

1）将会议室部分放大，如图 10-15 所示。

2）插入“会议桌椅”块，此例中插入的“会议桌椅”块是 6 把椅子的块，根据会议室布置要求改为 8 把椅子，可先使用“分解”命令将块分解，然后使用“拉伸”命令将图形拉伸。操作步骤如下。

```
命令: _explode 找到 1 个                          //选择需要分解的块
命令:
命令: _stretch
以交叉窗口或交叉多边形选择要拉伸的对象...          //以交叉方式（自右向左拉窗口）选择图形
选择对象: 指定对角点: 找到 73 个
选择对象:
指定基点或 [位移(D)] <位移>:                        //选择 1 点
指定第二个点或 <使用第一个点作为位移>:              //选择 2 点
```

执行“拉伸”命令后，使用“复制”命令将左侧（或者右侧）的两把椅子复制，最终结果如图 10-16 所示，操作过程如图 10-17 所示。

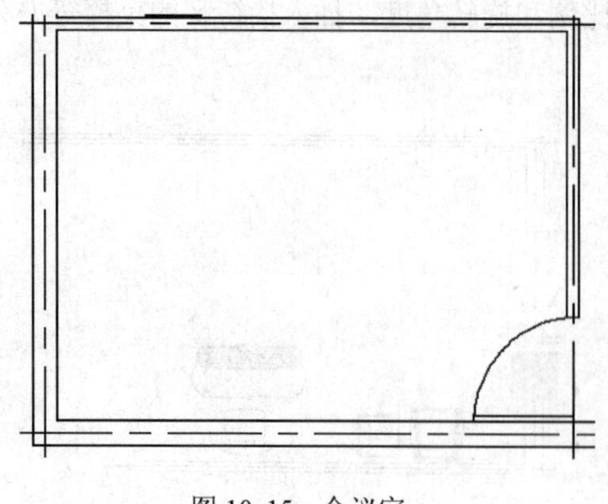

图 10-15　会议室

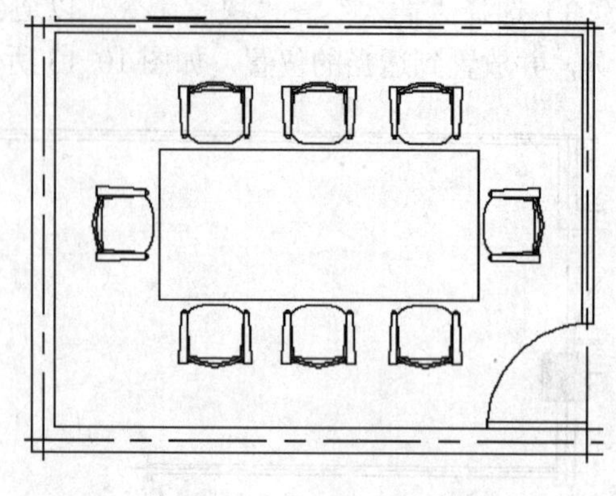

图 10-16　插入会议桌椅

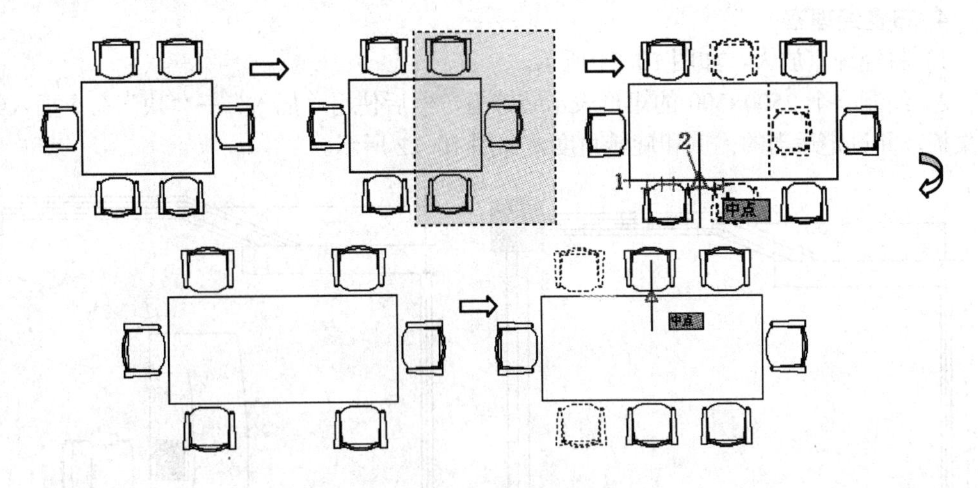

图 10-17　修改“会议桌椅”过程

3. 布置工作区

1）将工作区放大，然后使用“矩形”、“直线”命令绘制两个文件柜，并连接对角线表示高柜，如图 10-18 所示。

2）选择“插入”→“块”命令，以适当的比例和角度插入“办公桌椅”块，如图 10-19 所示。

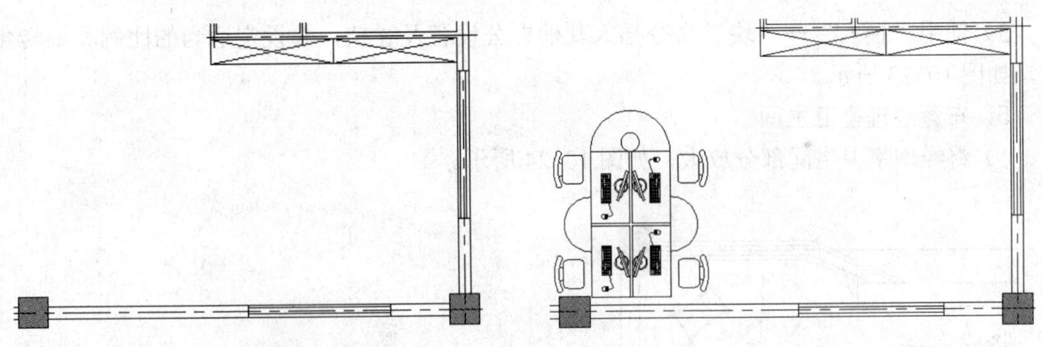

图 10-18　绘制文件柜　　　图 10-19　插入办公桌椅

3）选择“修改”→“复制”命令，复制办公桌椅，并插入绿植，如图 10-20 所示。

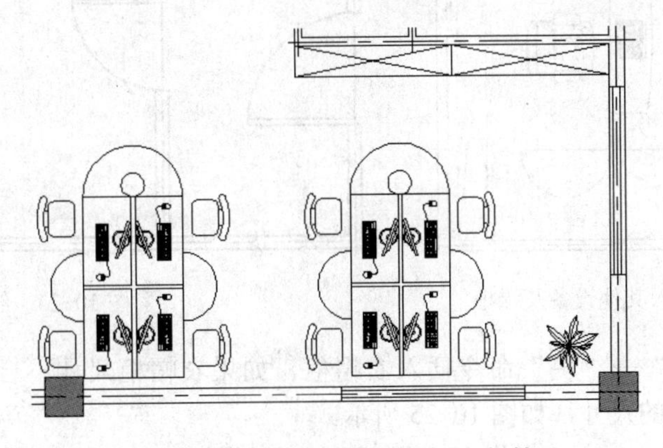

图 10-20　复制办公桌椅并插入绿植

4. 布置经理室

1）将经理室放大，如图 10-21 所示。

2）绘制一个 2500×300 的矩形表示装饰柜，然后使用“插入”→“块”命令插入经理办公桌椅，并设定适当的比例和旋转角度，如图 10-22 所示。

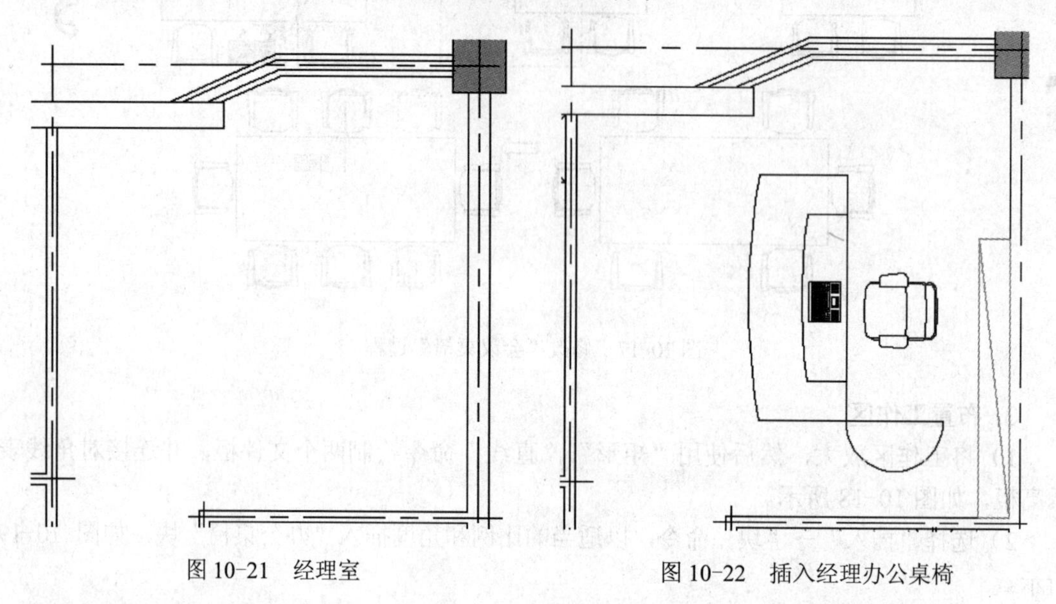

图 10-21 经理室　　图 10-22 插入经理办公桌椅

3）使用“插入”→“块”命令插入其他办公设备及绿植，并设定适当的比例和旋转角度，如图 10-23 所示。

5. 布置经理室卫生间

1）将经理室卫生间部分放大，如图 10-24 所示。

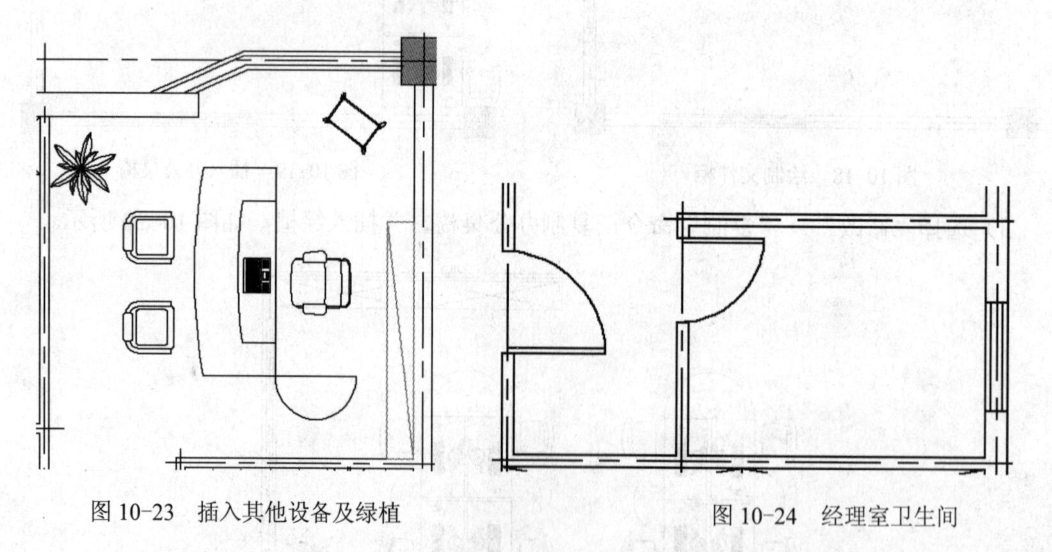

图 10-23 插入其他设备及绿植　　图 10-24 经理室卫生间

2）使用“插入”→“块”命令插入衣帽柜，如果衣帽柜尺寸不合适，可以使用“缩放”命令缩放到适当的尺寸，如图 10-25 所示。

3）使用“插入”→“块”命令插入马桶和盥洗台等洁具，如图 10-26 所示。

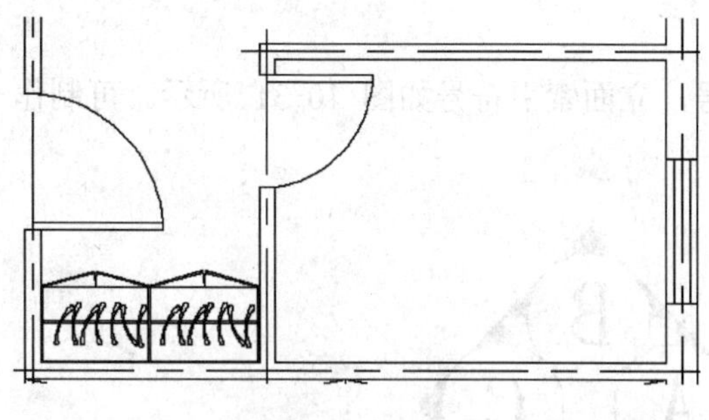

图 10-25　布置衣帽柜

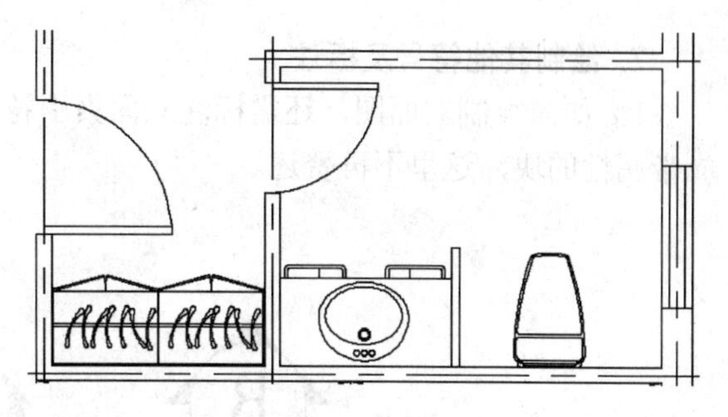

图 10-26　插入洁具

4）插入其他附属设施，如图 10-27 所示。

5）使用“图案填充”命令，选择“图案填充和渐变色”对话框的“预定义”中的“NET”图案，设定好合适的比例（本例为 100），对卫生间地面进行图案填充，以表示地面瓷砖，如图 10-28 所示。

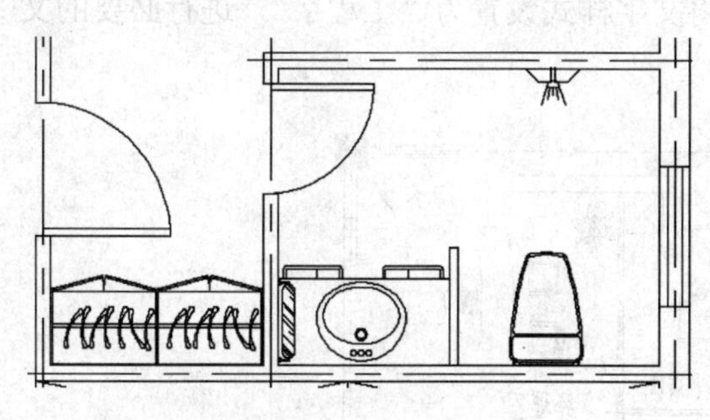

图 10-27　布置其他设施

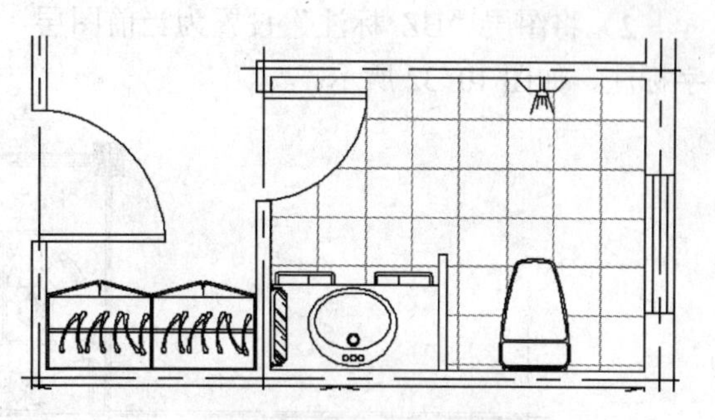

图 10-28　图案填充卫生间地面

6. 布置财务室

1）将财务室部分放大，如图 10-29 所示。

2）使用类似的方法，插入相应的财务室办公家具及设备，如图 10-30 所示。

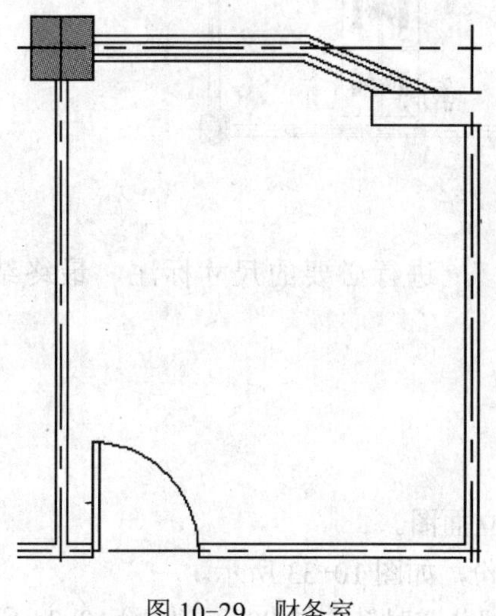

图 10-29　财务室

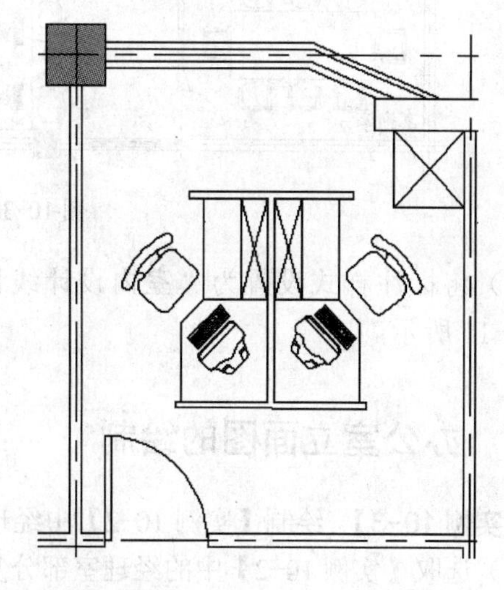

图 10-30　插入相应的财务室办公家具及设备

7. 绘制其他符号及标注

1）如需绘制立面图，还需标注立面索引符号，立面索引符号如图 10-31 所示。可制作成带属性的块，这里不再赘述。

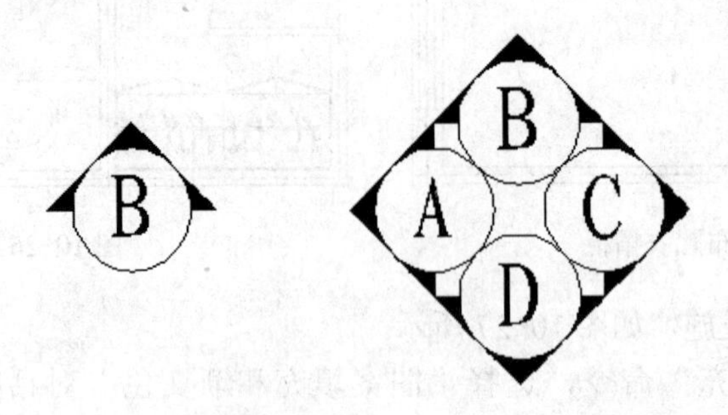

图 10-31　立面索引符号

2）将图层“BZ_标注”设置为当前图层，将文字样式设置为“工程字”，进行必要的文字标注，如图 10-32 所示。

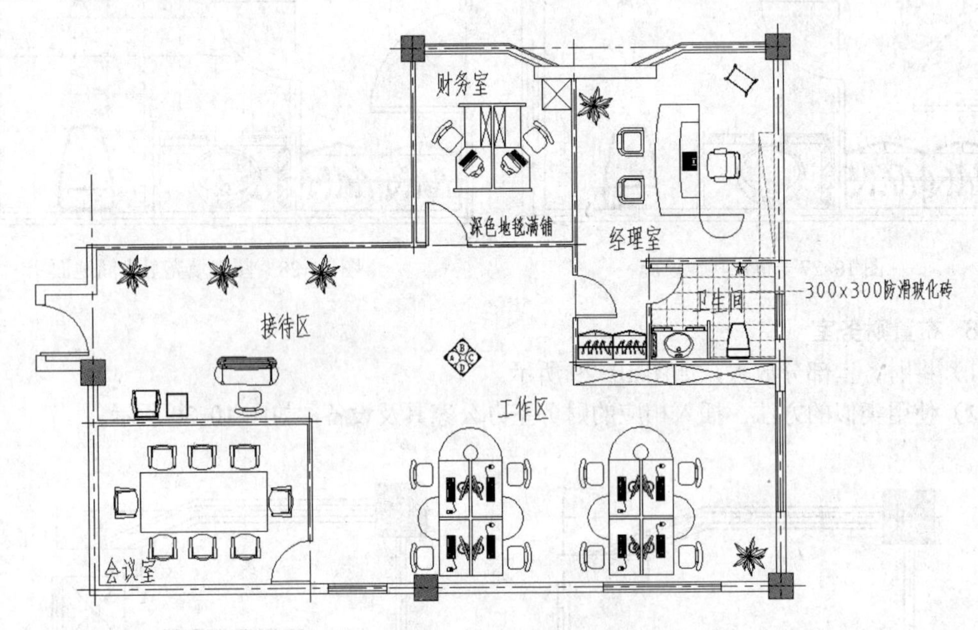

图 10-32　标注文字

3）将标注样式设置为“室内设计线性标注”，进行必要的尺寸标注，最终结果如图 10-11 所示。

10.3　办公室立面图的绘制

【实例 10-3】 绘制【实例 10-2】中经理室的立面图。

1）选取【实例 10-2】中的经理室部分复制一份，如图 10-33 所示。

2）选择“修改”→“旋转”命令，将经理室部分逆时针旋转 90°，如图 10-34 所示。

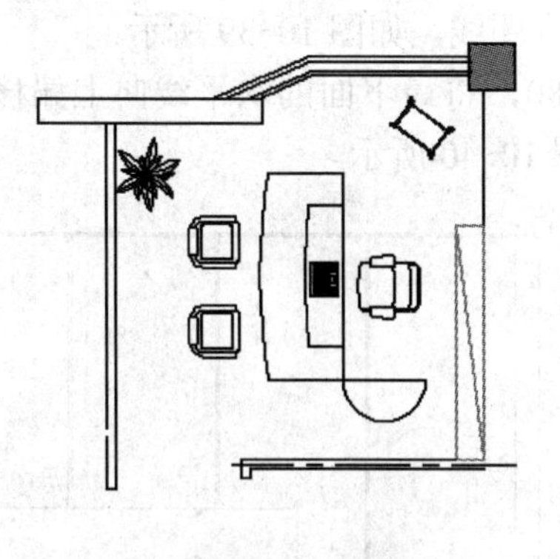

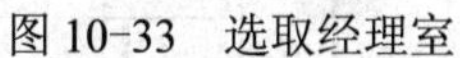

图 10-33　选取经理室

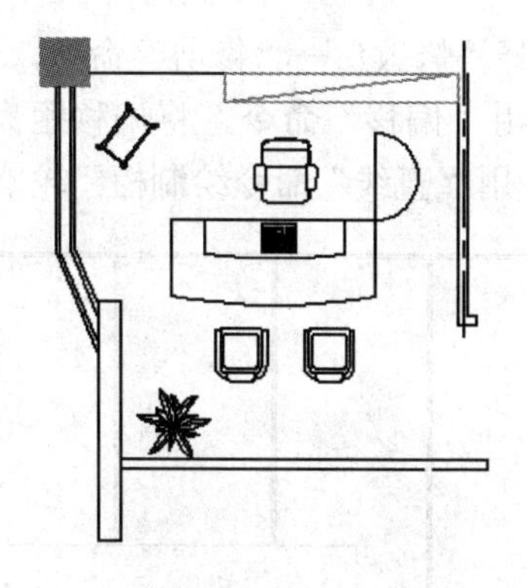

图 10-34　旋转 90°

3）按正投影方式，以平面图墙体内侧为准，投影出立面图的轮廓线，高度为 2800，如图 10-35 所示。

4）按正投影方式，投影出装饰柜的轮廓尺寸，将装饰柜的高度确定为 1000，投影出左侧柱子的轮廓线，如图 12-36 所示。

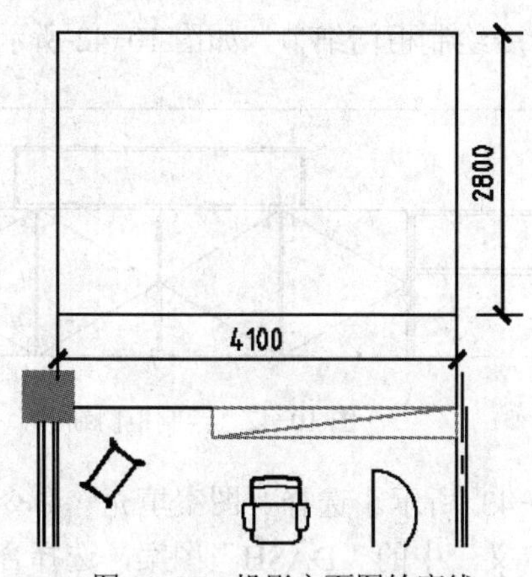

图 10-35　投影立面图轮廓线

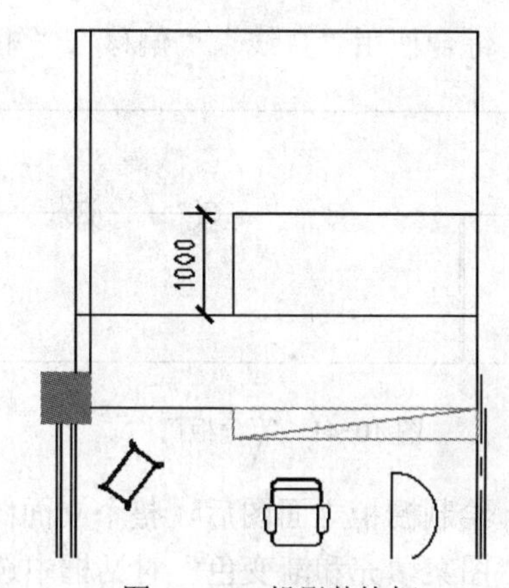

图 10-36　投影装饰柜

5）选择“修改”→“偏移”命令，将偏移距离设置为 1000，将柱子的轮廓线依次向右偏移生成 4 条间隔均匀的竖直线，以确定装饰用木线的位置，如图 10-37 所示。

6）重复“偏移”命令，将偏移距离设置为 20，将最上面的水平线向下偏移生成顶端的木线轮廓，将竖直的 4 条直线依次偏移 20 生成竖直的木线轮廓，如图 10-38 所示。

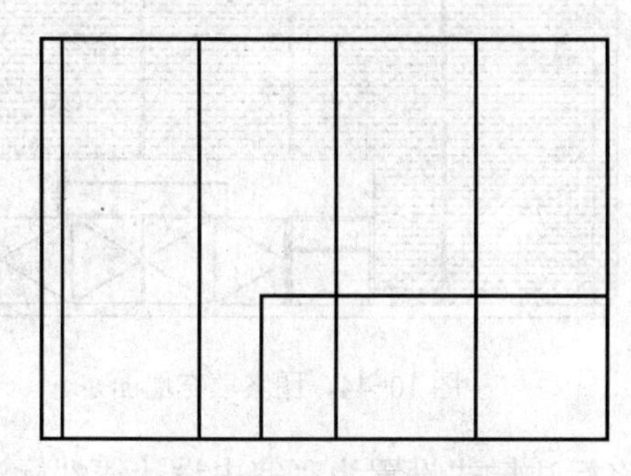

图 10-37　偏移生成木线位置

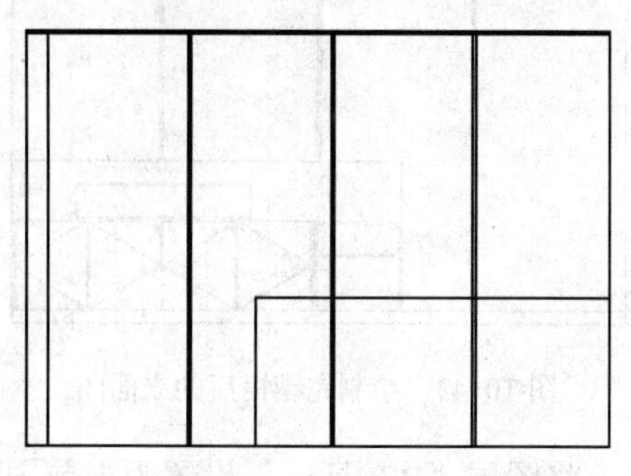

图 10-38　偏移生成木线轮廓

7）选择“修改”→“修剪”命令，修剪掉多余图线，如图 10-39 所示。

8）使用“偏移”命令，将偏移距离设置为 80，将最下面的水平线向上偏移生成踢脚板，然后使用“直线”命令绘制柜门轮廓线，如图 10-40 所示。

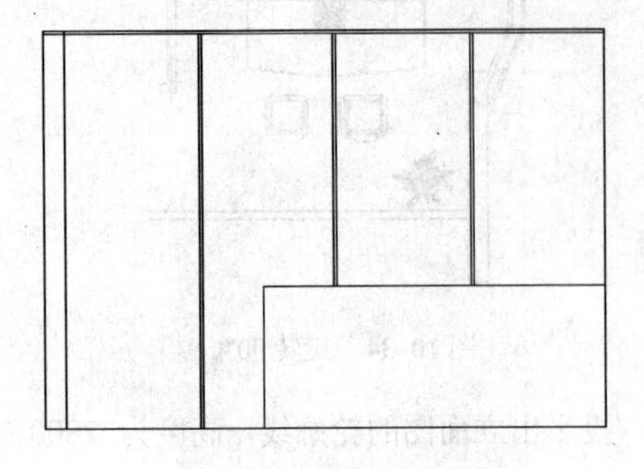

图 10-39　修剪多余图线

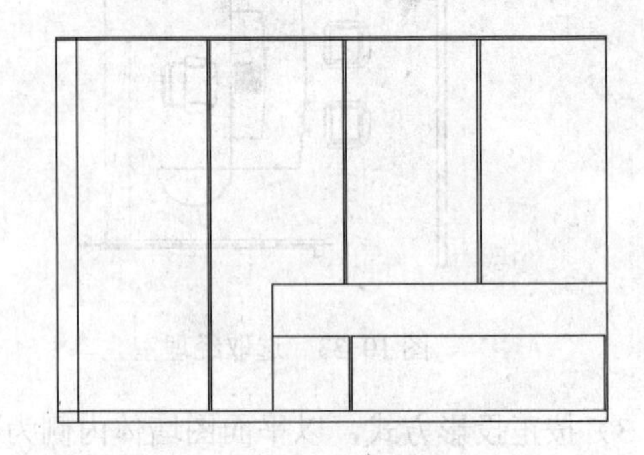

图 10-40　绘制踢脚板及柜门轮廓

9）绘制柜门细节结构。选择“绘图”→“点”→“定数等分”命令，等分柜门宽度线，如图 10-41 所示。

10）综合使用“直线”、“偏移”、“矩形”等命令绘制柜门细节，如图 10-42 所示。

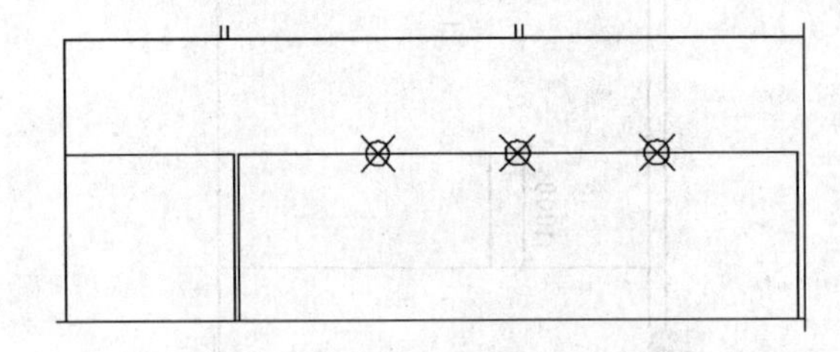

图 10-41　等分柜门

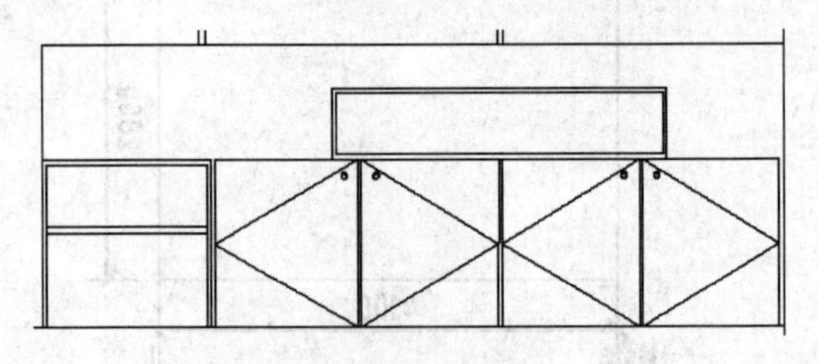

图 10-42　绘制柜门细节

11）绘制橱柜立面图后，整个立面图如图 10-43 所示。选择“图案填充”命令填充墙面，在“图案填充和渐变色”对话框中选择“预定义”中的“DASH”图案，选择合适的填充比例（本例选择 15），然后利用“选择点”的方式依次单击填充区域进行填充，填充结果如图 10-44 所示。

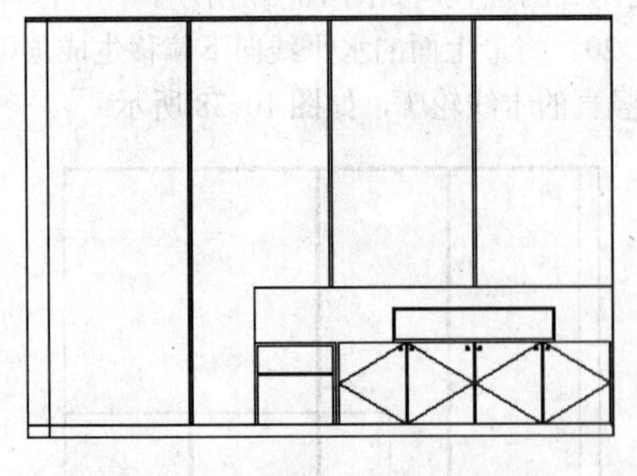

图 10-43　绘制完橱柜后的立面图

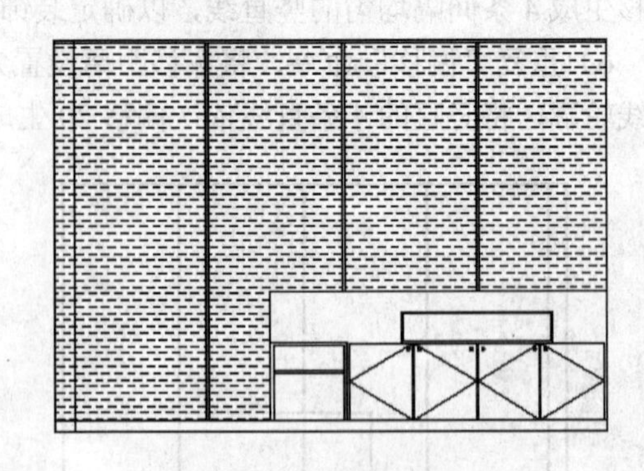

图 10-44　图案填充墙面

12）将图层“BZ_标注”设置为当前图层，将标注样式设置为“室内设计线性标注”，标注尺寸，结果如图 10-45 所示。

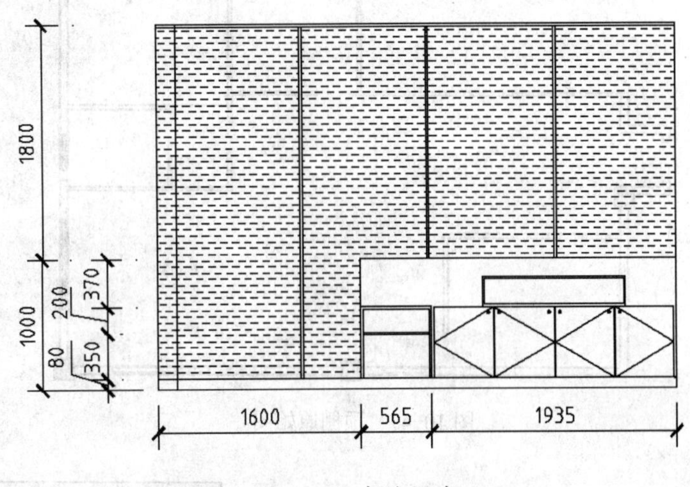

图 10-45　标注尺寸

13）选择“绘图”→“多重引线”命令，将注释比例设置为“1:60”，进行材料文字标注，最终结果如图 10-46 所示。

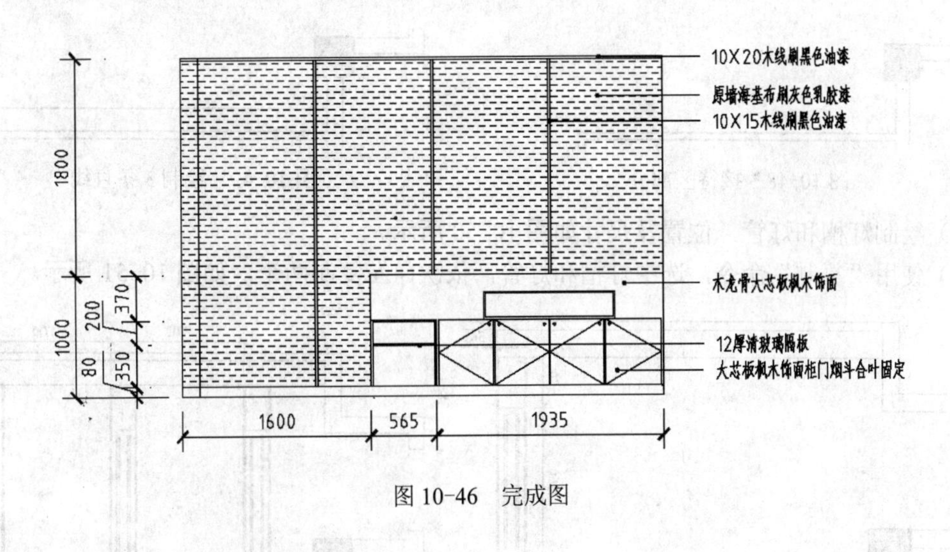

图 10-46　完成图

10.4　办公室顶棚图的绘制

【实例 10-4】 绘制【实例 10-1】中办公室的顶棚图。

1. 绘制接待区顶棚

1）复制一份【实例 10-1】中绘制的办公室建筑平面图，进行适当修剪后作为顶棚图的原始图，如图 10-47 所示。

2）新建一个图层“DP_顶棚”，并置为当前图层。将接待区部分放大，如图 10-48 所示，使用“直线”、“偏移”等命令绘制 3 条直线，如图 10-49 所示。

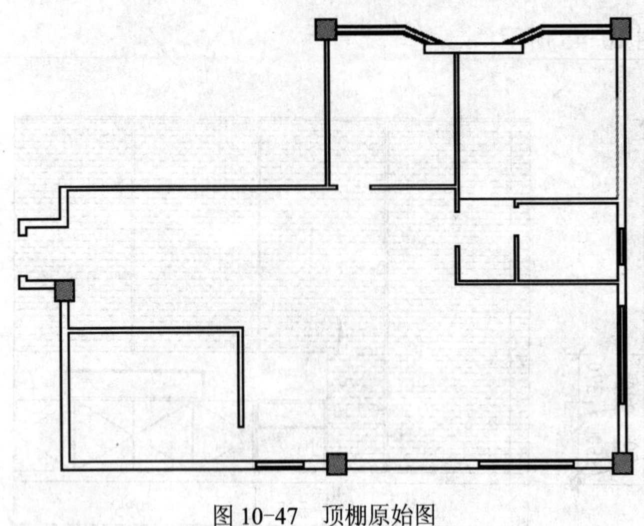

图 10-47　顶棚原始图

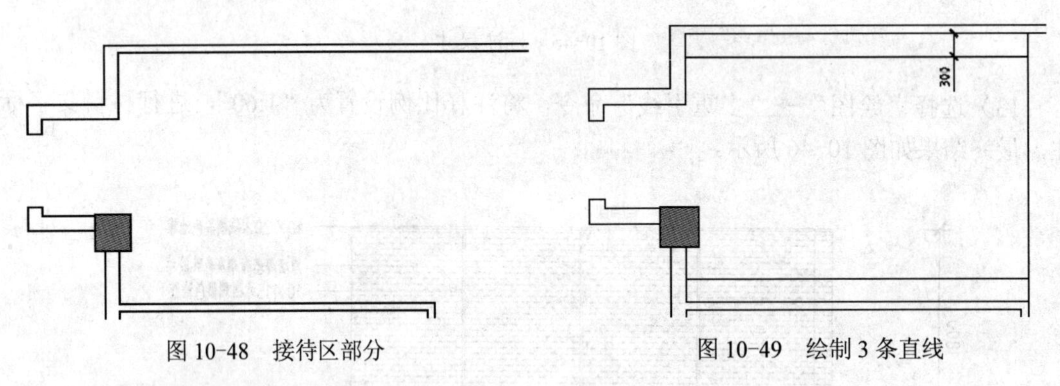

图 10-48　接待区部分　　　　图 10-49　绘制 3 条直线

3）绘制灯槽和灯管，位置及尺寸如图 10-50 所示。

4）使用“复制”命令，选中灯槽和灯管，依次向左复制两个，如图 10-51 所示。

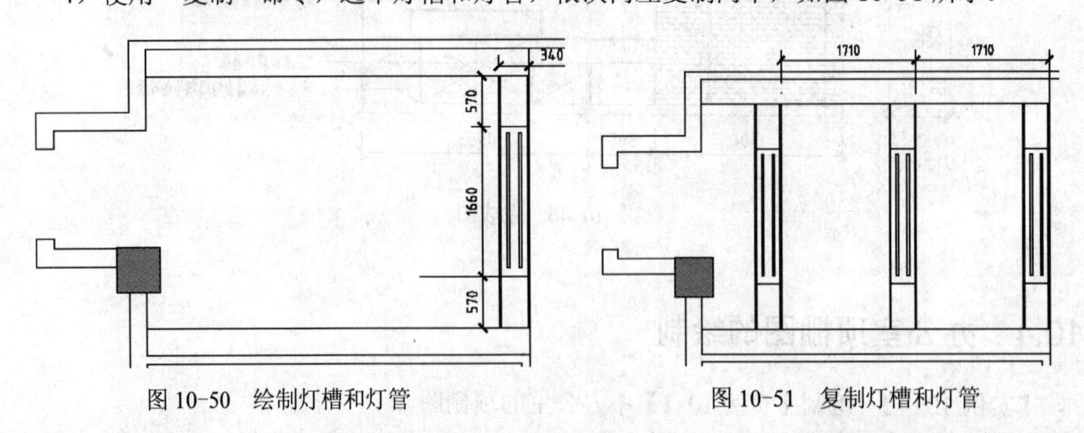

图 10-50　绘制灯槽和灯管　　　　图 10-51　复制灯槽和灯管

5）选择“图案填充”命令，在弹出的“图案填充和渐变色”对话框中选择“预定义”中的“LINE”图案，设置合适的比例（本例中比例设置为 10），然后利用“选择点”方式单击填充区域进行图案填充，表示磨砂玻璃，如图 10-52 所示。

6）插入或者绘制如图 10-53 所示的装饰灯，利用“复制”命令复制装饰灯，使其均匀分布在上、下两侧，如图 10-54 所示。

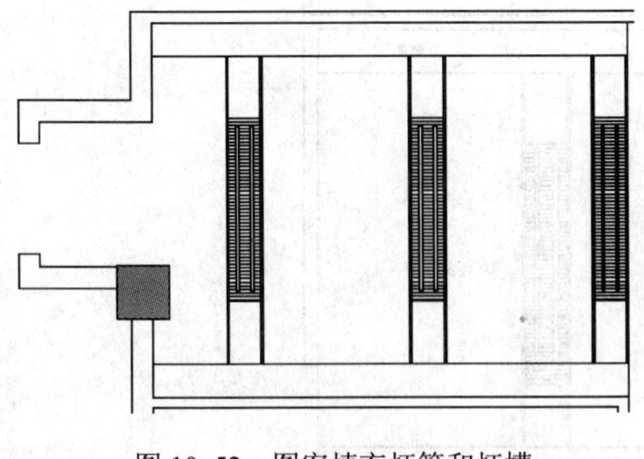

图 10-52　图案填充灯管和灯槽

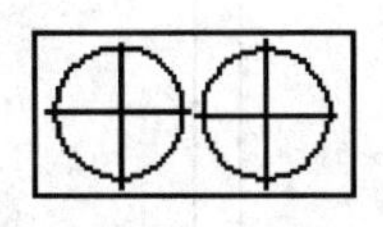

图 10-53　装饰灯

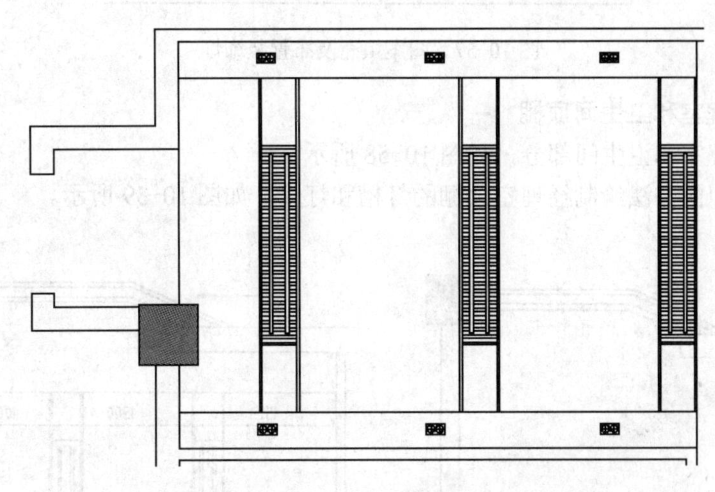

图 10-54　布置装饰灯

2. 绘制会议室顶棚

1）放大会议室部分，如图 10-55 所示。

2）使用类似的方法绘制灯槽和灯管，如图 10-56 所示。

图 10-55　放大会议室

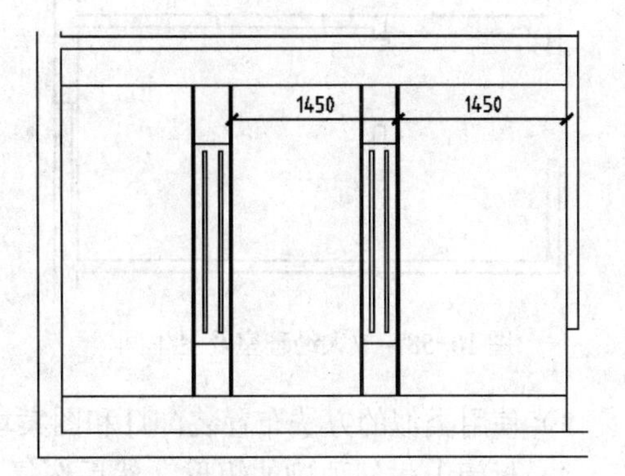

图 10-56　绘制灯槽和灯管

3）使用类似的方法布置装饰灯和图案填充，结果如图 10-57 所示。

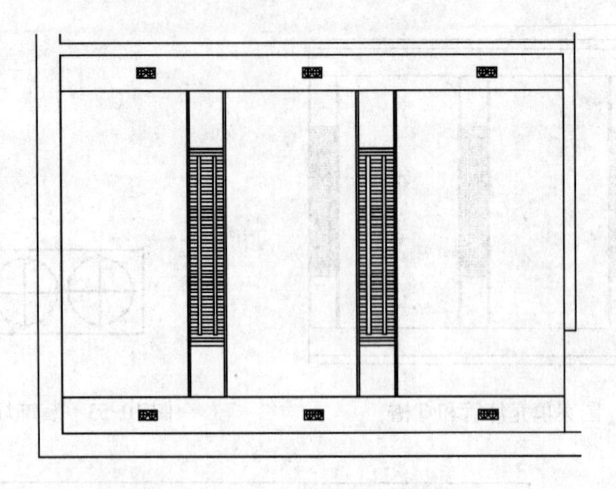

图 10-57　图案填充及布置装饰灯

3．绘制经理室和卫生间顶棚

1）放大经理室和卫生间部分，如图 10-58 所示。

2）使用类似的方法绘制经理室顶棚的灯槽和灯管，如图 10-59 所示。

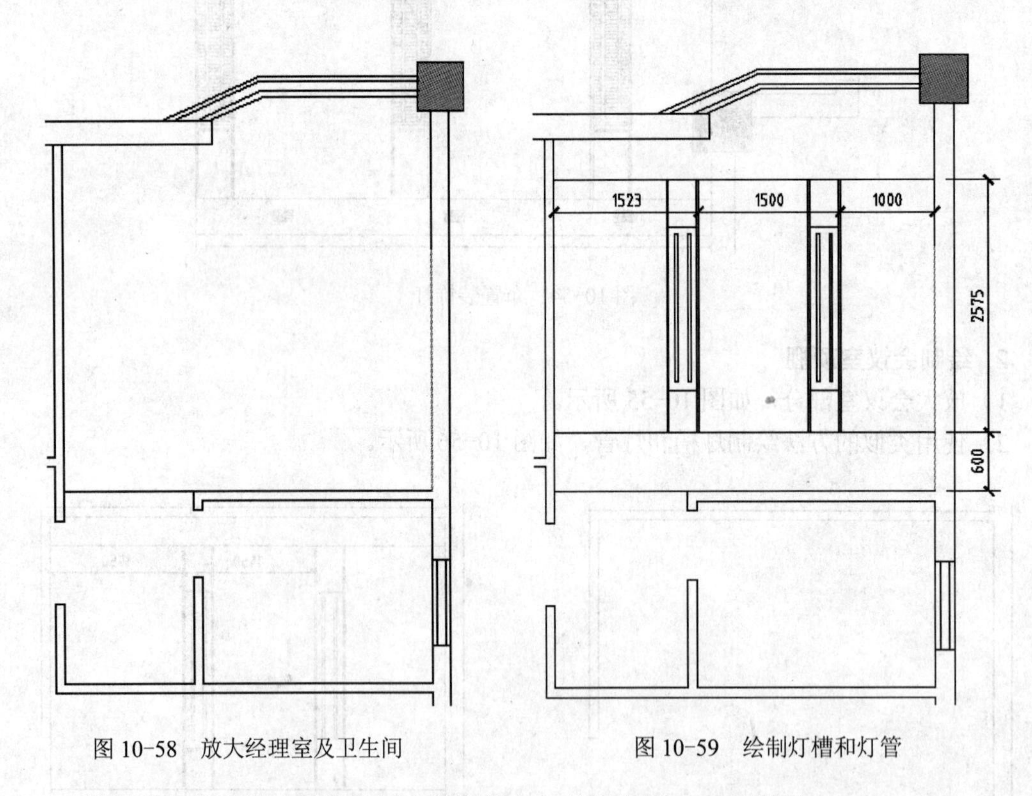

图 10-58　放大经理室及卫生间　　　　图 10-59　绘制灯槽和灯管

3）使用类似的方法布置装饰灯和图案填充，结果如图 10-60 所示。

4）封闭卫生间顶棚的矩形。然后选择“图案填充”命令，在“图案填充和渐变色”对话框中选择“预定义”中的“NET”图案，设置合适的比例（本例为 100），使用“选择点”的方式单击填充区域进行填充。

5）插入卫生间吸顶灯，结果如图 10-61 所示。

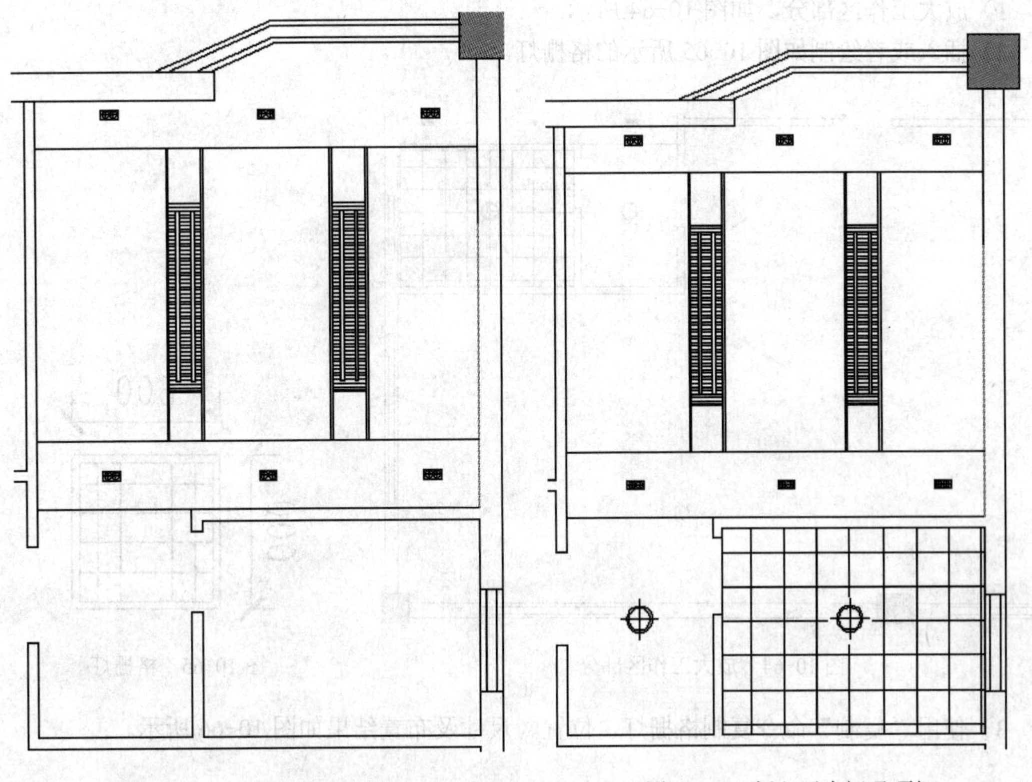

图 10-60　图案填充及布置装饰灯　　　　图 10-61　插入卫生间吸顶灯

4. 绘制财务室顶棚

1）放大财务室部分，如图 10-62 所示。

2）插入或者绘制格栅灯，位置、尺寸和布置结果如图 10-63 所示。

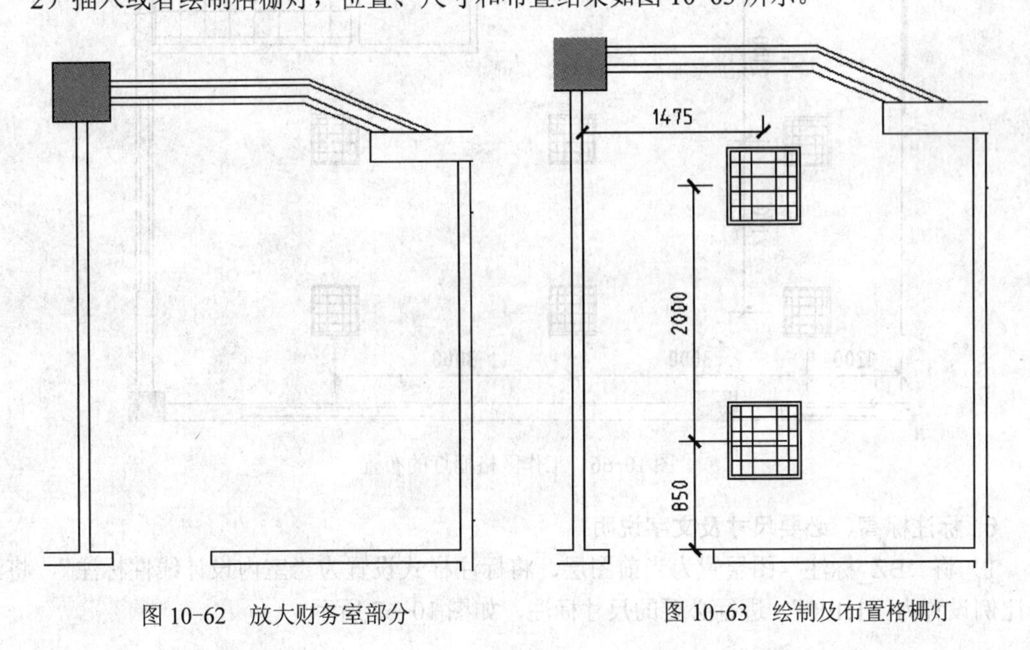

图 10-62　放大财务室部分　　　　图 10-63　绘制及布置格栅灯

5. 绘制工作区顶棚

1）放大工作区部分，如图 10-64 所示。

2）插入或者绘制如图 10-65 所示的格栅灯。

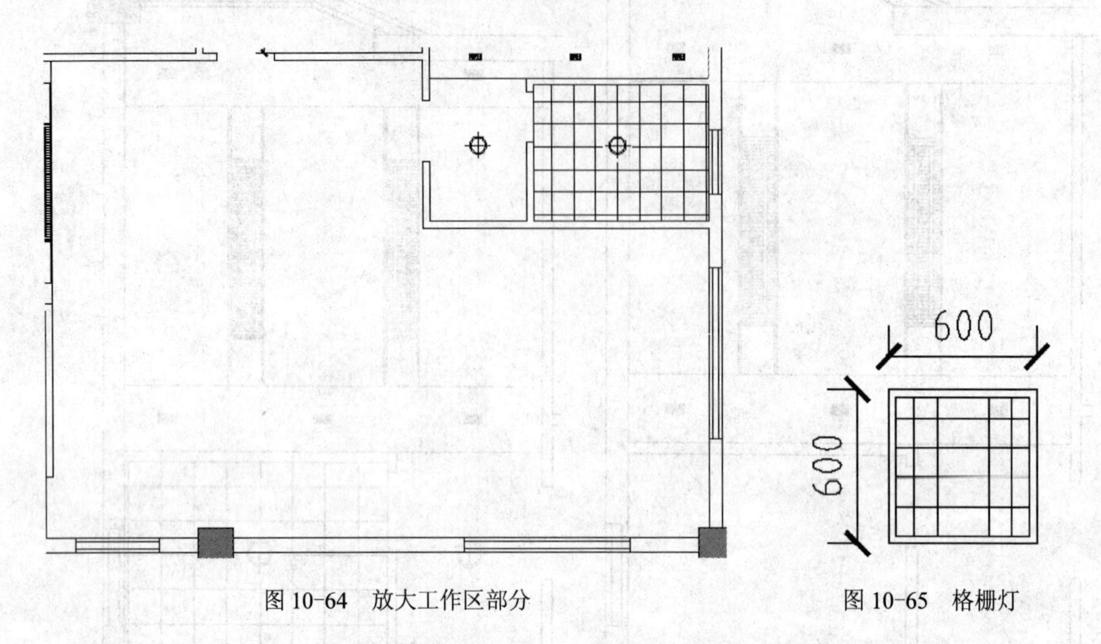

图 10-64　放大工作区部分　　　　图 10-65　格栅灯

3）使用“复制”命令复制格栅灯，位置、尺寸及布置结果如图 10-66 所示。

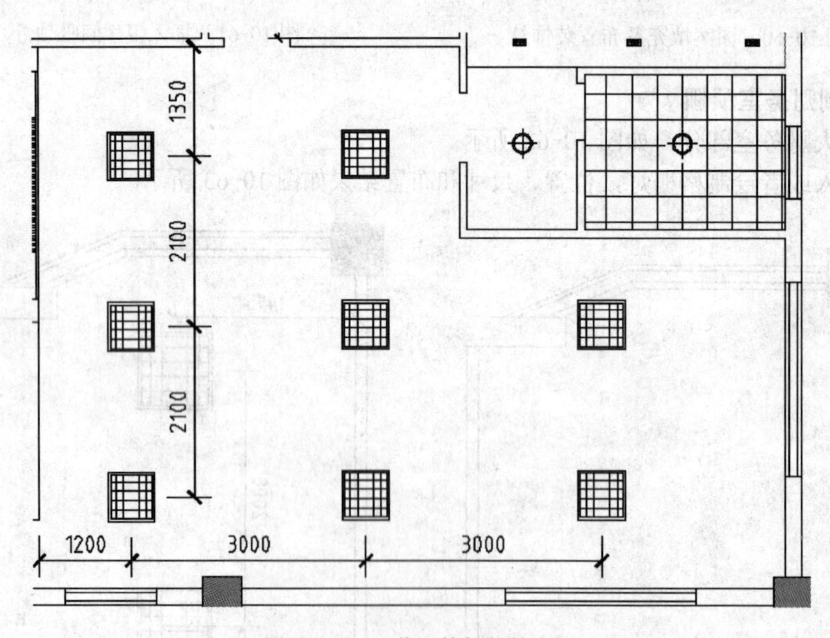

图 10-66　工作区格栅灯的布置

6. 标注标高、必要尺寸及文字说明

1）将“BZ_标注”图层置为当前图层，将标注样式设置为“室内设计线性标注”，将注释比例设置为“1:100”，进行必要的尺寸标注，如图 10-67 所示。

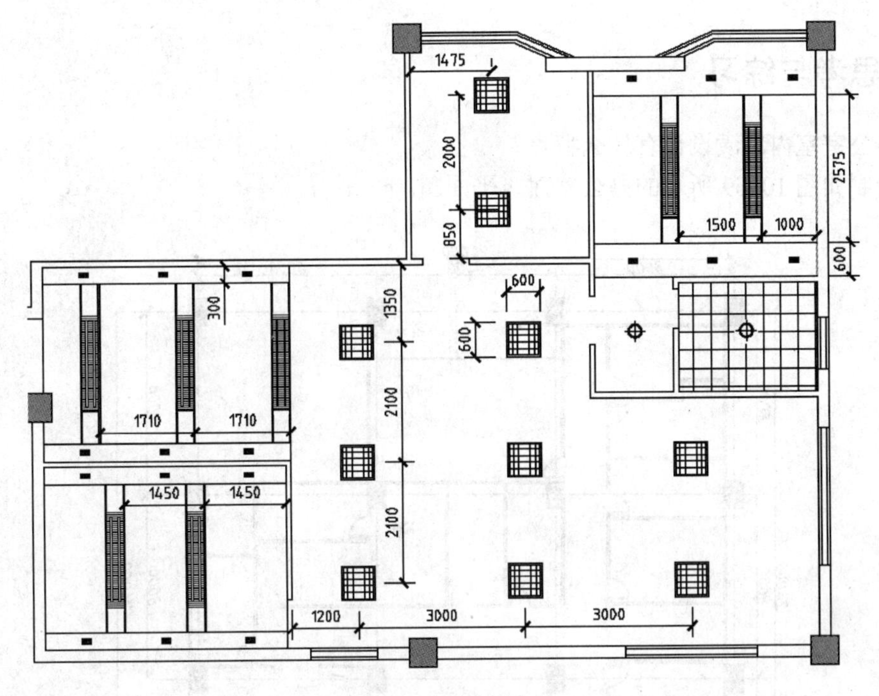

图 10-67　标注尺寸

2）插入“标高”块，标注标高，然后使用“多重引线”命令进行必要的文字说明，最终结果如图 10-68 所示。

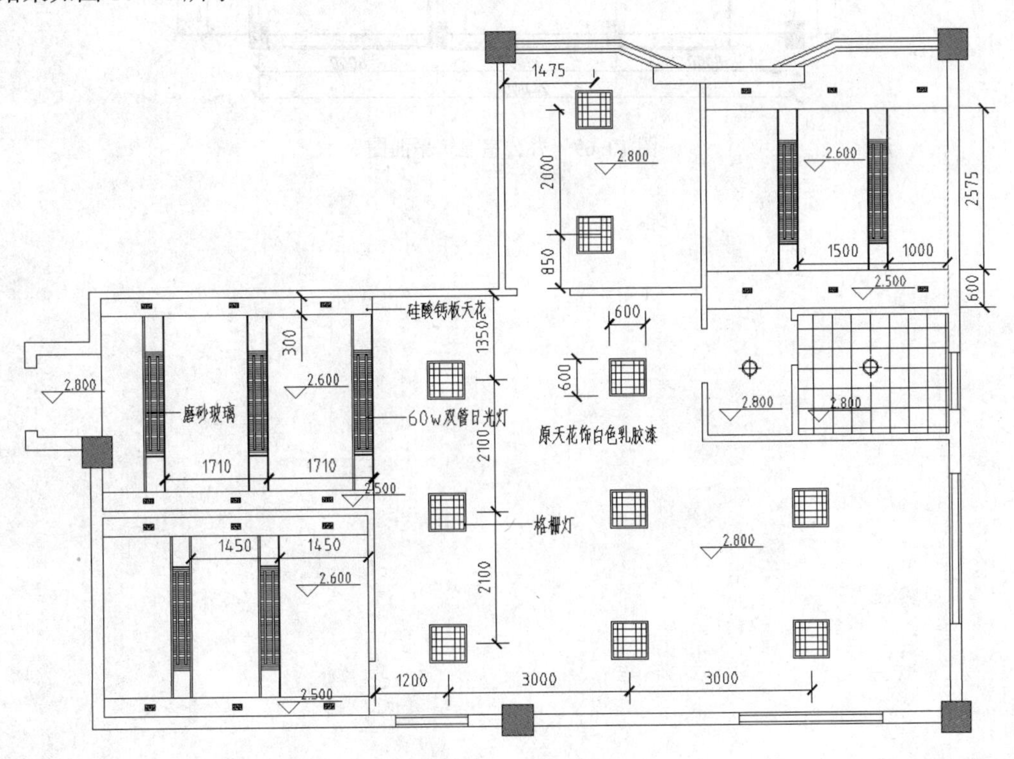

图 10-68　标注尺寸

10.5　思考与练习

1. 办公室室内装潢设计有什么特点？
2. 绘制如图 10-69 所示的办公室建筑平面图。

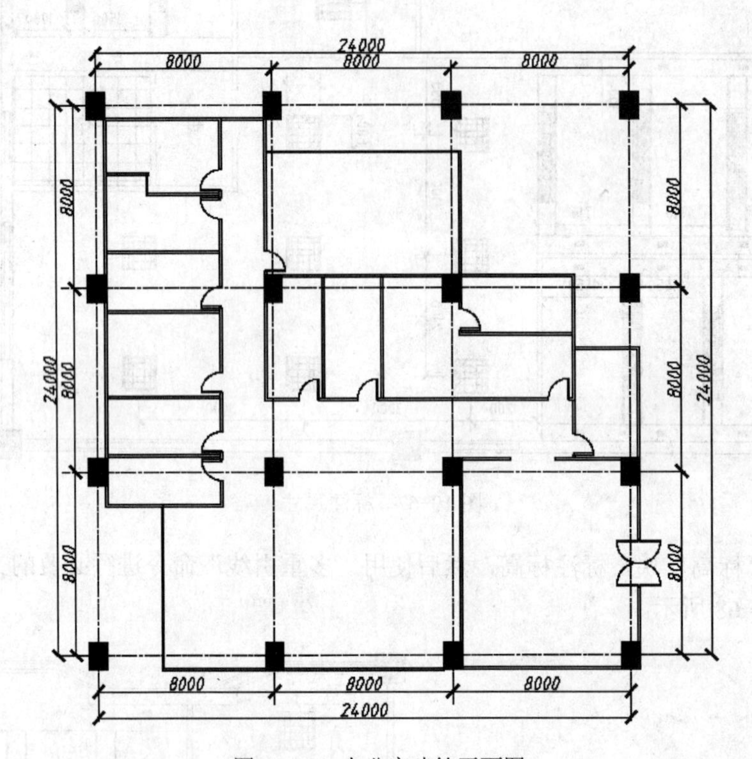

图 10-69　办公室建筑平面图

第 11 章　酒店室内装潢设计图

宾馆酒店有着自己独特的空间组成，首先它和其他公共建筑一样，具有一套公共聚散和会客空间来满足人们的集散、交际活动。从室内设计角度上讲，公共聚散和会客空间需要从色彩、形态、质感及尺度上给使用者一个明确的感受。

酒店室内装潢设计图纸的绘制和前面住宅、办公室有类似的地方，也有其特殊的地方，本章以实例方式介绍酒店室内装潢设计常用图纸的绘制方法。

【本章重点】

- 酒店建筑平面图
- 酒店装潢平面图
- 酒店顶棚图
- 酒店地面布置图

11.1　酒店室内装潢设计简介

酒店的室内环境空间比较大，功能区也比较多，每个空间都具有自己的性格和特点，或高大、宽敞，或亲切、温馨。每个大型酒店都会有独特的风格和功能设计意义，因此，在设计上要采取各种设计手法，如简洁明了的现代风格、复杂稳重的中式风格及欧式风格等。无论采用哪种设计手法，宾馆酒店设计的构成形式是一致的。

11.1.1　酒店室内设计安全要素

1. 强度、刚度和稳定性的设计

较复杂的构件设计往往由饰面材料和构件骨架组成，它们的强度、刚度等问题不仅直接影响装饰效果，而且如果选用不当，有可能会对人造成伤害。例如玻璃幕墙的覆面玻璃和铝合金骨架，以及它们之间的连接，如果它们的强度、刚度等不能满足正常荷载的要求，可能会导致玻璃破碎，甚至危及生命安全。

2. 连接的安全性

连接节点承担外界作用的各种荷载，并传递给主体结构，如果连接节点强度不足，会导致整个装饰构件坠落，造成伤害，十分危险。

3. 主体结构安全

在酒店设计时往往给主体结构增加很大的荷载，或者由于需要削弱或取消部分结构构件，使其安全度降低，如在楼盖上做地面、吊顶增加荷载，这些荷载少则 70～80kg/m^2，多则 150kg/m^2，甚至更多；为了重新布置室内空间，有时需要增加或者减少部分隔墙，有时甚至是承重墙，这样必将导致结构受力性能的变化，甚至改变主体结构的设计方案。

4. 耐久性

装饰构件及其连接在使用期间，需保证一定的适用性耐久性。在构造设计时，应对其分别进行必要的强度、刚度等验算，以确保安全。

11.1.2 酒店室内装潢设计各空间的特点

1. 大堂

酒店大堂空间是每位客人最为关注的一个地方。大堂的顶棚绝对不能简单处理，独特造型的顶棚会增加大堂的变化，在空间构成上形成有效的互补，以此为主旋律展开整个大堂的设计。多叠级的顶棚造型，配以中央大型豪华吊灯，可以营造出豪华的氛围。再配以发光灯槽，既能体现酒店档次，也能满足酒店的功能需求。

大堂墙面的处理往往用大量石材为主要材料，增加大堂的光感，使大堂光亮且非常洁净。服务台是大堂功能的中心，背景墙面可用抽象的造型图案装饰，也可用粗犷的石材雕塑做装饰，在众多现代元素当中增加一点古朴，去除了很多浮躁，在整个大厅当中画龙点睛，凸显鲜明的酒店文化主题。

地面石材颜色以靠近墙面颜色为主，使整个空间在色彩上协调一致。以上各部分构成了一个光鲜亮丽、豪华洁净的大堂，有效贯穿了豪华现代的设计理念。

2. 门厅和过厅

门厅和过厅空间是人们活动最频繁的区域，而且作为空间的第一层次，其给人留下的印象深刻与否至关重要。在有些设计中，门厅和大厅是连带设计的，经过一个简单的过渡到达下一层次。大厅空间，在设计上采用大尺度的、古典加现代的处理手法，不管是采用古典主义的表现方式，还是采用现代派的设计理会，都是为了体现室内设计产生的意境——高大、壮观、豪华和富丽堂皇。现代的设计理念，往往将城市设计和园林设计的手法引入大厅设计中，使绿化、水、室外家具和室内空间成为有机的整体，创造出室内外交融、人工与自然相间的空间。

3. 会客区

会客区、接待空间在室内设计中是需要做细致“文章”的地方，因为人们在这个空间中渴望有一种温馨和亲切感，以便能无拘无束地倾心交谈。在空间上利用柱子、高差变化等手段使它和大厅、门厅、过厅相隔。在装饰设计上，利用这些空间要素做细腻的质感表现、明确的色彩配置和尺度适宜的家具设计。尽管这些空间会有各种主题表现，但亲切宜人是它独特的空间特色。

4. 公共活动空间

酒店的另一类空间形式是公共活动空间，如中庭、舞厅、会议室等。与其他空间相比，这部分空间要求有不同的空间感和环境气氛，它是衡量一个酒店等级和环境质量的重要标准。现代酒店的中庭一般是多层次空间，空间宏伟高大，各种构件荟萃于此，在位置上又处于建筑的核心，为空间上的丰富变化提供了物质基础和环境条件。这一公共使用的大空间增加了酒店的社交性和共享感，因此，酒店中的中庭也称为“共享大厅”。中庭空间的社交功能与其他社交场所不同，它属于小团体社交场所，因此，中庭空间除共享功能外也有私密性要求，中庭空间的设计既能让人们观察到大环境的景象，又有相对独立的小环境，它的设计应符合人体尺度，使人感到亲切。

舞厅是酒店室内公共活动中最热烈、最欢快的空间，这一空间应体现流动变化、色彩艳丽，并用各种灯光来渲染和烘托气氛。

会议室是公共活动空间中的特殊部分，它的活动有目的、有计划、有组织，因此不希望外界干扰，空间上相对独立，并要有庄重、清新的气氛。在装修上要求简洁明快，不分散人们的注意力。

公共卫生间主要通过鲜艳黄色的运用，给人一种醒目的感觉。顶棚灯槽采用黄色的暖光源，有温暖热烈的感觉。深褐色的石材地面，配上现代的黄色人造石地面，使色彩变化强烈，符合最基本的设计意图。设计独特的方面可在男站便的区域多做一些细致工作，例如设置一通高的木背景与隔断，让每个人可以“独立分开”。

5. 餐饮空间

餐饮空间是酒店建筑的重要空间之一，因此，在该类空间的设计中要做相应的重点处理。为了能对客人有相应的吸引力，环境气氛非常重要，不同的餐厅应有不同的格调，在同一建筑物内众多的餐厅空间中，一般以一个为主要装饰重点。

大宴会厅空间，其设计目的就是产生一个隆重的气氛。首先顶棚上一个大型的水晶吊灯给人一种富丽堂皇的感觉。顶棚配合吊灯做一圆形多层叠级，其余部分做相应的多层叠级。方形吊顶使得整个大厅的光源充足，增加了光感。为了增加剧场效果，可在舞台一侧做一些放大的欧式线条收边，如此可以有效配合集体活动的需要。在比较空的墙面上点缀一些射灯照射，并放置各式屏风墙，更能活跃大厅气氛，也使得整个大厅富于变化。

雅座包间一般会用不同的设计概念，或用不同的主题风格，或用中西方不同风格。例如中式风格，可以把整个包房以主题墙为中心展开设计。主题墙上的中国画或中式元素能将整个包间的风格定格在中式上。再配以中式家具，设置一个经过变化的“中式玄关”，做一镂空木格，或是中式窗格的变形，起了自然的过渡作用，风格也协调统一，同时在视觉上使人的眼睛得到了放松。当然，雅座包间会有各种各样的设计风格与手法，但是其功能与目的却是相同的。

6. 客房空间

客房空间是一种与其他公共建筑不同的空间形态。它或潇洒、或飘逸、或奔放、或安宁、或古朴典雅、或摩登新潮，其风格和特点应在每位客人的记忆中留下难忘的印象，人们会因此而留恋，珍惜这里的温馨。客房空间美感的创造，有利于旅居者心态的平和与恢复。高档客房的设计风格也应有一个定位，例如欧式风格定位，就主要以欧式家具为主要表现。

一个高档宾馆酒店的设计，无论重要部位或细小角落，都必须有一种文化始终贯穿其中，绝不是抄袭与拼凑所能完成的工作。很多时候，高档的宾馆酒店还会配有多种功能设施，如游泳池、健身房、各种球馆、电影院及一些游乐设施等，宾馆的使用性质决定了它的一系列空间的设计，必须尽可能完美和谐地来满足旅居者的生活需要，以一个共同的高格调来面对社会生活纷繁复杂的变化，使每一位曾光顾过这里的客人都深深地眷恋它。

11.2 酒店建筑平面图的绘制

本节以一个实例来介绍酒店建筑平面图的绘制过程。

【实例 11-1】 绘制酒店大堂（部分）的建筑平面图，尺寸如图 11-1 所示。

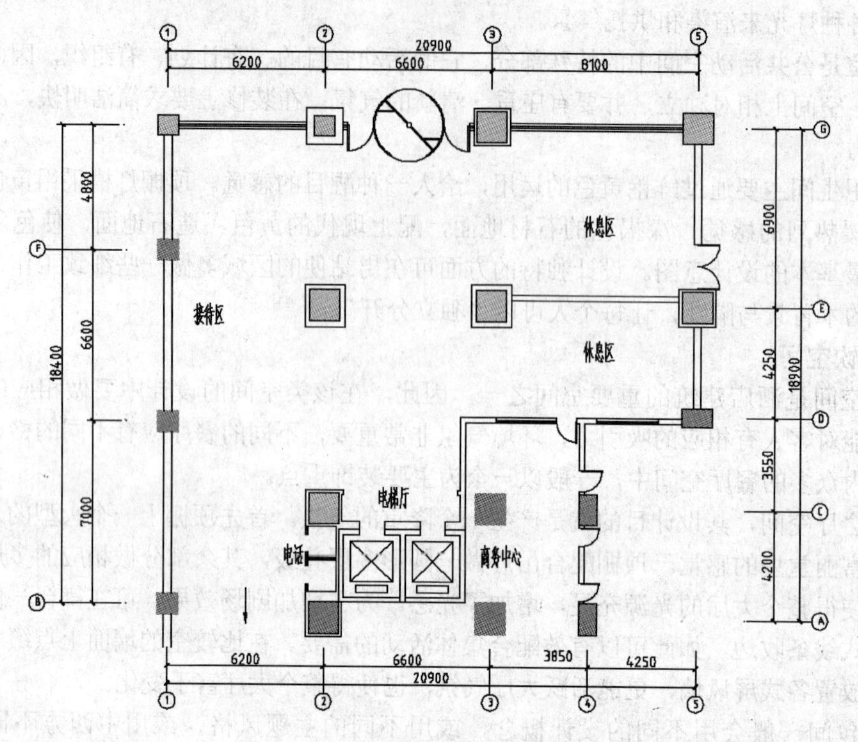

图 11-1 酒店大堂（部分）建筑平面图

1. 绘制轴线

1）打开“室内设计模板文件”，然后打开“图层特性管理器”选项板，将“ZX_轴线”层设置为当前图层。

2）打开“正交”方式，选择“绘图”→“直线”命令，根据给定尺寸依次绘制出轴线，如图 11-2 所示。

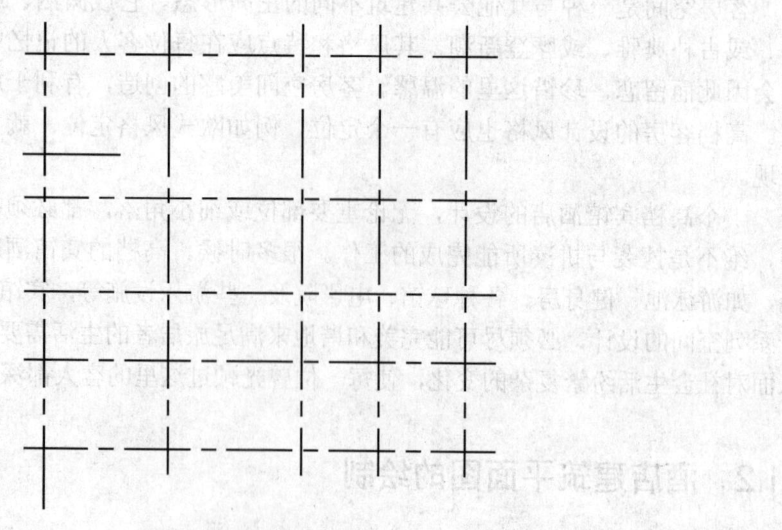

图 11-2 绘制轴线

3）将图层“BZ_标注”设置为当前图层，将标注样式设置为“室内设计线性标注”样式，然后进行尺寸标注，并进行必要的定位轴线编号，结果如图 11-3 所示。

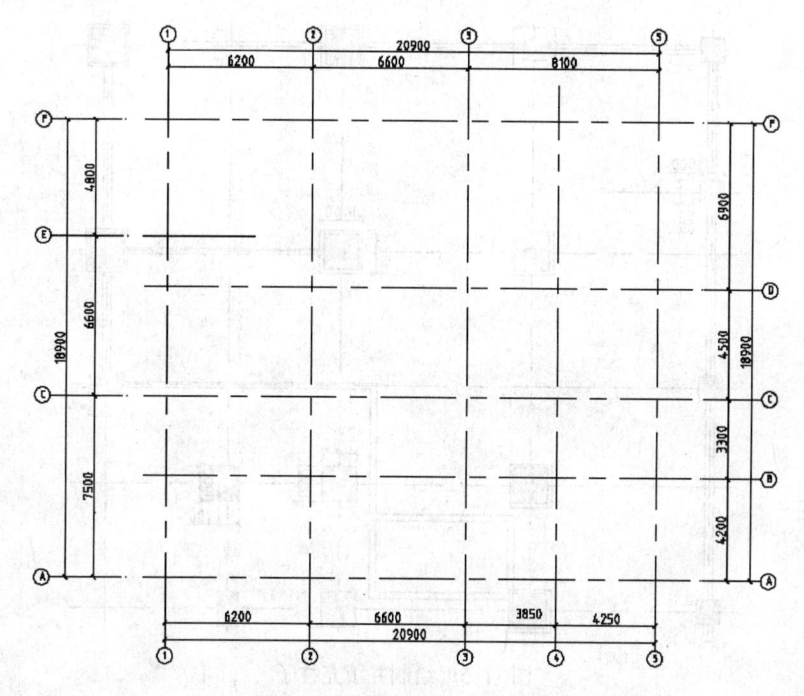

图 11-3　标注尺寸及轴线编号

4）使用“多线”命令，分别以比例 300 及 220 绘制墙线，其中，电梯井部分按照如图 11-4 所示的尺寸绘制。

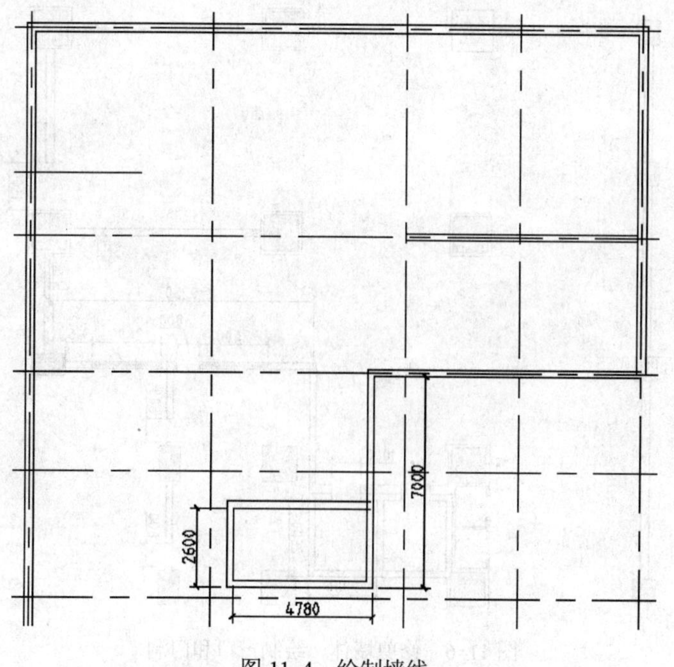

图 11-4　绘制墙线

5）绘制柱子。使用“矩形”命令和“图案填充”命令绘制柱子，柱子的尺寸如图 11-5 所示。

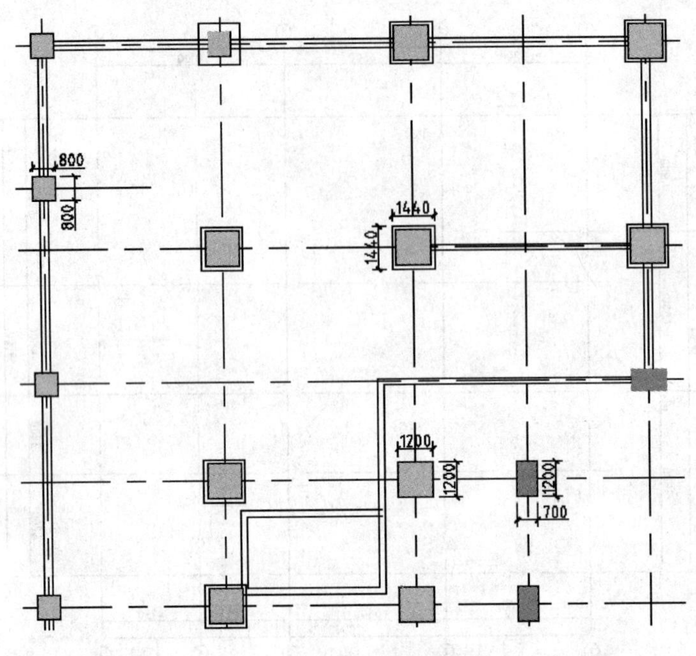

图 11-5 绘制并填充柱子

6）暂时隐藏“ZX_轴线”图层，分别使用“多线”命令和“修剪”命令修剪墙体、绘制窗口及门洞，尺寸如图 11-6 所示。

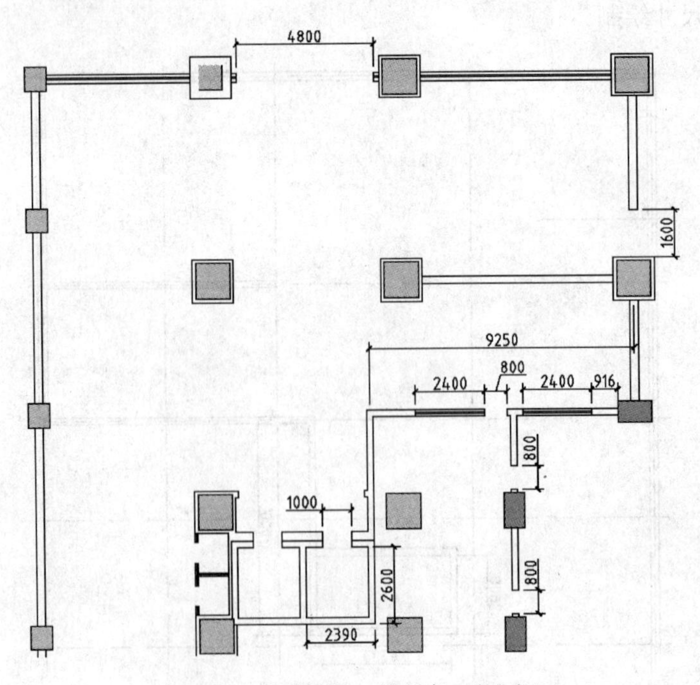

图 11-6 修剪墙体、绘制窗口和门洞

7）使用“插入”命令和“缩放”命令结合其他绘图命令绘制所有的门，结果如图 11-7 所示。

8）将图层“BZ_标注”设置为当前图层，进行文字标注，如图 11-8 所示，最终建筑平面图如图 11-1 所示。

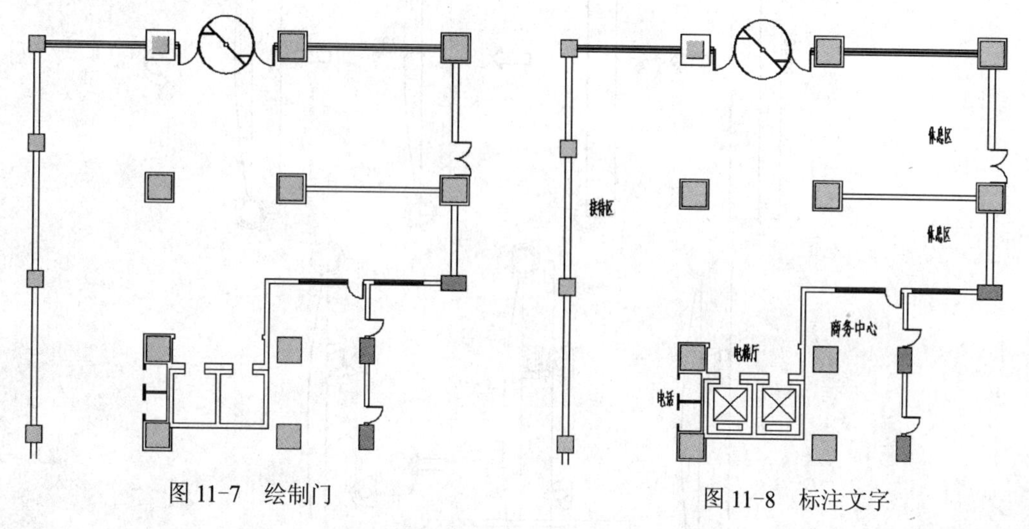

图 11-7　绘制门　　　　图 11-8　标注文字

11.3　酒店平面布置图的绘制

【实例 11-2】 绘制【实例 11-1】中酒店大堂的平面布置图。

1. 绘制接待区

1）放大接待区部分，如图 11-9 所示。

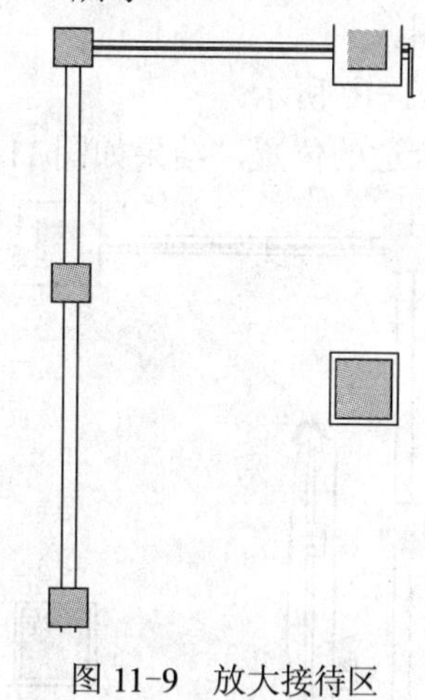

图 11-9　放大接待区

2）使用“矩形”命令绘制一个 550×6000 的矩形。

3）使用“圆”命令绘制两个直径为 600 的圆，圆心分别为矩形的两个角点，并在两个圆内各绘制两个小一些的圆。

4）使用“绘图”→“圆弧”→“三点”命令绘制一个圆弧，圆弧的起点和终点分别为两个圆的圆心，中间点尺寸如图 11-10 所示。

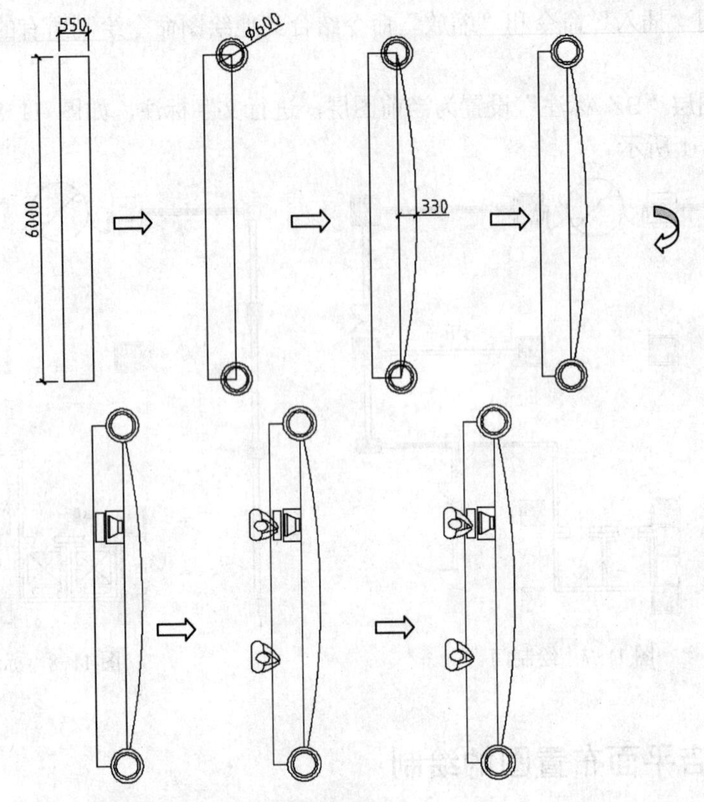

图 11-10　绘制服务台

5）使用“修剪”命令进行修剪。

6）使用“矩形”和“直线”命令绘制计算机。

7）绘制或插入两个人的示意图。

8）进行适当修剪，结果如图 11-10 所示。

9）将绘制好的服务台布置到合适的位置，结果如图 11-11 所示。

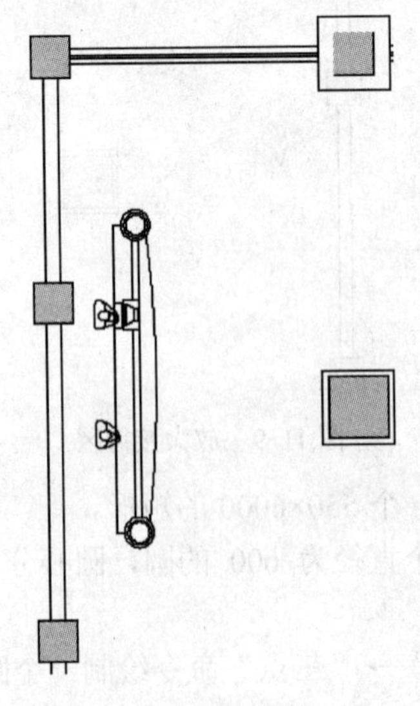
图 11-11　布置服务台

2. 绘制休息区

1）放大休息区部分，如图 11-12 所示。

2）插入或者绘制休息区的家具和地毯，如图 11-13 所示。

3）使用“缩放”命令调整大小，使用“镜像”命令进行镜像，然后将绘制好的家具和地毯布置到休息区合适的位置，结果如图 11-14 所示。

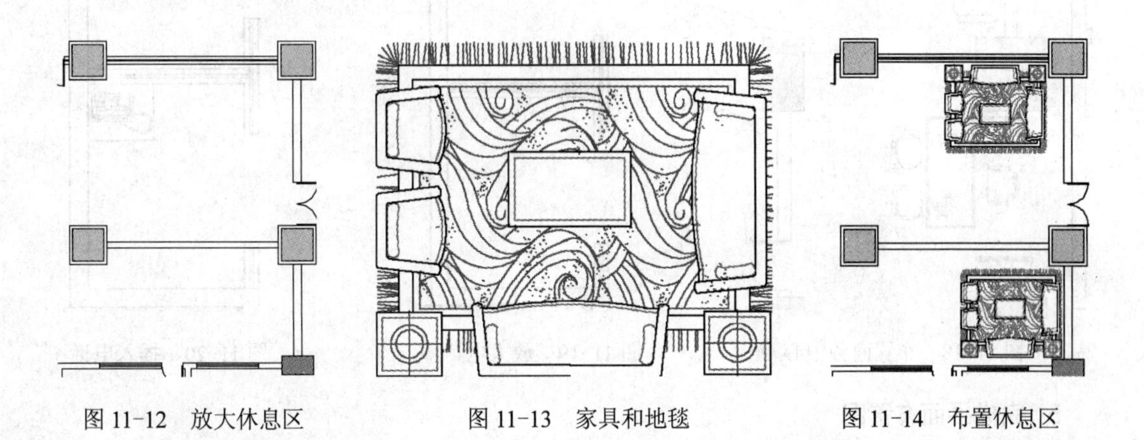

图 11-12　放大休息区　　图 11-13　家具和地毯　　图 11-14　布置休息区

3. 绘制商务中心

1）放大商务中心部分，如图 11-15 所示。

2）使用“多线”命令，将多线比例设置为 200，绘制隔墙，并使用“多线编辑工具”对话框中的“T 形打开”将其和其他墙体合并。

3）插入或者绘制前半区的家具，如图 11-16 所示。

4）插入或者绘制后半区的办公家具和复印机，如图 11-17 所示。

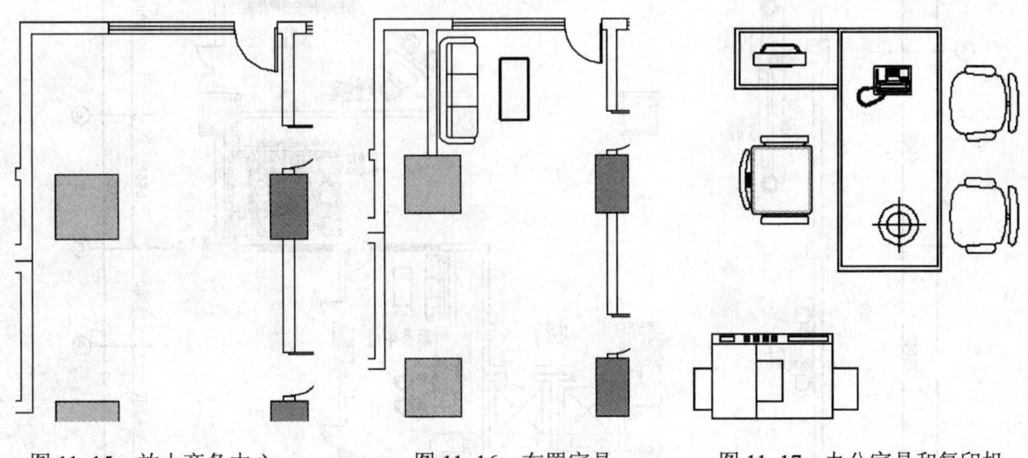

图 11-15　放大商务中心　　图 11-16　布置家具　　图 11-17　办公家具和复印机

5）布置到适当的位置，结果如图 11-18 所示。

4. 绘制电话亭

1）放大电话亭部分，如图 11-19 所示。

2）插入电话块，结果如图 11-20 所示。

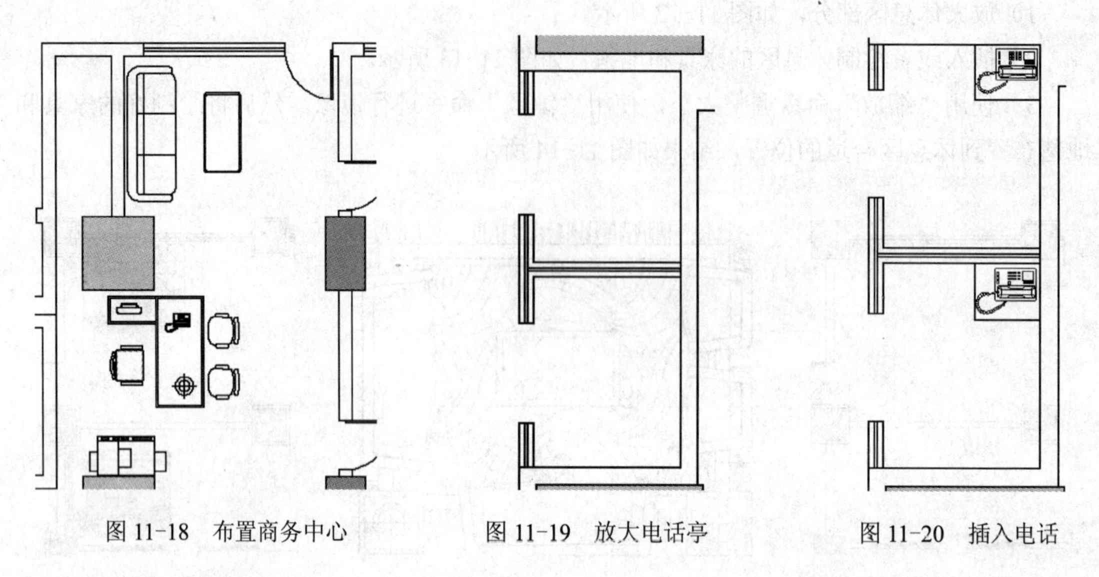

图 11-18　布置商务中心　　图 11-19　放大电话亭　　图 11-20　插入电话

5. 完成平面布置图

继续布置其他辅助设施，最终完成图如图 11-21 所示。

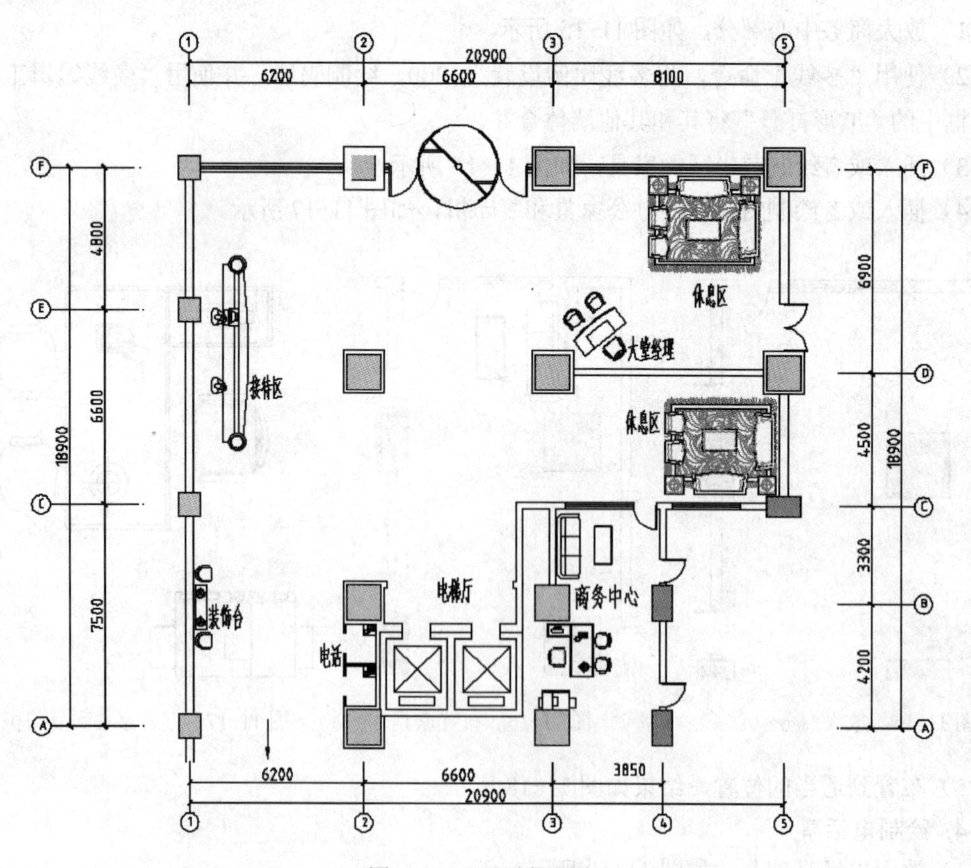

图 11-21　平面布置图

11.4　酒店地面平面图的绘制

酒店的地面铺装相对比较复杂，本节先介绍如何自定义填充图案，然后再以实例的方式介绍酒店地面平面图的绘制方法。

11.4.1　自定义填充图案

在室内装潢设计 CAD 绘图时，常用到各种类型的图案填充，有时候 AutoCAD 自带的填充图案不能满足需要，这时候可以通过增加自定义图案的方法来解决。

增加自定义图案有两种方式，即根据事先绘制好的图案相关尺寸，利用记事本编辑生成一个扩展名为“pat”的文件，或者从网络下载编辑好的 PAT 文件。

将自定义填充图案文件复制到 CAD 安装目录下的 Support 文件夹中（如 D:\Program Files\Autodesk\AutoCAD 2012 - Simplified Chinese\Support），如图 11-22 所示。

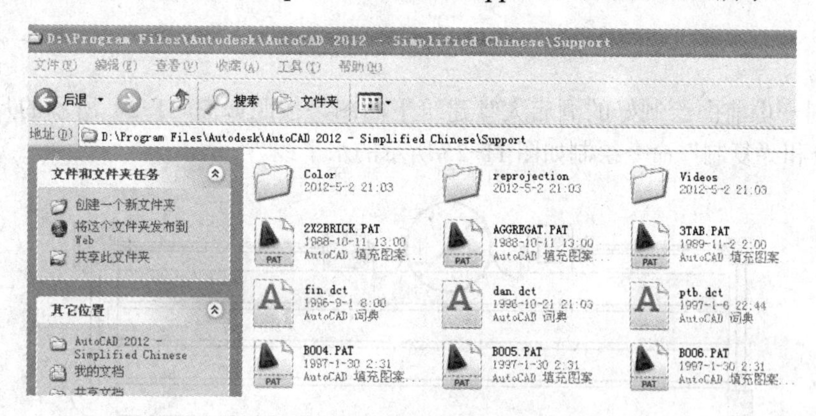

图 11-22　填充图案文件夹

选择“图案填充”命令，在弹出的“图案填充和渐变色”对话框中单击“样例”中的图案，会弹出“填充图案选项板”对话框，在其中可以选择新添加的图案，如图 11-23 所示。

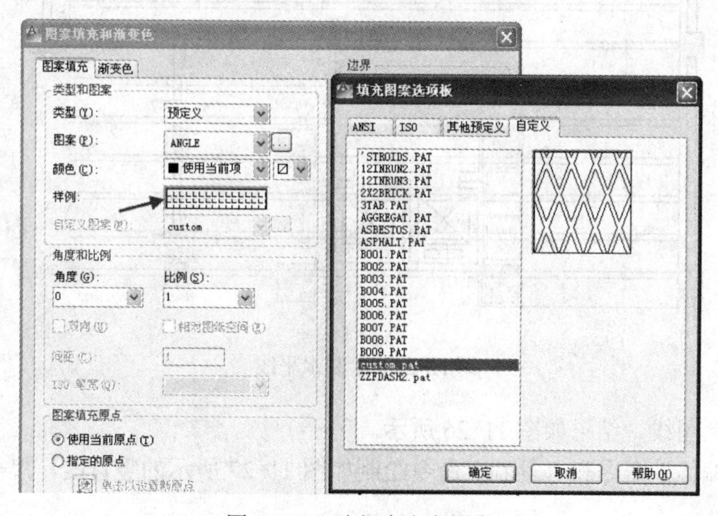

图 11-23　选择自定义图案

11.4.2 酒店大堂地面平面图

【实例 11-3】 绘制【实例 11-1】中酒店大堂的地面平面图。

本例中的大部分地面计划间隔铺设如图 11-24 所示的大理石地砖，在此利用绘制的方式来完成该项工作。

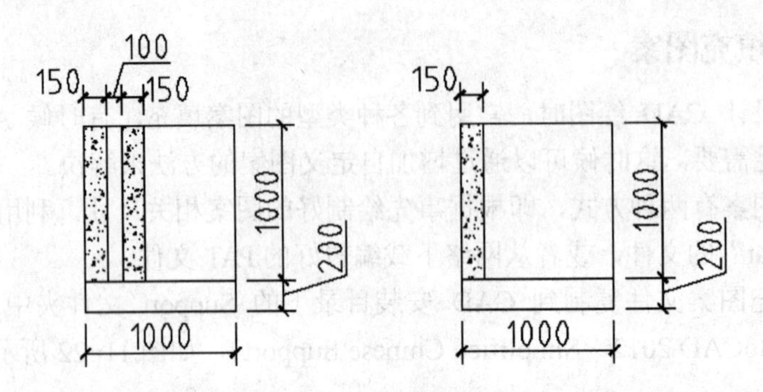

图 11-24 大理石地砖及尺寸

1）复制一份前面绘制好的酒店大堂建筑平面图，按照如图 11-24 所示的尺寸，利用“偏移”命令和“复制”命令绘制如图 11-25 所示的水平线。

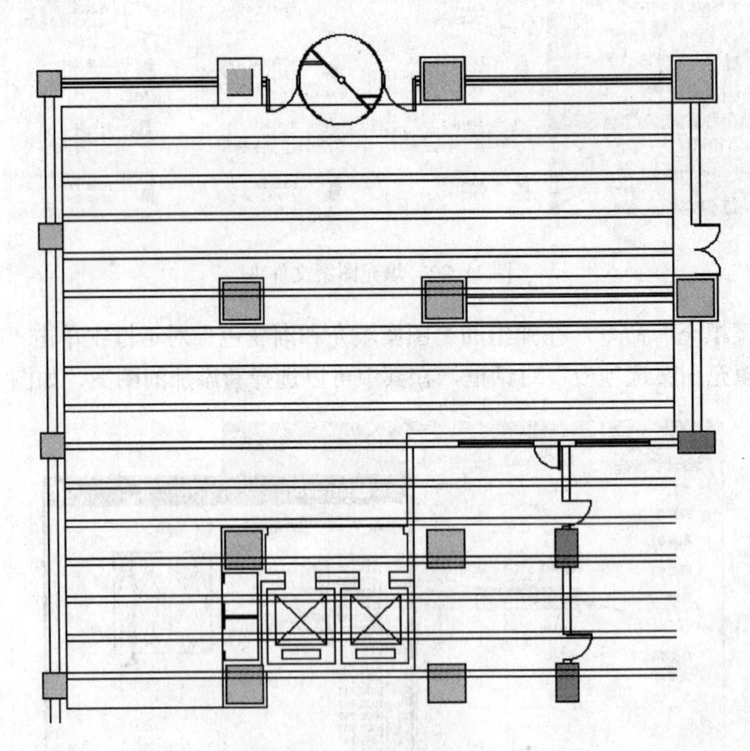

图 11-25 绘制水平线

2）修剪多余图线，结果如图 11-26 所示。

3）利用“偏移”命令和“复制”命令绘制如图 11-27 所示的竖直线，尺寸参考图 11-24 中地砖的尺寸。

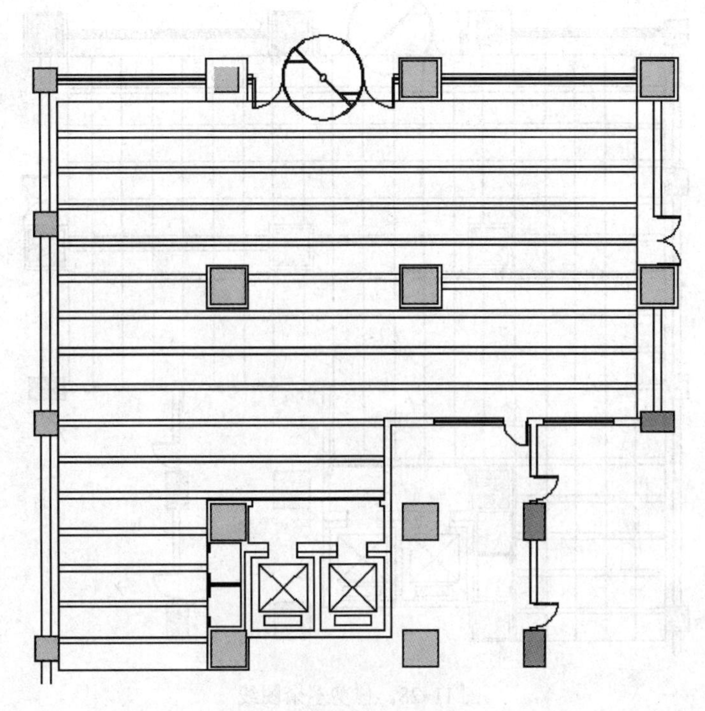

图 11-26　修剪多余图线

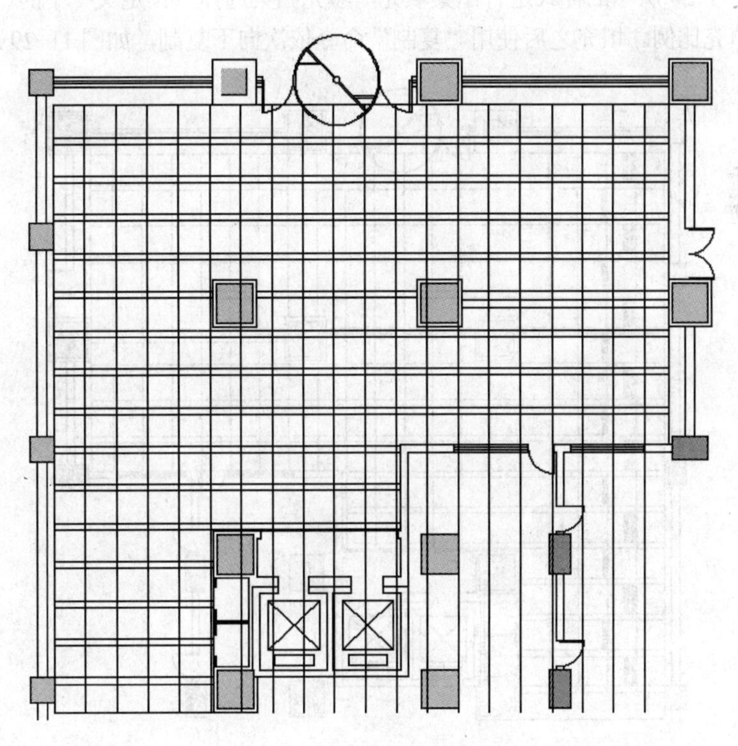

图 11-27　绘制竖直线

4）修剪多余图线，结果如图 11-28 所示。

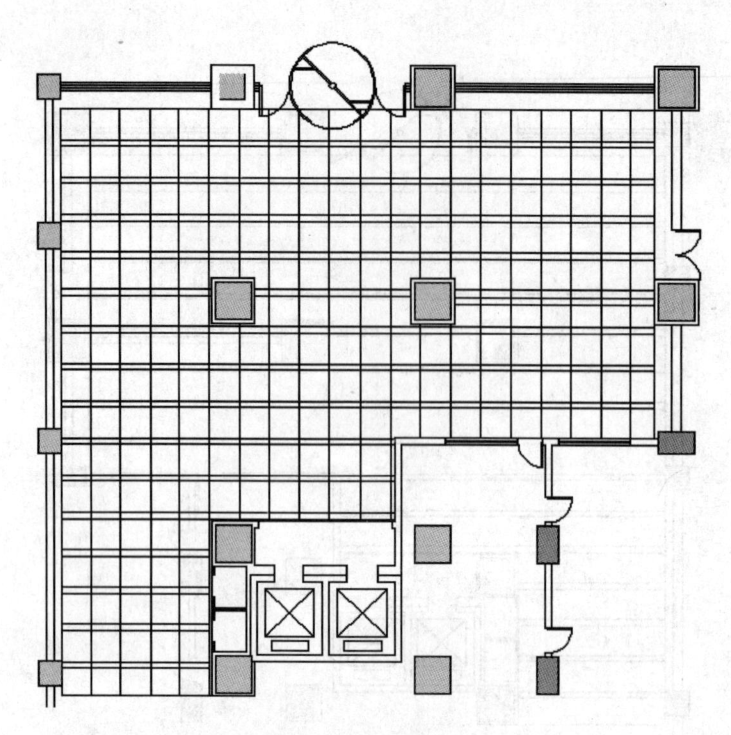

图 11-28　修剪多余图线

5）参照图 11-24 所示的样式进行图案填充，填充图案选择“预定义”中的“AR-CONC”，并设置适当的填充比例。填充之后使用“复制”命令依次向下复制，如图 11-29 所示。

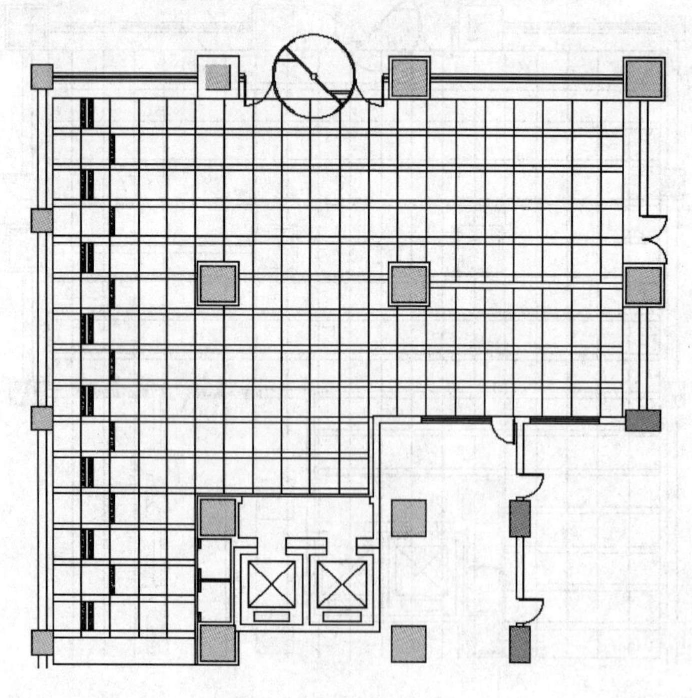

图 11-29　填充并复制

6）使用“复制”命令复制其余位置的图案，并修剪掉多余图案，如图 11-30 所示。

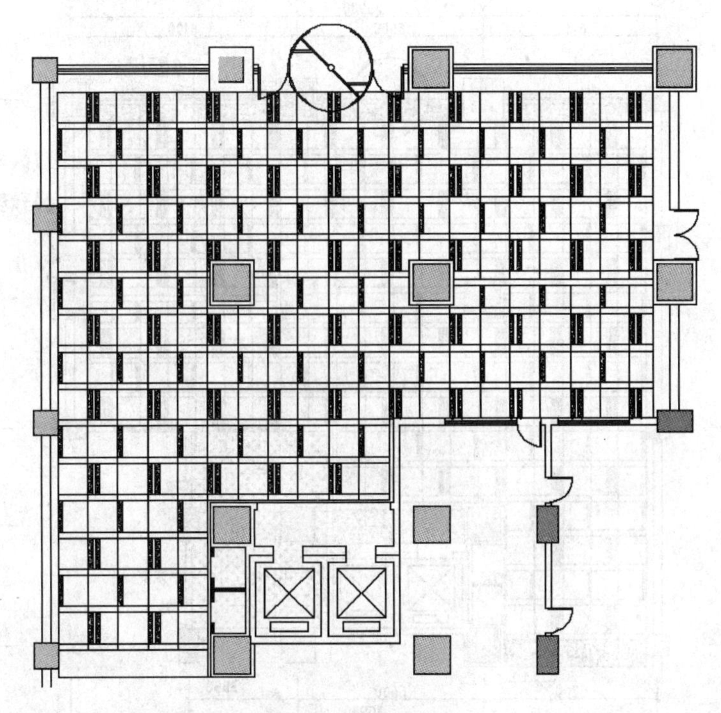

图 11-30　复制图案

7）填充其余位置的图案，如图 11-31 所示。

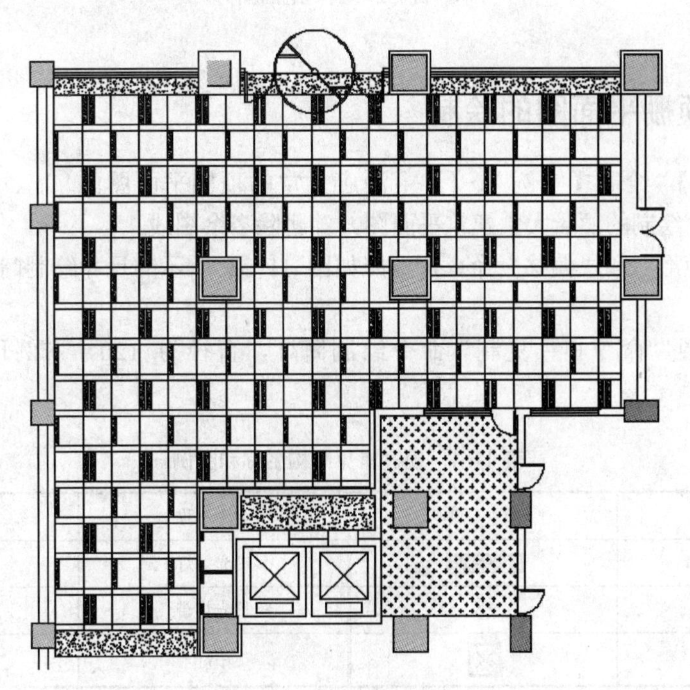

图 11-31　填充其余图案

8）标注文字说明、标高及必要的尺寸，最终结果如图 11-32 所示。

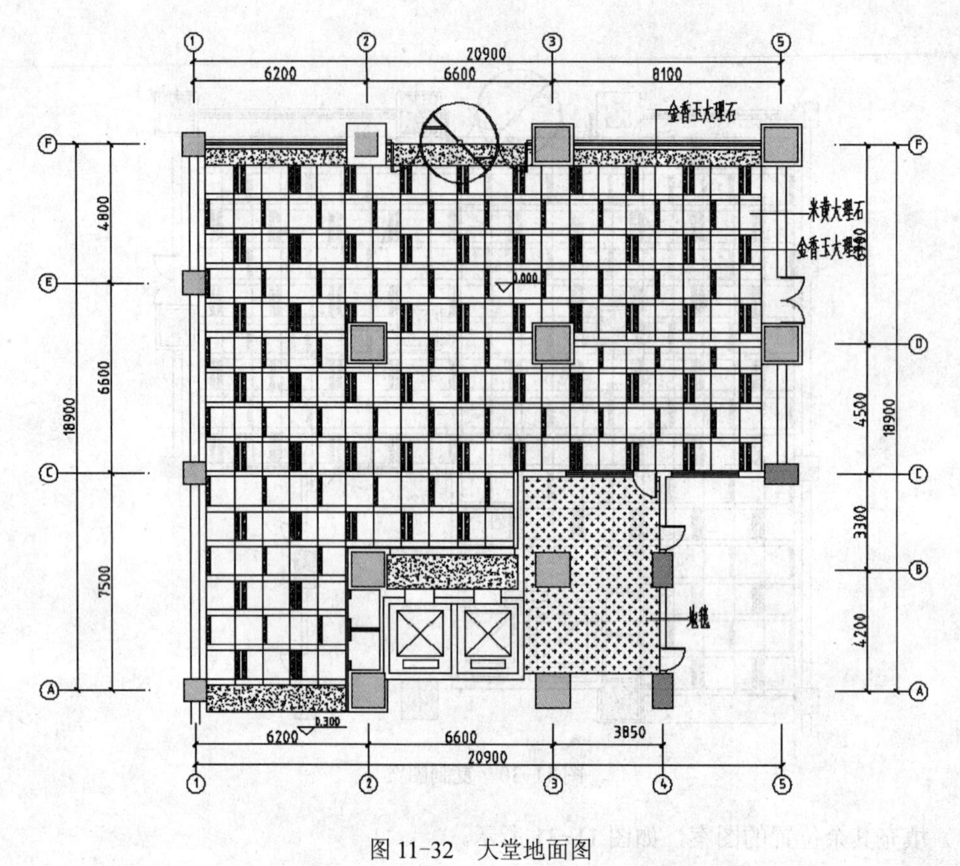

图 11-32　大堂地面图

11.5　酒店顶棚平面图的绘制

【实例 11-4】 绘制【实例 11-1】中酒店大堂的顶棚平面图。

1）复制前面绘制的酒店大堂建筑平面图，并删除多余图线。

2）使用“矩形”和“偏移”命令，按照如图 11-33 所示的尺寸绘制门前吊顶形状及检查孔结构。

3）使用“圆”命令和“复制”命令绘制筒灯，直径为 120，本例顶棚常见结构见表 11-1。

表 11-1　顶棚常见结构名称和图例

名　称	图　例	名　称	图　例
空调条形回风口		冷光射灯	
白炽筒灯		日光灯带	
检修孔		吊灯	

4）在吊顶两侧绘制 7300×300 的矩形筒灯并填充图案，表示空调条形回风口，如图 11-34 所示。

所示。

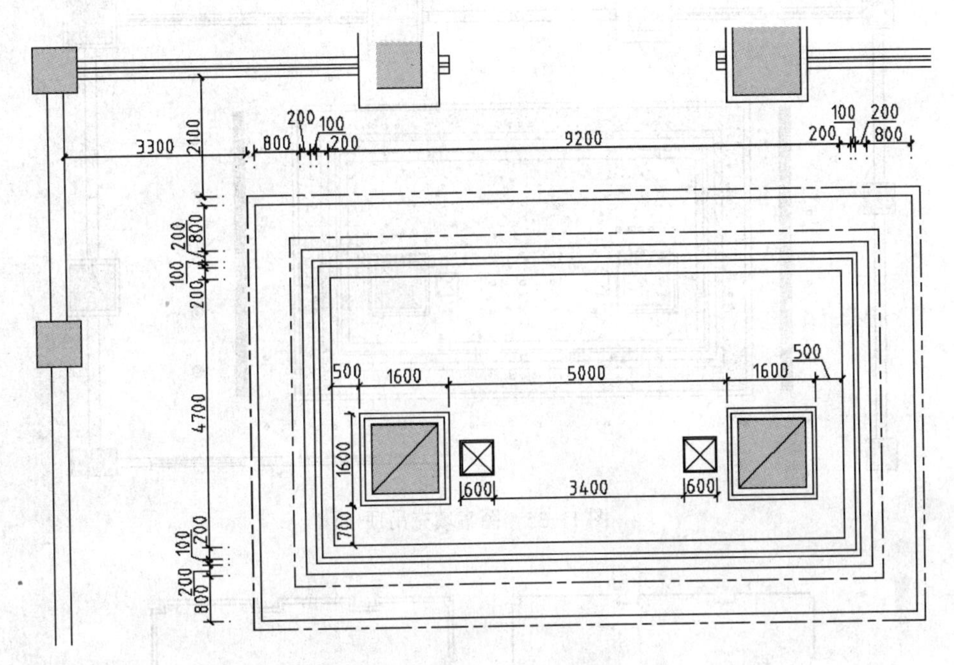

图 11-33　绘制吊顶及检查孔

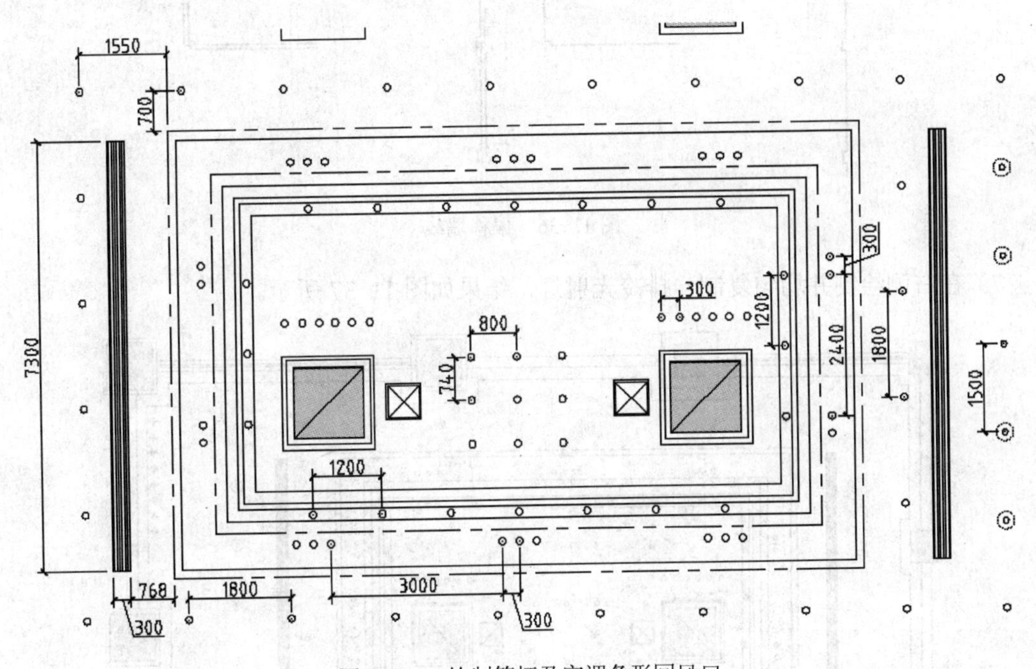

图 11-34　绘制筒灯及空调条形回风口

5）分别使用图案“AR-CONC”和“AR-SAND”填充吊顶的内外部分，如图 11-35 所示。

6）使用“多段线”命令，沿着墙线内侧绘制封闭轮廓，然后使用“偏移”命令，将偏移距离设置为 300，向内偏移生成另一条图线，如图 11-36 所示。

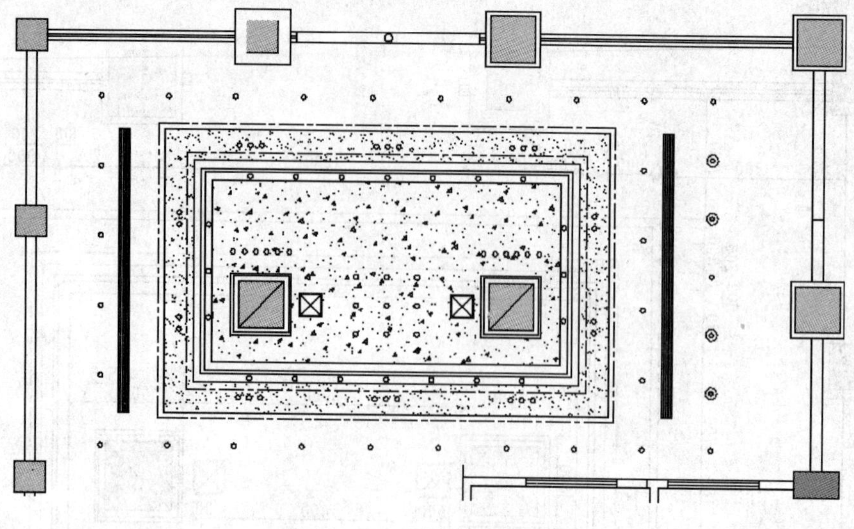

图 11-35　图案填充吊顶

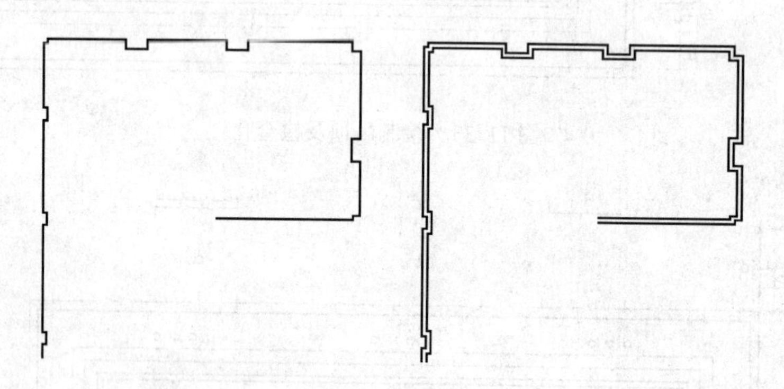

图 11-36　偏移墙线

7）在右侧绘制并均匀复制一排冷光射灯，结果如图 11-37 所示。

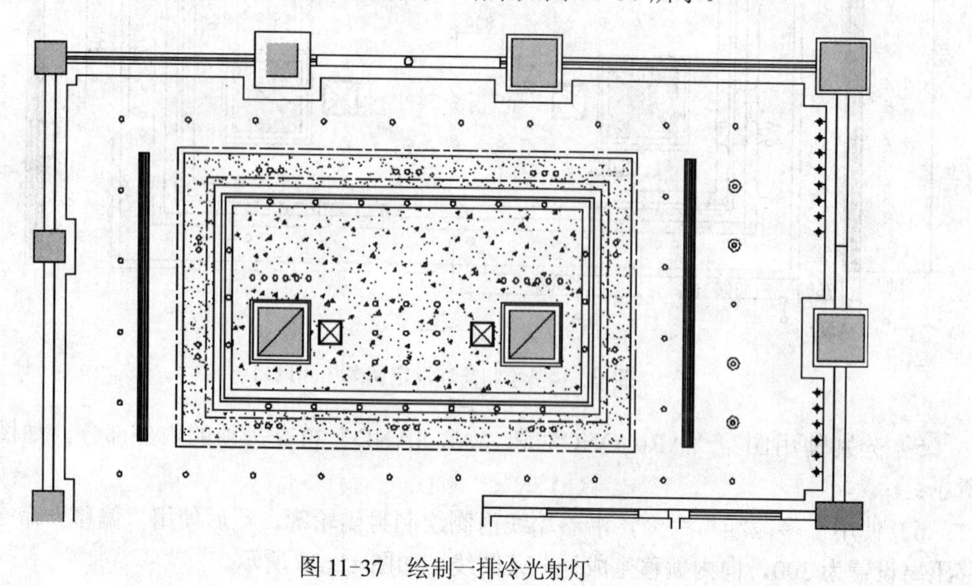

图 11-37　绘制一排冷光射灯

8）绘制大堂后半部分顶棚。按照如图 11-38 所示的尺寸和形状绘制表示吊顶的矩形以及商务中心的灯具和灯带。

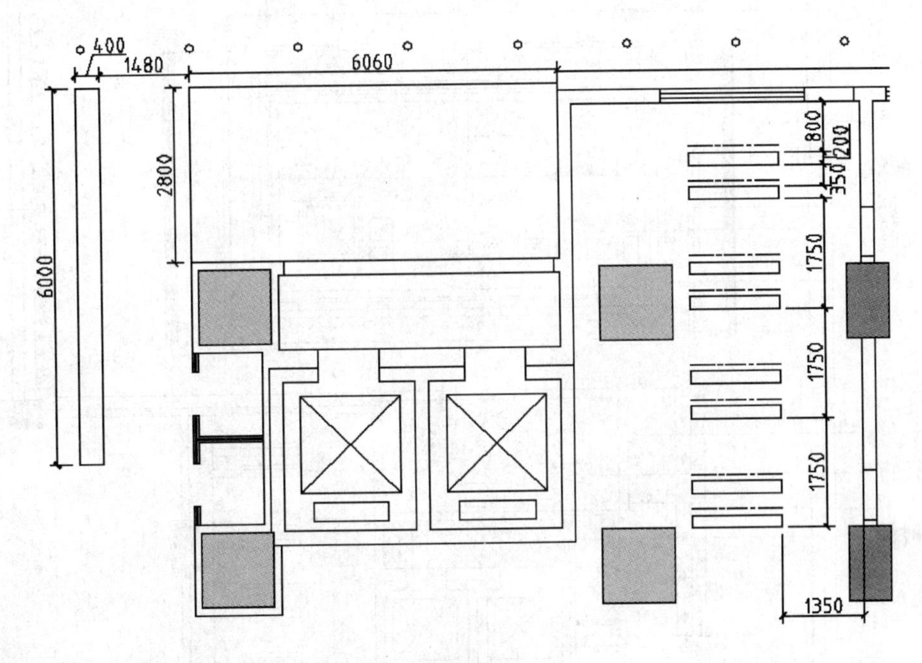

图 11-38　绘制吊顶及部分灯具

9）进行必要的图案填充及筒灯、射灯的绘制，如图 11-39 所示。

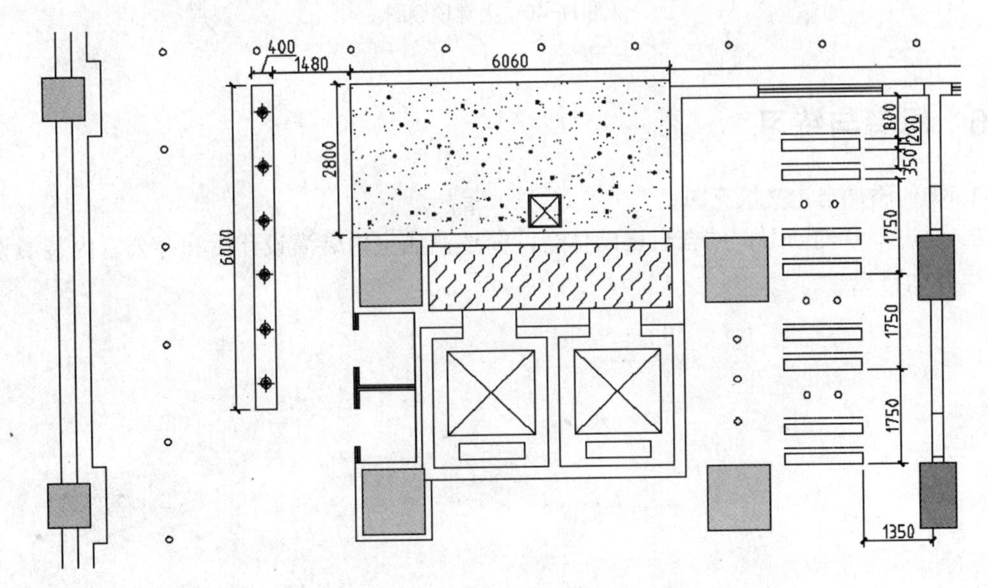

图 11-39　图案填充及绘制筒灯、射灯

10）标注标高、文字说明及必要尺寸（由于篇幅所限省去部分标注），最终结果如图 11-40 所示。

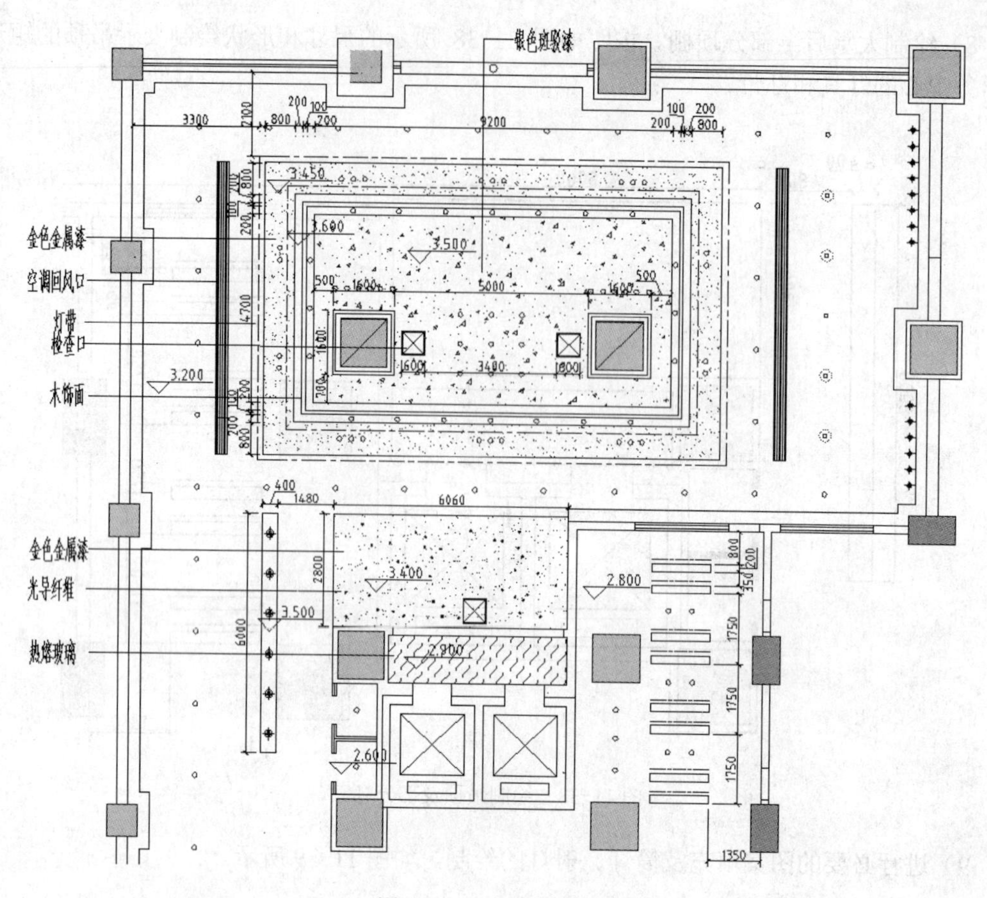

图 11-40　大堂顶棚图

11.6　思考与练习

1. 如何添加自定义填充图案？

2. 通过本章的学习，结合自己的体会，简述酒店室内装潢设计图和办公室内装潢设计图各有什么特点。

第 12 章　别墅室内装潢设计图

普通住宅往往结构简单、功能单一，在设计上几乎是千篇一律，没有变化。别墅则具有个性化、风格各异。普通住宅由于受统一规划的限制，其房屋的内部结构，如门向、客厅、厨房、卧室等位置比较固定，而高档的别墅住宅，则可以在建筑设计时，合理安排别墅的内部结构和外部造型，使其更具有突出的个性和时尚的风格，因此别墅的室内装潢设计也会随之有其特点。

本章以别墅的一部分为例，介绍相应的室内装潢设计的 CAD 图的绘制方法。

【本章重点】

- 别墅建筑平面图
- 别墅装潢平面图
- 别墅顶棚图
- 别墅地面布置图

12.1　别墅室内装潢设计简介

别墅和普通住宅都是供人们居住的，但是所满足的人的居住要求是不同的，因此，别墅的室内装潢设计既和普通住宅有类似的地方，也有其鲜明的特点。

12.1.1　别墅室内装潢设计的特点

别墅的建筑面积一般比较大，设施完善，房间分工较细，空间设计灵活，室内室外相互渗透穿插，注重人的精神需求以及对个性的追求。

别墅的室内设计一定要注重结构的合理运用。局部的细节设计可以体现出主人的个性、优雅的生活情趣。要在合理的平面布局下着重于立面的表现，注重使用各种不同的建筑材料来营造现代休闲的居室环境。

在别墅的设计过程中，首先应考虑整个空间的使用功能是否合理，在这基础上再演化优雅新颖的设计，因为有些别墅中格局的不合理会影响整个空间的使用。合理拆建墙体，利用墙体的结构有利于更好地反映出主人的爱好。别墅中最常见的斜顶、梁管道、柱子、等结构，如何分析、利用已有结构设计出合理的布局是设计的关键所在。

12.1.2　别墅设计的类型与风格

1. 常见别墅的类型

别墅一般有两种类型：一是住宅型别墅，大多建造在城市郊区附近，或独立或群体，环境幽雅恬静，有花园绿地，交通便利，便于出行；二是休闲型别墅，建造在人口稀少、风景优美、山清水秀的风景区，供度假消遣、疗养、避暑之用。

2. 常见别墅的风格

（1）简洁明快的风格

简洁明快又不单调的设计风格，能营造出温馨、典雅、舒适、庄重的室内设计效果。主要用材质的质感变化，简洁明快的线条造型，配以灯光的修饰，达到简单实用的目的。

（2）欧式风格

欧式风格的主基调为白色，主要用石膏线、石材、铁艺、玻璃、壁纸、涂料等体现欧式的美感。欧式风格独特的门套及窗套的造型更能体现出欧美风情。

（3）古典风格

古典风格的宗旨是隆重、豪华、典雅，设计手法主要采用符号，壁炉与柱子的构图表现出鲜明的古典风格，色彩中加入金色，深红色的木材使空间典雅而富丽。

（4）现代风格

现代风格主要根据客户的爱好，从色彩上、造型上等营造，非常抽象，是十分能体现主人个性的风格。设计师常利用客户的想法来设计别具一格的效果空间。

（5）中式风格

中式风格是指我国古代的家居风格，主要造型以明、清家具为主如通过窗花、条案、茶几、线条、字画等材质的对比营造氛围。材质的主要色调为黑色、深红木色。设计过程中根据户型来量身设计，因为中式风格的设计有一大部分是通过后期的家具配式来点亮整个空间，在设计中考虑合理衔接家具，空间的点、线、面之间的流畅。

12.1.3 别墅室内各部分的分类及特点

1. 起居室

起居室是家庭成员活动的主要场所，除了布置一定的家具以外，还要留有一定的活动区域，例如家庭影音中心、儿童活动区等。

2. 会客室

会客室是主人接待客人的地方，有时候可以与起居室合并。会客室的设置一般放在入口处，目的是使会客与家庭内部生活分开，互不干扰，设计时应避免进入会客室的穿越。

3. 书房或工作室

根据主人的需求，别墅可以设书房、工作室、办公室、画室、琴房等，这一类空间要充分体现主人在使用上的要求。其环境相对安静，光线强弱变化较小，一般以北向较合理，内部布置书橱、书桌、写字台、椅子等家具，面积视具体使用情况而定。

4. 卧室

卧室是供主人休息的私密性房间。卧室对朝向的要求不太严格，但是要相对安静，如设二层，可以考虑设于楼上，进行垂直分区，避免起居室的嘈杂，以及厨房的油烟对其的干扰影响。

卧室一般分为主卧室、次卧室和工人房等。

5. 卫生间

卫生间在户内的位置，要考虑既照顾内部使用的私密性，又要使对外（会客）使用方便，一般是内外分别设置。

6. 餐厅

餐厅是主人就餐的场所，视使用的人数决定大小，位置一般位于起居室和厨房之间，不宜距厨房太远，与起居室可分可合，进行灵活分隔式处理。

7. 厨房

厨房内部设备较为杂乱，又有油烟气味，所以，一般位置相对隐蔽，有较好的通风条件，为了减少对其他房间的油烟干扰，多设独立出入口和服务阳台，最好设于北向，西式厨房常设为开放式布局。

厨房设备主要有洗池、操作台、燃气灶等，另外还有冰箱及必备的储藏箱等，设备在厨房中应按照洗、切、烧的操作程序加以布置。

8. 家政室

家政室也称洗衣间，用于清洁、烘干整理、熨烫衣服之用，有时将其与杂物间、卫生间、厨房合并设置。

9. 日光室

日光室一般由大面积的落地玻璃窗和玻璃屋面组成，要求有良好的朝向，充分利用太阳能资源，冬季可在此休息活动或用餐。

10. 入口厅和楼梯

入口厅又称衣帽间，一般布置有衣帽橱、鞋柜及镜子等，面积为 3～4m^2。

户内楼梯宽度不小于 75cm，楼梯的坡度应控制在 35°～40°，以方便上下，可置于起居室内，在空间中营建出动感效果，也可单设楼梯间。

11. 车库

车库用于停放车辆，有单车位及双车位之分。

12.2 别墅建筑平面图的绘制

【实例 12-1】 绘制别墅一层建筑平面图，尺寸如图 12-1 所示。

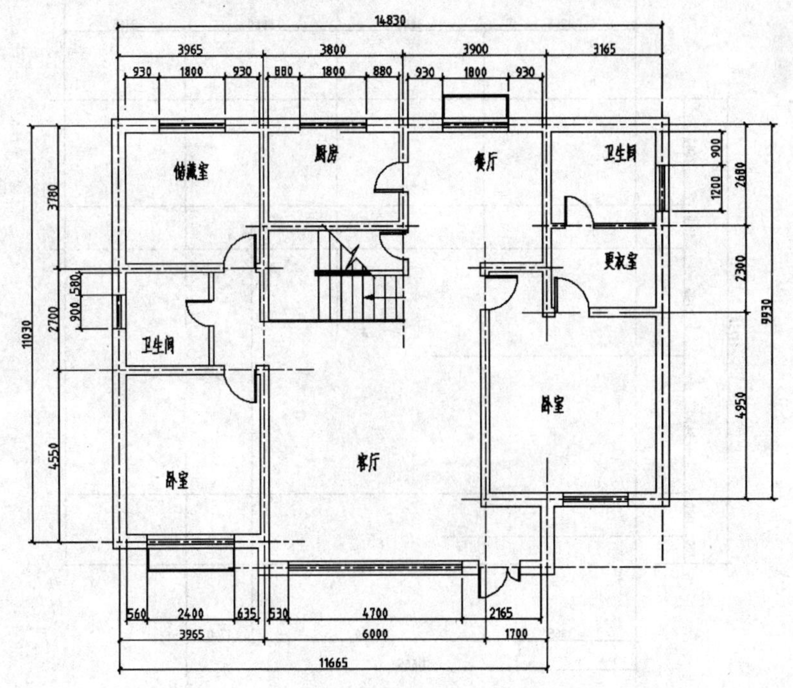

图 12-1 别墅一层建筑平面图

1. 绘制轴线

1）打开“室内设计模板文件”，然后打开“图层特性管理器”选项板，将“ZX_轴线”图层设置为当前图层。

2）打开“正交”方式，选择“绘图”→“直线”命令，根据给定尺寸依次绘制出轴线，如图 12-2 所示。

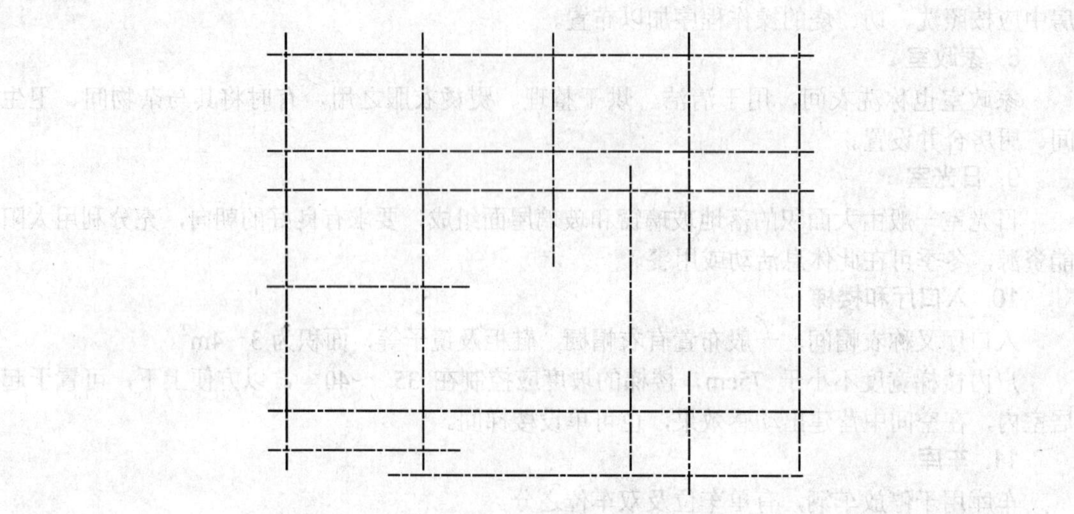

图 12-2　绘制轴线

3）将“BZ_标注”图层设置为当前图层，将标注样式设置为“室内设计线性标注”样式，然后进行尺寸标注并标注轴线编号，结果如图 12-3 所示。

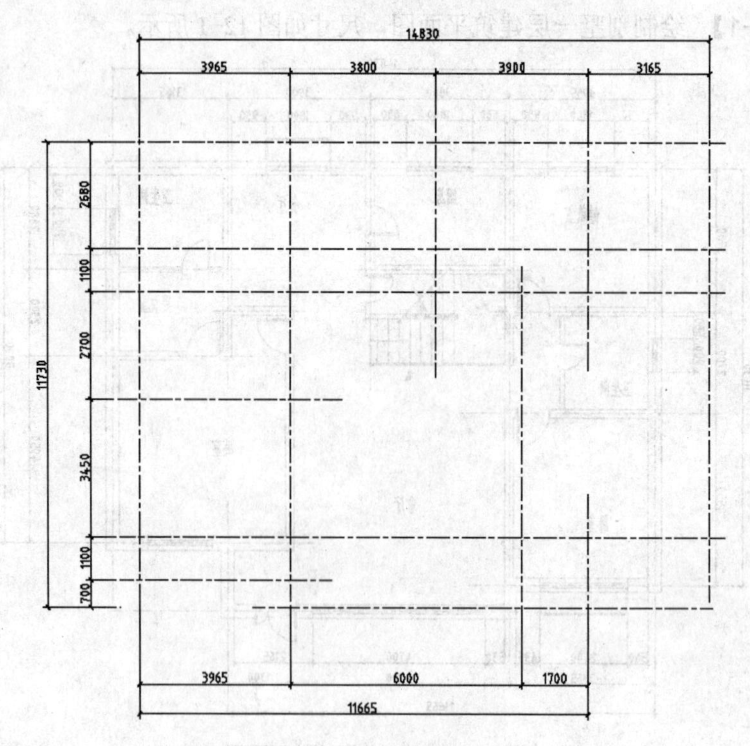

图 12-3　标注尺寸及轴线编号

4）使用“多线”命令，将比例设定为 370 绘制外部墙线，如图 12-4 所示（由于篇幅所限省去尺寸）。

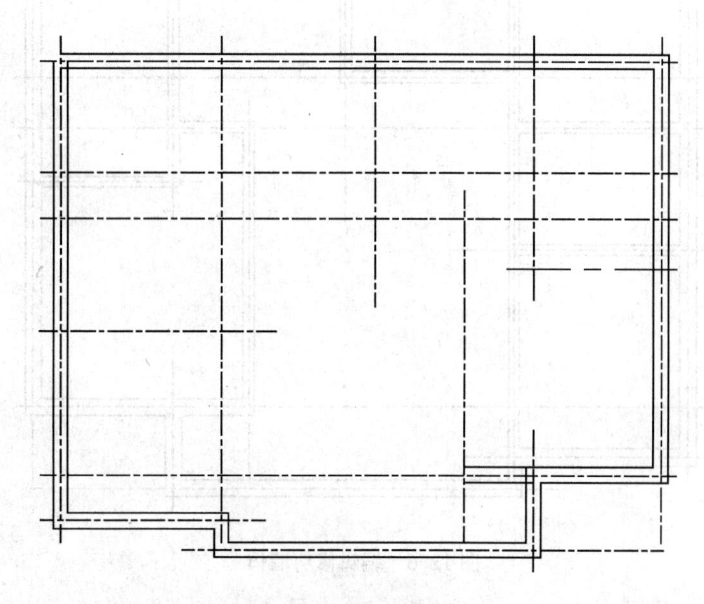

图 12-4　绘制外部墙线

5）使用“多线”命令，将比例设定为 240 绘制内部墙线，如图 12-5 所示。

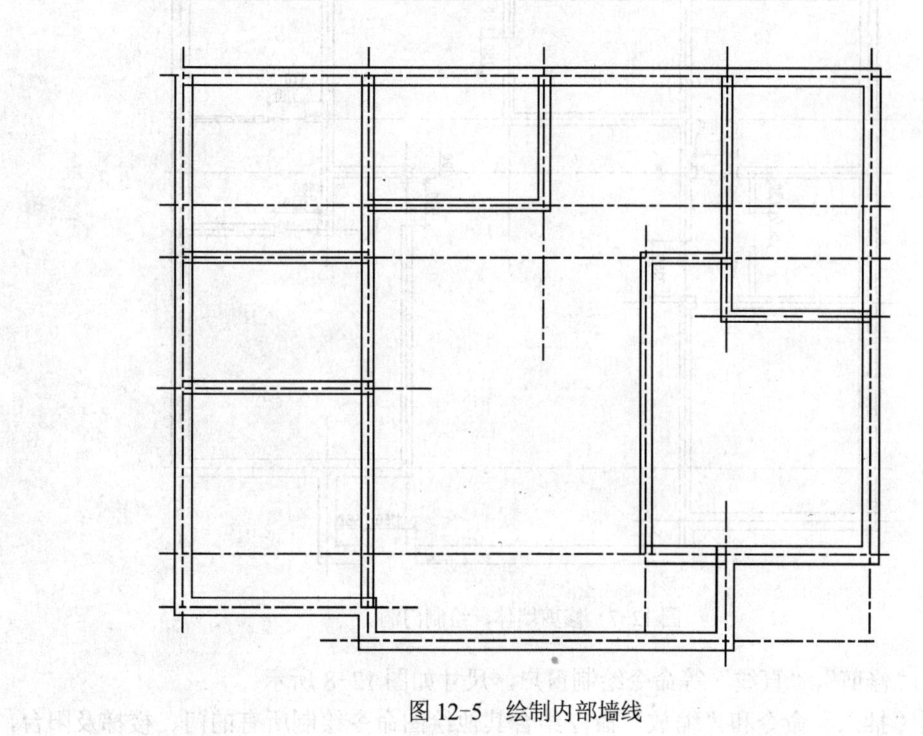

图 12-5　绘制内部墙线

6）使用“多线编辑工具”对话框，结合“分解”、“修剪”命令编辑修改多线连接处，结果如图 12-6 所示。

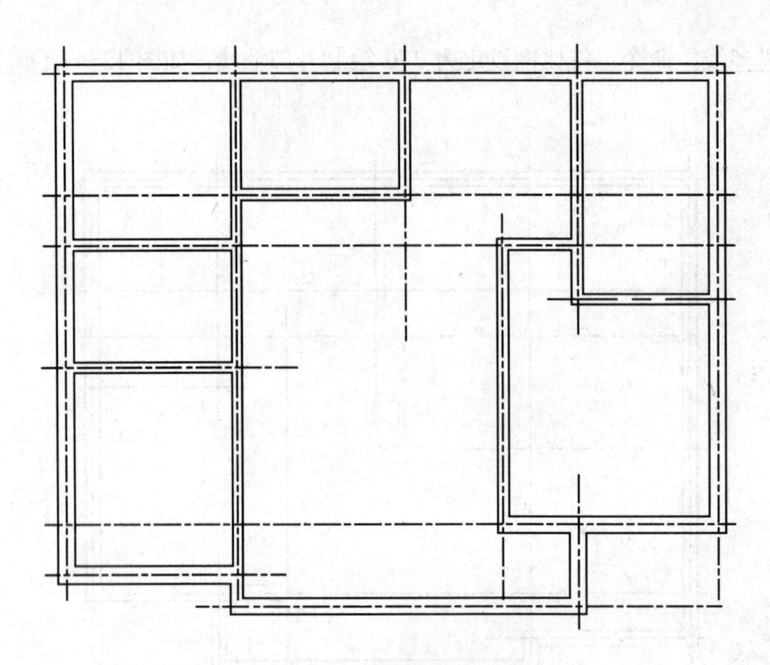

图 12-6　编辑修剪墙体

7）使用“修剪”命令修剪墙体、绘制门洞，尺寸如图 12-7 所示。

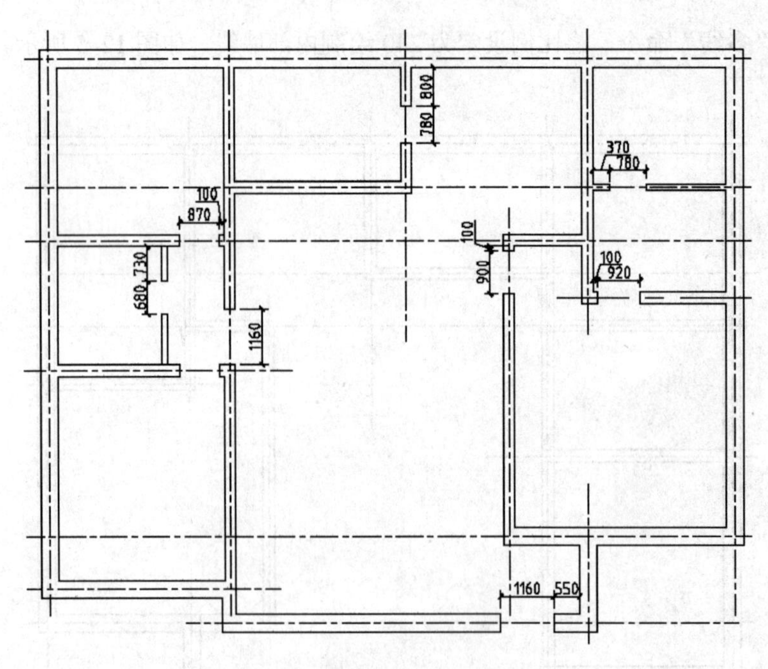

图 12-7　修剪墙体、绘制门洞

8）使用“修剪”、“直线”等命令绘制窗户，尺寸如图 12-8 所示。

9）使用“插入”命令和“缩放”命令结合其他绘图命令绘制所有的门、楼梯及阳台，符合国家标准的底层楼梯、中间层楼梯和顶层楼梯的画法如图 12-9 所示，添加楼梯及门后结果如图 12-10 所示。

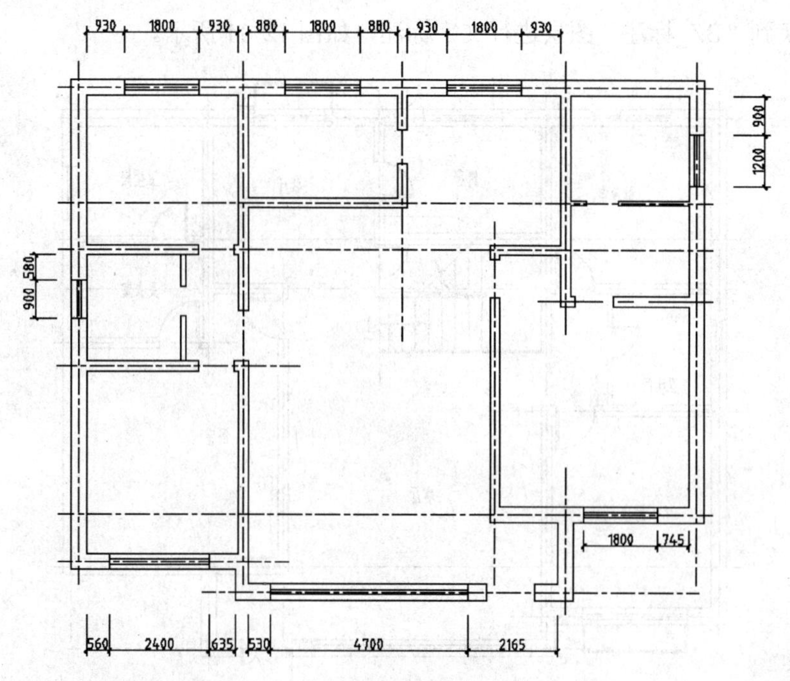

图 12-8　绘制窗户

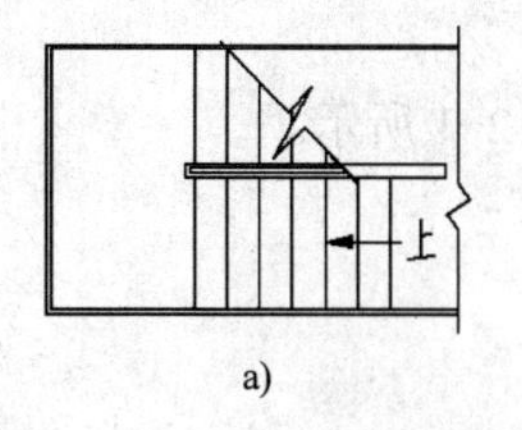

a)

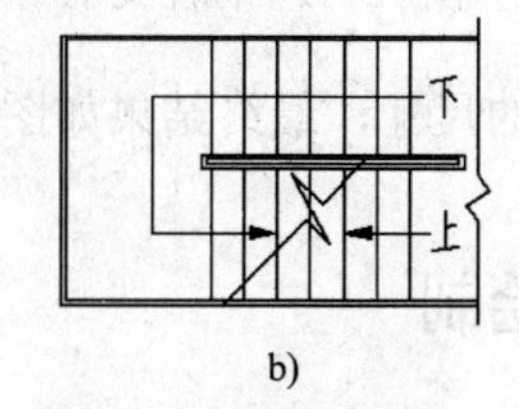

b)

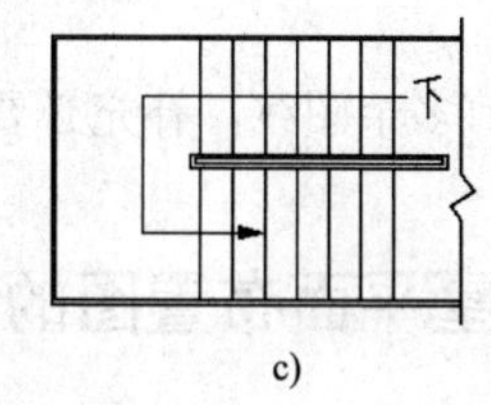

c)

图 12-9　楼梯的画法

a) 底层楼梯　b) 中间层楼梯　c) 顶层楼梯

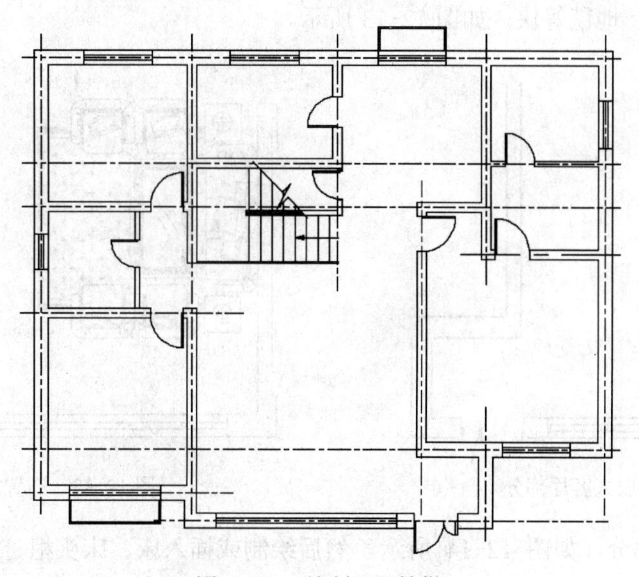

图 12-10　绘制门和楼梯

10）切换到“BZ_标注”图层进行文字标注，如图 12-11 所示。

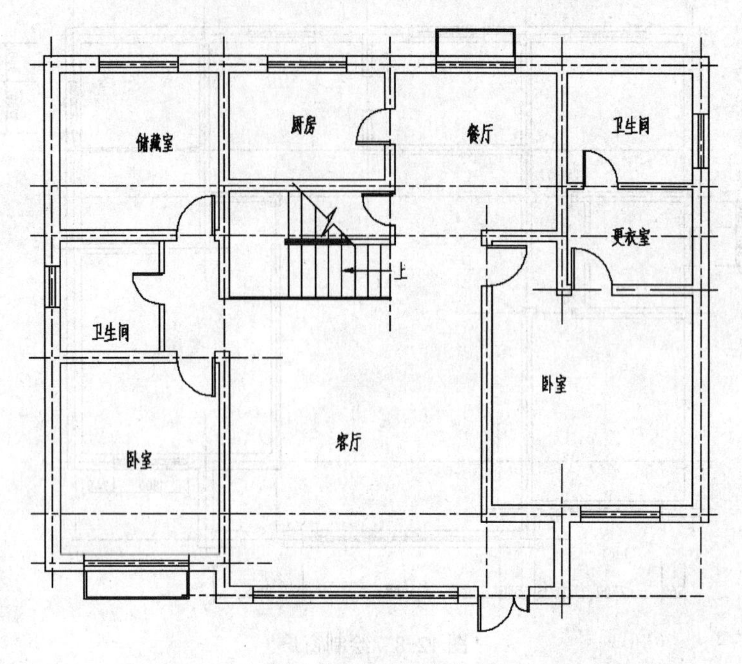

图 12-11 标注文字

11）修剪多余图线，补充必要的尺寸，最终结果如图 12-1 所示。

12.3 别墅平面布置图的绘制

【实例 12-2】 绘制【实例 12-1】中别墅一层的平面布置图。

1）放大客厅部分，如图 12-12 所示，然后在入户门右侧绘制衣帽柜，在客厅插入事先绘制的沙发、茶几、地毯等块，如图 12-13 所示。

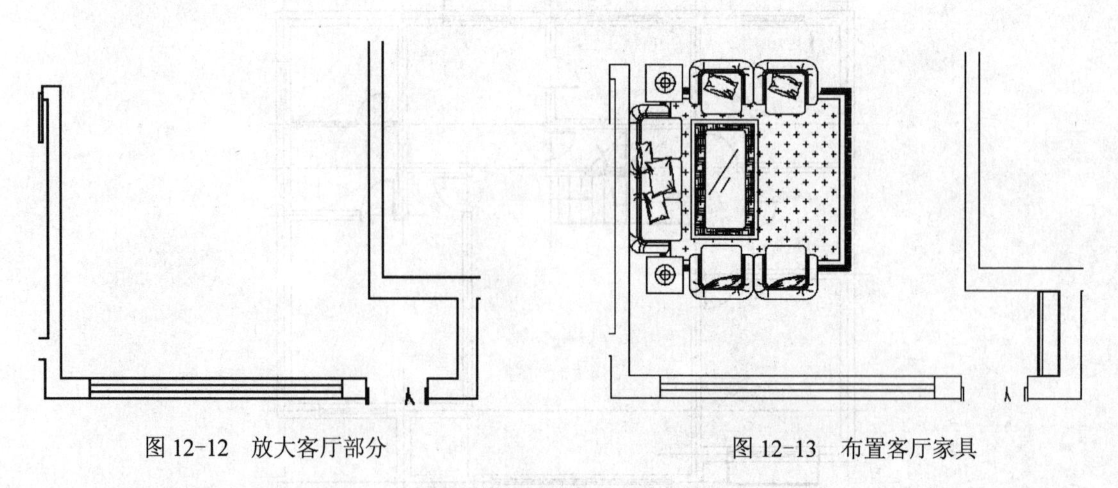

图 12-12 放大客厅部分　　图 12-13 布置客厅家具

2）放大主卧部分，如图 12-14 所示，然后绘制或插入床、床头柜、摇椅及电视机等家具，如图 12-15 所示。

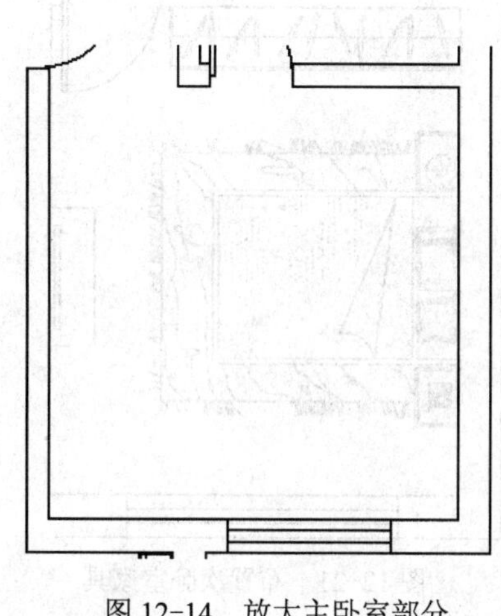

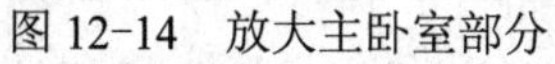

图 12-14　放大主卧室部分

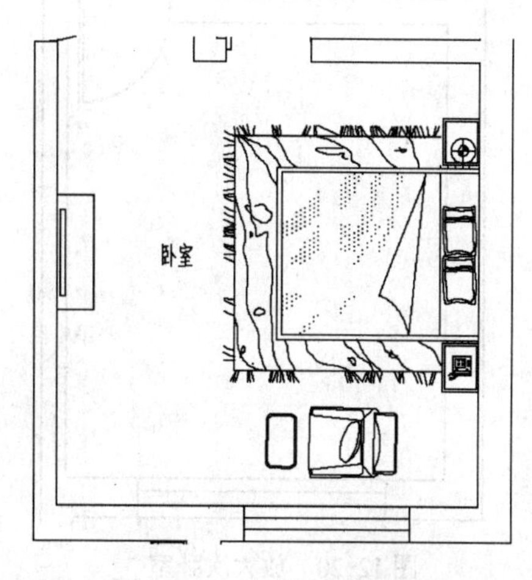

图 12-15　布置主卧室家具

3）放大主卧室更衣室，如图 12-16 所示，然后绘制或插入衣帽柜等家具，如图 12-17 所示。

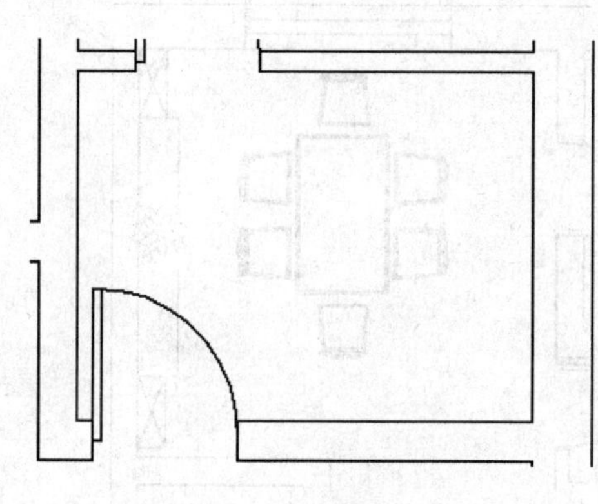

图 12-16　放大更衣室

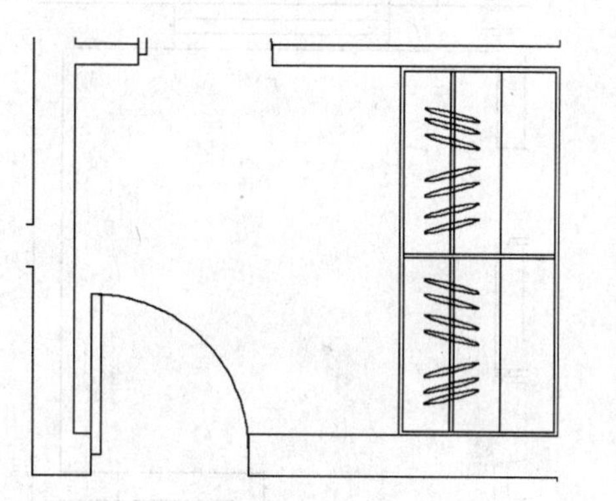

图 12-17　布置更衣室

4）放大主卧室卫生间，如图 12-18 所示，然后绘制或插入卫生间洁具，如图 12-19 所示。

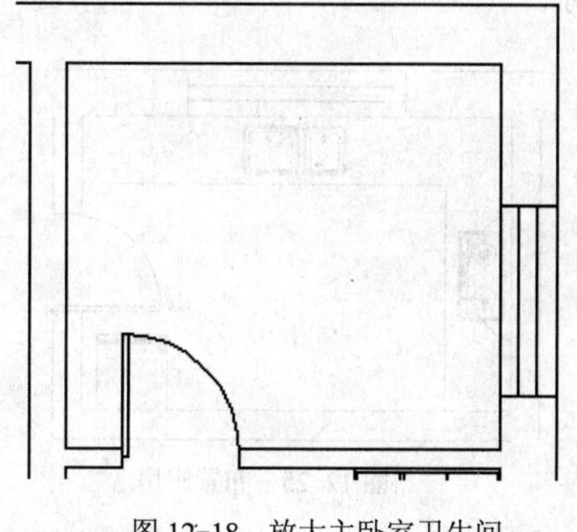

图 12-18　放大主卧室卫生间

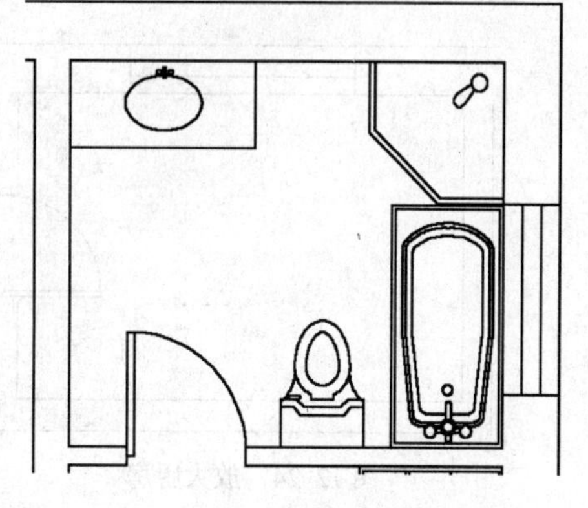

图 12-19　布置主卧室卫生间

5）放大次卧室部分，如图 12-20 所示，然后绘制或插入次卧室家具，如图 12-21 所示。

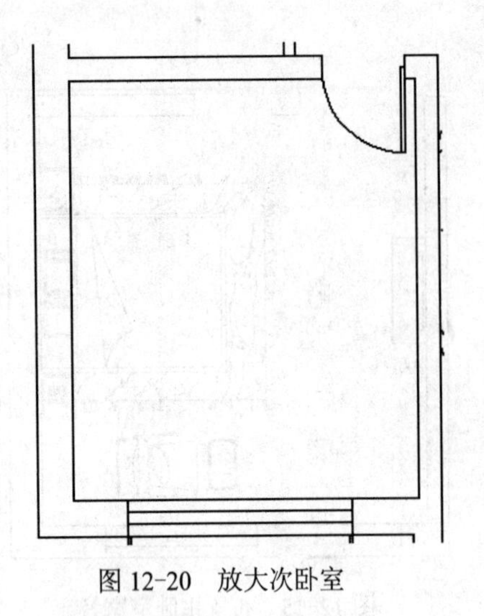

图 12-20　放大次卧室

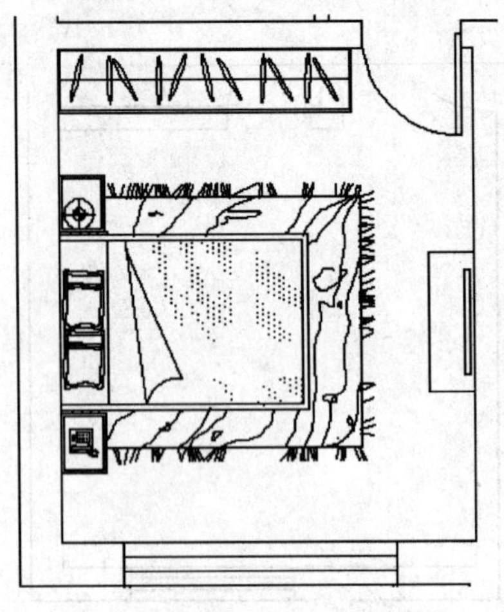

图 12-21　布置次卧室家具

6）放大餐厅部分，如图 12-22 所示，然后在右侧绘制或插入橱柜及绿植餐厅家具，在中间插入餐桌餐椅，如图 12-23 所示。

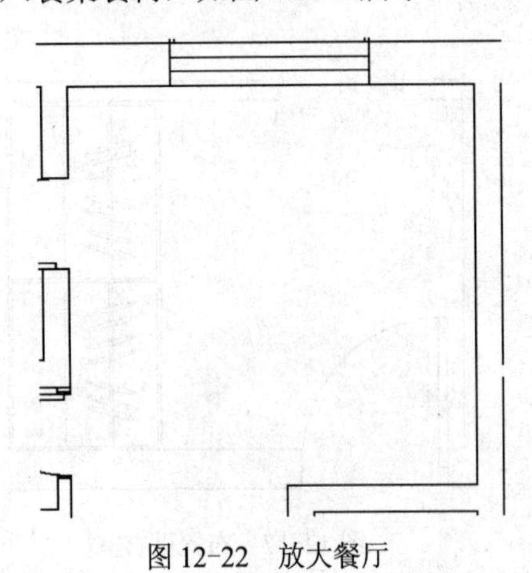

图 12-22　放大餐厅

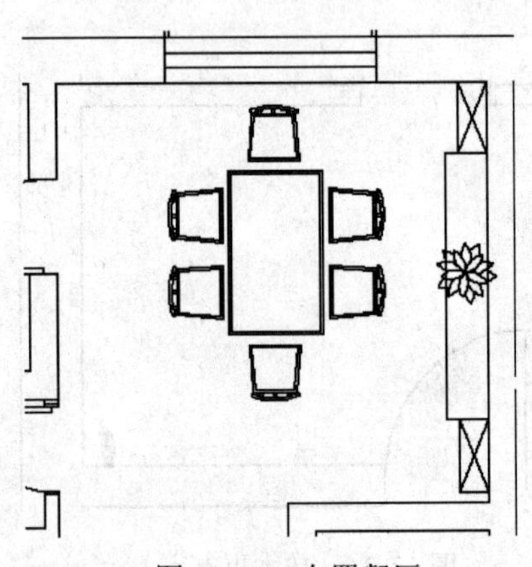

图 12-23　布置餐厅

7）放大厨房部分，如图 12-24 所示，然后在门后绘制或插入冰箱，在对面绘制操作台，插入盥洗盆及炉灶等厨房家具，如图 12-25 所示。

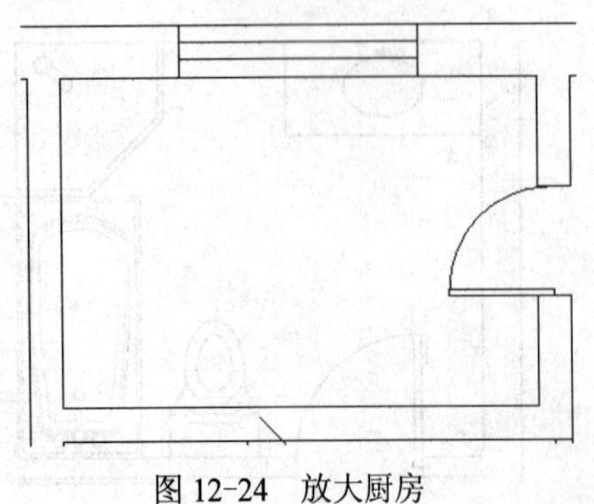

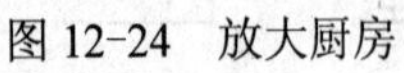

图 12-24　放大厨房

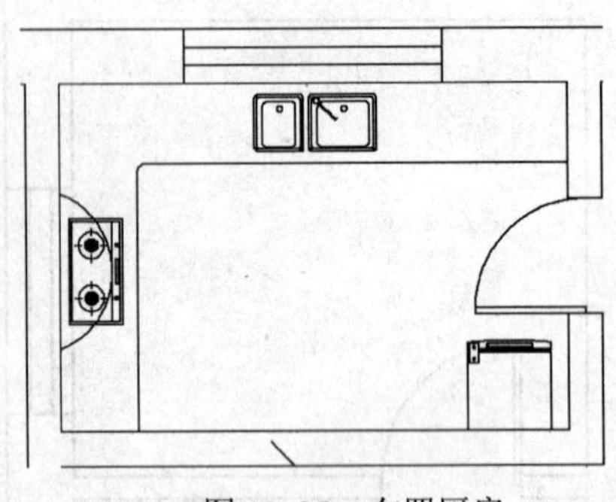

图 12-25　布置厨房

8）放大储藏室部分，如图 12-26 所示，然后绘制两排柜子，对角线交叉相连表示这些柜子是高柜，如图 12-27 所示。

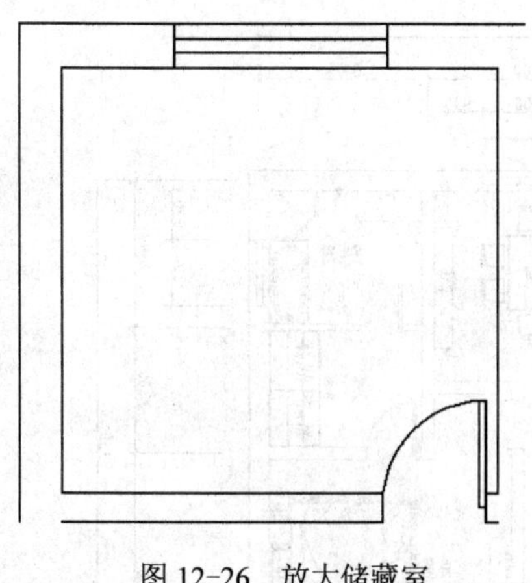

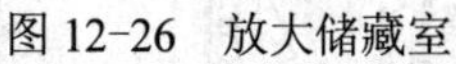

图 12-26　放大储藏室

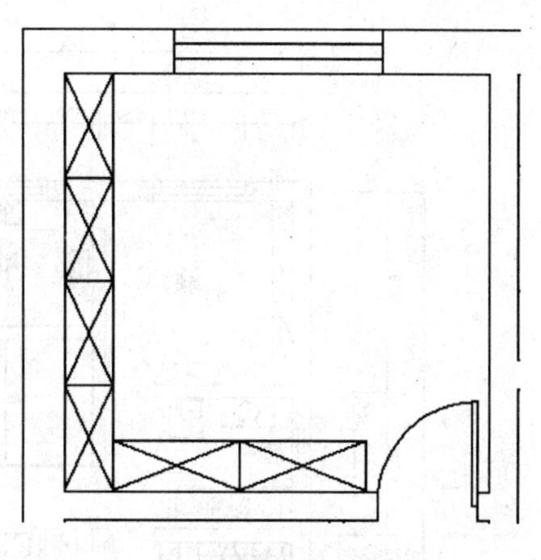

图 12-27　布置储藏室

9）放大次卧旁的卫生间部分，如图 12-28 所示，然后插入或者绘制外部的洁具，如图 12-29 所示，再在内侧绘制有隔门的浴室及花洒，如图 12-30 所示。

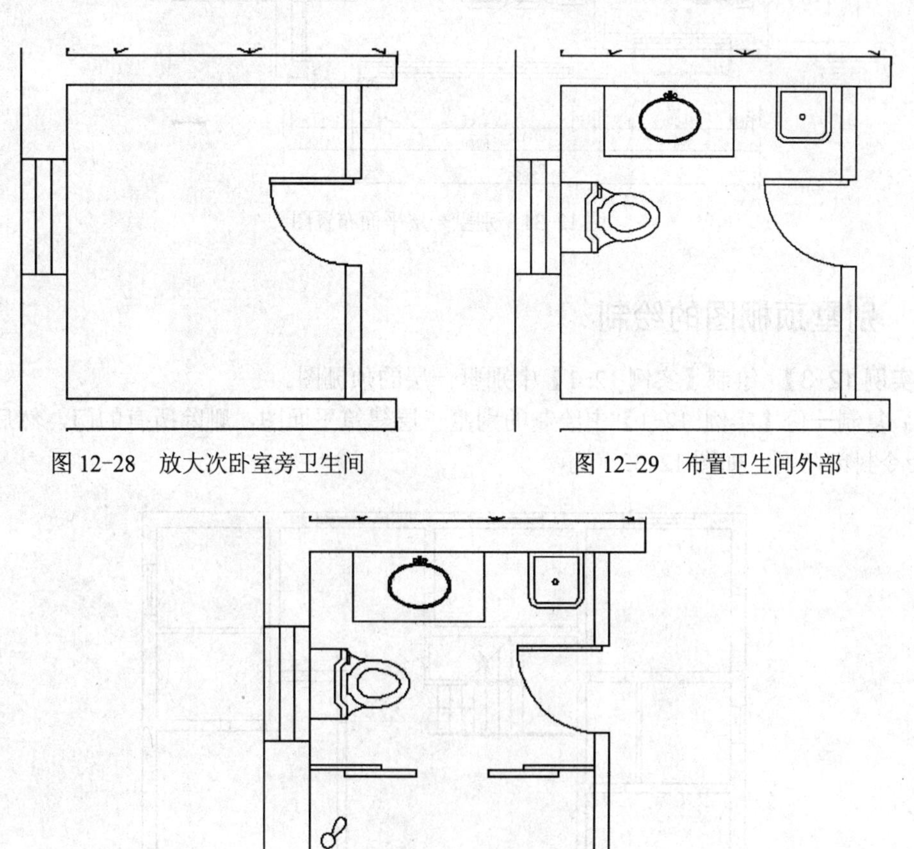

图 12-28　放大次卧室旁卫生间

图 12-29　布置卫生间外部

图 12-30　绘制浴室

10）切换到“BZ_标注”图层，整理和补充所需的尺寸及文字说明，别墅一层的最终平面布置图如图 12-31 所示。

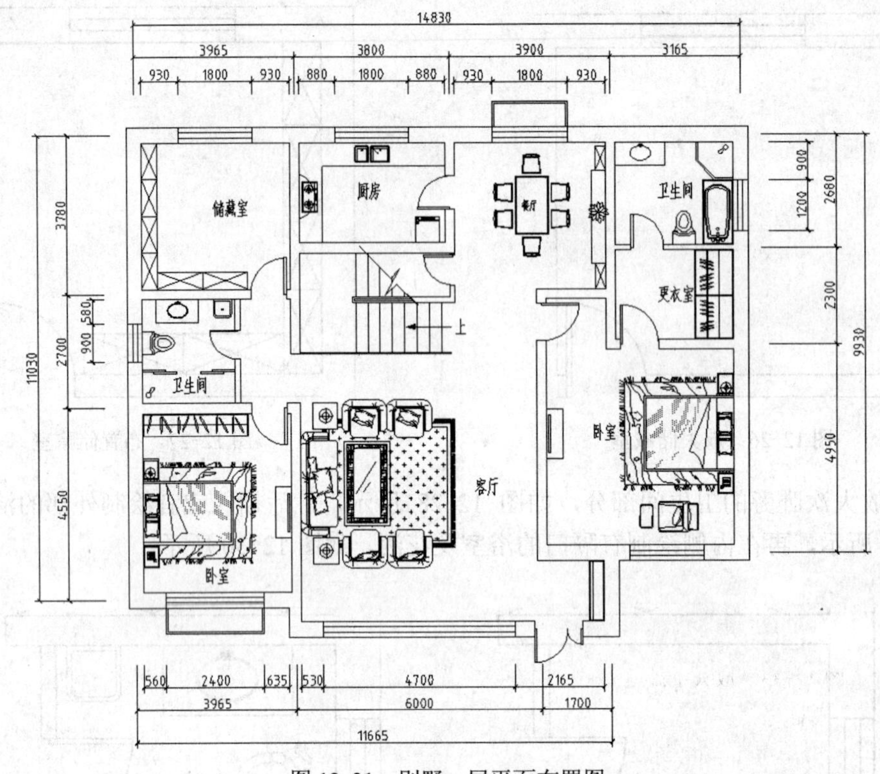

图 12-31　别墅一层平面布置图

12.4　别墅顶棚图的绘制

【实例 12-3】 绘制【实例 12-1】中别墅一层的顶棚图。

1）复制一份【实例 12-1】中绘制的别墅一层建筑平面图，删除所有的门，然后用“直线”命令封闭门洞，如图 12-32 所示。

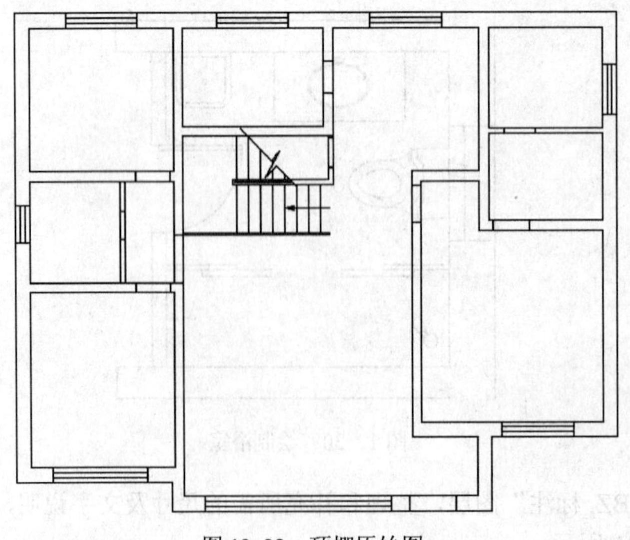

图 12-32　顶棚原始图

2）放大主卧室部分，如图 12-33 所示，然后按照如图 12-34 所示的尺寸绘制吊顶轮廓线，插入吸顶灯及射灯，并标注尺寸及标高。

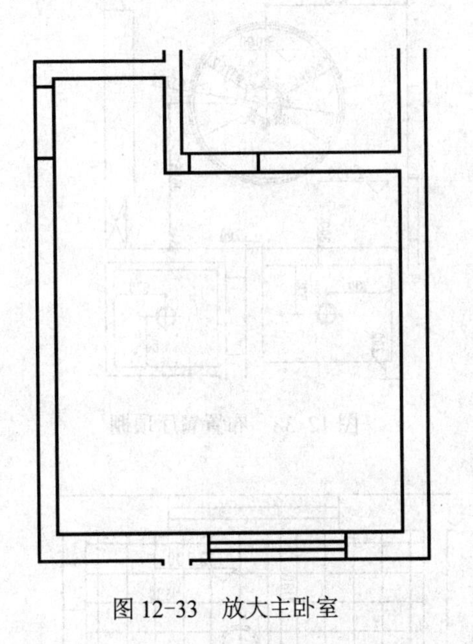

图 12-33　放大主卧室

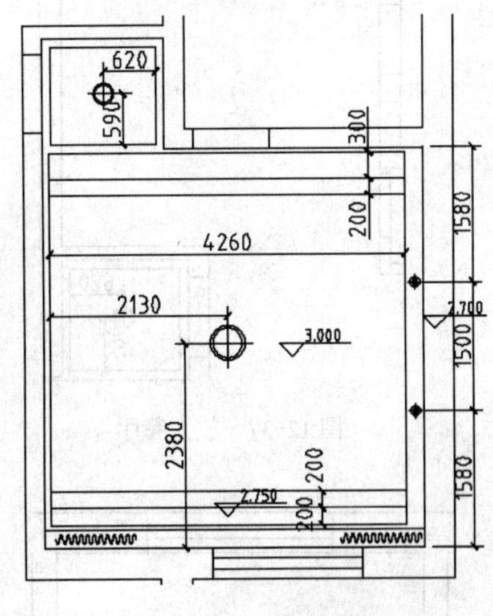

图 12-34　布置主卧室顶棚

3）放大主卧室更衣室及卫生间部分，如图 12-35 所示，然后按照如图 12-36 所示的尺寸绘制吊顶轮廓线，插入吸顶灯，并标注尺寸及标高。

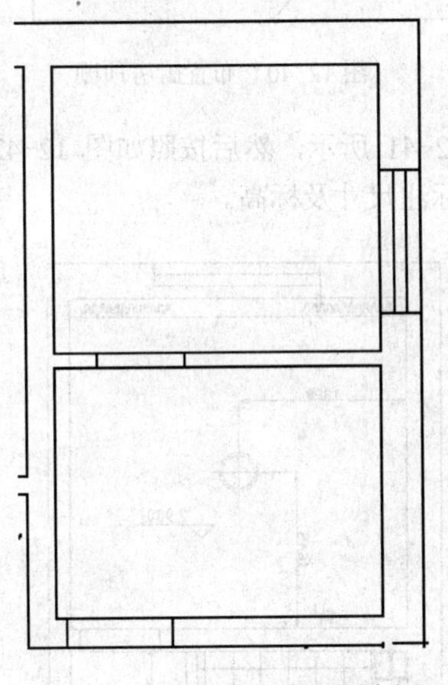

图 12-35　放大更衣室和卫生间

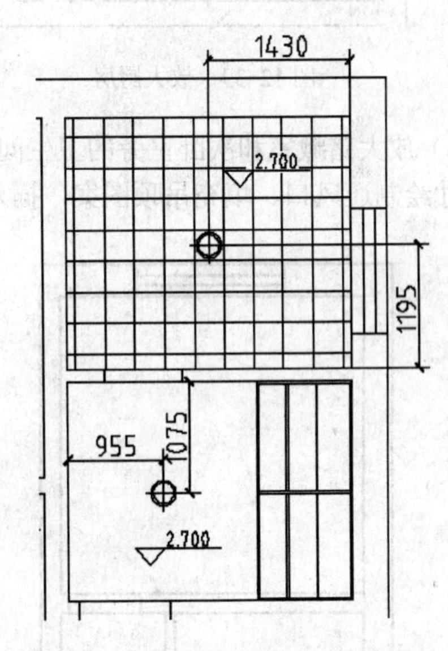

图 12-36　布置更衣室和卫生间顶棚

4）放大餐厅部分，如图 12-37 所示，然后按照如图 12-38 所示的尺寸绘制窗帘、吊顶轮廓线，插入吊灯，并标注尺寸及标高。

5）放大厨房部分，如图 12-39 所示，然后按照如图 12-40 所示的尺寸绘制通风口、填充吊顶图案，插入吸顶灯，并标注尺寸及标高。

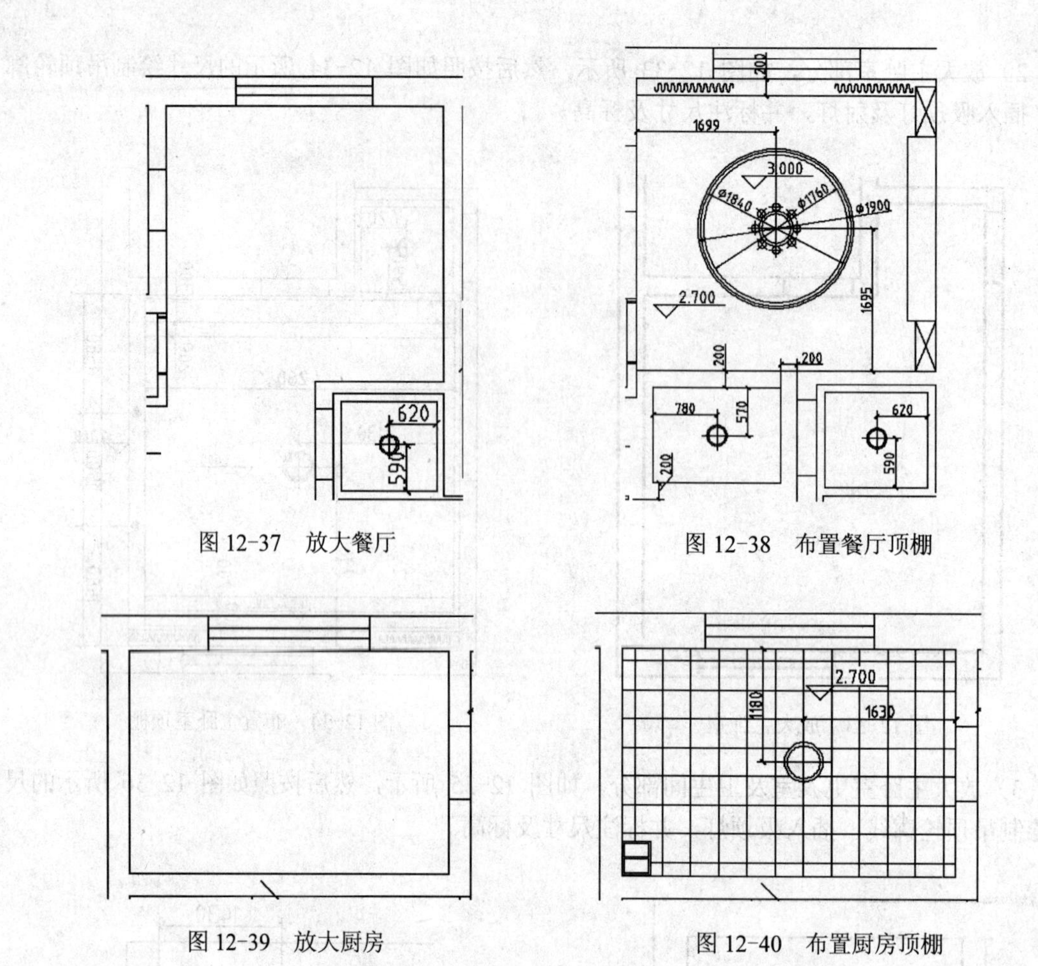

图 12-37　放大餐厅　　　　图 12-38　布置餐厅顶棚

图 12-39　放大厨房　　　　图 12-40　布置厨房顶棚

6）放大储藏室和次卧室旁的卫生间部分，如图 12-41 所示，然后按照如图 12-42 所示的尺寸绘制通风口、填充吊顶图案，插入吸顶灯，并标注尺寸及标高。

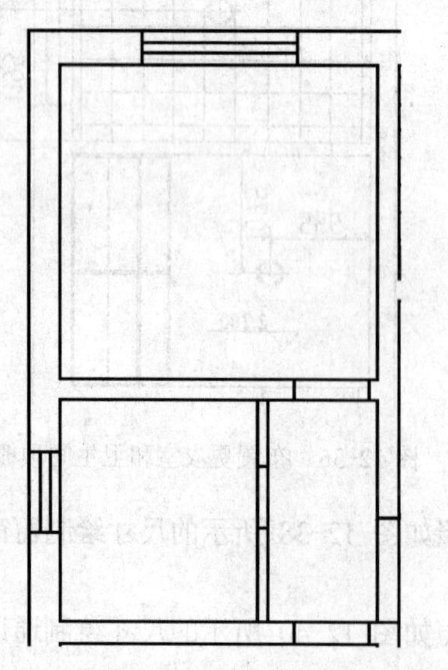

图 12-41　放大储藏室和次卧室旁的卫生间

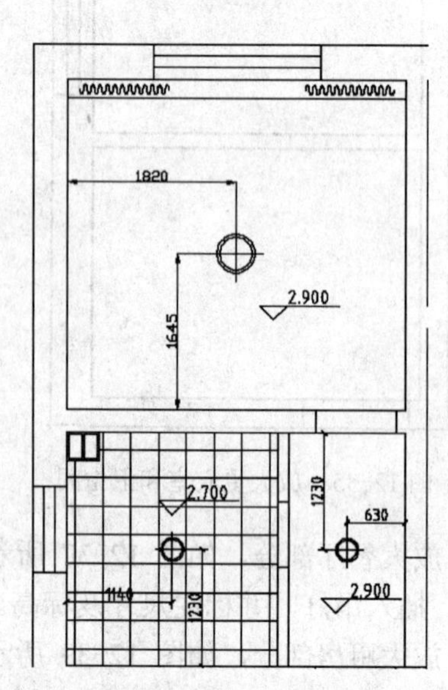

图 12-42　布置储藏室和次卧室旁的卫生间顶棚

7）放大次卧室部分，如图 12-43 所示，然后按照如图 12-44 所示的尺寸绘制窗帘、吊顶，插入吸顶灯，并标注尺寸及标高。

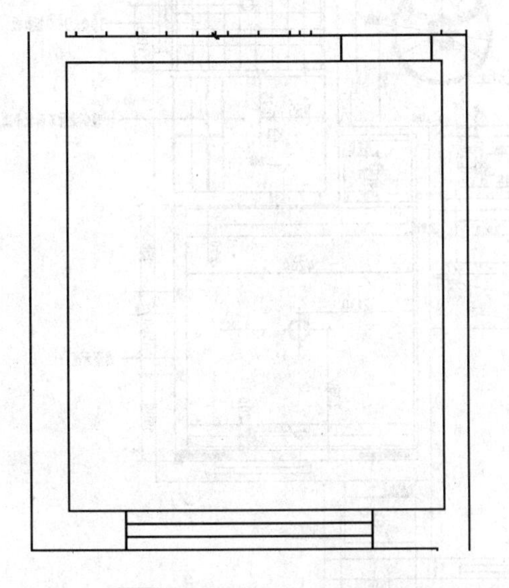

图 12-43　放大次卧室

图 12-44　布置次卧室顶棚

8）按照如图 12-45 所示的尺寸绘制客厅吊顶，并标注尺寸及标高。

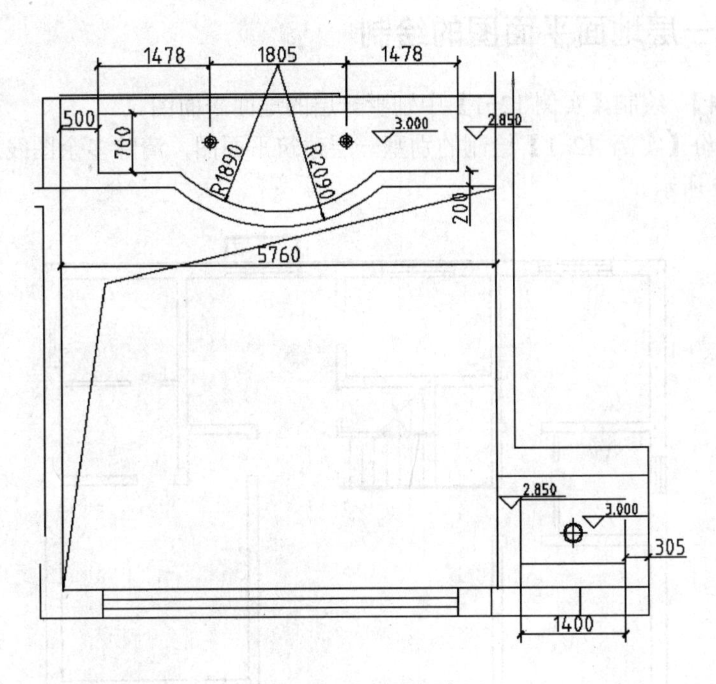

图 12-45　客厅顶棚布置

9）进行必要的尺寸及文字标注，别墅一层顶棚图的最终结果如图 12-46 所示（为清晰起见，省去部分尺寸和说明）。

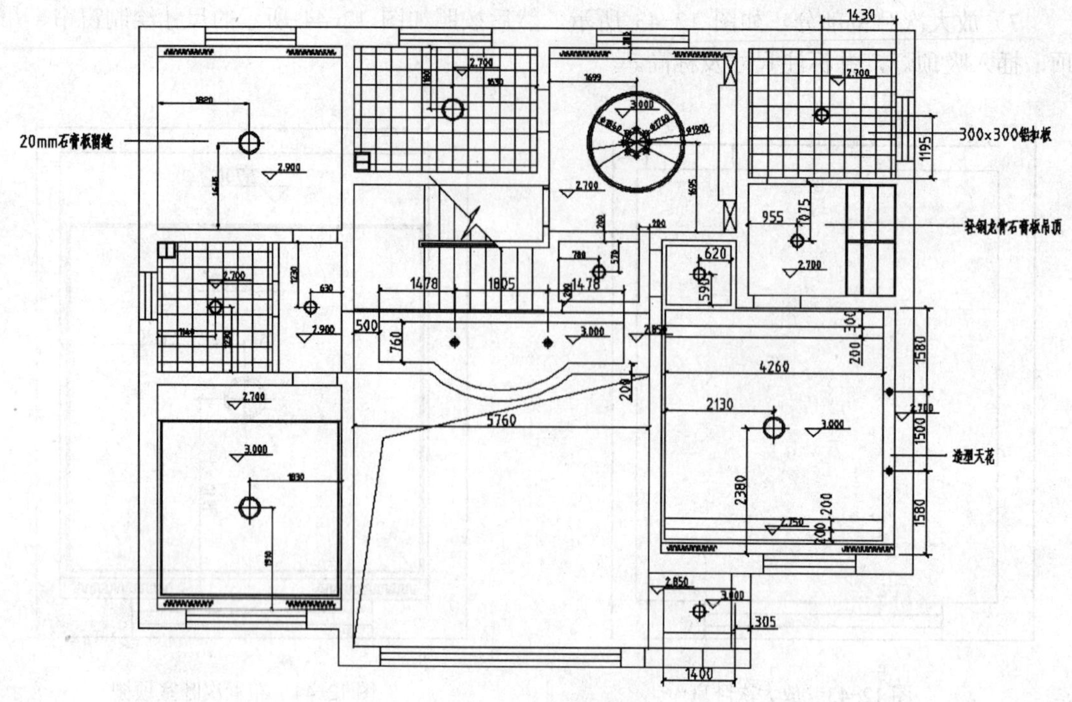

图 12-46　别墅一层顶棚图

12.5　别墅一层地面平面图的绘制

【实例 12-4】　绘制【实例 12-1】中别墅一层的地面平面图。

1）复制一份【实例 12-1】绘制的别墅一层建筑平面图，清除多余图线及所有门洞处的门，如图 12-47 所示。

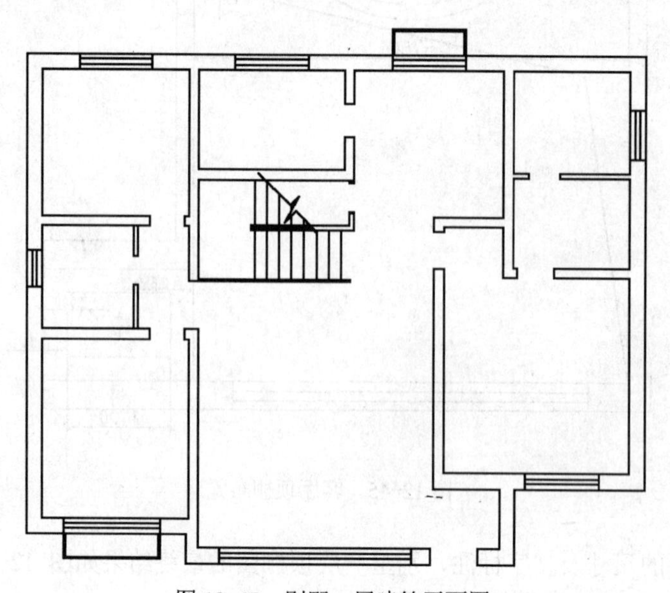

图 12-47　别墅一层建筑平面图

2）用细实线连接所有门洞，绘制客厅、餐厅及进门处地面铺装的轮廓线。轮廓线要注意封闭，以方便图案填充，如图 12-48 所示。

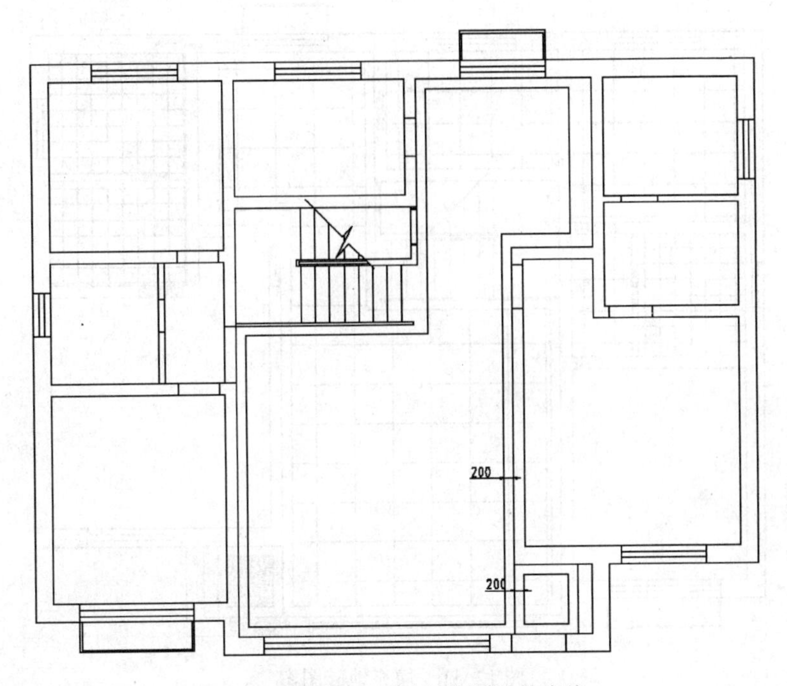

图 12-48　封闭门洞和绘制铺装轮廓线

3）使用“图案填充”命令，选择“预定义”中的“AR-CONC”图案，设置好合适的比例，如图 12-49 所示，填充所有的过门石及入门处的地面造型，如图 12-50 所示。

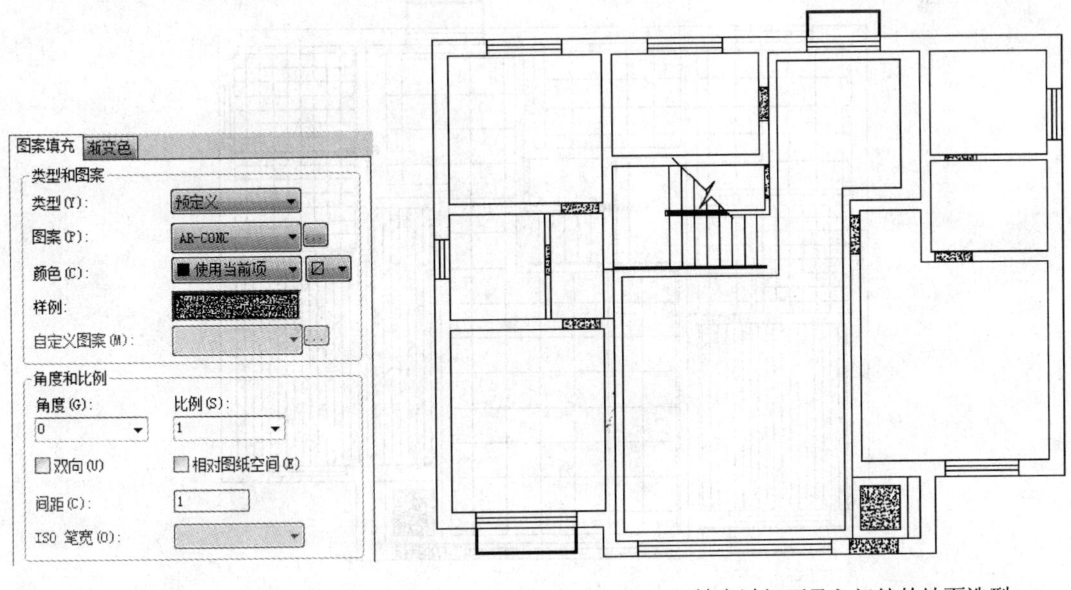

图 12-49　图案填充选项　　图 12-50　填充过门石及入门处的地面造型

4）使用“图案填充”命令，选择“预定义”中的“NET”图案，设置好合适的比例，分别填充客厅、餐厅、储藏室、更衣室和卫生间。注意，这几处的比例应该各不相同，因为铺设的地砖尺寸不同，如图 12-51 所示。

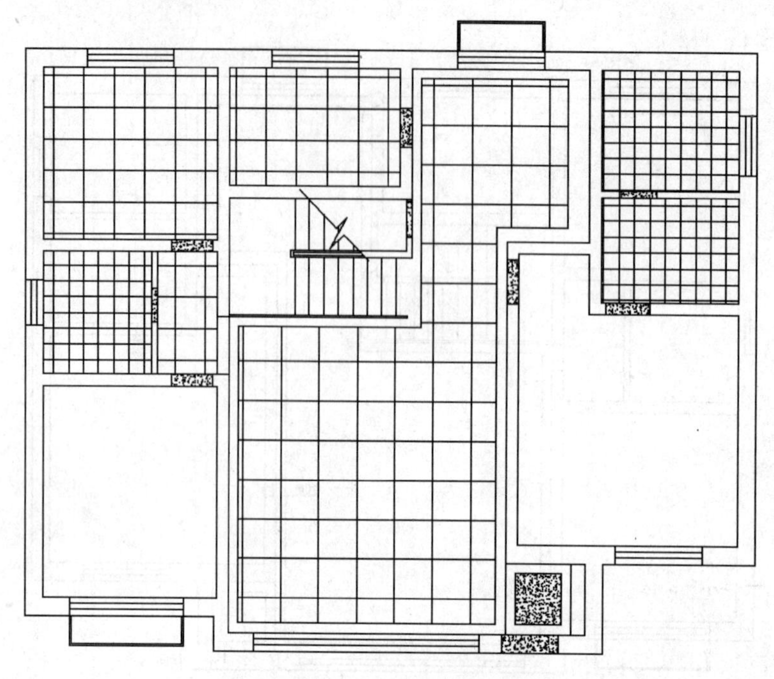

图 12-51　填充地砖图案

5）使用“图案填充”命令，选择“预定义”中的“DOLMIT”图案，设置好合适的比例，分别填充主卧室和次卧室。注意比例的选择要和房间大小相适应，如图 12-52 所示。

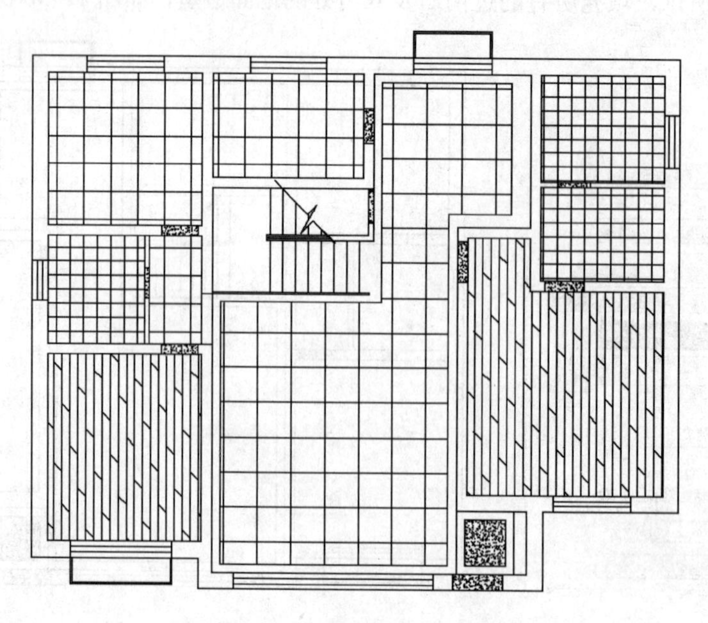

图 12-52　填充木地板图案

6）标注标高及文字说明，最终结果如图 12-53 所示（为清晰起见，省略尺寸标注）。

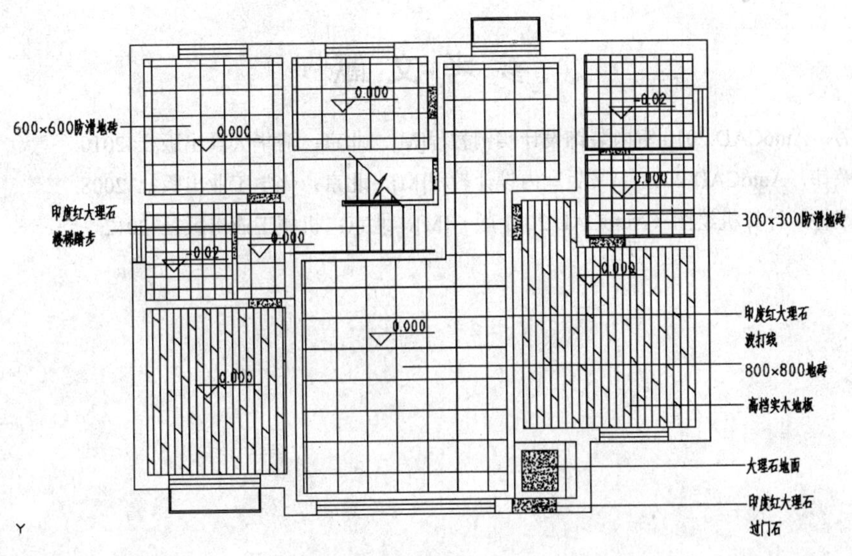

图 12-53　标注标高及文字说明

12.6　思考与练习

1. 别墅一般由哪些部分组成？

2. 通过本章的学习，结合自己的体会，简述一下别墅室内装潢设计图和住宅室内装潢设计图各自有什么特点。

3. 绘制如图 12-54 所示的某别墅一层建筑平面图。

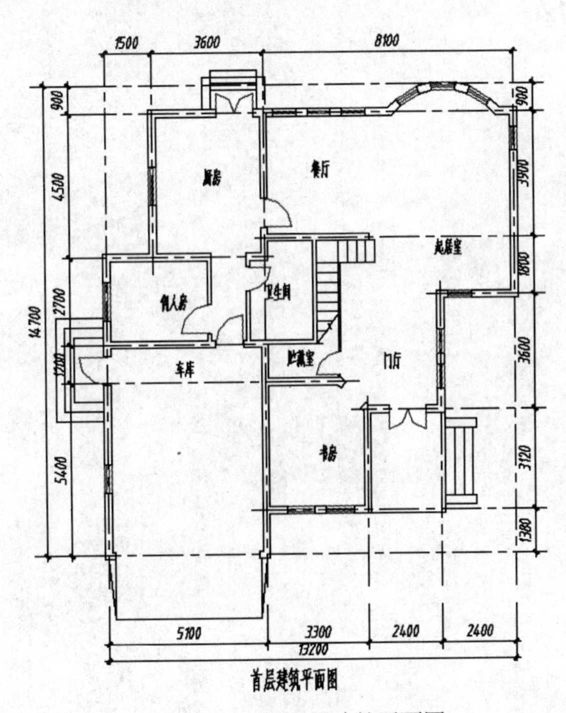

图 12-54　别墅一层建筑平面图

参 考 文 献

[1] 王芳．AutoCAD 2010 室内装饰设计实例教程[M]．北京：清华大学出版社 2010.
[2] 谭荣伟．AutoCAD 2007 中文版室内设计教程[M]．北京：化学工业出版社 2008.
[3] 管殿柱．计算机绘图（AutoCAD 2011 版）[M]．北京：机械工业出版社 2012.